“十二五”国家重点出版物出版规划项目
空/间/科/学/发/展/与/展/望/丛/书

丛书主编 胡文瑞

从太空看地球

空间地球科学

CONG TAIKONG KAN DIQIU
KONGJIAN DIQIU KEXUE

主　编 方宗义 吕达仁

编　者 王旻燕 王　鑫 方宗义 吕达仁
刘玉洁 孙　强 李贵才 周诗健
郑照军 黄润恒（以姓氏笔画排序）

陕西新华出版传媒集团
陕西人民教育出版社
·西　安·

图书在版编目（CIP）数据

从太空看地球：空间地球科学 / 方宗义，吕达仁主编. -- 西安：陕西人民教育出版社，2015.12
（空间科学发展与展望 / 胡文瑞主编）
ISBN 978-7-5450-3739-5

Ⅰ.①从… Ⅱ.①方… ②吕… Ⅲ.①空间科学-地球科学-普及读物 Ⅳ.①P-49

中国版本图书馆 CIP 数据核字(2015)第 127004 号

从太空看地球

空间地球科学

方宗义　吕达仁　主编

出版发行	陕西新华出版传媒集团 陕西人民教育出版社
地　　址	西安市丈八五路 58 号
邮　　编	710077
责任编辑	丁　晖　毛　琳
责任校对	袁燕燕
装帧设计	沈　斌　陈晓静
经　　销	各地新华书店
印　　刷	中煤地西安地图制印有限公司
开　　本	787 mm×1092 mm　1/16
印　　张	30.5
字　　数	420 千字
版　　次	2016 年 5 月第 1 版
印　　次	2016 年 5 月第 1 次印刷
书　　号	ISBN 978-7-5450-3739-5
定　　价	69.00 元

序 Preface

人类文明的发展速度极大地取决于科学和技术的创新水平。1957年10月4日，苏联成功地发射了世界上第一颗人造地球卫星，这意味着人类进入了太空时代。1961年4月12日，苏联航天员加加林乘东方1号飞船第一次遨游近地太空并安全返回地面，标志着人类进入了载人航天时代。1969年阿姆斯特朗、柯林斯和奥尔德林三名美国航天员乘坐阿波罗11号飞船成功登上月球并安全返回地球，开启了人类探索地球以外天体的篇章。20世纪70年代以来，人类的空间探索活动高潮迭起，每个高潮都成为大国综合实力的表征和突显大国空间竞争优势的丰碑。时至今日，人们已研发了6000多颗卫星和其他航天器，其中包括各种类型的空间科学卫星。俄、美、中等国分别研发了多种常规的飞船，美国研制了航天飞机，它们不仅是常规的天地往返运输器，而且为进一步深空探测奠定了技术基础。苏联建造和运营了舱段式的礼炮号空间站系列及和平号空间站，美、俄、日、加等国和欧洲空间局合作建成的有足球场大小的桁架式大型国际空间站将运营到2024年，以后，中国自主发展的空间站将独遨太空。空间站是太空中长时间有人操作的微重力研究实验室，可以进行地面上难以开展的微重力实验。目前，各国准备于21世纪30年代实现载人探索火星，在此期间还会进行一些载人登月活动。人类的空间探索以先进的空间技术为基础，以发展空间科学和空间应用为目的。近60年的飞速发展，人类的空间活动极大地促进了地球文明，也开拓了太空文明。

在已经发射的6000多颗科学卫星和载人或无人的空间科学飞行器中，主要涉及空间天文、空间物理、空间地球科学、空间生命科学和微重力科学的研究。卫星工程不仅是高技术的综合系统工程，而且耗资巨大。根据卫星质量的大小，人们常将质量在1吨以下、1吨~3吨和3吨以上的卫星分别称为小型卫星、中型卫星和大型卫星，科学卫星大多是中、小型卫星。21世纪以来，一些大型科学卫星平台陆续升空和筹建，诸如正接近尾声的哈勃空间望远镜和正在筹建的詹姆斯·韦伯空间望远镜等。而载人登月计划、空间站计划和载人登火星计划都需耗资百亿至千亿美元。各国政府斥巨资发展空间科学取得了丰厚的回报，极大地拓展了我们对宇宙的认识，极大地丰富了自然科学的内涵，同时也极大地促进了空间应用和空间技术的发展。作为一个发展中国家，中国的空间活动理应以空间应用为主。中国政府责成中国科学院负责我国的空间科学活动，“十二五”期间组织实施了空间X射线调制望远镜卫星、量子通信卫星、暗物质探测卫星和返回式微重力科学实验卫星计划，这些科学卫星将在不远的将来择时发射。中国科学院也正在计划和安排中国空间站上的空间科学试验以及无人的月球和火星的科学探测计划。随着我国经济实力的提高，中国科学家正在对空间科学的发展做出越来越重大的贡献。

每当我们在地面仰望星空，看着满天繁星闪烁，总会思索浩瀚宇宙的来龙去脉，惊叹宇宙构造之神奇。中国古代对天象的长期观测，记录了诸如太阳黑子分布、超新星爆发等许多天文现象，为天文学做出了难以磨灭的贡献。1609年，伽利略研制出首台地面光学望远镜，光学望远镜极大地扩展了人们的视野，可以在可见光波段更清楚地观察到更遥远的天体。受制于地球大气层对许多波段的吸收，在地面上，人们只能观测到从太空辐射来的射电、可见光和几个波长上的红外光，其他位于可见光和射电波段之间和比可见光更短波段的大量太空辐射都不能在地面上被观测到。在地球大气层外可以获得宇宙全波段的辐射信息，太空中的卫星观测开创了空间天文学的新时代，它包括亚毫米波天文学、紫外天文学、红外天文学、X射线天文学、γ射线天文学等新的领域。如果能成功地探测到引力波，将意味着开辟崭新的引力波天文学。在太空进行可见光观测可以避免地球大气层中气体抖动的影响，获得比地面更清晰的图像；空间的全波段天文观测揭示了宇宙天体在各个波段表现出的复杂天象。它为天文学谱写了崭新的篇章，也提出了许多有待进一步探索的科学前沿问题。

空间物理学极大地受益于太空中的卫星测量结果，使人们对太阳、行星以及行星际空间的认识发生了质的飞跃。在卫星上天的初始时期，苏联、美国的科学家都发现在近地空间中、低纬度外太空中测量的电子浓度极高，突破了仪表的限度值。美国科学家范艾伦将此解释为存在地球辐射带，并被称为范艾伦辐射带。苏联的卫星先于美国发现了同样的现象，但未能很好地解释。众多的卫星测量数据揭示了太阳和太阳系的结构和变化。观测发现，太阳大气层从光球层向外至色球层和日冕的大气温度急剧升高，太阳的大尺度磁场在日面按经度方向形成四瓣形极性交叉区域并延伸成扇形结构，太阳耀斑的能源来自于太阳外层大气中磁场的磁能释放，太阳大气的等离子体加速成向外流动的太阳风与太阳磁场一起延伸到行星际空间，并最后在日球层的边界与恒星际空间相连接，太阳风和行星际磁场绕过行星时形成行星的磁层并控制着行星的环境。空间物理卫星不仅要探测日球层中各个特定区域的特征和变化，而且特别强调研究相同时间内太阳系不同区域之间活动和变化的相互关联，这就需要一组卫星进行相关的联合测量。所以，国际同行不断地在组织一些国际的空间物理联合观测计划。尽管空间物理的内容非常丰富，它又和太阳物理的研究密切相关，但空间物理的两个重点内容十分明确。一个是日地关系，即研究太阳的能量、动量和质量如何通过行星际空间、地球磁层、电离层、大气层向地球表面传输和对地球环境产生影响。另一个是行星科学，即研究行星及其卫星、行星环境的特征和变化，其中还特别关注行星上的生命现象，诸如探测火星生命现象和探索土卫–2上可能的生命等。

人们一直非常注意发展观测地球过程的卫星系列，诸如气象卫星、陆地资源卫星、海洋卫星系列等，以了解和研究具体的地球天气、地球资源和海洋变化过程。20世纪80年代以来，许多空间地球科学家提倡和推动全球变化的研究，它是不专注于地球局部区域或单一过程的研究，而是把地球看作一个行星整体，研究地球陆地圈、岩石圈、水圈、冰雪圈、大气圈和生物圈等特定圈层之间的相互关联，研究地球作为一个行星的整体行为。这类研究领域就叫作空间地球科学，它主要利用卫星遥感技术进行观测，研究不同时间尺度中地球大系统的变化规律，也称为地球系统科学。空间地球科学不仅是一门新兴的前沿科学，是科学家关心的领域，而且它还涉及严峻的政治问题，是各国政府和首脑十分关心的问题。工业发展和生活改善需要大量能源，目前人类使用的能源大部分是不可再生的化石能源。化石能源燃烧后产生大量的二氧化碳等温室气体，这些温室气体滞留在大气中包裹着地球。从地球表面反射太阳红外辐射的能量被大气中的温室气体层又反射回地面，由此造成的温室效应使全球升温。温室效应已经造成地球北极圈和南极圈面积减小、冰雪融化、海平面升高等诸多变化。累积的数据显示，地球大气中二氧化碳的含量确实在逐年增长。科学家们预计，如果地球表面温度增加超过2 ℃的阈值，地球环境将发生不可逆的灾难性变化。严峻的现实使一些人提出地球村的概念，希望大家紧密地联系在一起，共同关心全球环境变化。各国地球科学家正在加强对全球气候变化和全球环境变化的研究。各国政治家也都在为改善全球环境而焦虑，制定减少二氧化碳排放的政策和措施。在目前和今后相当长的一段时间内，中国的能源都是以煤为主，每年烧煤达30亿吨左右，燃烧1吨煤就排放大约2.28吨的二氧化碳，中国在今后相当长一段时间内将是二氧化碳排放量最大的国家，中国的政治家和科技专家将承担起重大的责任。

通过观测星际分子研究生命起源和用大型射电望远镜搜寻地外智能生物是空间生命科学的重要问题。同时载人航天也带动了空间医学和生理学、重力生物学、辐射生物学、空间生物技术所关联的空间生命科学，以及由微重力流体物理学、微重力燃烧、空间材料科学、空间基础物理学等构成的微重力科学的蓬勃发展。载人航天工程和相关的空间探索活动都是牵动全球关注的重大活动，研制和运营近地轨道的空间站和天地往返运输器更是经费投入巨大和技术难度非常高的任务。在近地轨道上运行的空间设施受到的地球引力与离心力抵消，处于微重力环境。在微重力环境中物体处于失重状态，地面上由重力主导的各种现象都消失了，物质不再有轻重之分，也不再受浮力作用和重力引起压力梯度的影响。在太空运行的空间站环境中，液滴不需要容器约束而自由地悬浮在空间。人们为了能在微重力环境中正常地生活和工作，必须了解和遵循微重力环境的规律，这就需要掌握和利用微重力科学和空间生命科学。另一方面，微重力环境是一类极端的物理环境，它为人们提供了地面上难以实现的研究条件，可以进行地面上难以或无法进行的实验，为发展重大的科学前沿创新研究开拓了极好的条件。人们利用空间站把在地面进行定量的物理学和生命科学的研究室搬到了太空，空间站实际上就是人们可以长时间进行有人操作的微重力实验室。国际空间站已经并还在为人类科技发展做出重大贡献。2020年建成中国空间站，2024年以后，中国空间站将独自遨游于太空，中国的科技工作者正在积极准备，将在微重力科学和空间生命科学等领域做出巨大贡献。

空间科学是发展迅速的新兴领域，不断地探索空间，不断地拓展新现象、新知识和新概念，需要人们不断地增进对它的了解。陕西人民教育出版社在“十二五”初期就筹划出版一套“空间科学发展与展望”丛书，它包括《遨游天宫——载人航天器》、《从太空看宇宙——空间天文学》、《进入太空——日地空间探测》和《从太空看地球——空间地球科学》。这套丛书的作者都是长期从事该领域研究的专家，对相关领域的内容和前沿科学有深刻的理解。十分感谢这些专家承担繁重的撰稿任务，将相关领域的精髓和发展动向深入浅出地介绍给读者。这套丛书具有很强的知识性和可读性，读者一定会从中受益。在此还要感谢陕西人民教育出版社的领导和编辑，是他们有远见的选题、辛勤的组稿和细致的编辑才使这套优秀的科普丛书成功出版。

胡文瑞

2015年1月8日

前言 Preface

全球变化、气候异常、人类生存环境的不断恶化、地球资源的合理利用、自然灾害的预测预防等问题，都是当前地球科学研究的前沿。为了研究和试图解决这些问题，首当其冲的是需要在全球尺度的范围下对构成地球系统五大圈层的结构、特征、发展演变和相互作用进行观测。在此基础上，弄清事实，研究规律，建立模型，进行预测和预报。

上世纪后半叶和本世纪初迅猛发展的空间技术、遥感技术、计算机技术和通信技术导致了对地观测卫星的应运而生。卫星观测的高时空分辨率和全球覆盖，多波段、多极化和主被动遥感的技术能力，使其成为了促进地球系统科学发展的重要支撑。

地球科学的强烈需求，空间对地遥感卫星的快速发展，二者的结合与碰撞导致了空间地球科学的兴起。为了廓清这方面的情况，我们收集有关文献资料，试着编撰了以此命名的这本书。这是一个涉及多门学科和技术领域的事情，我们的学识和能力与此并不相当。我们撰写此书的目的是为了向对这一领域感兴趣的人员介绍地球的演化和现状与空间对地遥感的基础知识；在此基础上，再分章介绍对地观测卫星监测地球系统五大圈层的原理、作用和得到的初步结果；书的后记概要地对全书的内容进行了总结，并对学科的未来发展进行了展望。我们期望这本书能让读者对空间地球科学有一个概要的了解，若能起到引领入门的效果则更感欣慰。

这本书涉及面广，为了能把我们想介绍的东西深入浅出地让读者了解，特邀请从事这方面研究和业务的专家参与撰写，其中：第一章周诗健，第二章王旻燕，第三章方宗义，第四章黄润恒，第五章刘玉洁、郑照军、孙强，第六章李贵才，第七章王鑫、孙强，后记由吕达仁院士执笔。此外，孙强博士为全书的编撰付出了许多辛劳。在此，一并表示衷心的感谢。

方宗义

2016年3月12日

Contents 目录

目录 Contents

第一章
人类生活的地球

1 得天独厚的地球

我们居住的地球被大气圈包围着，大气圈随地球一起转动，形成一个整体。如果我们从星际空间鸟瞰地球，就像在天际遨游的宇航员所看到的，大气圈就像一层淡蓝色的薄幕紧裹着晶莹的球体。图1-1-1是从太空拍摄的地球照片。透过这层薄幕，可以看到地球上空飘浮着千姿百态的云团，在无云的地方，还能清晰地看到陆地和海洋。如果看地球夜景图像的话，地球上分布着星星点点的亮光，这是太阳系中任何星球上都没有的景观。亮光大部分是人类活动造成的奇迹，还有极光和闪电等自然现象所产生的光。从太空看到的绚丽色彩和人类的星星点点亮光，赋予这颗蔚蓝色星球不同凡响的神秘感。

图1-1-1 从太空拍摄的地球照片

1.1 只有一个地球

(1) 从银河谈起

迢迢牵牛星，皎皎河汉女。
纤纤擢素手，札札弄机杼。
终日不成章，泣涕零如雨。
河汉清且浅，相去复几许？
盈盈一水间，脉脉不得语。

——《古诗十九首·迢迢牵牛星》

早在两千多年前的汉代古诗中，就有了传说中牛郎与织女的爱情故事。晴朗的夜晚，当你抬头仰望星空，可以看到天穹上有一条相当宽的白茫茫的光带，这就是人们常说的银河。再仔细观察，还可看到牛郎、织女两星隔河相望。实际上，银河就是银河系星辰在天际上的投影，这条光带就是我们身处银河系中所看到的布满星星的圆盘——银盘（银河系的主体）的投影。我国古代称之为“天河”，今人称之为“银河”，国外则称之为Milky Way，曾有人译为“牛奶路”而成为笑谈。

银河系是无限宇宙中的一个普通成员，是一个透镜形状的星球系统，直径约为25千秒差距（1秒差距=3.26光年，1光年是指光在真空中沿直线传播1年的距离，约为9.46×10^{12} km），厚度约为1千~2千秒差距。它的主体称为银盘；银盘中间厚，边缘薄，形如透镜。太阳系在银盘中位于距银河中心2.1万光年的地方。

人类居住的地球是太阳系的一个成员，太阳系又是银河系的一个成员。无限宇宙由银河系以及许许多多个类似银河系的其他星系（我们称为河外星系）所组成，宇宙虽是无限的，但人类观测所及的宇宙范围是有限的，大致在150亿~200亿光年。让我们闭目想想，这是多大的距离！宇宙深处的一束光至少要穿行150亿年才能到达地球，而据我们现在所知，地球的年龄才46亿年。

让我们再把关系理顺一下：无边无际的宇宙含有无数个像银河系这样的星系，而银河系又包含了许多像太阳系这样的系统。据粗略估计，如果银河系内包含的一个恒星的质量等于太阳质量的话，则银河系内至少包含有1000亿颗这样的恒星。这样一说，你就知道太阳系在银河系中的地位了——一个很平常的星系。

（2）太阳和八大行星

太阳系是由太阳、八大行星、矮行星、卫星、小行星、彗星、流星体等构成的星系。太阳系有多大？有各种不同的计算方法，结果相差很多。小的只有几十个天文单位，大的可达数十万个天文单位。随着研究的进展，太阳系的疆域也在不断扩大。

太阳系的主要成员是八大行星，或称之为“八大金刚”，这是2006年国际天文学会议新确定的座次。将老九——冥王星由原九大行星中除名，是因为确定行星座次要有条件。确定太阳系行星的三大条件为：①星体质量要足够大；②要依靠自身引力使天体呈圆球状；③轨道附近应没有其他物体。冥王星符合前两个条件，但不符合第三个条件，它的轨道与海王星有交集；另外，冥王星还有本身的不足，所以决定将老九排除出“大行星”行列，贬入“矮行星”门户，与谷神星等为伍。

地球是太阳系中的一颗普通行星，按离太阳由近及远的次序排列，它排在第三，如图1-1-2。八大行星的顺序为水星、金星、地球、火星、木星、土星、天王星、海王星。我们用三句话来帮助记忆：“水晶（金）地，火烧木成土，天涯海角。”细看这三句话数遍，保证你忘不了八大行星。这八颗行星，以地球为中心，又分为“地内行星”和“地外行星”两类。地内行星，就是它的绕日轨道在地球绕日轨道之内，显然，水星和金

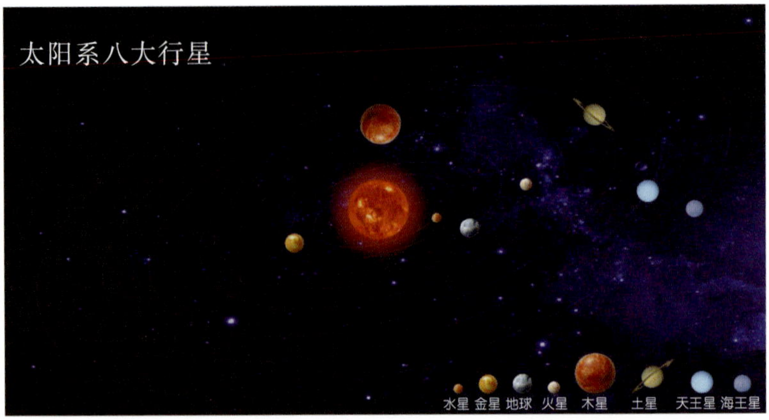

图1-1-2　八大行星的体积大小和轨道

星属地内行星，而火星、木星、土星、天王星、海王星这五颗行星，它们的轨道在地球之外，自然就属地外行星。另外，还可按表面结构分为两大群体：一是类地行星，包括水星、金星、地球和火星，它们的表面与地球相似，由固体和岩石组成；二是类木行星，包括其余的木星、土星、天王星和海王星四星，它们的表面与木星相似，都没有固态的表面，在浓厚的大气之下，木星和土星的外层是液态的氢分子（H_2）和氦（He）表层，天王星和海王星的外层可能是液态或气态的H_2和He表层。

太阳是太阳系的中心天体，太阳质量占整个太阳系总质量的99%以上，理所当然地成为太阳系的绝对控股大股东。在太阳的万有引力下，太阳系八大行星及其他天体都绕它公转。我们不妨看看八大行星的特点，也为进一步认识地球打下基础。八大行星中最大的是木星，其半径为地球的11.2倍，其质量约为地球的318倍；其次是土星，其半径和质量分别为地球的9.4倍和95.2倍。地球的体积和质量都不算大，但它的密度（5.52 g/cm^3）却是最大的。八大行星中，除水星和金星没有卫星外，其余6颗都有卫星。地球有一颗天然卫星——月球，火星有2颗卫星，木星有16颗卫星，土星至少有21颗卫星，天王星有15颗卫星，海王星有8颗卫星，至今已发现的卫星总数至少达63颗。这些卫星绕行星转动（自转），同时还要随行星绕太阳公转。行星绕太阳自转和公转的周期也与地球各不相同，所以它们的年、月、日长度也与地球不同。近四十年来，随着航天技术的发展，对八大行星已先后有探测器飞临上空进行近距探测，有些甚至进行了着陆考察。

（3）地球的近邻——月球、金星和火星

再回头看看地球的卫星和左邻右舍吧，这是离我们最近的地方，也是人类迁移最方便的去处。

月球

人类到达的第一颗其他星体是月球。1969年7月20日，美国载人宇宙飞船阿波罗11号首次在月球着陆。见图1–1–3。当宇航员踏上月球并富有诗意地说出“对一个人来说，这是一小步；但对人类来说，这是跨了一大步”这句经过多次排练的话时，迎接他们的并不是婀娜多姿的嫦娥仙子，没有想象中的神话世界，而是一个无风云、无雨雪、死一般寂寞荒凉的恐怖世界。在这个世界里，没有人类生存的最基本条件——大气。

图1–1–3 宇航员登月照片

由照片上我们可以看到，尽管月面受到太阳照射而反射发光，但由于月球没有大气层，所以月球的天空始终是漆黑一片，没有地球上常见的蓝天白云，更谈不上柔和的曙暮光，灿烂的朝晚霞、虹、晕以及华等美丽的大气光象。由于没有大气，月球上也就没有传播声音的介质，即使在身旁放炮我们也听不见，所以那里是死一般的沉寂。

没有大气，也就没有人类呼吸必不可少的氧气。没有大气，也就失去了调节星球温度的保温层，使得月球表面温度白天高达120 ℃以上，夜间又降到–180 ℃。这就是为什么登月宇航员要穿着笨重的太空服在那里小心翼翼地行走和工作的原因，稍有疏忽，就会危及他们的生命。

随着中国航天技术的发展，中国的探月工程已于2003年正式启动。整个探月工程分为三个阶段，一期工程为“绕”，二期工程为“落”，2017年进行的三期工程为“回”，之后再进行载人登月计划。目前，该工程在2007年10月24日和2010年10月1日顺利发射了嫦娥一号和嫦娥二号探测卫星之后，又顺利发射了嫦娥三号。嫦娥三号月球探测器于2013年12月2日在西昌卫星发射中心由“长征三号乙”运载火箭成功点火推上太空。嫦娥三号携带玉兔号月球车首次开始了奔向38万千米之外的月球之旅。嫦娥三号质量约为3780 kg，搭载的月球车质量约为140 kg，比美国和苏联的月球车质量更小，功能也更齐全。运载火箭将嫦娥三号直接送入地月转移轨道飞行约5天，进入100 km环月圆轨道飞行约4天，变轨进入15 km×100 km椭圆轨道，再飞行约4天后，从高度约15 km的近月点开始慢慢地由动力控制软着陆，登月成功后探测器释放玉兔号月球车，如图1-1-4，开展预定的月面巡视勘测、月表形貌与地质构造调查等一系列科学探测。这些生动的画面我们在电视转播时都已看到。这次探月成功将开启我国航天的新篇章，中国将是继美、俄之后，人类第三个在月球实施探测器成功软着陆的国家，这标志着中国自动化机器人技术、远程遥感通信控制技术进入世界先进行列。

(a)玉兔号月球车　　(b)嫦娥三号探月航天器

图1-1-4

金星

金星，中国古代称之为“太白星”或“太白金星”。它有时是晨星，黎明前出现在东方天空，被称为“启明星”；有时是昏星，黄昏后出现在西方天空，被称为“长庚星”。金星是全天空中除太阳和月亮之外最亮的星，犹如一颗耀眼的钻石，罗马人称它为维纳斯（Venus）——爱与美之神。

金星是地球的姊妹星，它的大小、质量、密度都和地球非常接近。但是，金星的自转很特别，与太阳系其他行星相反，是唯一自西向东自转的。因此，在金星上看，太阳是西升东落的。金星自转一周要243天，而绕太阳公转一周却只要224.7天。也就是说，金星的一天比一年还要长。金星是太阳系内唯一逆向自转的大行星。

金星有一层厚厚的大气，质量是地球大气的90倍左右，所以其表面气压亦为地球表面气压的90倍，质量差的钢筒会被压扁。金星大气的主要成分是二氧化碳，占97%以上。由于二氧化碳产生非常强烈的“温室效应”，金星表面温度可高达465 ℃~485 ℃，而且基本没有地区、季节、昼夜的区别。所以金星是一个高温、高压、干燥而缺氧的世界，人类无法在上面生存。

火星

火星是人类最感兴趣的一颗行星，我国古代时称其为“荧惑”。它位置上虽是地外行星，性质上确是类地行星。它与地球有许多类似的地方。火星上有明显的四季变化，它的一昼夜为24小时39分，火星表面的平均温度比地球低30 ℃以上，虽然偏冷些，但还不是不能忍受。尤其是长达一百多年的关于“火星人”的争议更是引人注目。火星大气非常稀薄，质量只有地球大气的1%左右，它的主要成分也是二氧化碳，约占95%，氧气和水汽都非常少，这样恶劣的环境也不适于人类生活。

人类对火星的探测从来没有停止过。大量的影视作品中都出现火星人光顾地球的故事。2012年8月6日又传来令人振奋的消息，地球上的机器人光临火星进行实地拜访了，请看2012年8月7日的报道：“经过8个多月、9亿千米的漫长旅程，美国好奇号火星探测器（Curiosity）于美国东部时间8月6日凌晨01:32（北京时间13:32）成功着陆火星表面，并传回照片。未来两年里，这个造价25亿美元、迄今为止最先进的火星探测器，将探索红色星球上是否具有适宜生命存在的环境。”

好奇号火星探测器是一个汽车大小的火星遥控设备，它是美国第四个火星探测器，也是第一辆采用核动力驱动的重900 kg的火星车，于2011年11月26日发射，2012年8月6日成功着陆火星，如图1–1–5。携带十大科学武器（如拍摄火星表面三维图像的“桅杆相机”，由质谱仪、气相色谱仪和激光光谱仪组成的“火星样本分析仪”，测量火星天气气候和环境的“火星车环境监测站”等）的好奇号相当于一个标准的野外地质学家，其能力足以令此前的任何火星着陆器都相形见绌。2013年3月传来消息：“几十亿年前年轻的火星上有水有大气层，并有可作为微生物食物的矿物质，但仍无证据证明微生物确定存在过。”我们感叹科学研究的伟大发现，这对我们研究星球演化很有参考价值。但铁的事实仍说明：现在的火星上没有人，没有适合人类生存的条件；也许几十亿年前有过光荣的家史，那还得探微索隐，小心求证吧！

图1–1–5　好奇号着陆火星

（4）给地球评功摆好

看了左邻右舍，看了大千世界，虽然地球是太阳系中的一颗普通行星，但它却是唯一的适宜人类居住的行星。它具有什么优点呢？我们不妨考察一下。

第一，地球与太阳的距离适中，自转与公转周期适当，使得地球上昼夜、季节分明，并能接受适量的太阳辐射。整个地球表面平均温度为15 ℃，适于万物生长，而且能使水在大范围内保持液态，形成水圈，这是生命存在所必须的条件。水星和金星离太阳太近，木星和土星又离太阳较远，它们的表面温度或者过低，或者过高，都不利于生命的形成和发展。只有地球表面具有适宜的温度，成为孕育和繁衍生命的适宜场所。

第二，地球的质量合适。首先，地球与太阳的质量比较，太阳的质量是地球的33万倍，这样的质量可以使太阳享有100亿年的寿命，这不仅足以使地球能完成其生命的演化，而且可以使地球上的人们今后能再享受50亿年的温暖与光明。其次，地球与其他行星的质量比较，地球质量虽不大，但密度最大，由重元素组成，具有一层坚硬的岩石外壳，能储存液态水，岩石上层经风化，发育形成土壤层，能为动物、植物生长发育提供良好的基地。

第三，在地球引力作用下，大量气体聚集在地球周围，形成了地球特有的大气层。大气层对生命的重要作用以后还要讲到，它提供了人类生存必需的氧气，臭氧层吸收了对生物有伤害作用的强紫外辐射，温室气体提高了大气的环境温度，等等。这是其他行星不具备的。

第四，地球有磁场，形成了磁层。对太阳抛射的高能粒子具有阻挡和捕获作用，从而保护了地球上的生物免受伤害。这是太阳系中地内行星所没有的。

第五，在类地行星上存在多种地质变化过程，但地球是唯一发生板块构造运动的星体，这种构造运动，形成了地球上今日的海陆分布。

综上所述，在太阳系中，只有地球才具备生命的形成和发展所必需的自然条件。地球携带了生物所需的一切物质，地球是太阳系的绿洲，是适宜人类生活的福地。太阳系中只有一个地球。

(5) 探寻宜居星球

人类探寻宜居星球的步伐从未停止，最新的一项行动计划是“开普勒太空望远镜”，它是由美国国家航空航天局（NASA）主导的一项花费不大（6亿美元）的探索计划。2009年3月6日，NASA用一艘重1039 kg的太空船将一架直径1.4 m、长4.7 m的开普勒望远镜发射到绕行太阳的轨道上，用来发现环绕着其他恒星的类地行星，在绕行太阳的轨道上，观测10万颗恒星的光度。望远镜架设在太空中，避免了地球大气的干扰，可以看得更远更清晰。据称，它从太空中观测地球时，能发现居住在小镇上的人在夜里关掉自家的门廊灯。“开普勒太空望远镜”已顺利完成了第一阶段的任务。

对于宇宙间的人类宜居生存的类地行星，是有选择标准的。这些标准与我们前面分析的地球特点有很多相似处，条条框框不亚于择婿标准。这里不加分析，仅简单列出十条：①球体不能太大；②不能太小；③必须非常稳定；④必须是单星；⑤最好有保护伞（外层轨道上有几个大行星遮挡彗星、小行星等）；⑥必须家底厚实（类地岩石行星）；⑦要有吸引力（表面重力与地球差不多）；⑧有气派（有类似地球大气层的气压）；⑨成分好（有类似地球大气层的成分）；⑩不常闹地震（地壳活动不能太剧烈）。按照以上标准，“开普勒太空望远镜”捷报频传，不断报道发现了多少疑似类地行星，发现的潜在对象已达2740多颗，这可真是天大的喜讯，要一一加以甄别，真怕忙不过来呢。

要知道，地球上除此之外还有很多国家与人士在探索宜居星球，利用各种各样的大型天文望远镜和其他仪器，在孜孜不倦地瞄准浩瀚的星空，也不时有佳音传出。所以不断有报道称，在某某处又发现了某某宜居星球等，真像“狼来了”喊多了不起作用，这些早已不是激动人心的新闻了。

2013年4月18日，美国《科学》权威杂志刊登论文，又发现了两颗宜居行星，分别命名为开普勒-62e和开普勒-62f，直径分别为地球的1.6和1.4倍，这两颗行星温度适宜，表面覆盖有海洋，理论上有存在生命的可能。开普勒-62e系统是由5颗行星组成的星系，距地球1200光年！一般报道的宜居行星都在相距数十至数百光年的范围内，例如，在太阳系内发现有58颗宜居行星；最近的一则报道竟是在相距7光年处的宜居行星。

换一种思路。地球人暂时去不了其他宜居星球，但是否有外星人光临地球呢？于是UFO（不明飞行物）或飞碟的研究吸引了人们的眼球，成立了世界性的协会，出版了书籍、拍摄了影视作品，世界各地层出不穷的UFO，热热闹闹了几十年，然而至今也未见外星人的真身。

“上穷碧落下黄泉”，经过如此大规模多方面的探索，我们也心安理得了，地球人的“未雨绸缪”也尽力了，希望多多，手摸不着，眼看不到。从现实出发，我们只能待在地球上，我们“只有一个地球”，一个“得天独厚的地球”，这仍然是让地球人引以为傲的，我们是“天之骄子”。

1.2 认识脚下的地球

（1）地球概述

我们居住的地球得天独厚，在整个宇宙中，至今还是独生子。虽有成千上万的疑似“嗣子”在觊觎这个宝座，但它们至今未成气候。既然“只有一个地球”，让我们来仔细看看它吧。

地球是个球体

地球是个球体，这已是现代人的常识。但要认识这一问题，却也费了很大周折。在古代，人们只能猜测，或者仅仅根据表面现象来看问题。世界上许多历史文化悠久的国家都有“开天辟地”的创世神话，在中国则有盘古开天地、女娲炼石补天之类的传说。再后一些，各种假设则稍接近于现实。如中国的“盖天说”，最早出现在周朝，到公元前1世纪已经形成了一个完整的体系。“盖天说”的代表性论点是“天圆如张盖，地方如棋盘”，即“天圆地方”，它符合人们对天地的直观感觉。但是，一些生活常识对这些说法提出了挑战，如生活在海边的人经常发现，远去的船先是船身看不见，最后是船桅消失；月食时看到月面上的地球影子是圆形，所以古人（如公元前300多年的古希腊哲学家亚里士多德）早有地球是球形的论证。后来，葡萄牙航海家麦哲伦（约1480—1521）通过环球航行证实了地球是个球形。他的船队1519年9月由西班牙出发，越过大西洋，又在太平洋上航行了三个多月，已是“淡（水）尽粮绝”，最后于1521年3月来到菲律宾群岛，这离环球航行一周已不差多少路程了。不幸的是，麦哲伦卷入了与当地土著人之间的纠纷，中箭身亡。他的船队继承使命，终于在1522年9月回到了西班牙，用三年时间，航行地球一周证实了地球是球形。后来大科学家牛顿（1643—1727）根据地球自转和万有引力理论，提出地球实际上是一个赤道稍隆起、两极略扁平的椭球体。现代人利用人造卫星精确测出它的赤道半径为6378.14 km，极地半径比赤道半径短约21 km。登上月球的宇航员眺望地球，看到的是一颗美丽的蔚蓝色星球，如图1–1–1。

自转与公转

随着科学技术的发展，人们对地球的了解也越来越多，要知道人们每前进一步，都要付出巨大的努力和艰辛的劳动。我们现在已知地球是个质量约为6×10^{24} kg的大球体，它在宇宙空间围绕太阳公转的同时还伴有本身的自转，如图1–1–6。地球自转是绕地轴（假想的一根贯穿地球南北极的轴线）沿赤道面自西向东转动的，转动一周平均需要约23时56分（一个恒星日），人们就经历了一昼夜。而地球绕着太阳的公转则需历时365.25个平太阳日，即一个恒星年。公转的轨道是个很接近圆形的椭圆形（黄道面），太阳在其中的一个焦点上。日地平均距离为1.496×10^{8} km。在近日点（1月初）时，日地距离为1.471×10^{8} km。而在远日点（7月初）时，日地距离为

1.521×10⁸ km。两者相差无几。地球绕赤道面自转，绕黄道面公转，自转与公转面的交角（即黄赤交角）约为23°26′，因此太阳直射地球的区域会随地球公转轨道而有变化，这就形成了地球上的四季气候。自转和公转是地球的两种主要运动形式，但实际情况要复杂得多，有地球自转轴的进动，地球自转轴的极移，以及地球的章动、摄动、轨道变动等多种运动形式，这里就不一一细述了。地球的表面积有5.1亿平方千米，其中29.2%（1.49亿平方千米）为陆地，主要是亚洲、欧洲、非洲、南、北美洲、大洋洲和南极洲；70.8%（3.61亿平方千米）为海洋，即太平洋、大西洋、印度洋和北冰洋等。地球上的海洋是连通的，只是因地域不同而名称不一；地球上的几块大陆，可以很好地拼接起来，用大陆漂移和板块活动学说可以较好地解释现状。

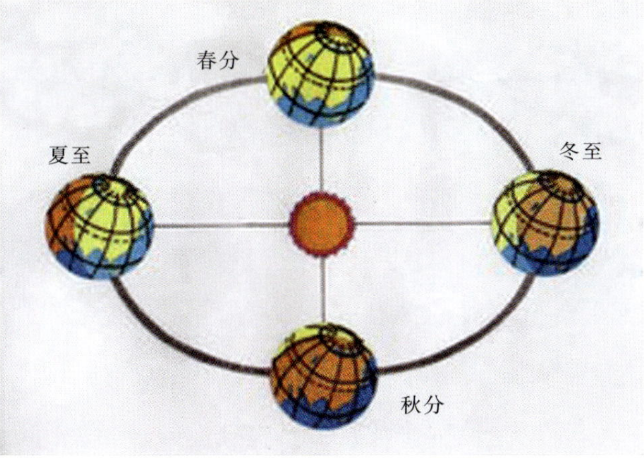

图1-1-6　地球自转与公转

地球内部结构

我们再来看一下地球的内部结构。它的一个主要特点就是地球物质分布形成同心圈层，地球内部由里向外分为地核、地幔和地壳三层，如图1-1-7。与地球外部相比，地球内部的研究要更困难些。据报道，现今世界上最深的钻井才12 km~14 km，设备庞大，花费巨大，对33 km的地壳而言，12 km的钻井是太浅了。因此地球内部研究只能求助于间接的方法，目前主要依靠地震波在不同介质内传播的特点来推断介质的性质。在地震学里把地球深处地震波传播速度发生急剧变化的地方称为不连续面。根据地内三大不连续面（莫霍面、古登堡面、利曼面），把地球内部分成三个圈层。

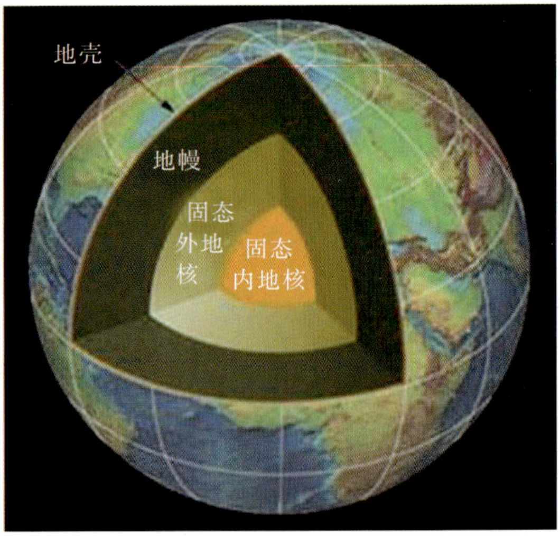

图1-1-7　地球内部结构

①地壳　是地球固体地表构造的最外层，平均厚度17 km，主要由花岗岩和玄武岩构成，大陆地壳比较厚，平均约为33 km，越是高山地区地壳就越厚。中国的青藏高原有的地区地壳厚度达70 km。而海洋地壳较薄，平均厚度仅有5 km~8 km。地壳虽是地球最外的一层，但我们往往不能直接看到，因为陆地地壳上，上面还有一层风化层，它的上部是土壤层。海洋地壳被一层沉积物覆盖着，所以也无法看到。

②地幔　地壳与地幔的界面称为莫霍面，在那里，地震波横波和纵波的传播速度都急剧增大。由地表向下约30 km到2900 km深的范围称为地幔。地幔上部主要由镁、铁、硅等成分的橄榄岩组成，在橄榄岩的下部，温度很高，一般都认为可能是岩浆的发源地，当岩浆冒出地面时，就形成了火山爆发。

③地核　古登堡面以下直到地球中心的圈层。地核又分为外核（2900 km~5150 km）和内核（5150 km~6370 km，地心）两层，中间的界面是利曼面。地核虽只占地球体积的16.2%，但其密度相当高，质量超过

地球总质量的31%，地核主要由铁和镍为主的金属物质构成，内核是固态。外核可能是液态的。地核边缘温度为4000 ℃，地心的温度为5500 ℃~6000 ℃，地球内部热能主要来源于地球天然放射性元素的衰变。

（2）从宇宙起源说到地球起源

就像叙述某人的历史，不可避免地要涉及他的祖先一样，作为宇宙中的一颗普通行星，要说地球起源，理应从宇宙起源说起，然后依辈分按银河系、太阳系再说到地球。

宇宙起源

这是一直困惑人类的大难题，至今还未完全解决。各种假说很多，这里只能介绍最流行的“大爆炸宇宙论”。

“大爆炸宇宙论”是根据天文观测研究后得到的一种设想。大约在150亿年前，宇宙所有的物质都高度密集在一点，有着极高的温度（100亿度以上），因而发生了巨大的爆炸。大爆炸以后物质开始向外膨胀，这时宇宙间只有中子、质子、电子、光子和中微子等一些基本粒子形态的物质。但是因为整个体系在不断膨胀，结果温度很快下降。当温度下降到10亿度左右时，中子开始失去自由存在的条件，它要么发生衰变，要么与质子结合成重氢、氦等元素；化学元素就是从这一时期开始形成的。温度进一步下降到100万度后，早期形成化学元素的过程结束。宇宙间的物质主要是质子、电子、光子和一些比较轻的原子核。当温度降到几千度时，辐射减退，宇宙间主要是气体物质，气体逐渐凝聚成气云，再进一步形成各种各样的恒星体系，成为我们今天所见之宇宙。

“大爆炸宇宙论”之所以有市场，主要是因为它可以解释以下几个观测事实：①各种天体的测量年龄都小于200亿年；②河外星系的谱线红移就是宇宙膨胀的反映；③各种不同天体上氦丰度相当大，且大多都为30%；这是大爆炸理论唯一满意的解释；④大爆炸理论预测今天的宇宙已经很冷，只有绝对温度几度，以后果然在微波探测中发现，微波背景温度为2.7K。

银河系起源

相对于浩瀚无际的宇宙来说，银河系只是其中一个普通成员。它是具有一个银心和四条旋臂的漩涡星系，它的发家史简述如下：在一百多亿年前，有一个很大的星云，在自引力作用下收缩，在收缩中分成几块云，其中一块大云，形成银河系，大云收缩中成为球状，开始时内部密度比较均匀。由于湍流和其他原因，逐渐出现了一些密度较高的区域，这些区域就形成球状星团。收缩中，云的中心密度增加最快，逐渐形成一个中心密集区。受到这中心密集区的吸引，球状星团向它降落，围绕着中心密集部分，也就是围绕着银心，在很大的椭圆轨道上转动起来。随着大云的收缩，内部运动渐趋一致，其他大量恒星也围绕银心转动。在银河系的核心部分，恒星高度密集，恒星之间常常彼此碰撞，甚至会有两个恒星合成一个，这就加快了演化的速度。所以，在银河系的核心，常常会出现超新星爆发形成大大小小的黑洞。随着演化的进行，银河系的核心部分还形成了一个大小约20光年×30光年的银核，它发出很强的射电辐射。总之，银河系从形成以来，在运动中演化，正在不断地成长和发展。

太阳系起源

这可是地球父辈的发家史了。自1755年康德提出第一个太阳系起源的星云学说以来，已有四十多种学说，但其中还没有一种学说是比较完整和被普遍接受的。行星的物质来源和行星的形成方式，是太阳系起源的两个基本问题。根据行星物质来源的看法，可以把各种学说分成三类：①灾变说或分出说，认为行星物质是因某一偶然的巨变事件从太阳中分出的。例如，由于另一个恒星走近或碰到太阳，或者由于太阳爆发，从太阳分出的物质后来形成行星。②俘获说，认为太阳从恒星际空间俘获物质，形成原始行星云，后来演变成行星。③共同形成说，认为整个太阳系所有天体都是由同一个原始星云形成的，星云中心部分的物质形成太阳，外围部分的物质形成行星等天体。俘获说和共同形成说的共同点是星云集聚形成行星，两者常合称为“星云说”。每一类又都有几种学说，各有各的具体内容。

对于行星的形成方式有五种看法：①先形成环体，然后由环体形成行星；②先形成很大的原行星，原行星演化成行星；③先形成中介天体，由中介天体结合成行星；④先形成湍涡流的规则排列，在次级涡流中形成行星；⑤先凝聚成大大小小的固体块——星子，星子再集聚形成行星。

这些学说可以解释为：①太阳是约50亿年前由星际云（气体尘埃云）瓦解后的一团小云（原始星云）塌缩形成的；②太阳系较稳定，大行星轨道20亿年前与现在没有很大差别；③大行星发生过地球所经历的地质变化，因此大行星现状与形成时大不相同；④原始星云的化学组成最初是均一的，后来才发生化学分馏，导致各行星化学组分的差异。

地球起源

在太阳形成初期，99%以上的物质向中心集聚成为太阳，周围还有一些分散的物质碎片围绕着太阳旋转，由于很长一段时间的碰撞和引力作用，分散的碎片逐渐聚合成了八大行星。但那时的地球只是一团混沌的物质，它同其他行星一样，经历了吸积、碰撞这样一些共同的物理演化过程，形成了地球的初始状态。这时，地球温度较低，并无分层结构，只是由于陨石物质的轰击、放射性衰变致热和原始地球的重力收缩，才使地球温度逐渐增加。随着温度的升高，地球内部物质也就具有越来越大的可塑性，且有局部熔融现象。

这时，在重力作用下物质分异开始，地球外部较重的物质逐渐下沉，地球内部较轻的物质逐渐上升，一些重元素（如液态铁）沉到地球中心，形成一个密度较大的地核（地震波的观测表明，地球外核是液态的）。由于热量上传，地球内部上层岩石也相继熔融，较轻的铁镁硅酸盐物质向上集中，导致原始地幔形成。原始地幔的表层同时在变热、变硬，于是形成坚硬外壳，这就是原始地壳。

由于放射性物质提供的热量，地壳加热，生成了熔融物质，引起了火山活动。火山活动在造山过程中非常重要，它提供了一种把地球内部物质运送到地表的方式，尤其是像二氧化碳、甲烷、水以及大气中含硫的气体的来源。

地球的起源与演化学说可以由地球上的地层演化历史所证实。一般将地球演化划分为冥古宙（距今46亿~40亿年）、太古宙（距今40亿~25亿年）、元古宙（距今25亿~5.7亿年）、显生宙（距今5.7亿年至今）；前三者也合称为隐生宙，与显生宙相对应。人类比较了解的主要是显生宙的演化历史，目前发现的最老生命遗迹是距今38亿年的藻类所形成的叠层石化石。真核细胞生物出现在元古宙中期；甲壳生物出现在距今6亿年前后，如三叶虫；鸟类和哺乳动物如恐龙，出现在中生代的侏罗纪，即距今2亿~3亿年。人类的出现则是距今240万年开始的事情。

1.3 与人类休戚相关的地球大气

向空间弥漫伸展的大气圈就像漫无边际的气体海洋，人类就生活在这个茫茫气海的底部。气海之于人类，犹如水之于鱼，生死攸关，人类片刻离开不得。

（1）人类首要的生存环境

大气圈是人类赖以生存的首要圈层，它供给人类呼吸所需的氧气和植物光合作用所需的二氧化碳。人可以数日不进食物和水而生存下来，但只要窒息几分钟，就会导致大脑缺氧而死亡。

大气圈像一张毯子，它使地球上得到的太阳热量不易散失，从而使地球上温度宜人。大气圈又像一副盔甲，它能吸收和减弱来自星际空间的高能宇宙线和来自太阳的紫外辐射，从而保护人类和生物免受伤害。同时，大气圈也保护了地球，使它不致被流星和陨石砸得坑坑洼洼、丑陋不堪。大气中的水汽能够成云致雨，是地球水循环的重要环节。

大气也为各种各样的天气现象提供了活动的舞台，使它们在大气环境中孕育成长。风和日丽、天高气爽，固然使人精神振奋，但一场突然袭来的暴雨却使人沮丧。尽管天气预报近年来取得了长足进步，但天有不测风云，许多灾害性天气还无法掌控。在所有的自然灾害中，气象灾害占了绝大多数（约70%），每年由于干旱、洪涝、台风、暴雨、冰雹、雷电等气象灾害造成的经济损失，随着国民经济的增加而增长，平均每年达2000亿元。为此，2010年国务院颁布了《气象灾害防御条例》，要求各级人民政府加强管理，尽量减少人民生命和财产的损失。

大气作为一种环境资源，由于它的巨大容量，对各种排放的废气有稀释能力，并通过降水而达到净化自身。但是，这种净化能力是有限的，如果人人都把大气当作垃圾箱，后果将不堪设想。

（2）大气家族

现在来仔细看看与我们朝夕相伴的大气吧。大气是无色、无臭、无味的气体。直到两百多年前，人们对它还不甚了解，甚至错把它看作组成万物的四种基本元素之一（另三种是水、火、土）。自从化学科学研究兴起之后，人类才逐渐认清大气的特征及它的各个成员。

大气家族至少有几十个成员。这些气体，有的含量占绝对优势（如氮和氧），有的则微不足道；有的性格活泼可爱（如氧和氢），有的则老成持重、保守而不善交际（如稀有气体）。在质量上相差也很悬殊，有最轻的氢气，也有比它重数十倍、甚至上百倍的其他气体（如氪、氙）。尽管这些成员千差万别，但它们却能和睦相处，共同组成对人类至关重要的大气家族。

氮气和氧气

近地面层的大气，俗称空气，人们就是通过对空气的研究而认识大气家族的。早在18世纪70年代，瑞典化学家舍勒（1742—1786）和英国化学家普里斯特利（1733—1804）就分别发现了一种使物质燃烧得更旺的气体，这就是氧气。但他们没有摆脱当时的“燃素说”（燃素说认为，物质能够燃烧是因为其中含有一种叫“燃素”的特殊东西，物质燃烧就是物质失去了这种东西而变成灰烬或残渣），因而没有得出燃烧是物质跟空气里的氧气起反应的科学结论。

在此之后，法国化学家拉瓦锡（1743—1794）进行了一个著名的实验，他将密闭容器中的水银连续加热12天，发现水银与一部分空气化合而形成了粉末（氧化汞），这时容器里空气的体积大约少了五分之一，而剩余的约五分之四的空气，既不能供给呼吸、维持动物生命，也不能支持燃烧，这就是氮气。拉瓦锡正确地解释了燃烧现象，并得出空气主要由氧气和氮气组成的结论，成为现代化学之父。

氮和氧是大气家族的两个主要成员，犹如这个家族的家长。按体积比占了99%，它们主宰了大气的一些重要特性。

氮气，是大气中含量最多的气体，按体积比约占了78%。它是植物生长不可缺少的肥料来源，空气里的氮被豆科作物根瘤菌固定后，能够成为作物的氮素养料；氮还是一种重要的化工原料，可用它制取氮肥、炸药、燃料等；氮也是动植物蛋白质的重要组成部分。所以，它也是生命体的基本成分。

氧气，是大气中含量占第二位的气体，按体积比约占21%。氧的性格比较活泼，在氧化过程中易与其他元素化合。燃料的燃烧代表一种迅速的氧化形式，而岩石风化、金属生锈等则是缓慢的氧化形式。氧与人类关系密切，是人的生命不可缺少的物质。氧气在工农业生产和科学技术等方面均得到广泛应用，如氧气炼钢，产生高温火焰（氢氧焰或氧炔焰）用于焊接或切割金属，液态氧制造炸药以及在医疗上提供急救等。

稀有气体

在发现空气由氮和氧组成后，有的化学家千方百计地想使空气中的氮和氧化合干净，但无论如何空气总消耗不尽，仍有少量气体剩余下来。有的化学家又发现，从空气中得到的氮气密度比从某些化合物中得到的氮气密度更大一些。这些都启发了人们——空气中可能还含有少量其他较重的气体，它们比氮气更不活泼。结果，人们陆续发现了氦、氖、氩、氪、氙等稀有气体，由于它们含量极微（总量小于1%），所以称稀有气体。

稀有气体与氮和氧一样，是大气中含量比较固定的成员。随着科学技术的发展，它们的用途越来越广泛。

氦是性能稳定的最轻的气体，用它来填充汽艇或气球，不会像氢那样容易引起自燃和爆炸，非常安全。有些大城市为了安全起见，规定了在城区做广告宣传和庆典用的气球，一律要充氦气，而不允许充氢气。

由于稀有气体一般不跟其他物质发生化学反应，在一些工业生产中，人们常常把它们用作保护气。例如，用电弧焊接火箭、飞机、轮船、导弹等用的不锈钢、铝合金等时，可以用氩气来隔绝空气，防止金属在高温下跟其他物质起反应。还可以把氩气和氮气的混合气体充入灯泡里，使灯泡经久耐用。

稀有气体在通电时会发出各色彩光，因此，它们在电光源中获得特殊应用。灯管里充入氩气，通电时会发出紫蓝色光；充入氦气，通电时会发出粉红色光；充入氖气，通电时会发出红光，这种光能穿透浓雾，所以氖灯可用作航空、航海的指示灯。五光十色的霓虹灯就是利用稀有气体的这种性质制成的。在石英玻璃管里充入氙气的氙灯，通电时能发出比荧光灯强几万倍的强光，称为“人造小太阳”，可用于广场、飞机场等处的照明。这些气体在激光技术中也有广泛应用，如氦—氖激光器、氩离子激光器等。

二氧化碳和臭氧

大气家族中还有一些含量很少而且变化不定的气体成分，如二氧化碳、臭氧、氮氧化物、甲烷、二氧化硫等。这些微量气体与人类的关系相当密切，这里介绍最引人注目的两种。

二氧化碳是煤炭、石油、天然气等矿物燃料燃烧时的副产品，人类和动植物在新陈代谢过程中也呼出大量二氧化碳。大气中的二氧化碳，一方面，对于来自太阳的短波辐射几乎是透明的，因而地表能受到太阳辐射而增温；二氧化碳对从地表射向太空的长波辐射，特别是对13 μm~17 μm的红外辐射有强烈的吸收作用。二氧化碳这种使短波进入而阻止长波逸出的单向阀门作用，有些类似温室玻璃的作用，所以，习惯上称为“温室效应”。此外，还有一些气体，如甲烷、一氧化二氮等也有温室效应，所以这类气体统称为“温室气体”。二氧化碳的温室效应使它在控制全球气候方面有举足轻重的作用。另一方面，它是绿色植物光合作用产生碳水化合物中碳的来源，从而提供了所有动植物生活的基础。

二氧化碳在大气中的平均含量约万分之三，但这个含量一直在变化着。自1850年以来，由于人类活动，使大气中的二氧化碳含量从290 ppm（ppm表示百万分之一）增至360 ppm。其中，有确切记录的是根据1957—1958年国际地球物理年计划而建立的两个大气二氧化碳监测站的结果，一个站是夏威夷群岛的冒纳罗亚高山站，另一个是南极站。由这两个站的监测记录可以看出，大气中的二氧化碳含量在有规律地逐年增长，刚开始的增长率为0.7 ppm/年，而20世纪70年代末已达到1.4 ppm/年，20世纪80年代末则达到极大值1.8 ppm/年。

对于二氧化碳含量的增长，一般都归因于工业化程度增加和使用矿物燃料增加的结果。但现在也有证据表明，世界范围内由于人工采伐、农田扩大等原因使森林面积减少，从而使碳的贮存库减少，这也是大气中二氧化碳含量增加的一个重要因素。

对二氧化碳含量增长而带来的后果也进行了种种模拟估算。当二氧化碳含量比现在增加一倍时，估算的结果是，极冰融化，水位升高，从而使一些海拔较低的大陆被淹没，世界气候将变暖，导致干旱地区扩大，严重影响农业生产，由此而引起的气候问题已引起人们的普遍关注。

臭氧是一种无色而有特殊臭味的气体。在近地层中，汽车尾气、森林火灾、火山爆发、自然闪电、人工放电以及核爆炸等，均会产生臭氧。但大气中臭氧的主要来源还是太阳紫外辐射的作用。

在高层大气中，氧分子经太阳紫外辐射的作用而离解为氧原子，这种氧原子在第三种分子（M）的介入下与氧分子碰撞而结合成臭氧分子，反应式写为：

$$O + O_2 + M \rightarrow O_3 + M$$

M的任务就像婚礼的主持人，氧原子与氧分子结合成臭氧分子后，它完成了任务就悄然离去。由于太阳紫外辐射离地面越高处越强，大气密度离地面越高处越小，因此，这两者综合作用的结果，就形成了20 km~25 km高度上的臭氧含量出现极大值。由此向上或向下均减小，一般臭氧层的厚度可取为15 km~50 km。

臭氧在大气中的含量很少。形象些说，如果把单位面积上的大气柱变换到标准状态下，这时大气柱的高度约为8000 m，而臭氧层则仅占3 mm。尽管臭氧层如此之稀薄，但它的重要作用却不容忽视。

臭氧能够强烈吸收太阳紫外辐射，使得波长短于0.3 μm的紫外辐射几乎不能到达地面。这种太阳紫外辐射对生物有很大的影响，它的数量过多，会危害人和动物的生命，妨碍植物生长。所以，如果大气中一旦失去了臭氧层，则一切生物都将被太阳紫外辐射所伤害。

20世纪80年代人们发现南极地区存在“臭氧洞”。在南极大陆上，自20世纪70年代中期起，每年春季，高空大气中的臭氧含量急剧减少，减少量甚至达臭氧正常含量的50%以上。从空间分布看，形成一个类似于低谷的大洞，“臭氧洞”由此而得名。人类不能自毁家园，所以世界各国行动起来，1987年9月16日，46个国家签署了《关于消耗臭氧层物质的蒙特利尔议定书》，这标志着各国对保护臭氧层的承诺与行动。

水汽和微尘

在真实大气中，还有两个重要的成员，这就是水汽和微尘。

水汽是由江河湖海以及湿土等处的水分经蒸发而进入大气的。洗后的衣服可以晾干，盐场用海水晒盐，这些都是水分经蒸发进入大气的现象。

大气中水汽含量的变化较大，一般情况下少于1%，很潮湿的话能多达3%~4%。大气容纳水汽的最大能力（饱和水汽量）随温度升高而增加，当进入大气的水汽含量超过该温度下的最大容纳能力时，大气便达到了所谓的“饱和”状态。过剩的水汽就变成细小的水滴从大气中分离出来，这就是凝结现象。夏、秋季早晨的露水，就是空气中所含的水汽在温度降低后，最大容纳能力降低而凝结生成的。热蒸汽在冷玻璃片上凝结成水滴也是这个道理。如果大气温度在摄氏零度以下，过剩的水汽还会直接变成冰晶，这叫凝华现象。水汽的重要性就在于，它可以在大气的温度变化范围内，发生由气态至液态（云滴、雨滴等）或固态（冰雹、雪花等）的相变，这就是产生云雾降水等天气现象的基础。没有水汽，这些现象都将绝迹。

由于水汽在相变过程中要吸收或释放热能，所以水汽在大气的能量收支中也占有重要地位。如果太阳向大气顶投射的能量为100，其中50为地表所吸收，地表通过使水分蒸发而向大气输送的潜热就占20，这是相当可观的数字。

微尘并不是大气家族中的嫡系亲属，而是地道的外来户，它是悬浮在大气中的微小固体粒子。在大气科学中它属于固体气溶胶，在环境科学中称之为悬浮颗粒物。粒径小于100 μm的颗粒物统称为总悬浮颗粒物（TSP），其中粒径小于等于10 μm的称为可吸入颗粒物（PM10），粒径小于等于2.5 μm的称为细颗粒物（PM2.5）。这些颗粒物对人体健康和大气污染都有很大的影响。

大气微尘由自然和人工两种途径产生。自然源包括星际空间来的宇宙尘（流星），由风吹起的土壤微尘、植物花粉、火山爆发、岩石风化、森林起火，以及海水溅沫的蒸发等过程造成的微尘；人工源主要是燃烧活动和生产过程中的粉尘，如工业区的烟囱排放、爆炸工程、水泥生产等，此外随着汽车的普及而造成的汽车尾气也成为重要污染源。总之，大气微尘以自然源为主，但由于人工源影响强烈，也可造成局部地区大气的严重污染。近年来，京津冀地区常出现的一连持续数日的雾霾天气已引起全国人民关注，主要是由于不利的气象扩散条件和人为的高污染排放强度所造成。

微尘固然有障碍视线、影响人类活动和健康的害处，但它浮游空中，可以作为水汽凝结的核心，助长云雨的生成。当水汽达到饱和状态时，如果大气极其清洁，没有微尘，水汽还是不能产生凝结现象。只有当大气中存在供水汽凝结时附着的固体杂质——凝结核时，才能较易凝结成水滴。

（3）大气演化

以上扼要介绍了大气家族的一些成员。现在的大气家族也有着它漫长的演变历史，我们称为大气演化。现代大气是从46亿年前地球诞生以后经过三代演化的结果，是第三代大气。

地球形成的最初阶段，它的大气是由污染星云中的气态物质，如氢、氦、氖等附着而成的。据推算，此时按重量比，氢占63.5%，氦占34.9%，亦称为星云大气。它的寿命只有短短的几千万年，当时地球温度极高，地心引力太小，所以，气体分子能够轻易地逃脱地球。一部分氢气从地球上跑掉了，而另一部分同其他原子形成液体或固体化合物的氢原子却保留了下来。在这之后，地球上一度是没有大气的。水星、金星、火星等类地行星都是如此，原始大气早已消失殆尽。

随着年代的推移，地球处在不断冷却过程中，逐渐形成了薄弱的固体地壳，但它内部的地幔仍是沸腾的高温熔岩。涌动的高温岩浆以它巨大的压力轻易地冲破地壳狂喷而出，微尘和在地球内部分解生成的气体随着火山爆发大量逸出地表，这样就产生了第二代次生大气，这大概是发生在30亿年前的事。第二代大气的主要成分是氮、二氧化碳、甲烷、氨和水汽，但没有氧气。因为现代大气从第二代大气直接演化而来，所以第二代大气常称为原始大气。为了避免混淆，还是称次生大气为好。

次生大气是孕育地球上最初生机的“胎盘”，而生命的起源和进化又促进了第三代大气——现代大气的形成。次生大气中没有臭氧层，所以太阳紫外辐射可以畅通无阻地直射地表，一部分水汽经紫外辐射作用后，离解出自由氧分子。这些氧分子数目虽少，却是生命起源的初级养料。在这些氧分子的积极参与下，绿色植物开始蓬勃发展，成为将次生大气转换为现代大气的“大工厂”。绿色植物通过光合作用，吸收大量的二氧化碳并释放出数量可观的氧气，这就是现代大气中氧气的主要来源。

研究认为，地球上早期的生命形式是在液水环境中发展的，这个环境位于液面以下足以避开致命的太阳紫外辐射的地方，但又相当接近液面，以便接受光合作用所需的可见光辐射。整个演化过程可表示为：氧的出现→臭氧层逐渐形成→地表上愈来愈少的紫外辐射→地表上愈来愈多的可见光辐射→愈来愈丰富的植物生命→产生更多的氧。通过这种增益放大过程，生命就缓慢地但却坚定不移地向液水表面推进，直到最后出现在陆地上。

现代大气是在地球生命的形成和进化的过程中逐渐形成的。这个发展过程极其缓慢，延续了一二十亿年。我们生活于其中的现代大气也不是一成不变的，地球上的种种自然因素和人为因素也在缓慢地发挥作用，改变着它的组成。

（4）大气垂直分层

人类生活在茫茫气海的底部。最初，人们只限于了解自己周围大气的情况。但是，天有多高？天上情况怎样？种种扣人心弦的问题常常令人们浮想联翩。

在高空飞行工具和无线电遥测技术尚未发明之前，人们只能利用间接探测方法，即根据许多与高空大气状况有关的地球物理现象，如流星、极光、声音的反常传播（地面某处强爆炸，会以爆点为中心形成可闻区与不可闻区相间排列的一圈圈环形地带）等，通过对它们的地面观测和研究，间接地推出高空大气的一些性质。

人类并不满足于这些间接探测结果，制作飞行工具直接探测高空大气的努力和尝试从未间断过。从带有简单气象仪器的风筝发展到气象卫星，经历了两百多年的历史，如图1–1–8。尤其值得提出的是，自1988年9月我国发射了自己研制的风云一号地球同步气象卫星以来，我国的气象探测工作也逐渐步入世界先进行列。

通过这些探测，人类获得了有关高空大气的丰富资料。今天，我们已经能够描绘出高空大气的细致面貌，而不再是臆测了。

对流层和平流层

按不同的标准，可对大气进行不同的分层处理。气象上最常用的分层法是按大气温度随高度垂直变化的特征，把大气分为对流层、平流层、中间层、热层和外层。

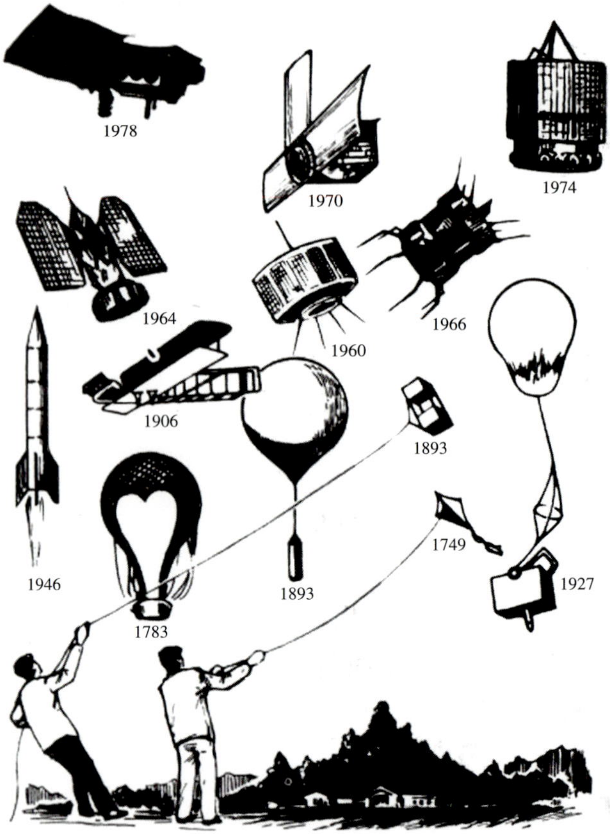

图1–1–8　创历史记录的大气探测装置

载有温度表的风筝(1749),装有温度表和气压表的载人气球(1783),载有各种气象记录仪器的箱形风筝(1893),满载仪器升至16km的不载人气球(1893),一种能够有把握回收仪器的探空飞机(1906),一种由气球携带探测平流层的无线电探空仪(1927),进入电离层的气象火箭(1946),第一颗上天的泰罗斯气象卫星(1960),雨云实验气象卫星(1964),应用技术卫星(1966),艾托斯卫星(1970),地球同步气象卫星样机(1974),泰罗斯–N极轨气象卫星(1978)

对流层是地球大气的最低层，其厚度比其他各层都薄。多年观测表明，对流层的上界是随纬度和季节而变化的：在热带平均为16 km~18 km；温带平均为10 km~12 km；高纬和两极地区只有8 km~9 km。夏季对流层的上界高于冬季。对流层虽然较薄，但却集中了整个大气质量的四分之三和90%以上的水汽，是与人类生产、生活关系最密切的一层，也是我们研究和了解得最好的一层。

对流层有三大特点：①温度随高度的增加而降低，平均每升高1000 m，温度就要降低6.5 ℃。这也是一些高山成为避暑胜地的原因之一。到对流层顶部时，气温已降到-50 ℃~-60 ℃，真是“高处不胜寒”。②除了水平运动之外，大气还经常产生上上下下的垂直运动，气象上称为对流，这或许是对流层得名的原因。③由于水汽充沛和对流强烈，使得对流层成为各种天气现象活动的舞台。我们在对流层中可以看到美丽的云彩、滂沱大雨、雷鸣电闪、漫天飞舞的雪花、天旋地转的风暴等等。

由于对对流层的研究比较深入，还可以将它进一步划分：由地面到1 km~2 km高度这一层称为摩擦层（或称大气边界层），这一层中因受地球表面的强烈影响，气流与地面的摩擦作用、对流运动和水分蒸发等都表现得很明显。由摩擦层顶至5.5 km高度这一层受地表影响较小，各种要素的分布，特别是风场，可以表征整个对流层的情况，我们观测到的云和降水大多发生在这一层内。从5.5 km到对流层顶，称为对流层上半部，这一层的气温经常在0℃以下。

对流层顶是对流层和平流层之间的过渡层，它的厚度为数百米到两千米之间。这一过渡层中，水汽骤减，温度随高度递减的速率也骤减。这个很狭窄的过渡带，往往在图中只表现为一条分界线。

穿过对流层顶则进入平流层，这时，气温不再随高度的增加继续下降，它大致维持不变直到20 km左右，所以，平流层的下部又叫“同温层”。再往上，温度反而随着高度的增加而增加，直到约50 km高度平流层顶部时，气温已增加到接近地面气温，所以，平流层上部又叫“逆温层”。平流层中的这种温度分布，主要是由于这里臭氧含量多，它们吸收了大量太阳紫外辐射而造成的。

在平流层中，垂直运动很少发生，主要为水平运动（平流），故由此而得名。此层中，水汽和微尘都很少，所以常常是晴空万里，加上没有对流层中常见的颠簸，这些条件很适于飞机航行。飞机穿过对流层进入平流层，犹如航船经过波涛汹涌的海洋到达港岸一样，感到安全、平稳、舒适。

平流层之上的大气质量只占整个大气圈的千分之几，所以对流层和平流层几乎包含了整个大气圈的质量。以往将对流层看作一个封闭系统，认为它和平流层之间很少联系，但观测和研究表明，这两层之间存在着质量、能量等方面的交换和相互作用，并不是封闭系统。在平流层中，偶尔还能见到对流层中翻滚的、发展旺盛的云顶。有时在中、高纬度的晨昏，还能观测到出现在20 km~30 km高度上的一些像彩虹一样的云，称为贝母云，它很可能是由细小冰晶组成的。近几十年来，人们加强了对平流层的研究，其中发现的平流层“爆发性增温”现象（在1~2天内，平流层温度可以骤升30 ℃~40 ℃），证实了平流层并不如想象的那样静稳。随着航空和宇宙航行事业的发展，以及天气预报的需要，人们越来越重视对平流层的研究。

臭氧层和平流层气溶胶层

平流层中还隐含着两个重要层次。一是高度范围在10 km~50 km的臭氧层，在20 km~25 km出现臭氧含量极大值，由于它能吸收太阳紫外辐射，保护地球生物免受伤害的重大作用而令人关注；二是近代观测发现，在平流层中存在着一个气溶胶层，它的高度范围约在15 km~25 km，气溶胶的浓度与火山爆发有关，在大火山爆发（如1963年的阿贡火山，1980年的圣海伦斯火山，1982年的埃尔奇琼火山，1991年的皮纳图博火山）之后，这一层的浓度会增大。虽然此层的气溶胶粒子只占总气溶胶含量的百分之几，但对全球气候变化的影响却不可忽视。

中间层、热层和外层

穿过平流层顶（平流层中温度最高的地方，有时甚至比地面气温还高），则进入中间层。中间层位于五层大气圈的中间一层，此层中温度随高度的变化又重复对流层的情况，所以有相当强烈的对流运动，垂直方向上的混合明显，故中间层亦有“高空对流层”之称。

中间层内进行着强烈的光化学反应，即大气中各种成分在太阳辐射的作用下发生电离、复合等形形色色的反应，研究这些反应，对了解大气的电离过程以及太阳紫外辐射在大气中的变化过程，有十分重要的意义。

中间层内偶尔能观测到夜光云，它的形状像卷云，但具有特殊的微微发青的银白色，仅于黄昏来临时出现在苍穹，并随黄昏的终结而消失。这种云仍可能由水汽凝结物构成，受阳光照射而发亮。

中间层顶在85 km高度左右，它比对流层顶的温度要低得多，能达–100 ℃。通过中间层顶这个大气中最冷的区域就进入热层，热层顶的平均高度为500 km，随太阳活动变化较大。在太阳活动最小的时期，它低至360 km，而在太阳活动最大的时期则可高达700 km。

热层的下部，温度随高度增加迅速上升，到250 km左右以后则维持恒定，可达2000 ℃左右的高温，故称之为“热层”。但由于这里大气极其稀薄，这种高温并不能使东西烧焦，就像一根火柴烧不热一壶水一样。

热层大气在强烈的太阳紫外辐射和宇宙射线的作用下，处于高度电离状态，对无线电通讯极为重要的电离层大部分都在热层区域内。在高纬地区经常可观测到一种变幻多端、鲜艳夺目的特殊发光现象——极光，它的绝大部分也产生在热层中，它是太阳抛射出的带电微粒流，在地磁场作用下到达高纬地区，与热层中的气体分子和原子相互作用而产生的发光现象。

500 km高度以上就是大气的最外围了，称为外层，或称散逸层，这里的大气极度稀薄，大部分处于电离状态，其成分也是大气中最轻的氦和氢。这里气体粒子运动得很快，粒子间相互作用也很弱，致使一些高速气体粒子能够挣脱地球引力和其他气体粒子的阻力，而逃逸到宇宙空间中去，所以外层亦称散逸层。

天有多高？也就是说，外层的上界在哪里？这个问题一直困扰着人们。一种说法是1000 km左右，以极光现象出现的最大高度定为大气上界；一种考虑是取气体粒子所受地心引力和地球自转离心力相平衡的高度，由此算得大气上界为42000 km；还有一种说法是，将地球磁层顶取为大气上界，这时，地球大气的上界在离地面几个到十几个地球半径的地方，然后消失在宇宙空间中。

总之，由地面至高空，大气温度变化的形状就像英文字母W顺时针转90°的样子，在地面、平流层和热层三个暖区中插进对流层和中间层两个冷区。

（5）均质层和非均质层

根据大气家族成员随高度变化的特点，可以将大气圈分为均质层和非均质层。

如前所述，大气家族在90 km~100 km高度以下基本上是不变的，这主要是由于垂直方向的混合作用，使得轻的和重的大气家族成员仍能均匀地混合在一起，所以这一层叫作均质层。均质层中，大气密度随高度的增加而减少，但各成员的相对比例保持不变，这具体反映在大气的分子量不随高度的增加而变化，一直为28.96。

但在90 km~100 km高度以上，由于太阳的光化离解作用和重力分离作用，大气家族各成员的相对比例随高度的变化而发生变化，较轻的气体在高层占优势，不再均匀混合。图1-1-9中绘出了大气家族成员随高度的变化而产生的变化，由均质层顶直至1000 km高度之间，这一层主要是单个氧原子，而氮分子和氧分子的数目随着高度的增加而越来越少。由于氮分子很难离解，所以，即使在高空氮原子也很少。1000 km~2400 km的高度，

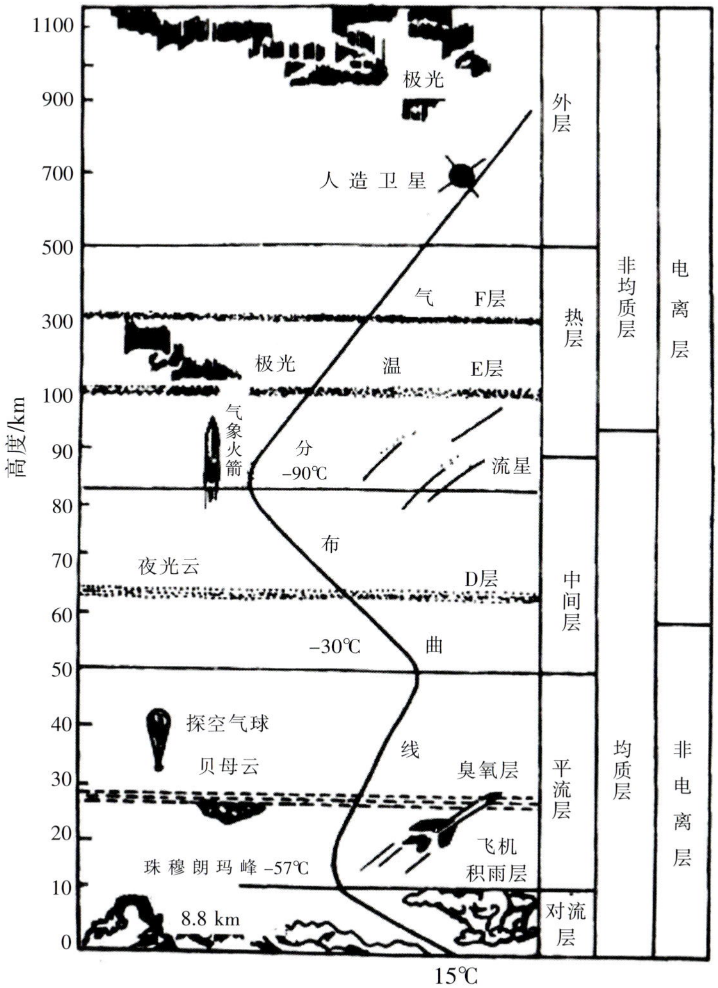

图1-1-9　大气的垂直分层结构

主要是单个氦原子，再往上就是单个氢原子的世界了。因为它最轻，重力分离作用使它出现在大气最高层，这一层可以一直延伸到与星际空间相连接。图1-1-10绘出的各层高度是平均情况，实际上，它们随着时间和地点的变化会发生很大变化。

这里主要谈谈大气密度随着高度的变化而发生的变化。大气密度是单位体积中大气家族各成员的总质量。在标准状态下，海平面上的大气密度

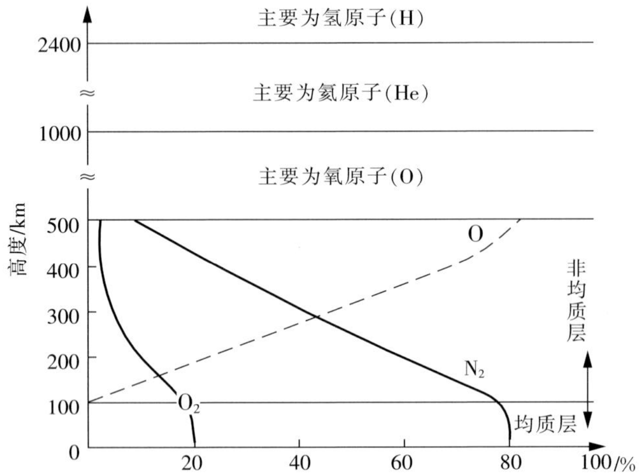

图1-1-10　大气家族成员随高度的变化

等于1.293×10^{-3} g/cm^3。在均质层中，平均每升高16 km，大气密度降低一个数量级。在均质层以上，大气密度随着高度减少的速率放慢。从地面至500 km，大气密度降低12个量级；从500 km到1000 km，大气密度降低2个量级；从1000 km到3000 km，大气密度也只降低2个量级。所以，3000 km高度的大气密度只有地面的$1/10^{16}$（亿亿分之一）。

电离层和磁层

电离层　早在1925年，人们就证实了在高空大气层中存在着能反射无线电波的电离介质区域，后来将这区域称为电离层。电离层像一面悬挂在天空的巨大反射镜，高频无线电波经它反射能达到数千千米或更远的距离，从而实现了远距离通讯，如图1-1-11。

一般认为，电离层是从离地面50 km~60 km左右起一直延伸到几千千米高度的空间。在这个区域内，由于受太阳紫外辐射、太阳粒子流（常称太阳风）、宇宙线等作用，其中的中性气体分子、原子部分地或全部地电离为电子、正离子和负离子。由于这些作用源随高度的增加而增加，而大气密度随高度的增加而减少，所以两者综合作用的结果将是在某一高度范

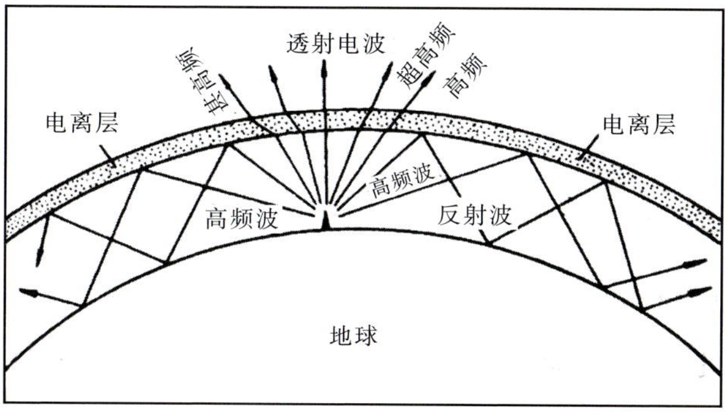

图1-1-11 电离层通信示意图

围内出现电离程度的极大值。由于复合过程比较缓慢，所以，白天形成的大量电离在夜间并不消失，而只是电离程度减弱。

电离层介质是电子、正负离子和中性粒子所组成的气体混合物。平均而言，在空间足够小的体积内，正负电荷量相等，故这种介质宏观上呈电中性。由于地球磁场的存在，这些带电粒子的运动必然要受它的约束，所以称为“磁离子介质”。表征电离特性的电子浓度（单位体积内的电子数）随空间的变化而变化，因此，电离层是一种“非均匀的磁离子介质”。

在实践中发现，不同频率的无线电波不一定都能由电离层反射，有的电波甚至可以穿过电离层而不反射。原来，电子浓度N对电波反射起关键作用，N越大，能反射的无线电波临界频率f_c就越高（大于f_c频率的垂直投射的无线电波将穿过该层而不被反射），两者的关系式为：

$$N = 1.24 \times 10^{-8} f_c^2$$

据此，人们设计了专门的自动变频测高仪来探测电离层各高度上的电子浓度N和临界频率f_c。电视广播中使用的微波波长，绝大部分都会穿过电离层，利用通信卫星中继站来达到远距离播送的目的。

电离层电子浓度随高度的变化而变化，常出现几个极大值区，并分别称之为D层、E层和F层，如图1-1-12。

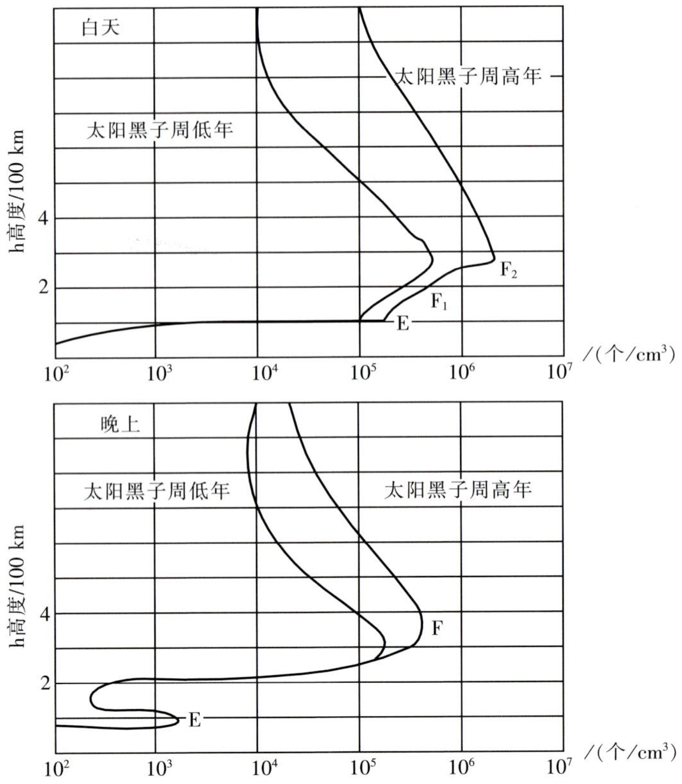

图1-1-12　电子浓度随高度分布

D层（60 km~90 km）仅白天存在，夜晚即消失，该层电子浓度很低，约为10^3 个/cm^3，而它的中性分子浓度又较其他层大得多，因此，通过D层的电波能量大部分消耗在碰撞过程之中。频率1 MHz的无线电波垂直投射时，通常就能穿透该层。

E层（110 km附近）这是比较稳定和变化简单的一层，白天夜晚始终存在，对它的了解和研究也最多。电子浓度约为10^4 个/cm^3~10^5 个/cm^3，它随太阳高度角有规律地变化。太阳当顶时，N达最大值。当然，N在白天和夜晚、在太阳活动强和弱时均有变化。

F层 在白天F层分为F_1和F_2两层，F_1层（160 km附近）与E和F_2层之间没有明显的分界高度，F_1层的平均特性与E层非常类似。F_2层是整个电离层中电子浓度最大的区域，白天可高达10^6个/cm^3，平均高度约300 km。夜间F_1层消失，与F_2层共同组成F层，高度也在300 km左右。

电离层除上述正常分层外，还存在各种不同大小的不均匀结构，小到几百米，大到几千千米，这些电离团块在电离层中飘浮，电子浓度与背景浓度不同。这些不均匀结构引起在电离层中传播的电波信号发生忽强忽弱的随机涨落。我们知道，由于大气密度的不均匀结构，引起"星光闪烁"（即星星眨眼）现象。同样，由于电离层的不均匀结构，也会引起星体发射的无线电信号在地面接收时发生闪烁现象，这叫作"射电星闪烁"。

由于电离层的形成与太阳辐射有关，所以它对太阳活动十分敏感。当太阳上发生耀斑时，会引起电离层电离度突增的现象，这叫"电离层突发骚扰"，持续数分钟至数小时不等。而当太阳局部地区发生扰动，抛出大量的带电粒子流时，往往会引起持续时间为数小时的以至数日的"电离层暴"，即电离层中的电离体剧烈而无规则地运动，各层互相搅混。这些电离层事件都会引起通讯中断，给航空、航海、邮电、广播等事业带来巨大影响。

磁层　地球上有地磁场存在，它就像一个巨大磁棒（与地球自转轴偏离11°）所产生的磁场。这种磁场在高空中受到太阳微粒流（太阳风）的影响，使得地磁场的磁力线都向后弯曲，地磁场朝太阳方向的最前沿形成一个包层，并朝着背向太阳的方向延伸。这种被太阳风包围的、彗星状的地磁场区域就叫地球磁层，如图1-1-13。

磁层始于地表以上1000 km，整个磁层同大气层一样随着地球一道在空间运动。理论计算和卫星观测表明，朝着太阳一面的磁层顶离地心约8~11个地球半径，当太阳激烈活动时，则被突然增强的太阳风压缩到5~7个地球半径。背着太阳的一面，因太阳风不能对地磁场施加任何有效压力，磁层在空间可以延伸到几百个甚至一千个地球半径之外，形成一个磁尾。

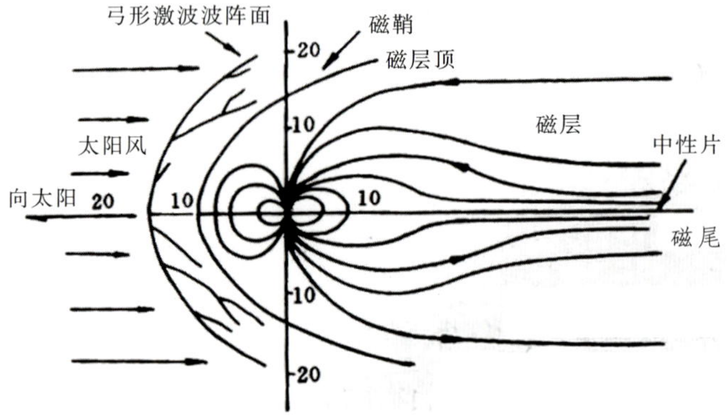

图1-1-13　地球磁层结构(图中数字均以地球半径为单位)

由于太阳风以高速接近地磁场边缘，因而形成一个无碰撞的地球弓形激波的波阵面。波阵面与磁层顶之间的过渡区叫作磁鞘，厚度为3~4个地球半径。如前所述，我们可以把磁层顶看作大气的上界。

卫星探测表明，在磁层内还存在着两条地球辐射带，它是1958年范艾伦在分析人造地球卫星探测资料时提出的，故亦称范艾伦带。内辐射带高度在1~2个地球半径之间，外辐射带高度在3~4个地球半径之间。这些辐射带是地磁场俘获的带电粒子带，它们是太阳风、宇宙线与地球高层大气相互作用而产生的高能粒子，在地磁场的作用下，沿磁力线做螺旋运动而不断辐射出电磁波。磁层和地球辐射带对于无线电通信、卫星探测和运行等都有重要影响。因此，它们已成为人们关注和研究的重要对象。

2 地球在呻吟

地球是浩瀚宇宙中的一颗普通行星，但又是迄今为止发现有人类居住的唯一星球，是“天之骄子”，从空间鸟瞰，它是一颗被淡蓝色薄幕半遮半露的晶莹球体。但是，这颗看似静谧的星球上却涌动着令人触目惊心的自残式发展活动。人类就像一个败家子，一个不知艰难只知伸手的大少爷，对地球母亲无限度地索求与榨取，弄得地球千疮百孔，成为一颗不堪重负的行星。

2.1 一颗不堪重负的行星

地球的年龄已有46亿年，并且今后50亿年还要受到太阳余晖的照耀。为什么现在正值壮年的地球就呻吟起来了呢？

（1）“人类世”的到来

地球46亿年的演化历史可以在它的地层演化中找到印证，与地质年代一一对应。地质年代的体系是：宙—代—纪—世。地球的地质年代划分是：前期是没有生命的隐生宙，后期是有了生命的显生宙。显生宙又分三代：古生代、中生代、新生代。其中，中生代是裸子植物兴盛和恐龙等爬行动物横行，新生代则是被子植物和哺乳动物主宰的时代。新生代又分第三纪和第四纪；第四纪分为更新世和全新世。当今的地质时代是显生宙新生代第四纪全新世，全新世指是距今一万多年至现代。

如果把地球的演变史压缩成一年的话（地球年），其中大半年以上的时间都是隐生宙，直到11月6日才开始了显生宙。新生代相当于12月26~31日；第四纪则相当于12月31日19时15分开始；对240万年的人类历史而言，则相当于地球年中的最后几个小时；至于人类五千年的文明史，则相当于地球年中的最后34秒。真是“弹指一挥间”，人类的文明史相对于地球的演变史来说又何其短暂。

但是，且莫低估了人类的作用。1995年诺贝尔化学奖得主荷兰大气化学家保罗·克鲁岑（Poul Crutzen）提出，人类活动对地球的影响足以成立一个地质时代——人类世（Anthropocene）。这一提法已引起广泛关注，有意见认为，人类世应由18世纪末工业革命算起，具体定为1784年。

人类世带来了哪些变化呢？

（2）人口爆炸

2011年12月31日，地球上迎来了第70亿个婴儿降生。但是，这次联合国秘书长潘基文表示，他不准备抱抱这个“70亿宝宝”，因为“他（她）出生在一个矛盾的世界里”，一个“食物充足，却有10亿人每天饿肚皮”的世界里。形成鲜明对照的是，当1999年10月12日，时任联合国秘书长安南将波黑宝宝梅维奇指定为“全球第60亿人”时，却着实风光了一阵。

1999—2011年，地球12年增加了10亿人。照发展趋势推算，2025年地球人口将达80亿，2050年将达90亿，2100年前地球人口将达100亿。回顾历史，我们知道，1800年地球人口才达第一个10亿，从10亿增长到20亿用了一个多世纪，从20亿增长到30亿用了32年，而从1987年开始，每12年就增长10亿。

据联合国人口调查的资料，截至2014年7月28日，全世界共有12个国家人口过亿，分别是中国、印度、美国、印度尼西亚、巴西、巴基斯坦、孟加拉、尼日利亚、俄罗斯、日本、墨西哥和菲律宾。人口调查的资料预测，到2050年时，刚果（金）、埃及、埃塞俄比亚和坦桑尼亚这4个非洲国家以及亚洲的越南也将人口过亿。届时，印度的人口将增至16.14亿，成为世界第一人口大国。

人口的爆发式增长，加剧了资源的消耗与生态环境的恶化，为了获取必要的食物和水，为了改善生活，人类必然在更大的广度和深度上向地球索取，干扰地球系统的自然发展秩序，造成一连串问题。

（3）环境问题丛生

《寂静的春天》

20世纪60年代，人们的环境保护意识刚开始觉醒。首先吹响号角的是1962年由美国海洋生物学科普作家蕾切尔·卡逊（Rachel Carson）撰写的《寂静的春天》，她在书中指出，人类滥用杀虫剂等可能会造成一个“没有鸟、蜜蜂和蝴蝶的世界”，将“鲜花盛开、百鸟齐鸣”的春季变成万籁无声的“寂静的春天”。所以，她认为，这种给所有生物带来危害的杀虫剂，应该叫作“杀生剂”。

在那时，一个长期流行于世界的口号——“征服大自然”在盛行，人们想到的往往是“向大自然开战”，达到征服和掌控大自然的目的，而不是与之和谐相处。所以《寂静的春天》刚面世时，也不是一片欢呼之声，就像达尔文在《物种起源》一书里提出猴子是人类的祖先一样，让很多人感到恼火并发起攻击。卡逊因侵犯了某些产业集团的切身利益，她受到的攻击不亚于当年达尔文的遭遇。

事实胜于雄辩，《寂静的春天》中提出的警告，唤醒了广大民众。很快，卡逊的声音传遍全世界，《寂静的春天》被译成多种文字，激励着这些国家的环保立法。美国前副总统、2007年诺贝尔和平奖获得者戈尔对此书也给予高度的评价，认为它是现代环保运动的肇始。《寂静的春天》作为环保运动的里程碑，已被公认为20世纪最具影响力的书籍之一。

警世的“只有一个地球”

1972年英国经济学家芭芭拉·沃德（B.Ward）和美国微生物学家勒内·杜博斯（R.Dubos）受当年召开的“联合国人类环境会议”的委托，撰写著作为会议提供背景材料，素材由40个国家提供，并在58个国家152名专家组成的通信顾问委员会协助下完成，书名为《只有一个地球——对一个小小行星的关怀和维护》。

该书从整个地球的发展前景出发，从社会、经济和政治的不同角度，评述经济发展和环境污染对不同国家产生的影响，呼吁各国人民重视维护人类赖以生存的地球。地球所拥有的一切自然资源都是有限的，人类不应该无节制地开发与滥用。作者以警世的口吻指出：人类只有一个地球，如果过度地开发与索取，这种自残式发展将导致人类自毁家园。该书已译成多种文字出版，对于推动各国的环境保护工作有广泛影响。1972年在瑞典首都斯德哥尔摩召开的人类环境会议上就通过了《联合国人类环境会议宣言》。

由于环境问题的重大影响，1973年联合国成立了环境规划署，致力于统筹管理地球环境，1992年环境与发展会议在巴西里约热内卢召开，重申了1972年联合国在斯德哥尔摩通过的《联合国人类环境会议宣言》，并在此基础上拟出27条《环境与发展宣言》，亦称《地球宪章》，目标是通过在国家、社会重要部门和人民之间建立一种新的和公平的全球合作关系。强调“人类处在关注持续发展的中心。他们有权同大自然协调一致地从事健康的、创造财富的生活”，强调发展权必须“公平合理地满足当代人和后代人的发展和环境需要”。

温室气体排放与臭氧层保护

由于人类活动的增加，在创造了物质财富和改善生活的同时，却不经意地污染了人类生存的大气环境，引发了一系列触目惊心的环境污染事件。

由于汽车尾气造成的光化学烟雾和由于矿物燃料燃烧而造成的酸雨，现在仍在许多地方作祟，危害甚烈。20世纪70年代和20世纪80年代，危害发达国家的污染问题，随着经济建设的发展，在发展中国家也相继出现，这些值得我们警惕。中国政府强调，我们决不能走“先发展后治理”的老路，以牺牲生态环境来片面追求GDP指标。2013年1月，包括北京在内的多座城市笼罩在危险的雾霾之中，对人民身体健康和交通产生了严重影响，这也给我们敲响了警钟。大气污染治理与环境保护任重道远，绝对不可掉以轻心。除了上述显性的局地性的环境污染事件之外，这里主要想强调一下隐性的大范围环境问题，这就是温室气体排放与臭氧层保护问题。

1988年为了应对日益明显的气候变化问题，由联合国的两个部门——世界气象组织（WMO）和环境规划署（UNEP）联合建立了政府间气候变化专门委员会（IPCC）。该组织每五年出一次评估报告，作为国际社会认识和了解气候变化问题的重要科学依据，已于1990年、1995年、2001年和2007年完成了四次报告，第五次于2013年完成。由于他们突出的工作成绩，IPCC和时任美国副总统的戈尔分享了2007年度的诺贝尔和平奖。

大气中的温室气体除二氧化碳外，甲烷也相当重要。20世纪80年代观测到大气甲烷浓度有明显的增加，与人类活动有关的大气甲烷源主要是水稻田和食草家畜，多种植水稻和家畜增殖都会造成甲烷增多。大气甲烷的非生物来源主要是生物体的各种燃烧过程和石油天然气以及煤矿的排放。

由几种大气温室气体的大气浓度，每年的变化率及其在大气中的存留时间等特性可以看出，二氧化碳的含量是甲烷的数百倍，而氟利昂（CFCs）是现代才出现的气体，它能在大气中存留几十到上百年，所以，即使现在限制了氟利昂的排放，在大气高层中残存的CFCs也将在相当长的时间内发挥作用。

这几种主要温室气体对气候变化的相对影响，从总体效果来看，仍是二氧化碳起主要作用，它的贡献占55%。但从单个分子来看，甲烷的作用约是二氧化碳的21倍。

科学家们在20世纪90年代根据现在温室气体的排放情况，考虑到人类可能采取的限制排放措施，计算出未来（2100年）的气候变化情况和海平面升高情况，图1-2-1（a）中绘出了一条最佳估计曲线，并绘出它们相应的变化范围。由此可知，从目前到2025至2050年间的某一时刻，大气中的二氧化碳含量将增加1倍，全球平均温度相应增加1.5 ℃~4.5 ℃，而海平面上升约0.3 m~0.5 m，如图1-2-1（b）。毫无疑问，这些气候变化将给农、林、牧、副、渔及工业交通等国民经济各部门，以及海洋、陆地、动植物

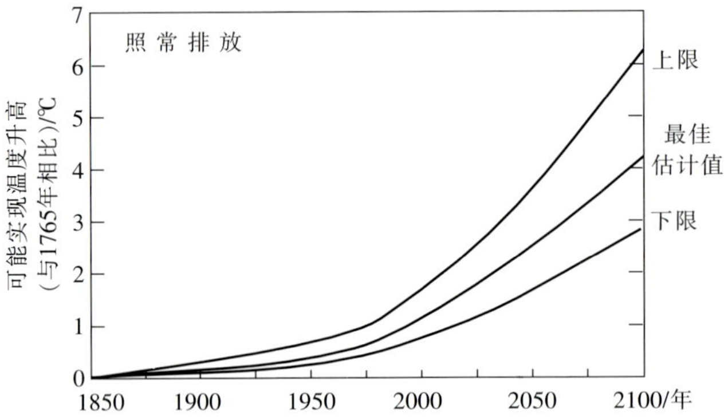

(a)未来全球平均温度变化

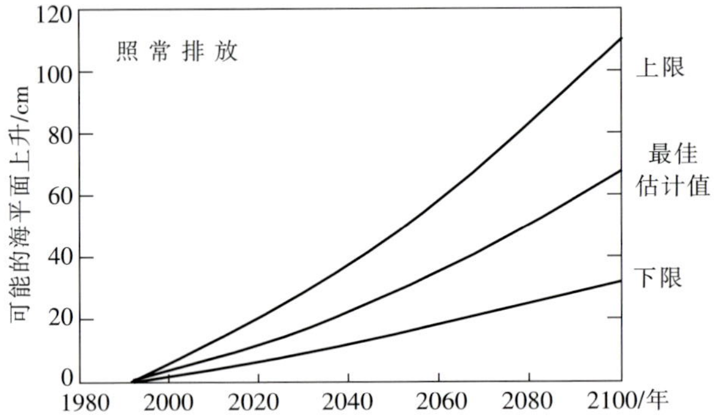

(b)未来海平面高度变化

图1-2-1

等地球生态系统造成极大的影响。IPCC 2013年的评估认为，在北半球，1983—2012年可能是过去1400年中最暖的30年，20世纪全球平均气温上升了0.74 ℃，到21世纪末，在高排放情境下的全球平均气温将在目前基础上再升高2.4 ℃~4.6 ℃。而在1901—2012年期间，全球平均海平面上升了0.19 m，平均上升速率为每年1.7 mm，至21世纪末，海平面可能上升0.60 m。

除温室气体排放造成的全球气候变暖之外，另一个重要的全球环境问题就是臭氧层保护。自1985年发现“南极臭氧洞”以来，人们逐渐弄清楚了这是人类活动增加了“臭氧耗损物质”（ODS）所致，这些ODS主要是工业冷冻剂用的CFCs，它们从地面进入平流层，能够驻留很长时间（约65~130年），因而会长期地破坏臭氧存在。

臭氧层是保护人类生存的关键层，所以人们很快达成一致，1987年9月16日，46个国家签署了《关于消耗臭氧层物质的蒙特利尔议定书》，规定各国在不迟于2000年前取消CFCs的生产与使用，而代之以绿色环保制冷剂。我们看到市场上新售的电冰箱都标有“无氟冰箱”之类的宣传，这是以实际行动支持保护臭氧层。为了提高人们保护臭氧层的意识，1995年，联合国大会决定将9月16日定为“国际保护臭氧层日”，同时也为了纪念《关于消耗臭氧层物质的蒙特利尔议定书》的签署。

（4）第六次生物大灭绝

科学家们惊呼，第六次生物大灭绝正在来临！地球历史上已有过五次生物灭绝，离我们最近的一次，即第五次生物大灭绝发生在距今约6500万年前的白垩纪末期，它使统治地球达1.6亿年的恐龙灭绝了，灾害可能是由于小行星撞击地球，导致全球生态系统的崩溃而造成的。

目前，地球上已被认识和分类定名的物种近200万种。据估计，生物总量可能有千万种以上。“种”是“物种”的简称，是生物分类中最低的一级。生物分类原则是，首先由瑞典科学家林奈于1753年提出并经后人补充完善的分类法则，现在采用的分类单位依次为：界、门、纲、目、科、属、种。如“现代人”的分类则为：动物界—脊椎动物门—哺乳纲—灵长目—人科—人属—智人种。

现实表明，自工业革命以来，世界人口不断增多，需要的生活资源也越来越多，人类活动的范围也越来越大，对大自然的干扰与破坏也与日俱增；致使大批森林、草原、河流消失，取而代之的是公路、农田、水库增多。这种土地利用变化的结果是使生物的自然栖息地遭受破坏，生物无处栖身。人类修建的每一条道路对于动物来说都是一道难以逾越的障碍。人类的干扰，使鸟类和哺乳动物的灭绝速度提高了100~1000倍，至2050年，将会有100万个物种灭绝。

以上事实表明，地球现在正处于新的生物大灭绝的边缘，其规模与史上包括恐龙灭绝在内的前五次大灭绝相当。第六次大灭绝的罪魁祸首是人类，最后人类是否被列入灭绝之中也很难说。可喜的是，一些环保有识人士已纷纷行动起来，为挽救濒危物种奔走相告，采取各种切实措施（如建立生态保护区），正是亡羊补牢，犹未为晚。

（5）土地荒漠化

荒漠化是指包括气候变化和人类活动在内的种种因素造成的干旱土地的退化。荒漠化一部分是由于气候变化引起的干燥带移动而造成的，而更多的则是人类活动造成的，如过度放牧、过度砍伐、过度农垦、水资源利用不当、工矿交通建设中不注意环保等。如作为文明发祥地的中东的美索不达米亚（今伊拉克境内）地区，是世界上最早发展农业的地域之一，由于过度的农业活动，不注意土地休养生息与治理等，就濒临荒漠化的危险。根据联合国环境规划署统计资料，过去50年间，非洲有36个国家面临旱地土地退化，即荒漠化。全球旱地占全球土地总面积的40%，荒漠化影响了70%的旱地，即36亿公顷，或世界上1/4的土地受到了荒漠化的影响。据估算，世界30%灌溉农地、47%雨养农地，以及73%的牧场发生荒漠化，这可是令人触目惊心的数字。

荒漠化是对世界农业发展的重大威胁，是环境退化的现象。它使土地滋生能力退化，农牧业生产能力及生物产量下降，可供耕地及牧场面积减少。世界上有25亿人口直接受到荒漠化的影响。到2050年如果不采取预防措施，经济损失将进一步急剧上升。

因此，保护和利用好土地，封沙育草，营造防风沙林，实行林、牧、水利等的综合开发治理，将会充分发挥植被群体效应以达到退沙还土的目的。土壤是植物的母亲，是绿色家园繁荣昌盛的物质基础。保护利用好土地，就是保护了绿色家园，保护了人类自己。

（6）资源趋于枯竭

水资源

广义的水资源是指地球表层可供人类利用的水，狭义的水资源则是能为人类直接利用的淡水。水资源是自然资源的重要组成部分。我们的地球应当叫水球，因为它71%的表面被海洋覆盖，在宇航员看来，这是一颗璀璨的蓝色星球。地球上拥有的水量非常巨大，总量为13.86亿立方千米，但海水占97.3%，淡水只占2.7%。淡水资源中冰山、冰川水占77.2%，地下水和土壤中水占22.4%，湖泊、河流、沼泽水占0.45%，大气中水占0.04%。所以淡水是很稀缺的宝贵资源。

人类目前比较容易利用的淡水资源，主要是河流水、湖泊水以及浅层地表水。这些淡水储量只占全部淡水的0.3%，占全球总水量的十万分之七，即全球真正有效利用的淡水资源每年约有9000立方千米。古往今来，人们一直都离不开“水”这样宝贵的东西，没有水，就没有生命。如今水已不是一种“取之不尽，用之不竭”的自然资源。目前在全球淡水资源中，农业用水占70%、工业用水占20%、家庭和市政用水仅占10%。这些水资源在时空上分布不均，加上人类的不合理利用，使世界上许多地区面临着严重的水资源危机。

由于人口增长和经济发展所导致的人均用水量的增加，在过去的三个世纪里，人类所需的淡水资源量增加了35倍，1970年达到了3500立方千米。20世纪的后半叶，淡水消耗量每年增加4%~8%，据有关国际组织预测，到2050年，预测生活在缺水国家中的人口将增加到10.6亿到24.3亿之间，约占全球预测人口的13%~20%。我们要时刻警醒：节约用水，别让地球上的最后一滴水成为人类的眼泪。

矿物燃料资源

矿物燃料亦称化石燃料，是一种碳氢化合物或其衍生物，其包括的天然资源为煤炭、石油和天然气等。

煤炭是埋藏在地下的植物受地下地热的作用，经过几千万年乃至几亿年的炭化过程，释放出水蒸气、二氧化碳、甲烷等气体后，含氧量减少而形成的，含碳量非常丰富。按发热量大小顺序分为无烟煤、烟煤和褐煤等。煤炭在地球上分布较为广泛，不集中于某一产地。

石油是水中堆积的微生物残骸，在高压的作用下形成的碳氢化合物。石油经过炼制后可得到汽油、煤油、柴油和重油。石油在地球上分布不均，中东占54%，北美占12%，南美占9%，几乎占了可确认埋藏量的3/4。

天然气也同原油一样埋藏在地下封闭的地质构造之中，有些和原油储藏在同一层位，有些单独存在。天然气指天然蕴藏于地层中的烃类和非烃类气体混合物，主要成分甲烷占绝大多数。系古生物遗骸长期沉积地下，经慢慢转化及变质裂解而产生的气态碳氢化合物，是较清洁的能源。

当前，探明的燃料资源储量分别为：煤炭1万亿吨，石油1万亿桶，天然气120万亿立方米。根据全球对矿物燃料的消耗速度计算，它们的消耗年限分别为：煤炭200~220年，石油45~50年，天然气50~60年。这些都是不可再生能源。目前，可再生能源，如风能、太阳能、地热、水电等的利用量还不高，只占世界总发电量的2%左右。为此，“节能减排，低碳生活”仍是我们的行动指南。

2.2 地球系统科学——一门新兴的交叉研究学科

目前，地球是人类所知的唯一有生命活动的星球，而自进入“人类世”以来，地球上的人类活动对地球系统的改变已达到了与太阳和地球的自然过程产生的影响相当的程度，千疮百孔的地球如何医治呢？在此关头，一门新的学科——地球系统科学，应运而生了。

（1）地球的全科医生

人类对地球的开发、利用、探索活动由来已久，我们现在的天、地、生、数、理、化等各大门类的科学，都会涉及地球。当然，其中以地学为最多，如地理学、地质学、气象学、海洋学、古人类学等等。这些地学学科都有悠久的学科历史，并取得了很好的成绩。但是，它们多是针对地球某一组成部分分门别类地进行研究，形成了各种专门学科，并带有各自门类特色的传统研究方法及知识体系。

现在，地球作为一颗不堪重负的行星，全身患病，不能再是“头疼医头，脚疼医脚”那样互不关联地分科治疗了。它需要的是一位全科医生，即一位新型的现代临床医生，一位高素质、功能完整的、独特的专科医生。他必须树立以“地球为中心”的服务观念，运用整体医学理论，通过现代医学诊断技术，对地球进行全面的、科学的综合治理。这位地球的全科医生就是地球系统科学。

地球系统科学是随着日益凸显的全球变化问题而发展起来的一门新兴交叉科学。它以日地空间、大气圈、水圈（包含冰冻圈）、岩石圈和生物圈（包含人类本身）整合成一体的地球系统为研究对象，致力于观测、理解和预测由地球系统各分量之间以及它们与社会和经济之间的交互作用而引起的全球环境变化。全球环境变化包括由自然活动引起的环境变化，以及人类活动引起的环境变化。后者主要指森林砍伐、矿物燃料使用、土地垦殖、农业强化、城市化发展、淡水获取、过度渔牧等人类活动引起的地球物理和地球生物化学的环境变化。

地球系统科学，采用物理学、化学和生物学的手段研究关键物质元素和能量在地球系统各圈层之间的循环与转化，并对它们进行监测和定量模拟，从而能够了解和预测全球环境的关键变化过程，使地球环境能够朝着对人类可持续发展更加有利的方向发展。

（2）发展过程与研究特点

地球系统科学是从传统的地球科学发展而来的。人类生活在地球上，就必然对地球环境产生求知欲，于是逐渐形成了地球科学各分支，如地质学、地理学、气象学、海洋学、生态学等，它们对地球的某一组成成分进行分门别类地研究。随着研究的深入，形成各自的研究方法、手段和体系。但是，由于地球的空间广域性，形成它的事件悠久性和组成要素的复杂性，分门别类地研究仍不可能完整地认识地球，传统地学面临着新的挑战。用系统的多要素相互联系、相互作用的观点去研究、认识地球，越来越为有识之士所倡导。地球科学的概念最早在20世纪80年代初期由美国人提出。20世纪80年代中期以来，地球科学发展迅猛，科学家明确提出地球物理过程与生物过程相互作用的观点，进而形成地球系统的思想。20世纪90年代，这一观点逐渐成为地学界共识，美、英、日等国纷纷制订相关计划，更促使这一学科蓬勃发展起来。联合国《21世纪议程》更将地球系统科学作为可持续发展战略的科学基础之一。

20世纪80年代以来，地球科学取得了迅猛的发展。它上天有空间探测和航空航天遥感；入地有大陆科学深钻、地震层析成像技术和深层找矿；下海有大规模海洋观测、深海钻探与大洋钻探；陆上则遍探三极：南、北极与青藏高原科学考察。这些探测与考察的结果为我们了解地球提供了基础。

地球系统科学研究的主要特点可简述如下：①具有整体性研究思维。将地球作为太阳系中的一颗行星来认识，研究整个地球的结构、演化过程和动力学；将地球视为岩石圈、大气圈、水圈、生物圈（包含人类社会）各部分组成并相互作用的一个整体系统来研究。②研究内容注意为社会发展服务。近几十年来，一些全球性重大问题，如人口剧增、资源过度消耗、环境污染、生态破坏等问题日益突出，严重阻碍经济发展和人民生活质量提高，继而威胁着全人类的未来生存与发展，于是在过去以学科为导向研究的同时，也出现了以问题为导向的跨学科研究。研究重点、学科结构也相应发生变化。③研究形式注意多学科的综合研究。现代科学技术的发展往往总是由各个学科不断相互交叉、渗透而产生新的学科，特别是地学中以“问题为导向”的研究更体现了这一点，如全球气候变化就涉及社会经济人文等多方面。④组织形式注意国际化与合作研究。由于地球科学大尺度、综合性的特点，一些重大问题的研究突破已不是个别的科学团体和国家可以完成的，需要联合多个分支学科、多个科学团体，甚至多个国家共同攻关。由于新技术、新手段、新工具的不断涌现，相信地球系统科学在21世纪必将结出丰硕之果，为我们的行星减负，使地球按可持续发展的方向演化，使地球上的人类生活得更美好。

2.3 地球系统的重要圈层

我们已经简单说过地球的起源和内部结构，这里主要谈谈地球表面的结构和其他重要的圈层。它们是地球系统的重要组成部分，也是研究地球气候的重要组成部分。前面也说过地球结构的主要特征是，以球心为中心的圈层结构。有一种划分方法是，将地幔与（外、内）地核划为地球内圈，而将岩石圈、大气圈、水圈和生物圈划为地球外圈，而在外圈与内圈之间还有一个过渡圈层，是大约在150 km深处的软流圈。所以，本节分别介绍地球外圈的岩石圈、水圈、冰冻圈（由水圈分出）、大气圈和生物圈。

（1）岩石圈

岩石圈是相对于软流圈而言的坚硬岩石圈层，厚约60 km~120 km，包括地壳全部和上地幔上部，由花岗岩、玄武岩和超基性岩构成。如图1–2–2。陆地是人类工作、生活和居住的地方，是工农业生产的载体，也承载着大部分的水圈和生物圈，蕴藏着地球重要的矿物资源，它对人类的重要性是不言而喻的。否则，我们在地球上就没有“立锥之地”了。

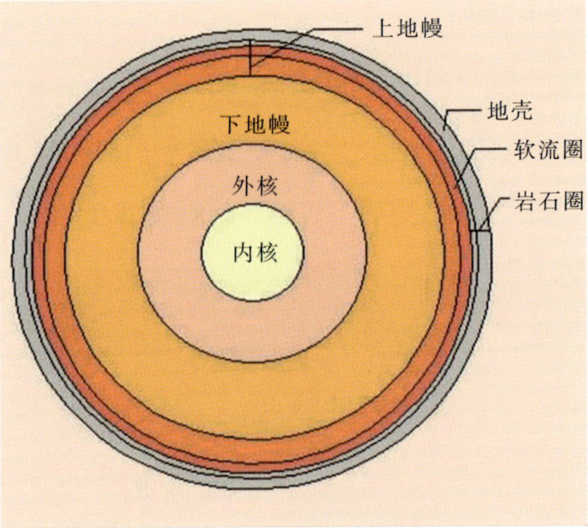

图1-2-2 岩石圈与软流圈

地壳是固体地球的最外层，是迄今研究程度最高、资料最丰富的地球部分。它分为海洋地壳和大陆地壳两类。海洋地壳一般厚度为5 km~15 km，占地球表面积的53%，固结年龄少于2亿年，由玄武岩组成。海洋地壳是从地球内部沿一定裂谷或扩张中心（大洋中脊）上涌的岩浆形成的。大陆地壳比海洋地壳厚，年龄老、密度低，厚度在20 km~70 km范围内。大陆地壳主要是花岗岩，此外，还有上千万年甚至十亿年累积的沉积岩和变质岩。地球上最古老的岩石都是在大陆地壳中发现的。

岩石是一种或几种矿物组成的集合体，按成因可划分为火成岩、沉积岩和变质岩三大类。①火成岩：又叫岩浆岩，是由岩浆冷却和结晶形成的，火成岩占地壳岩石体积的64.7%。大陆地壳主要是花岗岩，由地表下岩浆结晶形成，主要含富硅矿物。②沉积岩：又叫水成岩，是地表最多的岩石（占地表裸露岩石的75%），但只占地壳岩石的小部分（7.9%）。沉积岩在外部营力（大气、水、生物）的地质作用下形成，富含矿物资源（煤、石油、铁、铝、盐类等）。③变质岩：是由火成岩或沉积岩在物理化学环境（温度、压力、热液等）改造下形成的，其矿物成分和结构都发生一系列变化（称为变质过程）。

地球表面的特征，即地貌是多种多样的，它是多种地质过程综合作用的结果。就成因而言，地质作用分为两大类：内成过程和外成过程。内成过程包括火山活动和构造活动；外成过程包括大气圈和水圈的各种作用

（如风化、剥蚀、侵蚀、搬运、沉积）以及地外天体的陨击作用。地球的一级地貌是大陆和大洋盆地（洋盆），二级地貌有大陆上的山脉、洋盆上的洋脊和海沟，这些都是由内成过程形成的。下面主要介绍岩石圈中与地貌形成有关的大陆漂移、海底扩张和板块构造假说。

德国气象学家魏格纳（Wegener）根据地图上海岸线的形状，做了大量考证研究工作，包括拟合各大陆的外形，古气候、古生物、古地质及古地磁极等大量资料，于1912年提出“大陆漂移”假说。他认为，约两亿年前地球上有一个统一的“泛大陆”，称为“盘古大陆”，被一个“泛大洋”所包围，经过地质过程的长期作用，约在二三百万年前分裂成现今的四大洋、七大洲板块，如图1–2–3。大陆漂移假说提出后被冷落了二十多年，直到20世纪50年代，发现了一些有力的新证据，才被复苏与发展。其中，最强有力的证据是海底扩张。20世纪60年代提出了海底扩张假说，认为现今地表大洋和陆地的形态特征是过去数亿年大规模海底扩张等运动的直接结果。这期间的探测表明，海底的地壳运动从没有停歇过，海底有巨大山脉——“海岭”或大洋中脊（洋脊），宽度为1000 km~4000 km，高出海底2 km~4 km，全球洋脊绵延总长度65000 km，是地球上最大的山脉。洋脊处的热流特别高，有火山和地震活动。由地幔中放射性元素衰变生成的热，使地幔物质形成热循环，由海岭中涌出，而汇聚流入海沟（低于邻近海底几千米的沟渠）。海底随地幔对流而不断更新，整个大洋每2亿~3亿年全部更新一次。

在“大陆漂移”和“海底扩张”两假说的基础上，20世纪70年代提出“板块大地构造”假说，现已成为一个重要假说，构建了我们现今的新地球观：地球的刚性岩石圈并非整体一块，而是被一些构造活动带割裂成几个单元，即欧亚板块、非洲板块、印度—澳大利亚板块、太平洋板块、北美板块、南美板块、南极板块及一些较小板块，它们就在软流圈上面

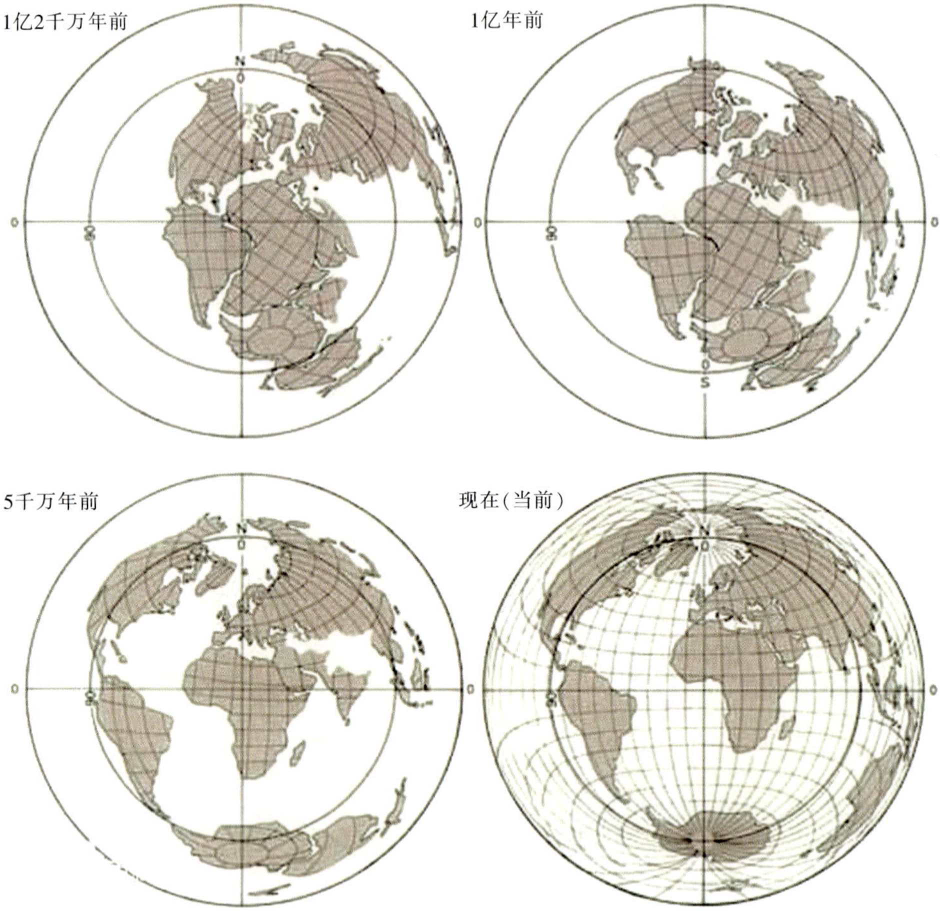

图1–2–3 大陆漂移假说图示

做大规模水平运动，致使相邻板块相互作用而在板块边缘地带产生了强烈的地质活动。

岩石圈与气候系统的关系密切，显而易见的是地形和陆面性质两项。各种地形都有相应的气候特征，如海洋气候、大陆气候、山地气候等。地形对气候影响最显见的例子就是我国青藏高原这一独特地形，由于它对南北冷暖气流和水汽的阻挡作用，而形成了独特的高原气候并影响到其他地区的季风和降水，这已成为我国气候学研究的关注重点。陆面性质如森林、草地、耕地、沙漠、积雪覆盖等，作为气候系统的一个重要下垫面，它们的反照率、粗糙度、土壤水分等特征要与大气发生复杂的相互作用，交换水分、能量等，所以陆面过程的研究以及陆面—海洋—大气相互作用的研究已成为气候学的研究重点。

（2）水圈

地球上的水以气态、液态和固态三种形式存在于空中、地表和地下，这些水不停地运动着和相互联系着，以水循环的方式共同构成水圈，是地球外圈中作用最为活跃的一个圈层。

它与大气圈、生物圈和地球内圈的相互作用，直接关系到影响人类活动的表层系统的演化。水圈也是外动力地质作用的主要介质，是塑造地球表面最重要的角色。如沟壑、河谷、瀑布都是流水侵蚀作用形成的；溶洞、石林、石峰等喀斯特地貌都是流水溶蚀作用形成的。

如图1-2-4，水圈中的水，上界可达大气对流层顶部，下界至深层地下水的下限。包括大气中的水汽、地表水、土壤水、地下水和生物体内的水。各种水体参加大小水循环，不断地交换水量和热量。水圈中大部分水以液态形式储存于海洋、河流、湖泊、水库、沼泽中；部分水以固态形式存在于极地的广大冰原、冰川、积雪和冻土中；水汽主要存在于大气中。三者常通过热量交换而部分相互转化。水圈内全部水体的总储量为13.86亿立方千米，其中海洋为13.38亿立方千米，占总储量的96.5%。分布在大陆上的水，包括地表水和地下水，各占余下的一半左右。在全球水的总储量中，淡水仅占2.7%，其余均为咸水。水不仅是人类和生物生存所必需的，而且在地质演化中起重要作用。占地球表面约71%的海洋，是水圈的主体，一直受到人类的重视。近年来，海洋的开发和利用更成为迅速发展的研究领域。

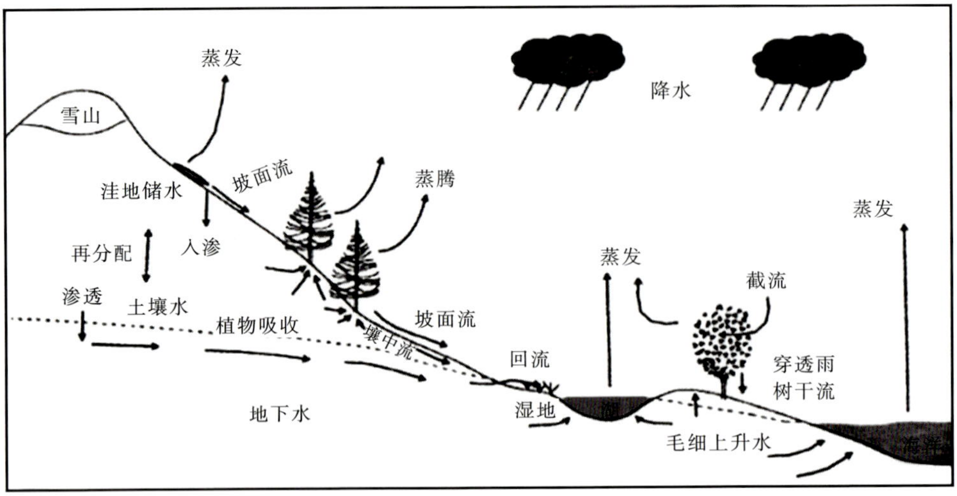

图1-2-4 地球上的水分循环

地球表面的水是十分活跃的。海洋蒸发的水汽进入大气圈，经气流输送到大陆、上升凝结成云致雨后降落到地面，部分被生物吸收，部分下渗为地下水，部分成为地表径流。地表径流和地下径流大部分回归海洋。水在循环过程中不断释放或吸收热能，调节着地球上各层圈的能量，还不断地塑造着地表水循环的形态。水圈中的地表水大部分在河流、湖泊和土壤中进行重新分配，除了回归于海洋的部分外，有一部分比较长久地储存于内陆湖泊和形成冰川。大气圈中的水分参与水圈的循环，交换速度较快，周期仅几天。由于水分循环，使地球上发生着形形色色的天气变化。

作为水圈主体的海洋，对人类来说实在是太重要了。

首先，它是一个资源宝库，具有人类所需要的一切：丰富的生物、渔业、矿产、油气能源资源，可再生的锰结核资源，海底热液资源，以及各种各样现在还未知的资源。这一切都有待开发，可能会发现一个比陆上更精彩的世界。

其次，海洋作为全球气候系统中的一个重要环节，它通过与大气的能量物质交换和水循环等作用，在调节和稳定气候上发挥着决定性作用，是地球气候的“调节器”。海洋是大气热量的主要供应者，如果全球100 m厚的表层海水降温1 ℃，放出的热量可以使全球大气增温60 ℃；海洋也是大气水汽的主要来源，海洋蒸发占地表蒸发量的84%，每年把36000亿立方千米的水转换为水汽。因此，海洋的热状况和蒸发情况直接左右着大气的相应状况。研究表明，海洋对大气的作用多是热力性质的，而大气对海洋的作用多是动力性质的，如气流对洋流的作用。海气相互作用的研究正深入广泛地开展，它是一种相互调整和相互制约的反馈过程。全球气候变暖也给海洋带来了灾难。一方面，海洋吸收了气候系统增加热量的80%以上，海水温度增加导致海水膨胀，引起海平面上升；另一方面，海洋吸收了大气中40%的二氧化碳，温室气体排放的增加导致海洋的过度吸收，从而引起海水酸化，破坏了海洋生态，如珊瑚白化、珊瑚礁死亡等。这些都是值得人类警醒的。

（3）冰冻圈

在地球系统中，冰冻圈包含在水圈之内，因为它是固态的水。但是，由于冰冻圈在气候系统中的重要地位，气候系统中又将它作为一个独立的圈层与岩石圈、水圈、大气圈、生物圈等地球外圈并列。

冰冻圈是指地球表面水以固态形式存在的部分，包括所有种类的冰、雪和冻结土，如冰川（包括山地冰川、冰帽、极地冰盖、冰架等）、积雪（雪盖）、冻土（多年冻土和季节冻土）、海冰、河冰、湖冰等。雪盖是冰冻圈的最大组成部分，覆盖陆地表面33%，冰川覆盖着近10%的海洋表面，而多年冻土覆盖着北半球近24%的陆地面积。研究冰冻圈各组成部分的各种特性、生消过程、演化机理、古环境记录，与其他圈层相互作用以及对人类社会的影响等，均属于冰冻圈科学的范畴。冰冻圈由于对气候的高度敏感性和重要的反馈作用，被认为是影响气候系统的五大圈层之一。以水的质量和热容量而言，冰冻圈是仅次于海洋的第二大群体，它占淡水总含量的75%，而南极冰原是世界最大的大陆冰原，体积达2.86×10^7 km^3，如它的冰全部融化，世界大洋海平面将会上升65 m。冰冻圈在气候系统中起制冷因子的作用。

冰冻圈在气候系统的不同时间尺度（日、季、年际、十年际、百年际）上均产生着重要作用。这些作用主要影响地球表面的能量和水分循环过程，比如影响辐射平衡过程（如雪冰反照率反馈机制），热调整，水汽、陆地海洋气体和其他物质通量交换，雪冰作为水循环过程中水的储备形式，影响径流（主要在冻土地带）等。以天然气水合物和冻结态有机物形式存在的温室气体（CO_2，CH_4）的变化影响到碳循环，因而也影响到气候变化。

人类活动引起的全球气候系统变暖已成为21世纪全球可持续发展的一个重大问题。IPCC第四次评估报告明确指出：在过去的一个多世纪中，1906—2005年的100年里，全球平均地表温度上升了0.74 ℃，与此同时，海水温度升高、大范围积雪融化、冰川退缩以及海平面上升等，都表明气候系统的变暖是毋庸置疑的，而人类活动“很可能”是气候系统变暖的主要原因。

我国冰冻圈分布广泛，不仅有重要的气候效应，还是干旱区和绿洲经济发展，以及保障寒区生态系统稳定的重要水源，关系到西部大开发战略实施和国家重大工程建设的安全。中国冰冻圈还是亚洲大江大河的源头区域，直接滋润着流域内27亿人口。在全球变暖、冰冻圈退缩的背景下，冰冻圈科学受到前所未有的重视，已成为国际气候系统及全球变化研究中最活跃的领域之一，也是全球变化和可持续发展研究领域关注的热点。

（4）大气圈

大气圈按温度随高度分布的特征在垂直方向上划分为对流层、平流层、中间层、热层和外层等五个圈层，最外面还有磁层溶入星际空间。

需要强调一点：地球大气圈在太阳系八大行星中是行星地球所特有的，只有它适宜人类生存。从次生大气演化到现代大气也是生物与人类共同作用的结果。

（5）生物圈

生物圈是指地球上所有的生物与其环境的总和。生物圈是地球上最大的生态系统，也是最大的生命系统。生物圈是一个复杂的、全球性的开放系统，是一个生命物质与非生命物质的自我调节系统。它的形成是生物界与水圈、大气圈及岩石圈长期相互作用的结果。

生物圈存在的基本条件：①要获得来自太阳的充足光能。因一切生命活动都需要能量，而其基本来源是太阳能，绿色植物吸收太阳能合成有机物而进入生物循环。②要存在可被生物利用的大量液态水。几乎所有的生物全都含有大量水分，没有水就没有生命。③生物圈内要有适宜生命活动的温度条件，在此温度变化范围内的物质存在气态、液态和固态三种变化。④要有提供生命物质所需的各种营养元素，包括氧气、二氧化碳、氮、碳、钾、钙、铁、硫等，它们是生命物质的组成或中介。

总之，地球上有生命存在的地方均属生物圈。生物的生命活动促进了能量流动和物质循环，并引起生物的生命活动发生变化。生物要从环境中取得必需的能量和物质，就得适应环境，环境发生了变化，又反过来推动生物的适应性，这种反作用促进了整个生物界持续不断的变化。

生物圈究竟有多大呢？

生物圈包括海平面以上约10000 m至海平面以下11000 m处，包括大气圈的下层，岩石圈的上层，整个土壤圈和水圈。但是，大部分生物都集中在地表以上100 m到水下100 m的大气圈、水圈、岩石圈、土壤圈等圈层的交界处，这里是生物圈的核心。

生物圈里繁衍着各种各样的生命，为了获得足够的能量和营养物质以支持生命活动，在这些生物之间，起纽带作用的是食物链，存在着吃与被吃的关系。“大鱼吃小鱼，小鱼吃虾米”，这句俗语就体现了这样一种简单的关系。这里引入“营养级”的概念。它是指生物在食物链中所占的位置，一种生物以另一种生物为食物，同时，它又是第三种生物生存的基础，形成环环相扣的关系。

生物圈中的生物按其作用可分为生产者、消费者和分解者。生产者(第一营养级)，主要是绿色植物，它能通过光合作用将无机物合成为有机物。消费者，主要指动物（人当然也包括在内)。有的动物直接以植物为生（第二营养级)，比如羚羊；有的动物则以植食动物为生（第三营养级)；还有的动物以捕食小型肉食动物（第四营养级）为生。至于人，则是杂食动物。分解者，主要指微生物，可将有机物分解为无机物。这三类生物与其所生活的无机环境一起，构成了一个生态系统。生产者从无机环境中摄取能量，合成有机物；生产者被消费者吞食以后，将自身的能量传递给消费者；这样逐级地从一个营养级传递到下一个营养级，一般只有四到五个营养级。最后，当有机生命死亡以后，分解者将它们再分解为无机物，把来源于环境的，再复归于环境。这就是一个生态系统完整的物质和能量流动。只有当生态系统内生物与环境、各种生物之间长期的相互作用下，生物的种类、数量及其生产能力都达到相对稳定的状态时，系统的能量输入与输出才能达到平衡。反过来，只有能量达到平衡，生物的生命活动也才能相对稳定。所以，生态系统中的任何一部分都不能被破坏，否则，就会打乱整个生态系统的秩序。请人们善待所有的动物，不要使食物链断裂而破坏了生态平衡。

生态系统是构成生物圈的一级单位。由于各处的生态系统所处的地质地理环境不同，具有多种不同的特征，所以，可将生态系统划分成多种类型，主要是陆地生态系统、淡水生态系统和海洋生态系统三大类。进一步还可细分：陆地生态系统包括森林生态系统、草原生态系统、荒漠生态系统、山岳生态系统、城市生态系统等；淡水生态系统包括湖泊生态系统、河流生态系统、水库生态系统、沼泽生态系统等；海洋生态系统包括海岸生态系统、河口生态系统、浅海生态系统、海底生态系统等。

我们这里重点提一下森林生态系统，它为创造适宜人类生存的环境做出了重要贡献。它被称为地球的“肺”，或看不见的“水库”。森林生态系统的组成，除乔木或灌木等绿色植物群体外，还包括森林中的动物、微生物、阳光、土壤、大气等生物和非生物因子。其作用主要表现在固碳制氧、能量交换、涵养水源和清洁大气等方面，它每年固定的太阳能约占生物圈总能的一半，所产生的生物量约占陆地总生物量的72%，研究表明，一棵树木的生态效益比砍伐它作为木材使用的经济效益要大9倍之多。

生物圈是最大的生态系统。我们必须明白，人也是生态系统中扮演消费者的一员，人类的生存和发展离不开整个生物圈的繁荣。因此，保护生物圈、保护生物，就是保护人类自己。

3 地球系统科学与空间遥感技术

为了解决全球性的资源和环境问题，使地球环境能够朝着对人类可持续发展更有利的方向发展，一门新兴交叉学科——地球系统科学应运而生。它试图用现代系统的思维方式和科学观，把地球系统作为一个有层次结构的、在社会环境系统中不断进化的极其复杂的自组织系统来研究。面对如此庞大而复杂的地球系统，需要综合利用各种技术手段，如全球定位系统（GPS）、地理信息系统（GIS）、遥感技术（RS）、地球物理技术、地球化学技术、生态系统观测研究网络、计算机技术等高新技术。

3.1 从空间观测地球系统

(1) 发展概况

自20世纪初美国莱特兄弟发明飞机和1957年苏联第一颗人造卫星发射升空以后，开创了人类航空航天新纪元，也为人类远离地球表面从空间观测地球提供了先进的平台。

从1960年美国发射的第一颗泰罗斯（TIROS）气象卫星起，迄今世界各国向太空发射的卫星已数以千计。我国自1970年4月发射第一颗人造卫星，迄今也已向太空发射了七十余颗卫星，其中包括返回式国土资源卫星、通信卫星、气象、资源、海洋，以及科学实验卫星等。随着我国空间科学技术的发展，我国也研制和发射了反映我国空间科学技术综合成就和实力的“神舟”号载人飞船，尤其是2012年6月16日发射的神舟九号，首次有女航天员上天，并实现了天宫一号与神舟九号的载人交会对接，其后2013年6月11日，神舟十号飞船升空，在轨飞行15天，完成与“天宫一号”的交会对接任务（是此任务的收官之战），并首次开展航天员太空授课活动，最精彩的是2013年12月2日发射的“嫦娥三号”，将搭载的“玉兔号”月球车送上月球表面，使我国成为继美、俄之后，世界上第三个在月球上实施探测器成功软着陆的国家，为中国航天史上掀开极具突破性的一页。由此可见，我国在航天技术方面，已进入世界先进行列。

(2) 卫星遥感的特点

相对于各种传统观测而言，卫星遥感（天基观测）具有许多优势。在低地球轨道的一个单独平台上搭载一个或几个观测仪器（如极轨气象卫星），就可以在一天中观测到整个地球——甚至可以在地球上许多地区得到多帧观测图像，而地基观测却需要多个稳定的观测站点和政治体制保证，以便能提供能源供应、数据传输，以及训练有素的操作和维护人员。对卫星遥感来说，这些都不受影响，仅凭一颗卫星、一台仪器就能完成对地表所有区域的观测，不受这些地区的政治局势、工作条件、海陆分布等影响，避免了地基观测中的仪器相互比对问题。卫星遥感的优势还表现在它的明察秋毫，自气象卫星问世以来，我国每年都能准确测定台风位置，从未疏漏一次。

根据观测对象的特点和要求，还需要不同类型的卫星遥感。低轨道卫星不可能对环境参数的短期变化进行采样，这时，对地静止轨道（在赤道上空距地约3.6×10^4 km高度的轨道上，卫星相对于地面保持不动）是一种好的选择，卫星在固定的高度可以随时测量特定地区的变化。当然，这种观测对系统的遥感信号要求要高得多。如果在不同经度上空均匀配置这样几颗地球静止卫星，则可以监测全球的动态变化。

通过主动遥感技术（卫星向地球发射自己的探测信号，然后测量返回卫星的反射或散射信号）在卫星上的应用，现在，人们已能更好地利用卫星遥感确定所关心参数的垂直变化。雷达测高仪和激光雷达是这类技术的主要代表，它们已经用于研究海面高度和陆面变形，将来还会逐渐用于研究冰面高度，以及云和气溶胶的分布。由于运用了主动遥感技术，卫星的垂直探测分辨率有了很大的提高。20世纪70年代以来，卫星的最高空间分辨率几乎是每十年一个数量级地提高。民间卫星的空间分辨率已突破了1 m，最高空间分辨率已达0.61 m。

气象卫星遥感能够探测大气层的成分，提供臭氧、水汽、气溶胶、污染物等的分布信息，并获得这些成分远距离（如越洋）传输图像，而这些也是地基观测所不能做到的。卫星能确定云的存在，提供有关土地覆盖和土地利用，以及生物生产力（包括陆地和海洋）的定量信息。此外，卫星对洋面高度、风、温度和海洋叶绿素含量都能进行测量。这使科学家不仅能够研究厄尔尼诺等现象的物理特征，还能证明生物活动的分布是如何对海洋物理状态的变化产生响应的。

最初为了科学研究而研发的卫星遥感探测现在已经成了全球环境监测系统的重要组成部分，对地遥感观测系统作为获取地球信息的技术手段，具有十分重要的意义。它能广泛地为全世界提供地球表面客观而现实的科学信息，特别是以图像或影像的形式将时间、空间融为一体，其信息之宏观可涉及全球，微观可探测到厘米级的地物。它的利用范围之广泛，上至国家决策者，下至平民百姓，均可受益。空间对地观测信息技术是国家经济建设、社会发展不可或缺的信息保障，也是关乎国家安全的关键信息资源。

可以预期，随着观测技术、平台技术、资料传输和数据处理技术的进步，地球观测卫星也会得到长足的发展，向搭载仪器的小型化和降低仪器能耗方向进军，从而使未来仪器的成本大大降低。所以在未来的太空中，对地观测平台可能有大到数十吨，满载数十种观测仪器系统的大型综合平台，甚至空间站，也可有小到几十千克甚至数百克的微小卫星系统。这两类卫星系统虽有很大的区别，性能和功能各异，但它们相互补充，相得益彰。大型卫星具有综合观测能力，而小型卫星往往主要用于较专题性的观测。

3.2 与地球系统科学有关的国际联合研究计划和观测系统

在地球系统科学思想指导下，在全球规模上已经组织了一系列重要的国际联合研究计划，对地球系统各圈层和要素的物理、化学和生物过程进行国家、区域甚至全球尺度的综合观测。比较有影响的有全球环境监测系统（GEMS，1975年成立），全球陆地观测系统（GTOS，1996年成立），全球海洋观测系统（GOOS，1992年成立），全球气候观测系统（GCOS，1992年成立）等，这些国际联合研究计划基本上是由联合国的有关组织，如环境规划署（UNEP）、粮食及农业组织（FAO）、世界气象组织（WMO）、教科文组织（UNESCO）、政府间海洋委员会（IOC）等，与国际科学理事会（ICSU）共同发起和组织的。这些计划和活动为发展全球规模的地球观测系统奠定了良好的基础。

这里，我们只重点介绍与地球系统科学最直接相关的研究计划——地球系统科学联盟（ESSP）和全球综合地球观测系统（GEOSS）。

（1）地球系统科学联盟（ESSP）

国际科学理事会（International Council for Science，ICSU）是当前科学界最权威的非政府国际组织，简称国际科联，1931年在比利时布鲁塞尔成立。原名国际科学联盟理事会（International Council for Scientific Union，ICSU），1998年改用现名，但英文缩写ICSU未变，可能是考虑历史衔接问题。ICSU的宗旨是促进科学的国际交流，关心的是跨学科的、对整个科学界和人类社会有重大影响的课题，并经常围绕这些课题发起一些有重大科学意义的国际研究计划或项目、组织国际交流活动。ICSU是中国科协代表中国加入的最重要的国际民间科技组织（1982年加入）。

显而易见，国际科学理事会作为四个国际全球环境变化计划的发起者是当仁不让的。这四项计划是：国际地圈生物圈计划（IGBP），国际全球环境变化人文因素计划（IHDP），世界气候研究计划（WCRP），以及国际生物多样性计划（DIVERSITAS）。这些国际科学研究计划的共同使命是传播科学知识，促进人类社会与地球环境的协调发展。每一项研究计划的目标简介如下：

IGBP：描述和理解控制整个地球系统相互作用着的物理、化学和生物过程，为生命所提供的独一无二的环境，这个系统正在发生着的变化，以及受人类活动影响的方式。

IHDP：提高和协调研究旨在描述、分析和理解全球环境变化的人文因素，集中研究人类个体和集体行为的前因与后果。

WCRP：通过物理气候系统的定量理解，确定气候可预测的程度，以及人类对气候影响的程度。

DIVERSITAS：把生物多样性的各种研究方法，从生物多样性在生态系统运作中的作用，到生物系统运行的社会经济方面，统一到一个连贯的国际框架中。

经过十年以上时间的全球变化研究，有如下一些重要科学发现：①地球是一个可由生命自身控制的系统。②全球变化不仅仅是气候变化。它真实存在，它正在发生，并且越来越快。③人类活动驱动着多重相互作用的影响，这些影响以复杂的方式在地球系统中发生级联反应。④地球动力学以临界阈值和突变为特征。人类活动无意中触发的一些变化，能够给地球系统带来灾难性后果（如平流层臭氧耗损）。⑤地球正在以一种前所未有的状态运行。⑥迫切需要全球管理的伦理规范和地球系统的管理战略（人类在无意中对行星环境进行改造本身是一种相当错误的管理方式，是不可持续的）。⑦一个新颖的地球科学系统正在出现。

由于以上共识，四大全球环境变化计划在ICSU主持下联合组建了地球系统科学联盟（ESSP），并于2001年在荷兰阿姆斯特丹正式成立。目前，地球系统科学联盟已初步形成了包含科学研究、分析与模拟、能力建设和协调合作等多种功能的业务体系，确定了四项联合计划：①全球碳计划；②全球水系统计划；③全球环境变化与食物系统计划；④地球环境变化与人类健康计划。

2006年11月，ESSP在北京召开了全球环境变化科学大会，来自世界各地的近千名地球系统科学专家与会，会议围绕中国面临的全球环境变化，以及它对粮食安全的影响、可持续水资源管理、人类健康、生物多样性等主题，举行了数十场专题报告和讨论，取得了丰硕成果。

（2）全球综合地球观测系统（GEOSS）

自2002年以来，在《联合国千年宣言》以及世界可持续发展高峰会议的促使下，为了完成联合国千年发展目标，一个旨在全球建立一个对天气、气候、海洋、大气、水体、陆地、地质动态、自然资源、生态系统进行观测的系统——全球综合地球观测系统（Global Earth Observation System of Systems，GEOSS）逐渐建立起来。2003年7月，在地球观测高峰会议（Earth Observation Summit）上，33个国家及联盟成员国，以及其他的国际组织共同编写了用于发展数据信息收集、数据管理、模型建立、决策制定的综合、同步、持续观测的地球观测系统的宣言。从2003年到2004年，经过4次GEO（Group on Earth Observation，地球观测组织）会议，在2004年4月，由美国环境规划署行政官和来自55个国家的环境部部长在日本会晤，编写了GEOSS的十年计划框架文件。从此，“全球综合地球观测系统”的概念得到了国际社会的高度重视和广泛接受。GEOSS的十年计划具有全球性和系统集成性两大特点。其全球性是指GEOSS将尽可能包含世界上所有国家和地区以及所有涉及地球观测的机构，其系统集成性是指GEOSS将保证把与地球观测有关的气候、海洋、大气、陆地、自然资源和人类活动等系统联系起来，形成一个前所未有的综合观测体系。

GEO现有中国、美国、欧盟和南非四个联合主席。2010年11月5日，在北京举行的GEO第七次部长级峰会上，进一步明确了十年执行计划的目标：“建立一个综合、协调和持续的全球综合地球观测系统。同时，在灾害、健康、能源、气候、天气、水、生态系统、农业和生物多样性等九个社会发展领域开展应用和信息服务，为各国决策者提供从初始观测数据到专门产品的信息服务。”会议总结了已取得的若干重要成就，通过了《北京宣言》，GEOSS和十年执行计划正在有效实施中。

参考文献

[1] 周诗健，阮忠家. 漫话地球大气[M]. 杭州：浙江少年儿童出版社，1999.

[2] 余明. 地球概论[M]. 北京：科学出版社，2010.

[3] 毕思文，耿杰哲. 地球系统科学[M]. 北京：中国地质大学出版社，2009.

[4] 斯蒂芬. 全球变化与地球系统——一颗重负之下的行星 [M]. 符淙斌，延晓冬，马柱国，等译. 北京：气象出版社，2010.

第二章 空间对地遥感技术的发展和演变

1 电磁波

装置在地面（地基）、大气中的飞行器（空基，如系留汽艇、飞机）及卫星（天基）平台上的观测仪器，都可以接收到来自地面、大气、太阳的电磁波信号。在地球—大气系统中，电磁波无处不在。

遥感技术的基础之一就是利用物理、化学及气象、地质等方面的专业知识，将接收到的电磁波信号转换为可识别的物理信号。例如，气象卫星遥感地球—大气系统的温度、湿度及其他气象要素的分布和变化，就是通过探测地球大气系统发射、反射、散射太阳和地球—大气系统的电磁辐射而实现的。

1.1 什么是电磁波

什么是电磁波？从物理上说，电磁波由同相振荡且互相垂直的电场与磁场在空间中以波的形式移动，其传播方向垂直于电场与磁场构成的平面，见图2-1-1，从而有效地传递能量和动量。换句话说，电磁波实际上是电磁场的一种运动形态，是能量的一种。

电可以生成磁，磁也能带来电，变化的电场和变化的磁场构成了一个不可分离的统一的场，这就是电磁场，而变化的电磁场在空间的传播形成了电磁波。电磁的变动就如同微风轻拂水面产生水波一般，因此被称为电磁波。

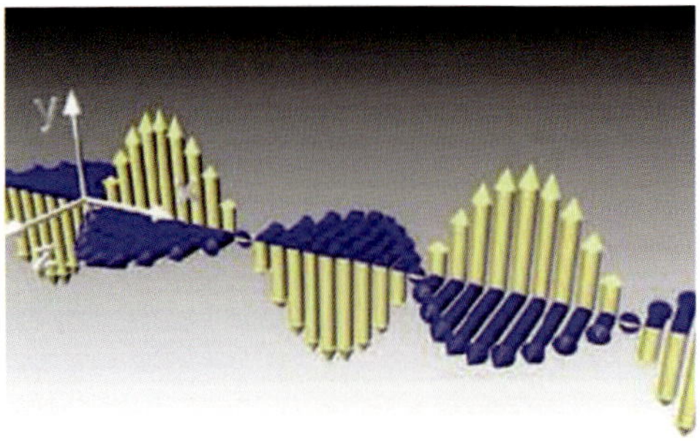

图2-1-1 电磁波的磁场、电场及其行进方向示意图

1864—1865年，英国科学家麦克斯韦在总结前人研究电磁现象的基础上，预测了电磁波的存在，并建立了完整的电磁波理论。他推导出的电磁波方程是一种波动方程，能清楚地显示出电场和磁场的波动本质。1887—1888年，德国物理学家赫兹用实验证实了电磁波的存在。

电磁波具有“波粒二象性”，它既能像波一样向前传播，又表现出粒子的特征。17世纪时，人们受观察周围的宏观物体形成的传统观念的影响，产生了相互对立和矛盾的波动性和粒子性两种学说。经典力学中研究的对象总是被明确区分为两类：波和粒子。随着20世纪初量子力学的发展成熟，微观世界中电磁波由光子组成、电磁波的波粒二象性等事实逐渐被接受。

电磁波的波动性是一种宏观现象，是指电磁波能够像声波、水波一样进行传播，在传播过程中会发生衍射、干涉等现象，描述波动的特性参数包括幅度、相位、极化、传播方向等。电磁波与水波一样，都是横波（指质点振动方向与波的传播方向垂直），因此，可应用于探测、定位、通信等。

当一块石头掉入水中，会产生逐渐向外扩散的一圈圈水波，相邻两圈水波之间的距离就是波长。波长与频率成反比，频率越高波长越短。频率用于描述物体的振动快慢（单位：Hz），即单位时间内完成振动的次数(周期的倒数)。

所有频率的电磁波在真空中的速度都等于光速c（约3×10^8 m/s），真空中电磁波的波长（λ）、频率（ν）和速度（c）满足$c = \lambda\nu$的关系。

波长和频率是确定电磁波是哪一种电磁波的基本依据。当电磁波从一种介质传入另一种介质时（例如透射），波的速度会改变，但是频率不变。

电磁波微观上来说由光子组成，具有粒子性，传播时会发生折射、散射、反射、绕射、吸收等现象，描述粒子性的特性参数包括质量、能量等。微观粒子的能量是量子化的，满足质能方程$E=mc^2$。电磁波的粒子性可解释光电效应现象：金属中的电子被光照射后由带有能量的光子击出，光子的能量（E）和频率（ν）满足$E=h\nu$的关系（h是普朗克常数，$h=6.626\times10^{-34}\ \mathrm{J\cdot s}$）。光束的颜色取决于光子的频率，而光强则取决于光子的数量。由于量子化效应，每个电子只能整份地接受光子的能量，因此，只有高频率的光子（蓝光，而非红光）才有能力将电子击出。被击出的电子克服逸出功（W_0）逃出原子，所具有的动能为$E_\mathrm{k}=h\nu-W_0$。这就是爱因斯坦的光电效应方程。

电磁波的波粒二象性是统一的、同时存在的和互补的。大量的粒子产生的效果能够显示出波动性，个别粒子产生的效果显示粒子性。当电磁波和其他物质发生相互作用时表现为粒子性，在传播过程中表现为波动性。波长短的电磁波，粒子性显著，波长长的电磁波，波动性显著。

电磁波在自由空间内传递时，高频率的磁电互变相当快，能量不可能全部返回原振荡电路，于是电能、磁能随着电场与磁场的周期变化以电磁波的形式向空间传播出去，不需要介质也能向外传递能量，这就是一种辐射。举例来说，太阳与地球之间的距离非常遥远，但在户外时，仍然能感受到和煦阳光的光与热，这就好比是“电磁辐射借由辐射现象传递能量”一样。

只要是本身温度高于绝对零度的物体，都可以发射电磁辐射，而目前尚未发现存在温度等于或低于绝对零度的物体。这就是为什么说电磁波无处不在的原因。所有的物体时时刻刻都在进行电磁辐射，并满足基本的辐射定律（例如黑体的普朗克辐射定律）。

温度越高的物体，释放出电磁波的波长就越短。太阳表面的温度约6000 K，它源源不断地向整个太阳系发射从γ射线、X射线、紫外线、可见光、红外到微波的电磁波。它的能量99%以上处于波长小于4 μm（1 μm=10^{-6} m）范围内，称为短波辐射（46%的能量集中于0.40 μm~0.76 μm的可见光区，46%的能量位于波长大于0.77 μm的红外区，小于0.40 μm的紫外区的能量只占整个能量的8%）。地球大气与地球表面的温度在180 K~330 K范围内，它发射的热辐射能量99%以上波长大于4 μm，称为长波辐射。因此，就地球—大气系统而言，对电磁波的研究应用，往往就是对辐射及辐射传输的研究应用。遥感仪器接收地面或大气传输来的辐射，基于一定的假设条件，通过大气辐射传输方程的求解或方程的转化或简化，推算出大气中温度、湿度的廓线、大气中云和气溶胶各种吸收辐射气体成分（如：水汽、臭氧等）的物理和化学性质等气象要素的分布和变化。

按照波长或频率的顺序把电磁波排列起来，就是电磁波谱，见图2-1-2，又称电磁波频谱。从低频到高频排列，电磁波谱包括无线电波、微波、

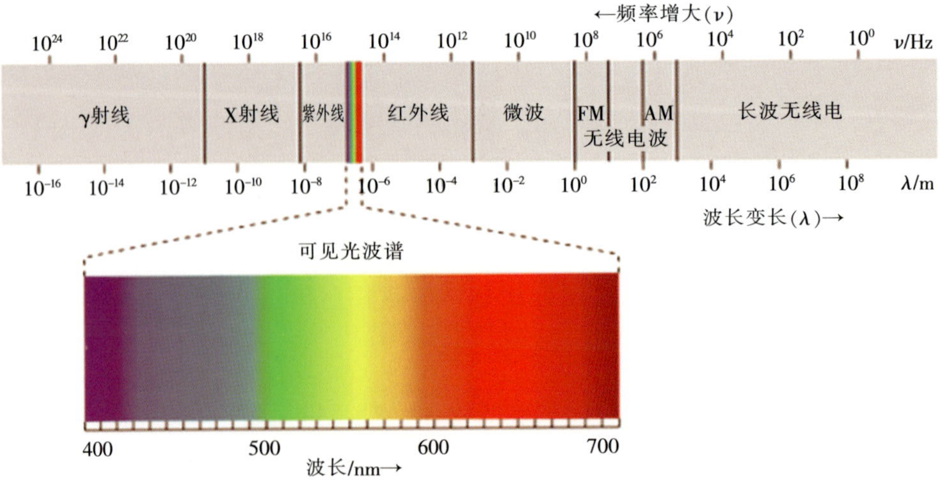

图2-1-2　电磁波谱

红外线、可见光、紫外线、X射线、γ射线、宇宙射线等。无论是波、光，还是射线（波长长时归为“电波”组，波长极短时归为“射线”组），都属于电磁波，它们的本质完全相同，都具有电磁波的固有特性，只是波长和频率有很大的差别。广义的电磁辐射通常是指电磁波频谱而言。狭义的电磁辐射是指电器设备所产生的辐射波，通常是指红外线以下部分。

光波是电磁波频谱中频率在3.8×10^{14} Hz~7.9×10^{14} Hz（波长在380 nm~780 nm）的电磁波，在人们还没有认识到光是电磁波之前，把这种看得见的电磁波命名为“光”。换句话说，看得见的电磁波就是光（可见光）。其他频段电磁波也是可以用仪器“看”到的，例如，夜视仪就能看到红外频段的电磁波。光波不同于宏观观念中那种连续的波，它是表示大量光子运动规律的一种概率波。

随着科学技术的快速发展，人类对电磁波的认识和利用不断深入。不同谱段电磁波，产生机理不同，具有不同的特性，如波动性、热效应、可见性、化学效应、穿透性等，而其作用不尽相同，见表2-1-1。无线电波用于通信，微波用于微波炉消毒、微波遥感探测，红外线用于遥控、热成像探测、红外制导等，可见光是所有生物用来观察事物的基础，紫外线用

表2-1-1　不同谱段电磁波的产生机理、特性和应用

<table>
<tr><th></th><th>无线电波</th><th>红外线</th><th>可见光</th><th>紫外线</th><th>X 射线</th><th>γ 射线</th></tr>
<tr><td>变化</td><td colspan="6">波长：大→小
波动性：明显→不明显
频率：小→大
粒子性：不明显→明显</td></tr>
<tr><td>产生机理</td><td>自由电子做周期性运动</td><td colspan="3">原子的外层电子受到激发产生的</td><td>内层电子受到激发</td><td>核受到激发</td></tr>
<tr><td>特性</td><td>波动性强</td><td>热效应</td><td>引起视觉</td><td>化学效应</td><td>穿透力强</td><td>穿透最强</td></tr>
<tr><td>应用</td><td>无线电技术</td><td>遥感加热</td><td>摄影照明</td><td>荧光杀菌</td><td>医用透视</td><td>工业探伤</td></tr>
</table>

于医用消毒、验证假钞、测量距离、工程上的探伤等，X射线用于医疗CT照相，γ射线用于治疗、使原子发生跃迁从而产生新的射线等。

电磁波用于无线电广播和电视广播的大致过程是这样的。在无线电广播中，先将声音信号转变为电信号，然后将这些信号由高频振荡的电磁波向周围空间传播。而在另一地点，利用接收机接收到这些电磁波后，又将其中的电信号还原成声音信号。而在电视广播中，除了要像无线电广播中那样处理声音信号外，还要将图像的光信号转变为电信号，然后也将这两种信号一起由高频振荡的电磁波向周围空间传播。电视接收机接收到这些电磁波后，又将其中的电信号还原成声音信号和光信号，从而显示出电视的画面和喇叭里的声音。

由于空间对地观测卫星处于地球大气之外，它了解地球大气的唯一方式就是接收来自大气的各个波段的电磁波辐射。因此，卫星探测大气的核心问题，就是研究如何从卫星上可能接收到的电磁辐射信息中“提取”所关心的各种大气物理量。这方面最直观的是给地球“照相”，据此得到的就是大家熟悉的可见光和红外卫星云图。根据卫星云图，能够获得全球范围内的云系分布的准确图像，特别是生动地了解了与各类天气系统相联系的云系特征。气象工作者很早就利用气象卫星云图来监视台风等危险天气，并揭示了许多天气系统的演变规律。气象卫星的功能当然不只是提供云图，更为重要的还在于它能测定全球范围内各种大气要素的垂直分布以及海陆地表特征等。夜间没有太阳可见光通道数据的情况下，只能利用红外通道进行探测。晴空区海表温度和地表温度的遥感反演，最初就直接采用了与红外通道观测的辐射亮温借助经验公式的回归系数进行统计计算的方法，而且精度还比较好。

1.2 电磁波传播与辐射传输

同样频率的电磁波，在不同介质中的传播速度不同。不同频率的电磁波，在同一种介质中传播时，频率越大，折射率越大，速度越小。电磁波只有在同种均匀介质中才能沿直线传播，若介质是不均匀的，则电磁波在其中的折射率是不一样的，在这样的介质中，它是沿曲线传播的。

当电磁波入射到不同介质的界面上，例如光线入射到水面、玻璃面时，或电磁波在传播过程中遇到不同物质时会发生一系列的现象，包括反射、散射、折射、绕射、衍射、干涉、透射以及吸收等。这些现象，一方面与入射的电磁波性质有关，另一方面也与界面两侧的介质的性质有关。假设入射波为单色平面电磁波，那么，反射、折射电磁波也为平面电磁波。根据波粒二象性理论，折射、反射、绕射属于波的粒子性；衍射、干涉属于波的波动性。

入射界面两侧的介质存在光疏介质和光密介质之分。这些介质是指分子结构排列（晶格结构）有所不同，即原子核束缚电子能力有强有弱等原因，造成了电磁波在遇到不同介质时会有不同的现象发生。当晶格间距与电磁波长相近或更短时，电磁波会发生散射、衍射、干涉等现象。当晶格间距远大于电磁波长时，电磁波会发生折射、反射等现象。吸收则是跟原子核束缚电子的能力有关，也与晶格结构相关。

电磁波传播所涉及的介质有地球（地下、水下和地球表面等）、地球大气（对流层、平流层、电离层和磁层等）、日地空间以及星际空间等。这些介质的结构千差万别，特性各异。但就其在传播过程中的作用，可以分为三种类型：①连续的传播介质，如对流层、平流层和电离层等。②介质间的相交界面，如海面和地面等。③离散的散射体，如雨滴、雪、飞机、导弹等，它可以是单个的，也可以是成群的。由于这些介质的特性多数随时间和空间而随机地变化，所以，与它相互作用的电磁波的幅度和相位也随时间和空间而随机变化。因此，介质和传播波的特性需要用统计方法来描述。

下面分别举例说明反射、散射、透射和折射现象。

(1) 反射

人眼能看到东西，是因为有光经过反射进入了眼球。只要有光线就有反射，而且世间万物就是因为有反射，所以才能被看到。通俗地来讲，反射图像就是所能看到的物体的虚像。

光的反射实际上是指光在传播到不同的介质分界面上时，不能穿过另一种物质而改变传播方向又回到原来的传播介质中的现象。比如，光照在水面上、镜面或玻璃上后，又反射到空气中、反射到人眼中，这都是最常见的反射现象。在光的反射现象中，光始终只在一种介质中传播。

镜面反射是反射的一种特殊情况，这种情况下，反射面是平滑的。

黑板表面的反射并不单单属于镜面反射。黑板表面的反射有两种情况：当四面的同学看得清黑板上的字时，是漫反射；当同学看不清黑板上的字并且有光照在黑板上时，是镜面反射。

反射情况发生时，垂直于镜面的直线叫作法线；入射光线与法线的夹角叫作入射角；反射光线与法线的夹角叫作反射角。在反射现象中，反射光线、入射光线和法线都在同一个平面内；反射光线、入射光线分居法线两侧；反射角等于入射角。这就是光的反射定律。在反射现象中，光路是可逆的。

全反射是反射中的一种情况，光从光密介质射向光疏介质时，若入射角大于等于临界角则界面上所有的光都反射回来，光疏介质中没有折射光，这种现象称为全反射，没有折射光只有反射光，而且反射时不损失能量。实际上，仍然有电磁光透射到第二介质，但透射光仅存在于界面附近的薄层中。而当光线由光疏介质射到光密介质时，因为光线靠近法线而折射，故这时不会发生全反射。

光导纤维是全反射现象的重要应用。光导纤维是一种透明的玻璃纤维丝，直径1 μm~100 μm。它由内芯和外套两层组成，内芯的折射率大于外套的折射率，光由一端进入，在内芯和外套的界面上经多次全反射，从另一端射出。这与木桶中折射光线消失、全部光线反射回水中的情况是类似的。1870年的一天，英国物理学家丁达尔到皇家学会的演讲厅讲光的全反射原理，他做了一个简单的实验：在装满水的木桶上钻个孔，然后用灯从桶上边把水照亮。结果使观众们大吃一惊。人们看到，放光的水从水桶的小孔里流了出来，水流弯曲，光线也跟着弯曲，光居然被弯弯曲曲的水俘获了，如图2-1-3。丁达尔曾对人们发现的光能沿着从酒桶中喷出的细酒流而传输的现象产生好奇，而且也知道，光能顺着弯曲的玻璃棒前进的现象。这是为什么呢？难道光线不再直进了吗？经过丁达尔的研究，发现这是全反射的作用，即光从水中射向空气，当入射角大于某一角度时，折射光线消失，全部光线都反射回水中。表面上看，光好像在水流中弯曲前进，实际上，在弯曲的水流里，光仍沿直线传播，只不过在内表面上发生了多次全反射，光线经过多次全反射向前传播。

图2-1-3　光在木桶外的全反射

（2）散射

日出前太阳没有升起时，以及日落之后见不到太阳时，仍能看得清周围的景物，这是光的散射现象。尽管太阳在地平线以下，但由于大气分子和悬浮在大气中的微小粒子，包括水汽会发生光的色散现象，因此，仍有太阳光散射到人的眼中。

散射就是当电磁波入射到宏观物体或微观电子上时，引起物体上的诱导电荷和电流或改变电子运动，从而向各个方向产生了电磁波辐射的过程。以光波为例，它主要和物质中的电子发生相互作用。因此，当光波入射到物体上时，波的电场使物质中的电子加速。这些加速了的电子沿不同方向辐射出电磁波，结果，沿入射波传播方向的辐射将有所减弱，所减弱的能量分布到其他方向上。

在入射和散射共面的散射平面内，散射能按散射角φ分布。前向和后向散射辐射最强且两者相等，垂直于入射方向上的散射最弱，只及最强散射的一半。

电磁波的散射是自然界中重要而普遍的现象之一，并有着广泛的应用。在波长极短的情形下，光的量子性十分显著，这时，光的散射又称为光子的散射。波长小于4×10^{-12} m的电磁波的散射称为γ光子散射，它是研究核结构的工具之一。稍长的波长称为X射线的散射，它是研究晶体结构极有力的分析方法。在可见光通道范围内，光的散射产生五彩缤纷的自然景象，如蓝天、红日和白云。有源遥感是通过可见光、红外线和微波的散射数据来确定目标性质的一种新技术。微波的散射是雷达确定目标的方位和距离的主要依据。超短波在对流层中的散射可以用作远距离的通信。

大气中发生的散射主要有三种：瑞利散射（粒子半径d远小于入射波长λ）、米散射（$d\approx\lambda$）和均匀散射（$d>>\lambda$）。

晴朗的天空是蔚蓝色的，这并不是因为大气本身是蓝色的，也不是大气中含有蓝色的物质，而是由于大气分子和悬浮在大气中的微小粒子对入射到大气层的太阳光产生了散射作用。可见光的波长从长到短可以简要用“红橙黄绿蓝靛紫”来概括。当太阳光通过晴朗的大气时，空气比较干净，波长较短的紫、蓝、青色光最容易被大气分子、冰晶、水滴散射，而波长较长的红、橙、黄色光透射能力较强而散射较少，由于这种综合效应，天空呈现出蔚蓝色。假如空气受到污染，那么天空就所有的光都能漫反射，就是天空呈白色的原因。海面上则是由于对蓝紫光的散射更多，而人眼对紫光反应又不够灵敏，所以海面上的天空显得更蓝。

旭日的红色又是怎么产生的呢？早晨，阳光通过厚厚的大气层，这时紫光和蓝光被强烈散射，到达地平线时，已所剩无几，余下的只是波长较长的黄、橙、红光。所以，旭日是红色的。这些色光再经地平线上空的大气分子、尘埃、水滴等物质散射，就使得那里天空呈现出绚丽的彩色，如果有云，它会把光线反射回来，云块上就会染上彩色，出现朝霞。

大气粒子不仅包括尺度为0.1 μm~1 μm的固体气溶胶粒子，还包括0.1 μm~1 μm的霾滴、1 μm~10 μm的云滴、1 μm~100 μm的冰雪晶等。在假设这些粗粒子为均匀的球形的情况下，利用电磁波的散射特性，包括粒子本身尺度和形状的特性，以及散射发生时与角度相关的特性，可以通过遥感来反演识别出云的粒子和半径，以及云粒子的相态（冰相、液相等）来。

大气散射削弱主要发生在可见光区，而大气吸收引起的辐射能削弱，主要发生在紫外、红外及微波区。

（3）透射和吸收

当光入射到透明或半透明材料表面时，一部分被反射，一部分被吸收，还有一部分可以透射过去。透射是入射光经过折射穿过物体后的出射现象。被透射的物体为透明体或半透明体，如玻璃、滤光片等。

在无吸收和无散射时，能量是守恒的，因此，反射比与透射比的和，恒为1，换句话说，反射比越大，透射比就越小。

辐射与大气分子产生作用，当表现为辐射吸收时，吸收的辐射能被气体分子转化为内能（电磁能转化为内能）或分子内部状态的能级跃迁。吸收作用的强弱不但与波长有关，还与大气的温度、气压和吸收气体的含量有关。大气中的主要吸收气体为氧气、臭氧、氮气、二氧化碳、水汽、原子氧和原子氮，其他的还有一氧化氮、二氧化氮、一氧化碳和甲烷。大气吸收相当于光路上辐射能量的衰减，由于吸收波谱的差异性，吸收率与光学厚度、光学质量呈非线性关系，而对于非常小的光学质量来说，才可近似看成吸收率和光学厚度相等，即吸收率和光学质量之间存在线性关系。

(4) 折射

折射就是当在折射率不同的两种介质中传播时，由于电磁波的传播速度不一样了，所以传播方向会发生改变。通俗地说就是，当光从一种介质传到另一种介质的界面时，会继续进入另一种介质中传播，但一般会在界面处“折”一下。

例如，在一间黑屋子里，用手电筒以一定的角度（90°除外）照射鱼缸或深水的表面，这时，从鱼缸侧面就会看到，光束会透入水中，入射的光束和透射进去的光束不是一条直线，而是一条折线，发生了一定角度的偏移。比如，将筷子放在盛有一半水的碗中，筷子上部留在空气中，筷子下部在水中，这时，观察到筷子是弯曲的。

在折射现象中，光经过了两种介质。在折射现象发生时，入射光线、折射光线、法线在同一平面内；入射光线和折射光线分别位于法线两侧；光从空气斜射入水（或玻璃等）时，折射光线向法线靠近，折射角小于入射角。入射角增大时，折射角也增大。光垂直射到水（或玻璃等）中时，折射光线与入射光线在同一直线上。

炎热的夏天，在阳光曝晒的柏油马路路面有“假水”，远看是水面甚至感觉是油面，但到近处后发现实际并没有，这时，路面比其上方1 m的空气甚至可能热10 ℃左右。沙漠旅行者看到沙面上的海市蜃楼或湖水，都是折射现象，见图2–1–4。冷空气的密度比暖空气大，因此有较大的折射率。当光线由冷空气进入有着明确边界的暖空气时，光线会弯曲偏离温度梯度的方向；当光线由暖空气进入冷空气时，它们会偏向接近温度梯度的方向。如果接近地面的空气比更上面的温暖，光线会弯曲朝上呈现凹线的轨迹。一旦光线抵达观测者的眼睛，视觉皮层将解释成它是沿着“视线”

(a)热路面蜃景

(b)春天的莫哈维沙漠出现的下蜃景

图2-1-4

笔直地前进，然而这条线只是它抵达人眼处弧线的切线方向。结果，天空中的下蜃景似乎是在地面上。观测者可能会错误地解释这些景象是水反射至空中的，对大脑而言，这是较为合理和常发生的。“宁静”状态的地球大气层垂直梯度大约是高度每升高100 m，温度变化–1 ℃（数值是负的，是因为温度随高度增加而降低）。发生蜃景的温度梯度比这个大得多，这个条件常出现在被强力加热的地面。例如，当太阳一直照耀着沙或沥青，通常就会生成下蜃景的景象。下蜃景，之所以称为“下”，是因为看见的影像是在实际物体下方的缘故。下蜃景的影像是不稳定的。热空气上升和冷空气（因为密度较高）下降，因此空气层会混合，引起上升的湍流，图像会因此被扭曲。它也可能会振动、垂直扩展（高耸）或横向扩展（水平变宽）。如果有几层不同的温度层，可能会混合好几个蜃景，导致双影像、重叠影像。来自远方特定距离物体的光线全都穿越几乎相同的空气层，并且全部都有相同的偏折量。因此来自物体顶端的光线比那些来自底部的光线更低，所以这些蜃景经常是倒立的，天空增强了影像的错觉，使得远方物体的影像很像经过扰动的水或油坑表面作用的镜像。

地球周围是厚达约1000 km的大气层。大气层由氮、氧、二氧化碳及其他稀有气体和水汽、尘埃组成。大气层对电磁波存在反射、吸收、折射和散射等作用。当距地球1.5×10^8 km的太阳将其光线照射到地球表面时，绝大部分的能量消失掉了，只剩下一部分大气散射和反射的能量能够穿过大气层到达地球表面。

图2-1-5是地球能量估算模型及更新版本模型。科学家们利用ERBS、NOAA-9、Terra这三类极轨气象卫星所搭载的一系列测量地表和太阳能辐射平衡的仪器——地球辐射平衡实验（ERBE）和云与地球辐射能量系统（CERES）自1984年10月以来的观测，已逐渐了解了局地/全球、海洋/陆地、天气/气候等各尺度的辐射收支情况，并对各通量的具体数值、比例及误差进行了多次调整。太阳短波辐射入射至地球，被地球大气系统中的云（尤其是低云）和大气、地表反射回宇宙（30%左右），余下的大部分被大气，主要是被地球表面所吸收。在大气、陆地和海洋混合层，辐射能转变为化学能、热能、动能，作为驱动天气和气候的能量。地表通过释放感热和植物蒸腾作用、大气通过释放潜热作用，向上发射红外长波辐射，云，又会把一部分大气发射辐射反射回地表，这叫作大气逆辐射。通常，太阳辐射光通过大气层时没有被反射、吸收和散射的透射能力很强的波段范围，叫作大气透射窗区。这就像太阳光线通过窗户纸的小孔射入屋里一样，这小孔就如同透射窗口。大气透射窗区主要有五个通道，分别是：①0.3 μm~1.15 μm的近紫外通道、可见光以及近红外通道；②1.3 μm~2.5 μm的近红外通道，主要应用于地质遥感；③3.5 μm~5.0 μm的中红外通道，用来探测高温目标；④8 μm~14 μm的热红外窗口，属于地物的发射波谱；⑤1 mm~1 m，微波窗口，能够穿透云层、植被及土壤，全天候工作。空间对地遥感探测使用的遥感器，大多是通过大气透射窗区来获得地面信息的。

星载传感器上所设定的不同的电磁波通道在大气层的不同高度权重不

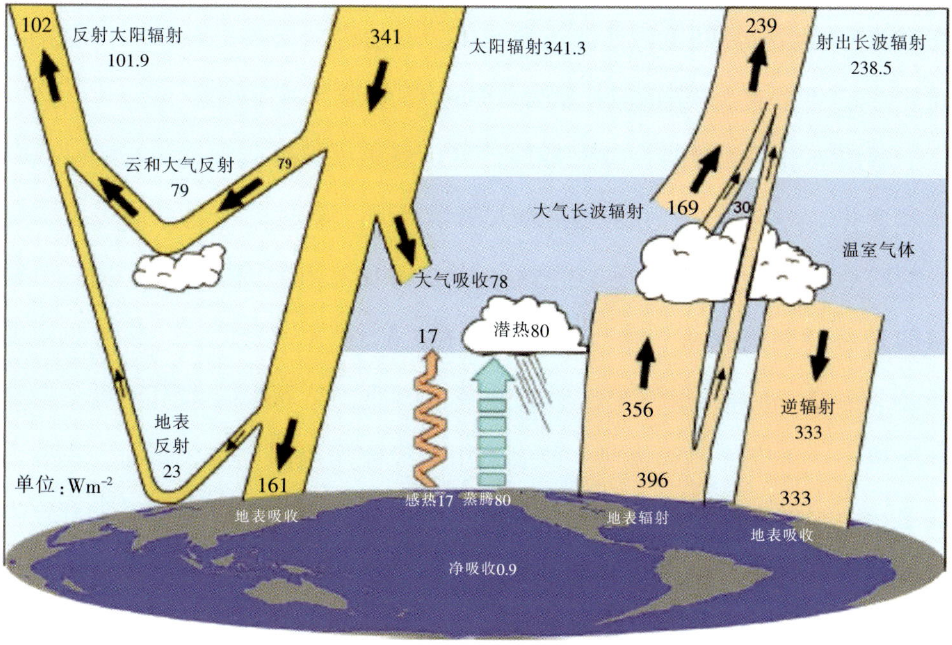

(a)2009年

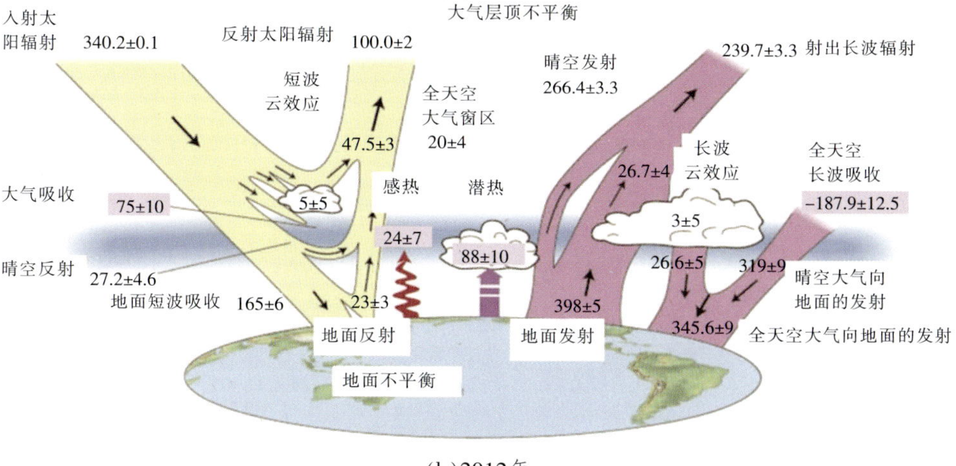

(b)2012年

图2-1-5　地球能量估算模型及更新版本模型

同，大气中不同吸收气体的吸收特性不同，因此利用电磁波在大气及大气窗区的透射和吸收特性，可以遥感地球—大气系统的温度和湿度情况以及各种气体、沙尘等气溶胶的时空分布和变化情况。

由于地球表面不同物质存在不同的反射特性，因此，星载传感器所接收到的反射辐射会随电磁波波长而变化，这使得利用卫星遥感识别和探测不同下垫面类型，甚至探测海洋中富含营养的浮游植物等成为可能。

利用电磁波的吸收和散射特性，可以遥感反演臭氧、气溶胶的时空分布和变化。对波长小于0.32 μm的太阳紫外线，臭氧的吸收系数很大。臭氧的吸收光谱分布于紫外（0.255 μm）、可见光和红外区（9.6 μm），最强的是哈特莱吸收带，位于2200 Å~3200 Å（1 Å=10^{-10} m）。臭氧的密度在20 km~25 km大气层（平流层）最多，因此，臭氧吸收太阳辐射主要在平流层，这里空气比较稀薄，散射作用与吸收作用相比是次要的。在地面或卫星上测量太阳紫外辐射时，考虑臭氧的强吸收与辐射衰减信号可以间接推算出臭氧的含量，从卫星上测量臭氧的方法有后向散射法和掩星法两种。后向散射法的原理是测量大气对太阳紫外辐射的后向散射光，利用大气对哈特莱带紫外辐射最强散射层的高度随入射波长变化的特点，可以得到臭氧随高度的分布。掩星法的原理是测量卫星在进入地球阴影前和飞出阴影后的太阳直接紫外辐射，从而得到太阳辐射穿过臭氧层路径上的臭氧总量。气溶胶是指悬浮在大气中的各种液态或固态微粒，通常所指的烟、雾、尘等都属于气溶胶，它对大气中发生的许多物理化学过程有着重要的影响。大气气溶胶对太阳可见光有很强的散射和吸收作用，它引起太阳光的衰减。衰减的大小与气溶胶粒子的谱分布和气溶胶粒子对光的散射和吸收的特性有关。根据这种关系，在地面或高空气球上测量大气对直接来自太阳的不同波长的可见光的衰减（光谱消光法），或者测量太阳光的小角散射光强（华盖法），在扣除了大气分子对光波衰减的贡献以后，可以得到气溶胶粒子的平均谱分布。

2 遥感及其分类

全球地面站点空间分布极为不均，而且高山、极地、沙漠地区及广阔的海洋上测站更为稀少。站网密度大大限制着人类去正确认识地球的概貌和各个系统的活动规律，许多中小尺度危险天气系统更难以用如此大尺度的地面资料网来研究和预报，经常出现“漏网之鱼”。常规地面观测要素的内容也比较稀少，不仅空间密度太稀疏，而且时间间隔有些情况下很长。因此，雷达微波遥感、卫星红外遥感、高分辨率高光谱地物定量遥感等技术发展极快，为人类了解和认知地球系统提供了有力的工具。

遥感是以航空摄影技术为基础，是20世纪60年代初发展起来的一门新兴技术。起初为航空遥感，自1972年美国发射了第一颗陆地卫星后，标志着航天遥感时代的开始。遥感技术目前已广泛应用于资源环境、水文、气象，地质地理等领域，成为一门实用的、先进的空间探测技术。

当前，遥感已形成一个从地面到空中乃至空间，从信息数据收集、处理到判读分析和应用，对全球进行探测和监测的多层次、多视角、多领域的观测体系，成为获取地球资源与环境信息的重要手段。全球遥感技术已广泛应用于农业、林业、地质、海洋、气象、水文、军事、环保等领域。在未来的数十年中，预计遥感技术将步入一个更快速和及时提供多种对地观测数据的新阶段。遥感图像的空间分辨率、光谱分辨率和时间分辨率都会有极大的提高。其应用领域也会随着空间技术的发展，尤其是地理信息系统和全球定位系统技术的发展及相互渗透，将会越来越广泛。

2.1 什么是遥感

遥感，顾名思义，就是遥远的感知，泛指一切无接触的远距离的探测。从现代技术层面来看，遥感是通过传感器/遥感器，在远离目标和非接触目标物体条件下探测目标地物，获取其反射、辐射或散射的电磁波信息

（如电场、磁场、电磁波、地震波等信息），并根据其特性对物体的性质、特征和状态进行提取、判定、加工处理、分析与应用的一门科学技术。

自然界中的遥感无处不在。蝙蝠之所以在黑暗中也不会碰到洞壁，是因为它能够发出次声波（频率小于20Hz的声波）并接收反射回来的次声波。响尾蛇通过觉察红外线热效应对食物进行跟踪和捕食，因此，军方也常借它的名字来定义精确制导的火箭。动物和人的眼睛及耳朵，同样也是用于通过感知光信号、声信号的重要遥感工具。遥感还可以简单地理解成用相机拍照片，如果相机是放在卫星上的，就是卫星遥感，所拍的照片就是卫星影像，如果是在飞机上拍摄的，就是航空影像。

遥感的历史发展是从望远镜、气球观测和空中摄影测量开始的，1608年汉斯·李波尔赛制造了世界第一架望远镜，20世纪60年代，美国发射了TIROS、ATS、ESSA等气象卫星和载人宇宙飞船。真正标志航天遥感时代的开始的，是1972年美国发射的地球资源技术卫星ERTS-1（后改名为LandSat-1）。

为了更进一步了解遥感探测的特点，首先要对现有常规气象观测的特点做一分析。百叶箱内的温度表、高空探测的探空仪，在感应原理上有一个共同点，即都是“直接感应”探测。这里所谓“直接”有两重含义。一是仪器所测量的是与感应器直接接触的那一小块空气的特性。凡不与感应器相接触的空气就无法测出。二是所测要素直接作用于感应器使之发生某种特征量的变化，然后以适当的方式标示出来。例如，气温变化使温度表球部产生胀缩，气压变化造成空盒的伸缩，等等。直接感应探测的优点很多，主要有三方面。一是原理简单、明了、直观；二是测量容易得到较高的精度；三是所测要素是指天气预报等气象业务所需的常规要素，例如，温度、湿度、气压、风速、风向等。由直接感应探测仪器构成的全球性气象站网，为初步揭示大气运动规律和天气预报服务工作提供了坚实的基础。

遥感卫星能够通过分析被动接收的来自地表的不同反射辐射信号，来识别和区别所观测到的物体，见图2-2-1。雪、沙漠、湿地、小麦，其反射率是随光谱的变化而变化的，雪在可见光通道范围内的反射率很高，湿地在0 μm~1.2 μm范围内反射率低于10%，小麦和沙漠在不同通道其反射率高低值存在显著的差异变化，小麦在不同成长时期其反射率也随波长有不同的曲线变化。因此，通过分析卫星传感器上不同光谱范围内的反射信号或其他辐射信息，综合考虑地物波谱的特性，就可以了解地球表面及地球大气中的一些物质的存在情况，通过连续观测甚至能够进一步理解其在整层垂直大气中随时空的变化情况。

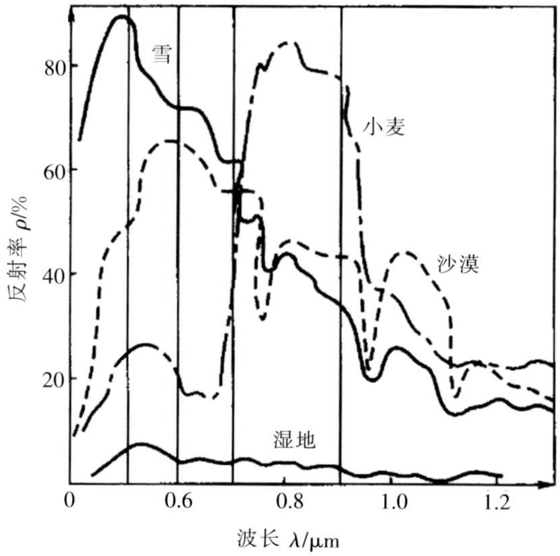

图2-2-1 雪、沙漠、湿地、小麦的反射波谱曲线

遥感作为一门对地观测综合性技术，它的出现和发展，既是人们认识和探索自然界的客观需要，更有其他技术手段无法比拟的特点。

(1) 大面积同步观测。遥感所用的飞机、卫星高度很高，能在较短的时间内从空中乃至宇宙空间对大范围地区进行对地观测，并从中获取有价值的遥感数据，这些数据拓展了人们的视觉空间。例如，一张陆地卫星图像，其覆盖面积超过3万平方千米。这种展示宏观景象的图像，对地球资源和环境分析极为重要。

（2）时效性强。获取信息的速度快、周期短。由于卫星围绕地球运转，从而能及时获取所经地区的各种自然现象的最新资料，以便更新原有资料，这是人工实地测量和航空摄影测量无法比拟的。例如，LandSat卫星每16天可覆盖地球一遍，NOAA气象卫星每天能收到同一地区上空卫星上行过境和下行过境的两次图像，FY-2静止气象卫星每30分钟获得同一地区的图像。

（3）遥感数据的综合可比性强。通过遥感能动态地反映地面事物的变化。遥感探测能周期性、重复地对同一地区进行对地观测，这有助于人们通过所获取的遥感数据，发现并动态地跟踪地球上许多事物的变化，同时，研究自然界的变化规律。尤其是在监视天气状况、自然灾害、环境污染，甚至军事目标等方面，遥感的运用就显得格外重要。遥感探测所获取的是同一时段、覆盖大范围地区的遥感数据，这些数据综合地展现了地球上许多自然与人文现象，宏观地反映了地球上各种事物的形态与分布，真实地体现了地质、地貌、土壤、植被、水文、人工构筑物等地物的特征，全面地揭示了地理事物之间的关联性。根据不同的任务，遥感技术可选用不同波段和遥感仪器来获取信息。利用不同波段对物体不同的穿透性，还可获取地物内部信息。例如，地面深层、水的下层，冰层下的水体，沙漠下面的地物特性等。微波波段由于通过穿透云层和雾，可以全天候地工作。遥感技术所获取信息量极大，其处理手段是人力难以胜任的。例如，LandSat卫星的一幅TM图像，覆盖185 km×185 km地面面积，像元空间分辨率为30 m，光谱分辨率为28位，其数据量约为36MB。6个通道的数据量就是216MB。为了提高对这样庞大数据的处理速度，遥感数字图像处理技术随之得以迅速发展。

（4）获取信息受条件限制少。在地球上有很多地方，自然条件极为恶

劣，人类难以到达，如沙漠、沼泽、高山峻岭及两极等。采用不受地面条件限制的遥感技术，特别是航天遥感，可方便及时地获取各种宝贵资料。

2.2 遥感的分类

大气遥感研究开始于20世纪20年代，应用吸收光谱定量分析理论和实验技术，在地面观测透过大气层的太阳紫外和近红外光谱的辐射信号，推算出大气层内臭氧和水汽的总含量。到20世纪40年代中期，用于军事侦察的微波雷达发现了来自云雨的回波信号。20世纪60年代以后，红外、微波、激光、声学和电子计算机等新技术蓬勃发展，对大气信号的认识遍及声波、紫外、可见光、红外、微波、无线电波等波段，形成了声波大气遥感、光学大气遥感、激光大气遥感、红外大气遥感、微波大气遥感等各个分支。大气遥感被广泛应用于气象卫星、空间实验室、飞机和地面气象观测，成为气象观测中具有广阔发展前景的重要领域。

根据遥感探测的不同特性，可以按平台所在高度、所利用的电磁波的光谱通道、是否带有电磁波发射源、遥感器记录数据的不同形式、应用空间尺度、研究对象或应用领域分类。遥感的这些分类，并没有严格的界限。有时，一种遥感往往是多种遥感分类的综合情况。

(1) 按平台所在高度分类，遥感大体上可分为航天遥感、航空遥感和地面遥感等类型，一般也称为天基、空基和地基。

航天遥感又称太空遥感，泛指以各种太空飞行器为平台的遥感技术系统，高度一般在400 km~900 km以上，包括载人或不载人的宇宙飞船、航天飞机、太空站及各种行星探测器。卫星遥感是航天遥感的重要组成部分，它是指以不同高度的人造地球卫星作为遥感平台，对地球和低层大气进行光学和电子观测。

航空遥感泛指从飞机、飞艇、气球、探空火箭等空中平台，对地进行观测的遥感技术系统，高度一般在3 km~5 km，它的特点是控制灵活、分辨率更高，但花费也更高。

地面遥感主要指以固定的遥感塔、可移动的遥感车、舰船为平台的遥感技术系统，将地物波谱仪或传感器安装在这些近地面的平台上来进行各种地物波谱测量。

这些具有不同技术性能、工作方式和技术经济效益的遥感平台，组成了一个多层、立体化的现代化遥感信息获取系统，为完成专题的或综合的、区域的或全球的、静态的或动态的各种遥感活动提供了技术保证。

（2）按所利用的电磁波的光谱通道分类，遥感可分为可见光/红外遥感、热红外遥感、微波遥感等类型。

可见光/红外遥感是利用可见光（0.4 μm~0.7 μm）和近红外（0.7 μm~2.5 μm）通道进行遥感。它们的共同特点是辐射源为太阳。在这两个通道上，只反映地物对太阳辐射的反射，根据地物反射率的差异，就可以获得有关目标物的信息，而且它们可以用摄影方式和扫描方式来成像。

热红外遥感，指通过红外敏感元件探测物体的热辐射能量，显示目标的辐射温度或热场图像，一般使用8 μm~14 μm电磁波。地物的温度与太阳相比低得多，在常温下所辐射出的绝大部分能量位于此通道。热红外遥感的特性是可以进行昼夜工作，即夜间也能够通过接收热辐射信号而进行全天候连续观测。

微波遥感，指利用波长1 μm~1000 μm电磁波进行遥感探测。通过接收地面物体发射的微波辐射能量，或接收遥感仪器本身发出的电磁波束的回波信号，对物体进行探测、识别和分析。微波遥感的特点是，对云层、地表植被、松散沙层和干燥冰雪具有一定的穿透能力，还能夜以继日地全天候工作。

（3）按是否带有电磁波发射源分类，遥感可分为主动遥感和被动遥感。

主动遥感又称为有源遥感，指传感器本身携带的人工电磁辐射源（主要指激光和微波）向目标物发射一定能量的电磁波，然后接收反射回来的电磁波。雷达通过发射和接收脉冲电磁波来观测云、雨及大气中的风等要素，就属于主动遥感。2006年4月28日，美国发射了搭载雷达的CloudSat卫星和搭载激光雷达的Calipso卫星，能够对地球进行高垂直分辨率的探测，获取同一点上垂直方向上的多层反射信号。

被动遥感又称为无源遥感，指探测仪器直接接收记录地物反射的来自太阳的电磁波或者地物自身发射的电磁波，即电磁波来自天然辐射源——太阳或地球。绝大多数天基遥感仪器属于被动遥感范畴，它们工作在紫外、可见光、红外、微波等通道，只能接收一个方向上一个接收截面内的总辐射量。因此，为了区别出不同的目标物，设计被动遥感仪器时，会考虑到目标物光谱特性及整个电磁波传输路径上各种因素造成的衰减（水汽、二氧化碳、臭氧吸收等），而将传感器信号接收通道进行有倾向性地设计，或设计出高光谱通道的传感器。2002年5月4日，美国发射的Aqua卫星上搭载的大气红外探测仪（AIRS）具有2382个在0.4 μm~15.4 μm范围的通道。2006年10月19日，欧洲发射的MetOp-A卫星搭载的干涉式红外大气探测仪（IASI）甚至有8461个3.62 μm~15.5 μm范围的通道。乌鲁木齐天文站25 m射电望远镜天线系统由原电子工业部39研究所于1993年在南山基地建成并投入使用，是目前我国最大的射电望远镜之一。射电望远镜是一种以接收射电源所发出的各种波长的射电信号作为被动遥感探测方式的仪器。

（4）按遥感器记录数据的不同形式分类，遥感可分为成像遥感和非成像遥感。

成像遥感是指通过摄影和扫描方式直接获得观测视场中的二维图像，在成像遥感中又可细分为摄影式成像遥感（例如相机）和扫描式成像遥感（光机扫描）。摄影式成像遥感是指用光学原理摄影成像的方法获得的图像信息的遥感，如使用多光谱摄影机进行的航空和航天遥感。非摄影式成像遥感是指用光电转换原理扫描成像方法获得的图像信息的遥感，如使用红外扫描仪、地球资源卫星LandSat上的多波段扫描仪（MSS）等进行的航空和航天遥感。

非成像遥感只能获得数据和曲线记录，如使用红外辐射温度计、微波辐射计、激光测高仪等得到的航空和航天遥感数据，这些数据不产生二维图像。

(5) 按应用空间尺度分类，遥感可分为全球遥感、区域遥感和城市遥感。

全球遥感，指全面系统地通过遥感方式研究全球性资源与环境问题。

区域遥感，指以区域资源开发和环境保护为目的的遥感，它通常按行政区划（国家、省区等）和自然区划（如流域）或经济区进行。

城市遥感，指以城市环境、生态作为主要调查研究对象。

(6) 按研究对象分类，遥感至少可分为资源遥感和环境遥感两大类。而按外层空间、大气、陆地、海洋等应用领域分类，又可细分为大气遥感、农业遥感、林业遥感、地质遥感、水文遥感等。

资源遥感，指以地球资源作为调查研究对象的遥感方法和实践，调查自然资源状况和监测再生资源的动态变化。这是遥感技术应用的主要领域之一。利用遥感信息勘测地球资源，成本低，速度快，有利于克服自然界恶劣环境的限制，减少勘测投资的盲目性。

环境遥感，指利用各种遥感技术，对自然与社会环境的动态变化进行监测、评价与预报。由于人口的增长与资源的开发利用，自然与社会环境随时都在发生变化。用遥感多时相、周期短的特点，可以迅速为环境监测、评价和预报提供可靠依据。环境遥感的概念比较广泛，从图2-2-2遥感在环境中的应用分类来看，主要包括大气环境、水环境、生态环境、城市环境、环境灾害等方面。具体地说，包括生态环境变化的基本资料都在环境遥感范畴之内，诸如沙漠化进程、土地盐渍化和水土流失、生态环境

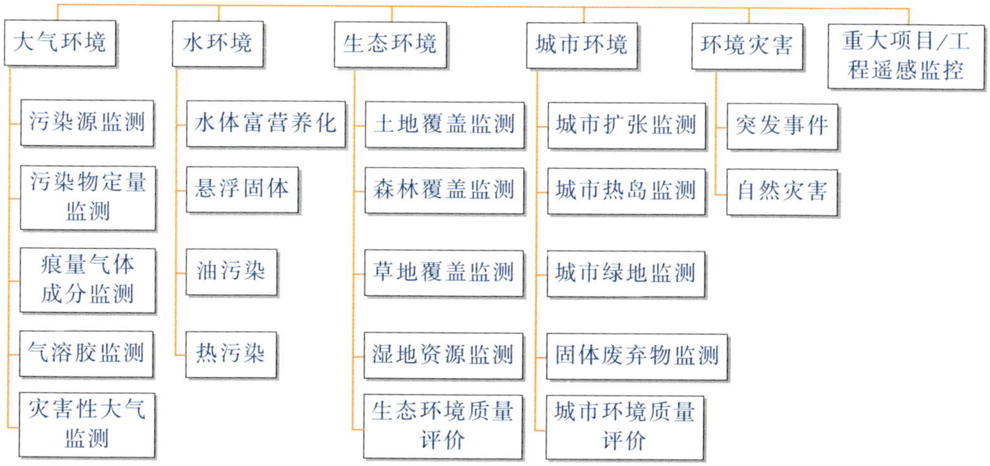

图2-2-2　遥感在环境中的应用

恶化（如酸雨对植被的污染）、工业废水和生活污水对水体的污染、石油对海洋的污染等基本状况和发展程度。

农业遥感主要包括利用遥感技术进行土地资源的调查，土地利用现状的调查与分析，农作物长势的监测与分析，病虫害的预测，以及农作物的估产等。

林业遥感指把遥感技术用于林业资源检测、监控林木的生长情况、预报预测林业病虫害等。

地质遥感是综合应用现代遥感技术来研究地质规律，进行地质调查和资源勘察的一种方法。它从宏观的角度，着眼于由空中取得的地质信息，即以各种地质体对电磁辐射的反应作为基本依据，结合其他各种地质资料及遥感资料的综合应用，以分析、判断一定地区内的地质构造情况。地质遥感主要包括地面及航空遥感试验，发展适用于地质找矿、地质环境的遥感系统，进行图像、数字数据的处理和地质判释。

水文遥感，指应用传感器在遥远处探测不直接接触的水体的性质和水文要素。

另外，还有渔业遥感、城市遥感（城市热岛效应分析、城市变化检测、城市绿化分析、城市大气污染检测、城市土地利用分析）、工程遥感、灾害遥感、军事遥感（进行军事侦察、导弹预警、海洋监视、武器制导、军事测绘）等。

3 对地观测卫星的种类和发展

自从牛顿发现万有引力定律，并设想在高山上水平抛出物体，当速度大到一定程度时，物体就不会落回地面，成为一颗人造地球卫星。三百多年后，他的这一理论得到了证实，人类在地球上方发射了各种各样的人造卫星。

环绕地球在宇宙空间轨道上运行的人造地球卫星，按用途可分为科学卫星、技术试验卫星、应用卫星三种。科学探测和研究的科学卫星，包括空间物理探测卫星和天文卫星等（使用的仪器包括望远镜、磁强计等）。技术试验卫星，包括进行航天新技术试验或者是为应用类卫星进行试验的卫星。应用卫星，在所有人造地球卫星中其种类最多，发射数量也最多，主要有三大用途：①无线电信号中继，包括通信卫星、海事卫星、广播卫星、跟踪和数据中继卫星和搜索营救卫星；②对地观测平台，包括气象卫星、地球资源卫星、军事侦察卫星等；③导航定位基准，包括导航卫星、测地卫星，等等。应用卫星也可分为军用卫星、民用卫星及军民两用卫星。

3.1 对地观测卫星的分类

对地观测卫星，按用途，可分为气象卫星、地球资源卫星、环境卫星和军事侦察卫星等。

气象卫星，是对地球及其大气层进行气象遥感观测的人造地球卫星。它能大范围地、及时迅速地、连续完整地对天气和气候“察颜观色”，并把云图等气象信息发给地面用户。气象卫星在空间利用遥感器收集地球，特别是大气目标辐射或反射的电磁波信息，并记录下来，由信号传输设备发送回地面进行处理和加工，判识出地球环境、资源和景物及其变化的信息。太阳同步轨道气象卫星每天对全球表面巡视两遍（绕地14圈左右，每圈100分钟左右），优点是可以获得全球气象资料，缺点是对某一地区每天只能观测两次。地球静止轨道气象卫星对地球近1/5~1/3的地区连续进行气象观测，用四颗静止气象卫星均匀地布置在赤道上空，就能对全球的中低纬度地区天气系统的形成和发展进行连续监测。由于相对于地球静止，因而对有强烈日变化特征的地球大气参数有很好的观测优势，但也因为离地球和大气太远，卫星的空间分辨率和探测精度低一些。它的缺点是，对纬度大于55°地区的气象观测能力差。太阳同步轨道气象卫星和地球静止气象卫星同时在天上工作，就可以优势互补。我国的气象业务卫星叫风云气象卫星系列，包括风云一号、风云三号太阳同步轨道气象卫星和风云二号、风云四号地球静止轨道气象卫星两大类。正在运行的有FY-3A、FY-3B、FY-3C、FY-2D、FY-2E、FY-2F、FY-2G。

地球资源卫星是用来勘测和研究地球自然资源的卫星，主要应用于陆地的资源探测、环境监测，它能“看透”地层，发现人们肉眼看不到的地下宝藏、历史古迹、地层结构，能普查农作物、森林、海洋、空气等资源，能预报和鉴别农作物的收成，考察和预报各种严重的自然灾害。随着遥感技术的发展，采用合成孔径雷达和光学遥感器相结合的地球资源卫星，具有全天候、全天时、高精度的特点。

地球资源卫星按勘探的区域分为陆地资源卫星和海洋资源卫星（海洋

观测卫星或海洋卫星）。

地球资源卫星能迅速、全面、经济地提供有关地球资源的情况，对土地利用、土壤水分监测、农作物生长、森林资源调查、地质勘探、海洋观测、油气资源勘查、灾害监测和全球环境监测等地球资源开发与国民经济发展具有重要作用。

第一颗陆地资源卫星是美国于1972年7月23日发射的地球资源技术卫星（Earth Reasource Technology Satellite-ERTS），1975年更名为陆地卫星LandSat，由于它出色的观测能力推动了卫星遥感的飞跃发展，迄今已经发射了八颗卫星，空间分辨率从80 m发展为60 m。第一颗法国研制的“斯波特”卫星（SPOT）于1986年2月发射成功，它所携带的两台相同的高分辨率遥感器HRV（High Resolution Visible），具有多光谱和全色波段两种模式。HRV不像LandSat那样采用扫描镜进行观测，而是采用CCD的电子式扫描，由于HRV装有可变指向反射镜，能在偏离星下点±27°（最大可达30°）范围内观测任何区域，所以，通过斜视观测平均两天半就可以对同一地区进行高频率的观测，缩短了重复观测的时间。此外，通过用不同的观测角观测同一地区，可以得到立体视觉效果，能进行高精度的高程测量与立体制图。

海洋卫星主要用于海洋水色色素的探测，为海洋生物的资源开发利用、海洋污染监测与防治、海岸带资源开发、海洋科学研究等领域服务。按用途分，海洋卫星可分为海洋水色卫星、海洋动力环境卫星和海洋综合探测卫星。海洋卫星的主要仪器包括散射计、高度计、微波辐射计。我国的陆地资源卫星和海洋卫星分别为中巴地球资源卫星（CBERS-01、CBERS-02、CBERS-02B）、遥感卫星一号到十三号、资源三号和海洋一号、海洋二号。测图卫星也是资源卫星的一种，指专门为测图目的设计的或具有立体测图能力的卫星。

环境卫星，从广义上说属于气象卫星和资源卫星的范畴，从狭义上说，指专门用于环境和灾害监测的卫星。

美国静止业务环境卫星（GOES）和极轨业务环境卫星（POES）以及欧洲环境卫星（ENVISAT），都用于气象和环境的观测和探测。我国的专用环境卫星为环境一号卫星，它由两颗光学小卫星（HJ–1A、HJ–1B）和一颗合成孔径雷达小卫星（HJ–1C）组成，HJ–1A和HJ–1B于2008年9月6日在太原卫星发射中心“一箭双星”成功发射，HJ–1C于2012年11月在太原卫星发射中心发射。环境一号具有中高空间分辨率、高时间分辨率、高光谱分辨率、宽观测带宽性能，能综合运用可见光、红外与微波遥感等观测手段弥补地面监测的不足，主要用于进行大范围、全天候动态监测，及时反映生态环境和灾害发生、发展过程，对生态环境和灾害发展变化趋势进行预测，对灾情进行快速评估，为紧急求援、灾后救助和重建工作提供科学依据，采取多颗卫星组网飞行的模式，每两天就能实现一次全球覆盖。

军事侦察卫星，用于搜集和截获军事情报。优点是侦察范围广、速度快，可不受国界限制定期或连续地监视某个地区，对于增强国家的军事实力和综合国力具有重要意义。军事卫星按功能可分为成像侦察卫星（按传输方式分为返回型和传输型，按侦察详细程度分为普查型和详查型，按成像方式分为光学成像卫星和雷达成像卫星）、导弹预警卫星、导航卫星、通信卫星、海洋监视卫星、气象卫星等。军事侦察卫星有变轨能力，容易受天气影响，这主要是指光学成像卫星（例如，美国的第五代KH–11型、第六代KH–12型“锁眼”侦察卫星、中国的“尖兵”系列、法国“太阳神”），但雷达成像卫星（例如，美国1988年年底开始启用的“长曲棍球”系列、日本的“雷达4号”侦察卫星、印度的“雷达成像–1”）因能透过云层和沙尘暴，就没这个缺陷，成像也非常精确。军事侦察卫星中的地观测卫星主要是指照相侦察卫星和海洋监视卫星。通信传输的任务，往往由所独立开发研制的或租用的商业通信卫星来承担。照相侦察卫星的设备主要包括可见光相机、红外相机、多光谱相机、合成孔径雷达以及电视摄像机等。海洋监视卫星是为掌握对象国或是目标区域大面积的海上活动情况而发射的监视卫星，即对水面舰艇和潜艇进行探测、跟踪、定位、识别并监视其行动。例如，美国目前的“白云”卫星，它采用先进的电视摄像、红外探测器、电子侦察接收机、雷达等遥感器材，观测海上船只、舰队的活动情况，探测潜艇并对其实施跟踪。

中国的军事卫星包括照相侦察卫星“烽火”系列（1974—2002年）、全球定位卫星“北斗”系列（1999年至今）、通信卫星“东方红”系列（1970年至今）、科学卫星“实践”系列（1988年至今）等。

美国是世界上最早研制、发射并使用电子侦察卫星的国家，在卫星的数量、类型、技术性能以及应用等诸方面代表着当今世界的最高水平。美国目前的军事卫星中用于对地遥感的主要有三种：天基红外系统（高轨）、天基雷达系统和空间跟踪与监视系统。天基红外系统（高轨），功能是红外太空监视，用于导弹预警、导弹防御、战场描述和战术情报，是一种先进的监视系统。该系统是用于作为国防支援计划卫星而设计的，已取代了国防支援计划卫星，由美国空军太空司令部（AFSPC）运行。天基雷达系统，用于在太空跟踪战场移动目标，由洛克希德马丁和诺格公司承包，由美国空军空间与导弹系统中心（SMC）/美国国家侦察局（NRO）开发与采购，由美国空军太空司令部（AFSPC）运行。空间跟踪与监视系统，功能是红外监视，执行海外监视和跟踪任务。用于跟踪弹道导弹的发射和着陆。该系统是多层弹道导弹防御系统的传感器部分，与天基红外系统（高轨）共同组成。由诺格公司承包，由美国导弹防御局（MDA）、美国空军太空司令部（AFSPC）共同运行。

1970年4月24日，我国自行设计、制造的第一颗人造地球卫星“东方红一号”，由“长征一号”运载火箭一次发射成功。从第一颗人造地球卫星进入太空以来，我国的空间技术进入了一个新时代。1978年，中国共产党十一届三中全会召开以后卫星事业蓬勃发展。遥感卫星多次发射、回收成功；静止通信卫星发射、定点成功；极轨气象卫星发射成功。这一系列的胜利成果，标志着我国卫星技术在许多重要领域达到了世界水平。这些卫星中，涵盖了无线电信号中继、对地观测平台、导航定位基准等各种用途的多种应用卫星。

3.2 对地观测卫星遥感技术及其发展

对地观测是以地球为观测对象，依托卫星、飞船、航天飞机、飞机以及近空间飞行器等空间平台，利用可见光、红外、高光谱和微波等多种探测手段，获取信息并进行处理和形成产品的过程。相应的承载平台、探测手段、处理及应用设备等共同构成对地观测系统。

对地观测系统，根据承载平台所处空域的不同可分为天基、空基和临近空间三大类，根据用途不同可分为军用系统、民用系统、商业系统。

对地观测技术主要指卫星通信技术、空间定位技术、遥感技术和地理信息系统等技术，这些技术的集成将使人类源源不断地、快速地获取地球表面地物随时间变化的几何和物理信息，了解地球上各种现象及其变化，从而指导人们合理地利用和开发资源，有效地保护和改善环境，积极地防治和抵御各种自然灾害，不断地改善人类生存和生活的环境质量，以达到经济腾飞和社会可持续发展的双重目的。

遥感技术与通信技术、GPS全球定位技术、地理信息系统技术及其他高新技术紧密结合，形成有效的对地观测、对空观测的空间探测体系。目前，世界各国已建立了面向各种应用的多个空间对地观测系统，构成了对陆地、海洋、大气等各个层面的全方位观测体系，为促进世界经济建设和推动技术进步发挥着重要作用。

对地观测技术的核心是遥感技术，它发展的速度将直接关系到对地观测技术的发展快慢。1957年苏联发射了第一颗人造卫星，使卫星摄影测量成为可能。1959年从人造卫星上发回第一张地球相片，1960年从“泰罗斯”与“雨云”气象卫星上获得全球的云图。1971年美国“阿波罗”宇宙飞船成功地对月球表面进行航天摄影测量。1972年美国地球资源卫星上天，其多光谱扫描仪影像用于对地观测，使得遥感成为一门新技术得到广泛应用。目前，全球在轨的人造卫星达到3000颗，其中提供遥感、定位、通信传输的数据和图像服务的近500颗。1997年运行中的对地观测卫星约22颗，后来10年各国发射的还有56颗，其中直接对陆地、海洋和大气观测运行的有20多颗。世界各国已建成的遥感卫星地面接收站超过30个。

20世纪60年代以来，对地观测技术得到了长足发展。国际上不仅陆续推出了系列机载对地观测系统，同时成功发射了气象卫星、陆地卫星、海洋卫星、载人飞船、航天飞机，并正在实施综合性系列卫星对地观测计划，所携带的传感器工作波段覆盖了自可见光、红外到微波的全波段范围，特别是近年来卫星对地观测技术发展迅速。美国、法国、日本等国已成功研制出民用及商业卫星系统并投入使用，传感器可见光波段的分辨率也从30 m提高到6 m，1999年和2001年美国发射的IKNOS卫星和QuickBird卫星的空间分辨率更是达到0.61 m，间谍卫星达到0.1 m。国际上，以美国、俄罗斯、法国、日本为代表的空间大国和国际组织在对地观测技术领域实施了一系列对地观测计划，其水平居领先地位。中国、印度等发展中国家近年来在空间科学和对地观测领域也有令人瞩目的发展。

从20世纪80年代起，美国开始执行名为“行星地球使命”计划，2001年美国国家航空航天局（NASA）推出了地球科学事业（ESE）战略计划，已建立“地球观测系统EOS（Earth Observation System）”，并继续建立持久的国家集成对地观测系统（IEOS）。以美国为主新发射的一系列科研和业务卫星（Terra、Aqua、Aura、CloudSat、Calipso、NPOSS等）及星座群的协调观测，极大地提高了人类对地球系统与对自然和人为变化的科学认识，以及对气候、天气、灾害的预测能力。

法国是世界上少数几个能自主研制和发射实用型高分辨率对地观测卫星的国家之一。法国在1977年提出了侦察卫星发展计划，发展了两代太阳神1、太阳神2卫星各两颗。并同步开展了民用资源卫星系列SPOT的研制。法国SPOT卫星于1986年首次发射，其重复观测周期为26天，全色分辨率为10 m，多光谱分辨率为20 m。广泛使用的卫星数据是SPOT-4和SPOT-5的卫星数据。SPOT-5于2002年5月4日在法属圭亚那由阿里亚娜火箭送入预定轨道，与SPOT系列卫星相比，SPOT-5的进步在于其传感器HRG，既保持了与SPOT系列相同的视场，又使分辨率有较大的提高。

日本自1983年发射第一颗海洋观测卫星MOS-1号之后，日本的人造卫星遥感观测技术处于世界领先地位，在地面观测、冰雪观测以及利用航天飞机与飞船进行大气观测等方面也处于领先地位，并在其“开创新世纪空间时代”的空间发射计划中，把建造“全球对地观测系统”放在重要地位，制订了一项长远的（1992—2010年）地球观测卫星的计划，研制和发射18颗太阳同步轨道和地球同步轨道的对地观测卫星，观测内容遍及陆地、海洋、大气和生物圈。

我国对地观测技术始于20世纪70年代初，至今已成为谱段齐全、数据获取技术有了较大发展、应用领域不断拓展、有较深入的基础研究及处理方法的初具规模的技术科学体系，近几十年来在国民经济发展、国家安全建设中发挥了重要作用。我国在遥感空间信息技术上有了巨大的发展，取得了历史性的突破，已形成了气象、资源、海洋等卫星系列及其应用系统。在信息获取技术发展方面，已拥有了从模拟胶片摄影遥感到固态数字成像、多光谱到高光谱，主、被动微波等在内较全面的遥感技术体系，在航空、航天平台上实现了遥感对地观测。截至2011年，我国已发射的主要对地观测卫星和机载遥感系统有风云系列极轨气象卫星FY-1/3，静止气象卫星FY-2系列，2016年年底还将发射FY-4系列第一颗气象卫星；海洋卫星趋向系列化发展，已发射了HY-1海洋水色卫星和HY-2海洋动力卫星；中巴合作的资源卫星ZY-1、ZY-2系列卫星；神舟三号、神舟四号飞船；小卫星包括探测1号测绘卫星，北京1号对地观测卫星等；以及其他遥感卫星。在这些已发射的卫星中，气象卫星已成为国际气象卫星业务运行系列，在处理运行及应用等方面在国际上占有相当重要的地位。在发射卫星系列的同时，自“七五”科技攻关起，逐步建立了较完善的机载遥感系统，如“七五”攻关中建立的“机载遥感实用系统”，“八五”和“九五”建立的“遥感信息的机—星—地实时传输系统”及其他的行业性机载系统已在我国灾害监测和管理、农作物估产、环境监测、城市规划、资源探测等方面都发挥了或正在发挥着重要作用。

对地观测技术的发展趋势越来越明显地呈现出如下特点：①对地观测技术形成了竞争与合作并存的局面。由于对地观测技术是一个庞大的系统工程，仅仅依靠个别国家的经济和技术的实力是有限的，这样就必须寻求各国之间的合作来完成相应的任务。②将陆地、海洋、大气层作为一个整体，遥感的谱段覆盖可见光、红外、广义上的微波及射频谱段，空间分辨率逐步提高，涉及轨道飞行器、近地空间平台、航空器等的平台技术及星座协同工作技术逐步提高。③在遥感卫星的发展方面，趋于小型化及小卫星方向发展，趋于多传感器、高分辨率、多模式方向发展，高光谱遥感成为发展的重点方向。④降低成本，增加使用寿命，提高卫星的生存能力。

3.3 对地观测卫星的产品

对地观测卫星的产品内容相当丰富，由于各种类型的对地观测卫星的观测对象不同，因此，对地观测卫星的产品种类差异非常大。

下面分别以气象卫星产品和环境卫星产品、地球资源卫星产品、军事侦察卫星产品分别说明。

气象卫星产品和环境卫星产品，是对原始星载传感器上的资料进行处理（图像定位、辐射定标）、根据遥感反演算法生成的某一或多种要素的定量数值。气象卫星产品从应用上来说大致可划分为三大类，即原始数据、图像产品、定量产品，另外还有图形和分析产品。

气象卫星和环境卫星原始资料是指由静止和极轨气象卫星星载探测仪器探测直接获取的未经过处理的数据。一颗对地观测卫星一般搭载多台星载传感器，各传感器的观测对象各有差异。同一传感器不同观测通道的原始数据也都不一样，尽管一些通道之间的观测结果因通道权重函数、通道吸收特性等具有很强的相关性。可见光通道的原始数据一般是反射率，红外通道的原始数据一般是辐射率，微波通道的原始数据一般是经辐射率转换而成的亮温。图像定位（Image Navigation）指利用一系列的参数确定在现在以及有限的未来时间内，卫星图像像元在地球上的位置。辐射定标（Radiometric Calibration）指建立星上探测仪器观测计数值与辐射量之间的转换关系，简称为定标。

对原始数据进行图像定位和辐射定标处理后，就可以根据一定的投影方式进行图像显示，最基础的卫星图像产品就是日常在天气预报中经常看到的气象卫星云图。播报天气预报时，一般显示的是红外10.5 μm通道亮温的空间分布和随时间的演变，但实际上气象卫星云图包括红外通道云图（10.5 μm和11.5 μm）、可见光通道云图（在夜间没有太阳可见光的地区，可见光云图上为黑色无内容区域）、水汽云图（6.3 μm）。而且因卫星飞行方式不同（静止/极轨），云图也有基于静止气象卫星的全圆盘图（指从北极到南极的圆形的卫星云图，因为一颗定位为赤道上空的静止气象卫星可监测地球近三分之一的地区），或根据某一地理区域范围（指长方形的云图，例如，东南亚地区、台风发生区域）裁出的有可能更高时空分辨率的静止气象卫星云图，以及以太阳同步轨道绕地飞行的极轨气象卫星的云图。因极轨卫星幅宽有限，几百到两千多千米，所以，极轨卫星云图是一条瘦长的云图。若每5或6分钟存为一个文件，则为覆盖地球上某一地区的很小一张图像；若每一轨存为一个文件（一般100分钟左右为一轨），则为一条轨道数据及图像。相邻的轨道数据及图像在赤道地区（越接近赤道则需要观测的地球表面面积越大），因传感器幅宽有限，所以两条轨道数据或图像之间有间隙（无数据表示没有卫星观测），而南北两极地区则有大量的重复观测。另外，还有多条轨道数据拼出的全球完整的极轨卫星轨道数据及图像。

气象卫星和环境卫星定量产品是根据遥感反演算法基于经过图像定位、辐射定标的原始数据生成的定量数值产品，一般可分为大气产品、陆面产品、海洋产品、冰雪产品、空间产品。另外，近些年来也越来越多地开始出现一些与地面观测、数值模式等相结合、相融合的卫星资料产品。例如，大气产品有气溶胶、降水、热带气旋、风等，陆面产品有火情、冰雪与火山灰监测等，海洋产品有海底高程、海洋地质、海冰与珊瑚礁监测、海表温度等，空间产品有太阳X射线、空间环境监测、太阳和高层大气、日—地物理等。

图形和分析产品是基于定量产品制作的直接面向用户的产品。例如，利用定量产品绘制的空间分布图或时间序列图，或是与大气数值模式、气候模式的资料相结合生成的其他图形和分析产品。

气象卫星、环境产品平台的种类、每个平台上所携带的星载传感器的数量、每个星载传感器的探测能力，从本质上决定了卫星产品能否生成、精度和代表性如何。

中国风云静止气象卫星FY-2系列卫星（FY-2C/D/E）的主要有效载荷是多通道可见光红外自旋扫描辐射计（VISSR），它有五个光谱通道：10.3 μm~11.3 μm、11.5 μm~12.5 μm、6.3 μm~7.6 μm、3.5 μm~4.0 μm、0.55 μm~0.90 μm，FY-2的主要定量业务产品包括：云图产品、降水估计产品、大气运动矢量产品、射出长波辐射产品、黑体亮度温度产品、地面入射太阳辐射产品、总云量产品、云分类产品、用云分析出的湿度廓线产品、晴空大气可降水产品、对流层上部相对湿度产品、海表温度产品、积雪覆盖产品、沙尘监测产品。另外，还有不定期的大雾监测产品、海冰监测产品、火情监测产品、水情监测产品、土壤湿度监测产品等。

中国风云极轨气象卫星FY-3系列卫星（FY-3A/B/C）的主要有效载荷为11个观测仪器：可见光红外扫描辐射计（VIRR）、中分辨率光谱成像仪（MERSI）、微波成像仪（MWRI）、红外分光计（IRAS）、微波温度计（MWTS）、微波湿度计（MWHS）、太阳辐射监测仪（SIM）、紫外臭氧垂直探测仪（SBUS）、紫外臭氧总量探测仪（TOU）、空间环境监测器（SEM）、地球辐射收支仪器组（ERBM）。除空间环境监测器（SEM）外，其余10个均为对地遥感类仪器。2013年9月23日发射的FY-3系列卫星第三颗业务卫星FY-3C上又新增了无线电掩星探测仪（GNOS）。下一阶段的FY-3D卫星上，将把可见光红外扫描辐射计（VIRR）与中分辨率光谱成像仪（MERSI）合并，但仍叫中分辨率光谱成像仪（MERSI），类似于美国地球观测系统（EOS）系列卫星中的中分辨率成像光谱仪（MODIS）。FY-3系列卫星上的仪器中，可见光红外扫描辐射计（VIRR）、中分辨率光谱成像仪（MERSI）、微波成像仪（MWRI）、大气垂直探测系统（VASS，含MWHS、

IRAS等)、臭氧探测(TOU/SBUS)、辐射收支探测(ERM/SIM)、空间环境监测(SEM)是最主要的七台应用仪器，它们的主要业务产品涵盖了陆地和大气遥感、环境监测的绝大多数方面。可见光红外扫描辐射计(VIRR)的定量产品有：海上气溶胶(ASO)、全球云量和云分类(CAT)、云检测(CLM)、云光学厚度和云顶温度/云高(CPP)、沙尘监测(DST)、雾监测(FOG)、火点判识(GFR)、陆表反射比(LSR)、陆表温度(LST)、植被指数(NVI)、射出长波辐射(OLR)、投影区域数据集(PAD)、海冰监测(SIC)、海表温度(SST)、晴空大气可降水(TPW)。中分辨率光谱成像仪(MERSI)的定量产品有：陆上气溶胶(ASL)、海上气溶胶(ASO)、云检测(CLM)、陆表反射比(LSR)、植被指数(NVI)、海洋水色(OCC)、投影区域数据集(PAD)、陆上大气可降水(PWV)。微波成像仪(MWRI)的定量产品有：通道分辨率匹配(CRM)、降水和云水(MRR)、海冰监测(SIC)、雪深雪水当量(SWE)、晴空大气可降水(TPW)、地表土壤水分(VSM)。微波湿度计(MWHS)的定量产品有：大气垂直探测(AVP)、冰水厚度指数(IWP)、降水检测(RDT)。紫外臭氧总量探测仪(TOU)的定量产品为臭氧总量(TOZ)，紫外臭氧垂直探测仪(SBUS)的定量产品是臭氧垂直廓线(OZP)，地球辐射收支仪器组(ERBM)的定量产品是扫描视场大气顶辐射和云(FTS)。

美国对地观测系统，除美国国家海洋和大气管理局(NOAA)负责的静止业务环境卫星(GOES，例如，美国东部业务卫星GOES-13和美国西部业务卫星GOES-15)、极轨业务环境卫星(POES，即NOAA系列极轨卫星，如NOAA-17/18/19和Suomi NPP)及美国国防气象卫星(DMSP)以外，还有与实时服务的以上业务卫星共同支撑科学研究和全球气候变化的实时性稍弱的地球观测系统(EOS)系列等卫星，主要由美国国家航空航天局

（NASA）、美国地质勘探局（USGS）等多部门共同资助。地面观测系统包括热带降雨测量卫星（TRMM）、QuikSCAT卫星（洋面风）、Terra卫星（土）、Aqua卫星（水）、Aura卫星（气）、ACRIMSAT卫星（辐射）、Jason-1卫星（海洋）、OSTM/Jason2卫星（海洋）、GRACE卫星（重力）、SORCE卫星、CloudSat（云）卫星、CALIPSO卫星（测云雷达）、Aquarius卫星（海水盐度）、SMAP卫星（土壤水分）等。美国对地观测系统还综合使用美国和台湾地区的COSMIC（FORMOSAT）卫星、日本和美国的全球降水测量GPM卫星、意大利高分辨率雷达卫星COSMO-SkyMed、日本温室气体GOSAT卫星、欧洲气象卫星MetOp系列、俄罗斯气象卫星Meteor、欧空局土壤湿度和海水盐度卫星SMOS等。每一颗卫星平台上都搭载着若干台星载传感器，每一台传感器根据不同的遥感反演算法和是否进行时空平均处理，又可以生成多种不同的遥感反演产品。例如，地球观测系统（EOS）第一颗卫星Terra于1999年11月18日发射，搭载五台仪器：先进的星载热辐射与反射辐射计（ASTER）、云与地球辐射能量系统（CERES）、多角度成像光谱辐射计（MISR）、中分辨率成像光谱仪（MODIS）、对流层污染测量仪（MOPITT）。仅MODIS这一台仪器，产品就有5类38种，主要有定标MODIS产品、大气MODIS产品、陆地MODIS产品、低温层MODIS产品、海洋MODIS产品，见表2-3-1。同样的一台仪器MODIS也搭载在2002年5月4日发射的地球观测系统（EOS）第二颗卫星Aqua上。Aqua卫星MODIS仪器的产品，其科学数据集短名就以MYD??定义，以与Terra卫星MODIS仪器的产品MOD??相区别。另外，当遥感反演算法进行了更新时，产品的版本也会发生变化，包括产品数据文件中参数的增减、值的更新等，例如，MODIS数据已由Collection5版本更新到Collection6版本，研究学者们常常共用这两个版本的产品数据进行数据分析。

表2–3–1　MODIS产品

分类	科学数据集短名	产品短名	栅格类级	空间分辨率	时间分辨率
定标产品	MOD01	L1A辐射值	景级	250 m、500 m、1000 m	5分钟
	MOD02	L1B经过定标与地理定位的辐射值	景级	250 m、500 m、1000 m	5分钟
	MOD03	地理定位数据集	景级	1000 m	5分钟
大气产品	MOD04	气溶胶产品	景级	星下点10×10个1 km	5分钟、月
	MOD05	大气可降水总量(水汽)	景级	星下点5×5个1 km	5分钟
	MOD06	云产品	景级	星下点5×5个1 km	5分钟
	MOD07	大气廓线	景级	星下点5×5个1 km	5分钟
	MOD08	格点化大气产品	格点级	1°	日、8日、月
	MOD35	云掩膜	景级	250 m、1000 m	5分钟
陆地产品	MOD09	地表反射	景级、格点级	250 m、500 m、1000 m、5600 m	5分钟、日、8日，仅限日间、地表
	MOD11	陆地表层温度与发射率	景级、格点级、幅级	1000 m、5600 m	5分钟、日、8日、月
	MOD12	土地覆盖/土地覆盖变化	景级、格点级	500 m、1000 m、5600 m，0.25°、0.5°、1°	年，仅限晴空
	MOD13	格点化植被指数	景级、格点级	250 m、500 m、1000 m、5600 m，0.25°	8日、16日、月
	MOD14	热异常、火情及生物燃烧	景级、幅级	1000 m、10 km，0.5°	5分钟、日、8日、16日、月
	MOD15	叶面积指数、光和活性分量（FPAR）	景级	1000 m	日、4日、8日
	MOD16	蒸腾与蒸散	景级	1000 m	日、8日、年，仅限地表
	MOD17	净光能合成与初级生产力	景级	1000 m	8日、年

续表

分类	科学数据集短名	产品短名	栅格类级	空间分辨率	时间分辨率
	MOD43	地面双向反射分布函数	景级、格点级	500 m、1000 m、5600 m	日、8日、16日、月
	MOD44	植被覆盖转化	景级	250 m	年
低温层产品	MOD10、MOD33	雪覆盖	幅级、格点级	500 m、0.05°、0.25°	5分钟、日、8日、月
	MOD29	海冰覆盖	幅级	1000 m、4000 m	5分钟、日
海洋产品	MOD18	归一化水离辐射	景级、格点级	1000 m	日、8日、月，仅限洋面
	MOD19	色素浓度	景级、格点级	1000 m	日、8日、月，仅限洋面
	MOD20	叶绿素荧光	景级、格点级	1000 m	日、8日、月，仅限洋面
	MOD21	叶绿素a色素浓度	景级	1000 m	日、8日、月
	MOD22	光合有效辐射(PAR)	景级、格点级	1000 m	日、8日、月，仅限洋面
	MOD23	固体悬浮物浓度格	格点级	1000 m	日、8日、月、年
	MOD24	有机物浓度	格点级	1000 m	日、8日、月，仅限洋面
	MOD25	球石浓度	景级、格点级	1 km、20 km	日、8日、月，仅限洋面
	MOD26	海水衰减系数	格点级	1000 m	日、8日、月，仅限洋面
	MOD27	海洋初级生产率	景级、格点级	1000 m	日、8日、月，仅限洋面
	MOD28	海洋表面温度	景级、格点级	1000 m	日、8日，仅限洋面
	MOD31	藻红蛋白浓度	景级、格点级	1000 m	日、8日、月
	MOD32	海洋叶绿素、海洋生产力	景级	1000 m	日、8日、月
	MOD36	总吸收系数	格点级	1000 m	日、8日、月
	MOD37	海洋气溶胶特征	景级、格点级	1000 m	日、8日、月
	MOD39	纯净水ε系数	景级、格点级	1000 m	日、8日、月

如此多的卫星平台、仪器和数据产品，无论从数据传输、存储和服务来说，还是从科研应用来说，都在数据量和文件个数、产品反演算法复杂性、探测和反演精度、产品间对比验证复杂性、长序列气候数据均一性、产品说明的准确性和完整性等方面，大大有别于传统探测领域的常规资料和产品。

气象卫星和环境卫星产品，一般对公众是完全免费使用的，因其发射、研制、运行基本完全由国家资助。卫星产品的获取平台极其繁多，一般情况下需用户注册后可对所感兴趣的数据进行时空范围或参数的检索。数据的下载除传统的大多数在线订购、收取邮件后用户主动下载这种方式外，也有直接通过FTP进行数据下载，或进行邮件申请后，请数据提供方将数据存储在介质（光盘等）上再邮寄的方式获取。是否收费，取决于数据服务中心相关规定、所存储的数据种类和数据数量。卫星产品由于数据量大、所含参数多，数据格式已逐渐由传统的二进制格式转为分层数据格式（HDF）或有自描述功能的NetCDF格式等。

地球资源卫星平台的种类也相当多，国际上主要的地球资源卫星平台有：美国的陆地卫星（LandSat-7/8）、NMP/EO-1卫星（地球摄影）、高分辨率影像卫星IKONOS和QuickBird卫星，加拿大雷达卫星RADARSAT-1/2，欧空局遥感卫星ERS，英国高分辨率影像卫星DMC，以色列地球资源卫星EROS，法国SPOT卫星，德国雷达卫星TerraSAR-X，泰国影像卫星THEOS，中巴地球资源卫星CBERS等。

地球资源卫星的产品，用于发现地下矿藏、普查农业监视植被、跟踪鱼群活动、城市地图测绘等方面。中国资源卫星应用中心的地球资源卫星产品包括标准产品、增值产品、工程技术产品、质量改进产品和针对某些专题的产品等。

地球资源卫星的地面系统处理和生产的标准产品，类型分为多光谱数据标准产品、高光谱数据标准产品、SAR数据标准产品，见表2-3-2、表2-3-3和表2-3-4。

表2-3-2　多光谱数据标准产品

产品分级	产品名称	产品说明
0级	原始数据产品	分景后的卫星下传遥感数据
1级	辐射校正产品	经辐射校正，没有经过几何校正的产品数据
2级	系统几何校正产品	经辐射校正和系统几何校正，并将校正后的图像映射到指定的地图投影坐标下的产品数据
3级	几何精校正产品	经过辐射校正和几何校正，同时采用地面控制点改进产品的几何精度的产品数据
4级	高程校正产品	经过辐射校正、几何校正和几何精校正，同时采用数字高程模型（DEM）纠正了地势起伏造成的视差的产品数据
5级	标准镶嵌图像产品	无缝镶嵌图像产品
	广播数据产品	快视图像数据，对用户广播

表2-3-3　高光谱数据标准产品

产品分级	产品名称	产品说明
0级	原始数据产品	分景后的卫星下传遥感数据
1级	辐射校正产品	经波谱复原和辐射校正，没有经过几何校正的产品数据
2级	系统几何校正产品	经波谱复原、辐射校正和系统几何校正，并将校正后的图像映射到指定的地图投影坐标下的产品数据
3级	几何精校正产品	经波谱复原、辐射校正和几何校正，同时采用地面控制点改进产品的几何精度的产品数据
4级	高程校正产品	经波谱复原、辐射校正、几何校正和几何精校正，同时采用数字高程模型纠正了地势起伏造成的视差的产品数据
5级	标准镶嵌图像产品	无缝镶嵌图像产品
	广播数据产品	快视图像数据，对用户广播

表2-3-4　SAR数据标准产品

产品分级	产品名称	产品说明
0级	原始信号数据产品	未经成像处理的原始信号数据，以复数形式存储。条带和扫描模式均提供
1A级	单视复型影像产品	经过成像处理和辐射校正处理，保留幅度和相位信息，以复数形式存储。条带模式提供，斜距和地距可选
1B级	多视复型影像产品	经过成像处理、辐射校正和距离向四视处理，保留平均的幅度和相位信息，以复数形式存储。扫描模式提供，斜距和地距可选
2级	系统几何校正产品	经过成像处理、辐射校正和系统级几何校正处理，形成具有地图投影的图像产品。条带和扫描模式均提供
3级	几何精校正产品	经过成像处理、辐射校正和几何校正，同时采用地面控制点改进产品的几何精度的产品数据。条带和扫描模式均提供
4级	高程校正产品	经成像处理、辐射校正、几何校正和几何精校正，同时采用数字高程模型纠正了地势起伏造成的影响的产品数据。条带和扫描模式均提供
5级	标准镶嵌图像产品	无缝镶嵌图像产品
	广播数据产品	快视图像数据，对用户广播

地球资源卫星的增值产品，狭义上说，主要是指几何精校正产品，即经过辐射校正和几何校正，同时，采用地面控制点改进产品的几何精度的产品数据。由于在几何校正过程中，利用地面控制点对系统几何校正模型进行修正，使之更精确地描述卫星与地面位置之间的关系。产品的几何精度在亚象元量级上。

地球资源卫星的工程技术产品，是针对特定目的进行的工程技术类服务，包括遥感卫星质量综合评价服务、卫星定标服务、卫星格式数据模拟服务以及遥感卫星地面系统规范制定这四种。图像质量评价是连接遥感卫星研制与遥感资料应用的桥梁，是图像处理的重要组成部分，通过遥感卫星质量评价可以获知当前图像质量状态，为质量改进以及改进效果提供参考依据，为用户提供优良的数据。同时有利于缩短卫星上天到数据业务化应用的时间周期，为卫星遥感数据全面、快速、有效地提供业务服务奠定基础。卫星定标服务是指针对可见光、近红外遥感器、高光谱遥感器、红外遥感器，可进行遥感器的绝对辐射定标、光谱定标、响应率变化定标等的相关服务。包括针对合成孔径雷达（SAR），进行总传递函数（绝对辐射定标常数）测量、SAR双程方位向和距离向天线方向图测量、SAR系统线性动态范围测量、SAR发射脉冲信号特性监测等定标。卫星格式数据模拟服务，是指针对不同光谱分辨率、不同空间分辨率的载荷，可进行从地物—大气—载荷—数据的完整信息传输模拟，所获取的模拟数据可作为卫星地面系统建设过程中的调试用数据，用于处理系统流程、接口测试，数据处理算法开发验证、质量改进算法验证；可提前为遥感数据的应用潜力评估、应用模型开发提供数据资料；同时亦可为卫星平台、轨道、有效载荷等技术指标的设计提供科学依据。遥感卫星地面系统规范制定，是指设计遥感卫星地面系统的标准体系框架，编制陆地观测卫星数据标准化处理、归档、分发与服务的标准规范，规范遥感数据的获取、存储、处理、显示、管理、交换与应用等环节，形成统一的管理和交换标准。

地球资源卫星的图像产品质量改进新产品，主要包括CCD相机三片阵列色差调整、红外多光谱扫描仪（IRMSS）图像的去干扰、CCD图像调制转换函数（MTF）补偿、CCD影像高效去噪处理、几何精度改进等功能。

以中国资源三号测绘卫星的标准数据产品举例，这颗卫星的产品包括表2-3-5中的五项内容。基于地球资源卫星图像的增值服务，也是这类卫星在应用实践中独具特色的服务种类之一。例如，国家测绘地理信息局卫星测绘应用中心，就依托测绘行业强大的数据处理队伍与多年的GIS项目集成经验，能够为用户提供完善的数据处理服务和严格的质量保证体系。增值服务包括：区域无缝正射影像加工服务、数字表面模型数据加工服

表2-3-5　中国资源三号测绘卫星的产品

产品名称	英文名称（简称）	平面/立体	定位精度		用途
			平面（m）	高程（m）	
传感器校正产品	Sensor Corrected (SC)	平面/立体	50（无控制）	30（无控制）	立体观测与量测、三维信息提取等
系统几何校正产品	Geocoded Ellipsoid Corrected（GEC）	平面/立体	50（无控制）	30（无控制）	立体观测与量测、三维信息提取、空间信息解译与分析等
精纠正产品	Enhanced Geocoded Ellipsoid Corrected（eGEC）	平面/立体	5	5	立体观测与量测、三维信息提取、空间信息解译与分析、高精度空间定位等
正射纠正产品	GeocodedTerrain-Corrected（GTC）	平面	5	—	空间信息解译与分析、高精度空间定位、变化检测、数字成图、地理国情监测等
数字正射影像产品	Digital Orthorecti fication Map(DOM)	平面	5	—	空间信息解译与分析、高精度空间定位、数字成图、地理信息成果更新等

务、行业专题产品加工服务、GIS集成服务（如三维影像浏览系统等）、针对大型项目提供遥感影像数据解决方案等。

资源卫星产品绝大多数是收费的，一般每景数据文件的价格，与所需数据的平面面积成正比。数据的获取也需要等待多个工作日，但也可根据用户需求提供加急服务。

军事卫星的产品，包括高分辨率光学影像、雷达影像等多种内容。由于主要用于军事和商业领域，一般不进行公开。但许多卫星是军民两用，且军事卫星所需的应用产品无一例外地会包含气象卫星、环境卫星、资源卫星等产品。美国有300余颗卫星在轨，其中50%以上主要用于军事（含通信卫星）。俄罗斯大约有不到200颗卫星在轨，其中80%以上用于军事。

另外，除常规对地观测卫星中的气象卫星、地球资源卫星、环境卫星和军事侦察卫星等外，商业卫星所观测到的高空间分辨率的成像产品，例如，美国数字地球公司于2007年9月18日和2009年10月9日发射的下一代商业成像卫星系统“世界视景World View”等的影像产品，逐渐开始扩展类似于法国SPOT卫星针对某时某地提前预约监测服务等的业务，得到了更为广泛的应用。

4 资料处理和产品生成

4.1 数据分级及数据和产品的生成流程

气象卫星数据和产品的生成，涵盖了数据处理流程中的各个关键方面。先以此为例进行说明。根据气象行业标准《气象卫星数据分级》QX/T 158-2012，气象卫星数据分为L0、L1、L2、L3、L4共五级，其定义和区别见表2-4-1。

表2-4-1 气象卫星数据分级表

级别	名称	说明
L0	0级数据	由地面系统接收的卫星原始数据
L1	1级数据	0级数据经过质量检验和图像定位、定标处理得到的基础数据
L2	2级数据	1级数据经过投影变换、反演或其他计算得到的各种应用数据
L3	3级数据	2级数据经过时间平均、累加等运算得到的统计数据或者通过人机交互处理得到的分析数据
L4	4级数据	利用2级或3级数据和各类天气气候模式产品等处理生成的再分析数据

0级和1级原始数据只含辐射率或反射率，不能直接进行应用，但辐射定标、图像定位精度等对后续级别的数据质量有很大影响。2级数据及其以后的主要参数中就开始含有确定物理意义的气象参数（由1级数据中的辐射率或反射率转换计算而成）。

2级数据中是具体的物理量，例如亮温、总云量、大气运动矢量、植被指数、臭氧柱总量、晴空大气可降水、气溶胶光学厚度等。2级数据有图像产品，也有数据产品。3级数据一般是格点数据，例如0.5°×0.5°、5°×5°，也有1°纬度×1.25°经度的情况，或日值月值数据。4级数据是基于模式的再分析数据。

在陆地卫星遥感中，将遥感卫星数据产品分为六级，并且根据数据产品的辐射校正、几何校正和表达、影像融合，以及参数反演这四个方面的处理程度，又分不同子级。其分级方法较气象卫星数据产品分级方法更为复杂。表2–4–2是环境卫星的数据分级表。环境减灾卫星的标准产品包括多光谱数据标准产品、高光谱数据标准产品、SAR数据标准产品。

表2–4–2　环境卫星的数据分级表

产品分级	产品名称	产品说明
0级	原始数据产品	分景后的卫星下传遥感数据
1级	辐射校正产品	经辐射校正，没有经过几何校正的产品数据
2级	系统几何校正产品	经辐射校正和系统几何校正，并将校正后的图像映射到指定的地图投影坐标下的产品数据
3级	几何精校正产品	经过辐射校正和几何校正，同时采用地面控制点改进产品的几何精度的产品数据
4级	高程校正产品	经过辐射校正、几何校正和几何精校正，同时采用数字高程模型（DEM）纠正了地势起伏造成的视差的产品数据
5级	标准镶嵌图像产品	无缝镶嵌图像产品

卫星数据的数据处理流程都比较类似，从接收到的原始数据到可进行应用的产品，至少需经过包括质量检验、图像定位、辐射定标、投影变换、遥感反演计算等步骤。气象卫星数据处理流程见图2–4–1。

原始数据的接收至少包括两种方式。一种是由星载平台实时向地面接收站传输，另一种是暂时先存储在星载存储系统中，待一定条件满足时(定时或极轨卫星过境定点位置时）再发送到地面接收站。

所谓定标，是指把卫星探测仪器输出的电压计数值转换为有实际物理

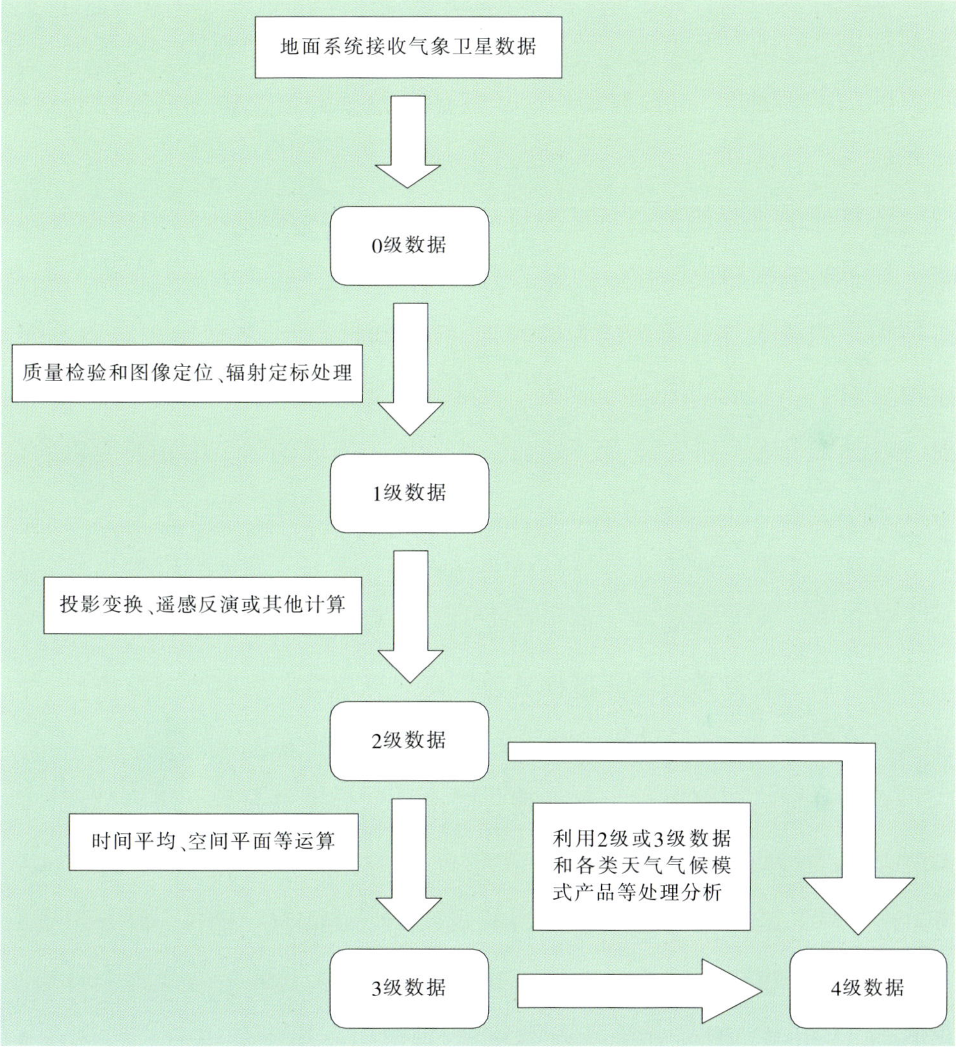

图2-4-1 气象卫星数据处理流程图

意义的辐射值或亮度温度值。定标分两个阶段：①卫星发射前的实验室定标；②卫星发射后的在轨定标，也称“校准”。由于仪器在使用过程中信号会不断衰减，因此，星载仪器的在轨定标非常重要。定位，是指根据卫星的位置计算出仪器探测视场（扫描点）的经纬度。

定位分两步实现：首先，利用卫星提供的卫星轨道报告，计算出卫星的位置和轨道参数；然后，根据卫星的位置和轨道参数计算出仪器探测视场（扫描点）的经纬度。在经过辐射定标、图像定位处理后，可生成各种仪器的L1B数据集。该数据集包含仪器的原始记数值、定标系数以及地理经纬度。

资料处理过程的核心是遥感反演算法的建立，即根据辐射传输方程，建立起观测数据和反演参数之间的物理函数关系，这其中需要根据一些基于历史序列或大气背景场的先验知识，或同时同地的其他基础观测数据，也需要对一些假设情况进行定义，包括确定遥感反演算法的边界条件，或对一些约束性条件进行定义。例如，假设地表为朗伯体，即光源发出的辐射强度与方向无关。例如，假设单次散射/多次散射。例如，对下垫面背景（海陆、亮暗、地面高程等）和大气状况（晴云、何种尺度的天气系统的存在性等）的各种假设。观测数据和反演参数之间的物理函数关系，有时需要经历大量复杂的运算过程，为提高运算速度，有时会采取事先设好参数及其间隔、运算出结果、建立好关系查找表的方法。

资料处理过程可以分为预处理、二次处理、大气参数反演等过程。在有些情况下预处理常被直接做成软件包形式。例如，接收到NOAA、MetOp系列卫星的改进的微波探测装置A/B型（AMSU-A/B）、高分辨率红外探测器（HIRS）、微波湿度仪（MHS）及NOAA卫星甚高分辨率扫描辐射仪（AVHRR）的高分辨率图像传输（HRPT）原始数据后，可利用ATOVS和AVHRR预处理软件包AAPP（ATOVS and AVHRR Processing Package）处理为数值天气预报模式同化直接可用的数据。AAPP是欧洲气象卫星组织开发的，目的是校准局地接收的全球ATOVS和AVHRR资料。AAPP的目标是预处理原始的ATOVS和AVHRR资料，在由用户选择的仪器网格上产生精确校准和地理定位的亮度、温度，并产生二级产品及其质量控制信息，如各仪器通道的亮温和反射率、标准等压层大气温度和湿度及臭氧总量、可降水量、云顶气压、云顶温度、云量等产品。处理过程包括解码、定标、定位、亮温订正，以及多种仪器数据的相互匹配等，生成不同等级的数据集。这些数据产品不仅适用于大气参数反演，也可以直接用于数值天气预报、暴雨监测等研究。

4.2 遥感反演及算法

在遥感资料处理过程中，参数反演过程是最关键的步骤，直接反映了遥感反演算法的合理性、科学性、准确性。

遥感的本质就是反演。反演研究所针对的首先是数学模型。因此，遥感反演的基础是描述遥感信号或遥感数据与应用之间的关系模型，也就是说，遥感模式是遥感反演研究的对象。要进行遥感反演研究，首先要解决的问题是对遥感像元信息的地学描述。由于地球—大气系统是一个复杂的系统，对地观测得到的遥感像元从几米到几千米的空间分辨率，人类对地球–大气系统真实性的了解需要用多种参数来描述。一般来说，遥感模型就是描述像元的观测量与实用参数之间的定量关系。这种描述模型的精度与参数量成正比。而精确的模型需要较多的参数，参数间也存在信息量的重叠和互相影响作用。

相对于反演而言，还有正演。由已知参数（源参数）及介质参数，根据物理规律来推测及计算观测所得到的相应的数据与资料，或推测源本身参数的变化，称之为正演。天气预报便是一种十分典型的正演，属于时间尺度上的正演。简单地说，正演是由因到果。而反演正相反，是由果到因。而结果应该是可以观测到的结果，称之为观测资料。一般，由果推因可分为两种情况：一是用于建立理论模型，二是假定已经建立了一定的理论模型框架，则可以由观测资料来推测理论模型中的若干个参数。其中建立理论模型的方法跟各个具体学科有密切关系。

以图2–4–2正演和反演的地震波信息举例说明。在地球物理中，已经

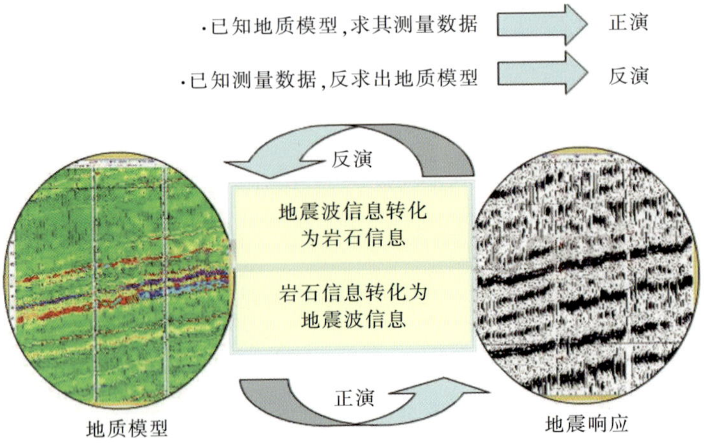

图2-4-2　正演和反演的地震波信息举例

知道地球介质的性质如地震波传播速度等，求地震波的走时，即地震波在地球中的传播时间等，这是正演；又如，已知地下介质结构、物质特性等，求波速、重力值、电磁学、地热学上的一些指标因素，这是正演。反过来，已经知道地震波的传播速度，求地球介质的性质等，这是反演；又如，已经知道某地的重力异常值，反求该地区地下的物质特性等，是反演。

在遥感影像解译中，反演就是不知道影像上的地面或大气中的物体及其时空演变，而根据光谱信息等反求。在实际应用中，反演用得比较多，因为往往都是根据探测得到的资料来反求未知的参数。但是正演是反演的基础，只有有了大量正演知识，才能进行正确的反演。

定量遥感发展的一个主要障碍是反演理论的研究不足。陆地遥感反演的根本问题在于定量遥感往往需要用少量观测数据来估计非常复杂的地表系统的当前状态，本质上是一个病态反演问题。因而必须在反演过程中尽可能地充分利用一切先验知识，把新观测的信息量有效地用于时空多变要素的估计上，使新观测中的信息有效地分配给这一复杂系统中的时空多变参数。对大气遥感而言，关键就是根据卫星观测的辐射信号、基于一定的遥感反演算法，提取出大气参数信息；对陆地和海洋遥感而言，就是要进行大气订正，去除卫星接收信号中的大气信号，得到陆地和海洋表层的信号。

遥感反演方法，简单地说，就是对于给定的一组卫星仪器观测辐射值，为了获得唯一解，一般地采取引入验前信息的方式，对解加以限制。由于引入验前信息的方式不同，从而发展了许多方法，归纳起来可分为两类：统计回归法和物理反演法。相对于最小二乘法这种基于大量先验数据的统计方法，物理反演法是更复杂、更能描述真实物理规律的遥感反演方法。

大气参数反演的理论基础是辐射传输方程。无散射、晴空和局地热力平衡状态下辐射传输方程，是卫星接到的辐射与地球–大气系统发射出的到达卫星仪器的信号的关系式。某一仪器某一通道接收到的信息，由两部分内容组成，第一部分为来自地面的辐射经过大气削弱后到达卫星的贡献，第二部分为大气自身的贡献。大气反演的理论基础是大气透过率及辐射传输模式。参数化模式比较有名的有RTTOV、LOWTRAN、MODTRAN、HITRAN、6S、SBDART、SHDOM等。在进行遥感反演算法中还需输入必备数据库及输入参数，包括与仪器光谱通道相关的参数，如光谱响应函数，大气中的温度、湿度、大气化学要素（如臭氧）的廓线以及云或地球表面发射率、云参数等。

遥感反演算法建立好后，尽管为保证遥感反演产品的正确性，在前期往往会做各种尝试，但确保遥感反演产品完全正确之后再进行全球规模的正式分发，既不合理也不实际。因为遥感反演的误差在仪器的生命期间里随时会被引入，也因为在某些情况下使用遥感反演产品时可以忽略某些误差。所以第一版本的遥感反演产品往往很早公布，后期因产品遥感反演算法更新或使用的背景场资料更新后，再进行产品的版本升级，利用新的算法对前一级别的原始数据进行重新处理和产品生成。例如，在地球观测系统（EOS）第一颗卫星Terra发射前，中分辨率成像光谱仪（MODIS）地表反射率的反演代码在一年内更新了14次。

4.3 遥感产品精度及评估验证

全球变化预报的改善、气候变化历史趋势和对未来的预测，越来越倾向于依赖描写地球表面状态和过程的长序列卫星反演资料质量和稳定性。产品验证后提供的误差分析和不确定性估计，对评价产品质量和算法性能必不可少，并且给下游产品输出数据提供了依据。

卫星遥感产品，是由星载遥感仪器观测的数据经科学方法处理得到的，由于观测数据受地球大气和地表、太阳位置以及星上仪器工作状态、定标和定位精度、仪器观测和观测对象的时空属性等多种因素的影响，卫星遥感信息产品，只能保证具有一定的精确度，因此，必须经过质量控制、误差分析之后才可以使用。例如，利用ATOVS辐射资料可以反演出晴空和部分有云情况下的大气温度和湿度廓线，其中温度廓线精度（均方根误差）约为2.0 K，湿度约为20%。对卫星遥感产品精度的计算和产品的评估，一般是通过进行质量控制和质量评价来进行的。这对于卫星遥感反演产品的应用是非常必要的。

而且，对遥感获取的全球长序列资料在环境和气候变化中的应用，要能够正确区分是被监测的地球物理过程本身的自然变化还是人为因素造成的变化。

在确保遥感反演算法合理、科学和准确性程度已不再能提高的情况下，通过对遥感反演结果的质量控制或赋予质量控制码，能够有效地提高产品的可应用性。遥感产品与常规产品一样，质量控制方法至少包括以下几种。①输入数据质量控制、完整性检查；②气候值连续性检验（看平均值和变化值随时间的变化，采用范围测量方法确认是否通过质量检验）；

③时空连续性和一致性检验（选择个别点或区域，对其分布特点和变化规律进行详细分析，再对全部资料进行系统性检验）。

遥感产品的误差来源，有多个方面，包括：①仪器误差；②仪器特性描写和定标知识不完备；③地理位置不确定（与投影方式、地面位置有关，也与扫描角、太阳角和观测几何角有关）；④辅助数据不正确使用；⑤软件编码错误；⑥软件结构错误（相互依赖的产品之间数据格式匹配错误或科学内容匹配错误等）；⑦大气校正算法的敏感性（例如，云覆盖这种大气条件、下垫面状态和地表类型这种地面状况）；⑧在产品生成、存档和分发过程中引入的误差等。相应的多维质量评价分析包括：①辐射分析；②算法性能；③光谱分析；④大气分析；⑤空间分析；⑥时间分析；⑦其他物理学分析。这些误差对反演精度的影响，有些是累加形的，有些则是因互相抵消而会使精度更小。最直接的精度计算方法就是用类似产品进行匹配计算分析和比较。

进行遥感产品的误差分析或精度计算前，也需有真实性检验方面的一些基本概念。真值（这里指常规观测资料）本身是有误差的。卫星探测和常规观测形成的两种比对样本其探测原理有所不同，两者的物理含义亦不同。常规观测资料代表某一位置点大气的瞬时状态，而卫星大气探测产品代表大气柱的平均状态。引起卫星探测产品统计误差的原因是多方面的，如观测值误差、时间差异、空间差异、初估值误差表现为反演模式误差、卫星观测辐射值误差（卫星仪器噪声、定标误差等）。

任何仪器均有测量精度，也就是有测量误差。以温度为例，测温仪的精度为0.1 ℃，测量出温度值为18.0 ℃，显然17.95 ℃，17.96 ℃，…，18.03 ℃，18.04 ℃等在17.95 ℃~18.04 ℃无数个数据，测温仪测到的均是18.0 ℃。按照惯例18.0 ℃是真值，但是有个附加条件，即其测量精度是0.1 ℃。在定量遥感模型计算、反演和应用中，如果0.1 ℃的精度已经能够表征基本特征了，不妨称其为特征精度。以此特征精度的测温仪器测到的温度，不妨称其为相对真值。“不妨”是指特征精度与实践目标是联系在一起的，有其动态范围，要根据实践而定。特征精度与地物的空间尺度也有相当大的联系，定量遥感所需要的相对真值还涉及遥感的空间尺度，以及遥感传感器的空间分辨率，即遥感影像图的像元尺度。

虽然定量遥感产品的“真值”客观存在，但是在现实条件下是测量不到的。只能在“特征精度”概念下，根据传感器的实际精度获取其相对真值。非均匀地表地学属性的“均一性”是相对的。不存在空间分布绝对均一的地物，只能是“特征均匀”概念下的相对均匀的地物。

质量评价主要从产品生成的科学性和产品的性能两方面考虑。用户需要了解产品质量信息，以便合理地应用这些数据，算法开发者需要了解产品性能，以便改善产品。

数据质量控制和质量评价结果除以综合性介绍的关于产品质量的描述(含与期望的精度相符程度）和评价文档表示外，一般情况下，作为数据内容的一部分存储在数据文件中，或作为元数据存储在每个产品每个像素的质量评价信息中。像素质量评价代码至少可以分为以下几类：①质量好；②质量不可靠（可疑）；③数据错误（根据历史界限值或时空一致性检测认为存在的显著异常数据）；④由于未观测，该像素没有值；⑤由于其他原因（受算法中假设条件限制无法反演，例如有云覆盖），该像素没有值。

产品验证指用分析比较的方法，对不同来源的样本进行比较，包括外场观测数据、遥感数据。验证结果以科学文献或技术文档的方式公开，并在网上发布，一般是在收集到独立验证数据两年之内发布。用户可参考这些信息，来确定他们所使用数据的精度。

质量评价结果的生成过程，需要花费大量的时间，非常复杂且很难管理，这主要是由于产品之间存在相互依赖关系，而且不同产品使用不同的质量评价方法和过程。对原始数据的追踪、互相依赖数据的关系及其差异性分析、质量评价工具和程序的开发和维持等各小组间的协调，需要一个庞大的团队或多方合作机构来共同完成。

参考文献

[1] 范永辉，郭凤宇. 美国电子侦察卫星发展概述[J]. 科教前沿，2012，33：94–95.

[2] 李海峰，郭科. 对地观测技术的发展历史、现状及应用[J]. 测绘科学，2010，35(6):262–264.

[3] 吕达仁. 气象观测的新阶段——大气遥感探测[J]. 气象，1978，5：26–28.

[4] 冉茂农，瞿建华，沙利，等. 基于DVB–S数据共享平台的NOAA/ATOVS资料获取、处理与显示系统[J]. 应用气象学报，2006，17(4)：502–507.

[5] 师春香，刘玉洁. 国外部分卫星产品质量评价和质量控制方法[J]. 增刊. 应用气象学报，2004，15：142–151.

[6] 王晋年，顾行发，明涛，等. 遥感卫星数据产品分类分级规则研究[J]. 遥感学报，2013，17(3)：566–577，1007–4619(2013)03–0566–12.

[7] 许健民，张文建，杨军，等. 风云二号卫星业务产品与卫星数据格式实用手册[M]. 气象出版社，2008.

[8] 杨军，董超华，等. 新一代风云极轨气象卫星业务产品及应用[M]. 科学出版社，2011.

[9] 张仁华，田静，李召良，等. 定量遥感产品真实性检验的基础与方法[J]. 中国科学：地球科学，2010，40(2)：211–222.

[10] 美国NASA地球科学事业ESE(Earth Science Enterprise). http://www.earth.nasa.gov/

[11] 风云卫星遥感数据服务网. http://satellite.nsmc.org.cn/

[12] 中国资源卫星应用中心. http://www.cresda.com/

[13] 资源三号测绘卫星数据服务网. http://sjfw.sasmac.cn/

[14] Trenberth, Kevin E., John T. Fasullo, Jeffrey Kiehl, 2009: Earth's Global Energy Budget[J]. Bull. Amer. Meteor. Soc., 90, 311–323.

[15] Stephens, Graeme L., Li, Juilin, et al. An update on Earth's energy balance in light of the latest global observations [J], Nature Geoscience, 2012, 5 (10), 691–696.

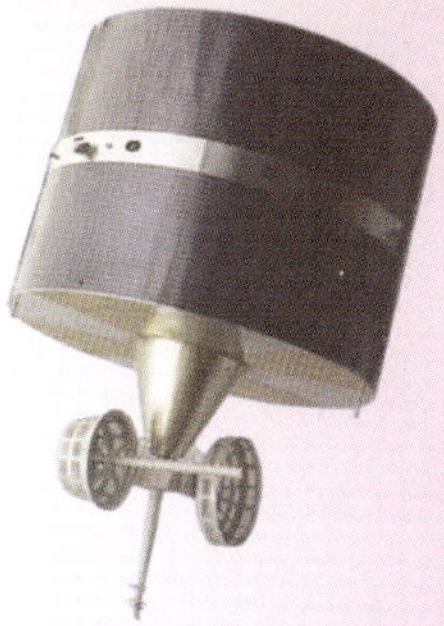

第三章
空间遥感技术对大气圈的监测

1 气象卫星的发展

地球上一切生命赖以生存的三大要素——阳光、空气和水，是构成大气圈的基本物质和在大气圈中进行的物理和生物化学过程的主要参与者。所以，大气圈对人类和人类生活的生态环境十分重要。大气圈的组成和在大气圈内进行的物理、化学和生物地球化学过程十分复杂。它不仅涉及大气圈内部的行为，还与地球系统的其他圈层进行着相互作用和影响。与人类生产和生活密切相关的气候和天气及其演变，就是构成地球系统五大圈层相互作用的结果。因此，要弄清天气、气候的现状和预测其未来演变，就必须知道它们的现状和相应的物理、化学、生物参数及其遵从的有关规律。这些科学数据包括，如大气的温度、气压、湿度和风的分布，以及它们随高度的变化；构成大气的各种气体成分的组分和变化；海水的温度、盐分和洋流的分布，以及它们随深度的变化；海冰和雪的覆盖范围与演变；植被的覆盖范围、叶面积指数、叶绿素含量及其变化等等。我们知道，地球表面的70%以上被水体覆盖，要在全球尺度的规模上测量上述的物理、化学和生物量及其参数是一件异常困难的事情。要靠传统的在地面设立观测站和释放探空气球的方式来解决上面提到的观测需求也是不可能的。

20世纪50年代，在人造地球卫星上天之前，科学家就提出了把它作为观测平台，通过它在太空运行俯瞰地球大气的设想。科学家们相继提出了充分利用卫星轨道参数的变化和卫星观测姿态的变化，实现对地球大气系统的全面观测的计划。本节的目的就是介绍地球大气探测系统的基本状况及其最具发展潜力的成员——气象卫星。

1.1 地球大气探测系统

地球系统科学的各分支学科的研究发展表明，它有别于数学、物理、化学等其他自然科学的发展，地球科学现象中的绝大部分是不能在实验室里重现的，如台风、地震、风暴潮等。因此，地球科学的研究依赖于观测技术的进步、观测系统的建立和观测资料的获取。

大气科学是地球系统科学的一个分支学科，它的发展当然也与观测技术的进步密不可分。从17世纪到现在，气象观测技术的发展大致经历了四个阶段。其中，17世纪至18世纪是地面气象观测发展阶段；18世纪至20世纪中期是高空大气探测发展阶段；20世纪中期至21世纪初是以1942年气象雷达诞生和1960年4月1日第一颗气象卫星上天为标志的大气遥感探测发展阶段；目前，则处于综合气象观测发展阶段。

为了弄清制约、影响大气运动的方方面面，必须采用多种探测手段和多种观测平台组成的综合观测系统，才能满足大气科学发展和气象业务服务的需求。下面按观测平台划分，把地球大气探测系统分为：地基气象观测系统、空基气象探测系统、天基气象观测系统等三个部分来对此做简要介绍。

地基气象观测系统 它是综合气象观测业务体系中的重要组成部分，也是气候系统观测业务的主体，还是遥感探测真实性检验的基础。在世界气象组织（WMO）的协调下，全球的天气观测网大约由11000个地面气象观测站组成，它们按照统一的技术要求、统一的格式，进行同样的观测项目，如进行气压、温度、湿度、风向、风速等几十个气象要素的定时观测。我国的国家级天气观测站有2419个。为了监测中小尺度天气系统，我国已建设区域自动气象站3万多个。

在地基气象观测网中，遥感监测技术发展十分迅速，作用异常突出。如：天气雷达对云、雨的监测，风廓线雷达对风结构的探测，闪电探测，微波辐射计对大气温度分布的探测等。这些都极大地弥补了常规探测的不足，加深了人们对大气结构和天气系统的认识。

空基气象探测系统 它是气象综合观测业务的重要组成部分。它以气球、飞机和火箭作为观测平台，通过直接探测和遥感技术获取对流层、平流层和中层大气的物理、化学特性。其中，气球携带探空仪进行的高空气象观测是目前获取气压、温度、湿度和风的三维分布的主要手段。全球天气观测网由约900个气象探空站组成，我国有80个站参加数据交换。

此外，飞机气象观测技术、气象无人驾驶飞机和高空气象探测火箭等空基气象探测技术，均在科学研究和业务服务中发挥作用。

天基气象观测系统 它是以人造地球卫星和各种航天器为观测平台，通过安装在上面的遥感探测器采集数据，获取地球大气的气象要素和各种地球物理参数的观测系统。它由气象卫星系统、地面接收、通信传输和产品处理生成系统与产品应用系统三个部分组成。

以上三类气象观测系统是相互补充、相互配合的。由它们组成的综合气象观测系统才能满足不断增长的气象科学研究和气象业务服务的需求。

1.2 气象卫星在地球大气探测系统中的作用和地位

在天基气象观测系统中，通过卫星运行轨道的选择，既可以获取全球的观测数据（如选择极地轨道的气象卫星），又可以获取高时间分辨率的观测数据（如选择地球静止轨道的地球静止气象卫星，或多颗卫星组网观测系统）；通过对遥感探测器瞬时视场的选择和卫星轨道、高度的选择可以得到不同空间分辨率的资料；通过对主动、被动遥感方式的选择，可见光、红外和微波波段的选择，不同极化方式的选择，可以得到监测、研究地球系统五大圈层的不同要素、参数的信息。因此，天基气象观测系统能够获取全球、全天候、高时间分辨率、高空间分辨率和高光谱分辨率的地球大气辐射信息。经过资料处理，由原始的辐射信息可以加工生成不同尺度的制约地球系统五大圈层运动状况和发展演变的地球物理参数。所以，天基气象观测系统在综合气象观测系统中正在发挥越来越重要的作用，并将成为它的主体和核心。

1.3 气象卫星的种类

气象卫星可以按多种方式进行分类。如：按卫星承担的任务将其分为业务气象卫星和研究发展卫星，按卫星运行的轨道将其分为极地轨道气象卫星和地球静止轨道气象卫星。

在业务气象卫星系统中，极轨气象卫星的轨道平面与地球赤道平面的交角（又称卫星轨道倾角）接近90°，通过卫星沿轨道运行所进行的条带扫描观测和地球自转导致的观测范围变化，最后把这些条带资料拼接在一起，实现包括两极地区在内的全球观测。地球静止轨道气象卫星位于地球赤道平面上空距地球表面约35800 km处。卫星的轨道平面与地球赤道平面重合（轨道倾角为0°），卫星的运行方向与地球自转方向一致，且二者的角速度相等，卫星相对静止于地球赤道某一经度的上空。这样轨道的气象卫星称作地球静止气象卫星。安装在静止气象卫星上的遥感探测器（如扫描辐射计），对以卫星星下点为中心，以5000 km为半径的球冠区域进行高频次的扫描观测，获取地球中、低纬度地区高频次观测资料。由上述两类轨道卫星组成的业务气象卫星系统就实现了全球观测和高时间分辨率观测。我国的风云一号（FY-1）和风云三号（FY-3）是极轨业务气象卫星，风云二号（FY-2）属地球业务静止轨道气象卫星。图3-1-1是两类业务轨道气象卫星的扫描观测示意图。

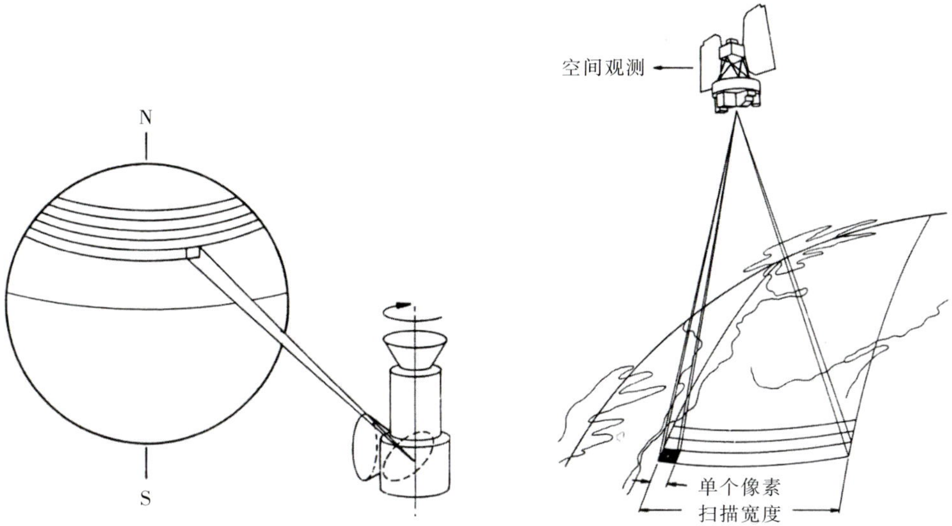

图3-1-1　地球静止气象卫星(左)和极轨气象卫星(右)扫描观测示意图

在世界气象组织的天基观测系统中，主要分为三类轨道卫星：业务静止轨道气象卫星（GEO）、业务低轨道卫星（LEO）和环境研究与发展卫星（R&D）。

当然，气象卫星的分类方法有很多，除上面按轨道和功能分类以外，还有按遥感探测器进行分类的被动遥感卫星和主动遥感卫星；按遥感探测器观测模式划分的临边扫描观测卫星、凝视观测卫星；按卫星承担的任务划分的业务气象卫星和研究试验气象卫星等。

1.4 气象卫星的现状和发展

下面以美国和中国的业务气象卫星发展为例，来分析讨论这一问题。首先介绍极轨气象卫星的发展。

美国极轨气象卫星的发展　1960年4月1日，美国发射了第一颗气象卫星“泰罗斯-1号”（TIROS-1：电视红外观测卫星），从而开创了人类从太空探测地球大气的新纪元。截至1965年7月2日，总共发射了十颗泰罗斯卫星，这些卫星均携带光电摄影系统和红外辐射计，前者用以在白天拍摄可见光图片，后者昼夜均可工作。经过以上试验，验证了气象卫星对卫星轨道（近极地太阳同步轨道）、自旋稳定的姿态控制（飞轮控制）、遥感探测器（光电摄像系统和红外辐射计）和图像传输方式（APT，自动图像传输系统）等的选择，直接导致了美国第一代试验业务气象卫星的诞生。

第一代试验业务气象卫星 1966—1969年，美国共发射了九颗以环境勘测局（ESSA）命名的泰罗斯业务气象卫星（TOS）。此卫星由环境科学服务局（即后来的NESDIS）负责运行、管理。这一代卫星的主要功能是获取全球范围的白天云图和实现云图的直接分发服务。

第二代业务气象卫星 1970—1978年，美国共发射了五颗以国家海洋大气管理局（NOAA）命名的气象卫星。这是第一批采用三轴稳定姿态控制技术的业务气象卫星。星上的可见光红外扫描辐射计（SR）和1972年开始采用的甚高分辨率扫描辐射计（VHRR），使卫星不但实现了昼夜连续定量观测，还开始了多通道高分辨率扫描辐射观测。

第三代业务气象卫星 1978—1998年，美国共发射了新一代泰罗斯卫星（New Tiros）十颗，命名为TIROS-N和NOAA-6~NOAA-14。卫星的主要变化是由四个或五个通道的先进甚高分辨率扫描辐射计（AVHRR）代替了VHRR；增加了由高分辨率红外探测器（HIRS）、微波探测器（MSU）和平流层探测器（SSU）组成的探测大气温湿度垂直分布的仪器组合TOVS，同时，还有太阳后向散射紫外辐射计（SBUV）和空间环境监测器（SEM），使卫星具有了同时获取多通道图像和大气温、湿度垂直分布的能力。

第四代业务气象卫星 1998—2009年，美国共发射了五颗先进的泰罗斯-N系列卫星，命名为NOAA-15~NOAA-19。六通道的AVHRR代替了五通道的AVHRR，HIRS-2取代了HIRS，AMSU（A/B）代替了MSU和SSU。这些变化使气象卫星遥感大气温湿度的能力可以克服云的影响，实现了全天候的三维大气遥感探测，并能很好地区分云和雪。

第五代业务气象卫星 2011年NPP卫星的成功发射，标志着美国以NOAA命名的极轨业务气象卫星时代的结束和新一代以NPP/JPSS（联合极轨卫星系统）命名的极轨业务气象卫星时代的开始。NPP是NOAA-19与JPSS两代业务卫星之间的过渡桥梁。JPSS计划发射两颗气象卫星，JPSS-1、JPSS-2预计分别在2017年、2023年发射。NPP卫星主要装载五种仪器：可见光/红外成像辐射计（VIIRS）、先进技术微波探测器（ATMS）、跨轨扫描红外大气探测器（CrIS）、臭氧图像和廓线仪（OMPS）和云与地球辐射能量系统（CERES）。卫星上的这些遥感探测器使它具有获取多通道图像、全天候气象要素三维分布、气溶胶和云的微物理特性、大气成分和地球大气辐射收支等地球物理参数的能力。

中国极轨气象卫星的发展 1988年9月7日，被命名为“风云一号”的中国极轨气象卫星的第一颗卫星“FY-1A”发射成功。卫星获得了高质量的可见光图像。但是由于水汽对探测器件的污染，无法获得红外图像。1990年9月3日发射的“FY-1B”解决了红外图像获取问题。但因三轴稳定姿控方面的问题，使“FY-1A”和“FY-1B”两颗卫星的寿命都没有达到设计要求。

第一代业务气象卫星 1999年5月10日发射的经过改进的“FY-1C”卫星，其工作寿命超过了设计要求，探测通道由五个增加到十个。2002年5月15日发射的“FY-1D”卫星，其寿命超过七年。以上两颗极轨气象卫星构成了中国的第一代业务气象卫星。FY-1气象卫星也是我国最先研制和发射的对地遥感应用卫星。它解决了太阳同步轨道卫星的发射和精确入轨、长寿命的三轴稳定姿态控制的卫星平台、高质量的可见和红外扫描辐射计、全球资料的星上存储和回放、对卫星的长期业务测控和管理、地面资料接收处理应用系统的建设和长期业务运行等一系列关键技术问题。

第二代业务气象卫星 2008年5月27日发射升空的风云三号（FY-3）气象卫星是我国第二代极轨业务气象卫星。它是在FY-1气象卫星技术基础上的发展和提高。它具有探测大气三维要素和参数，大幅度提高全球资料的获取能力，进一步提高云区和地表特征遥感能力，从而能够获取全球、全天候、三维、定量、多光谱的大气、地表和海表的特性参数。该序列的第二颗卫星FY-3B于2010年11月5日发射，它们组成上午星和下午星，实现双星组网观测。FY-3A/B卫星遥感仪器涉及可见、红外、紫外、微波多个谱段，总共有十一套仪器。图3-1-2是FY-3A气象卫星携带的遥感仪器

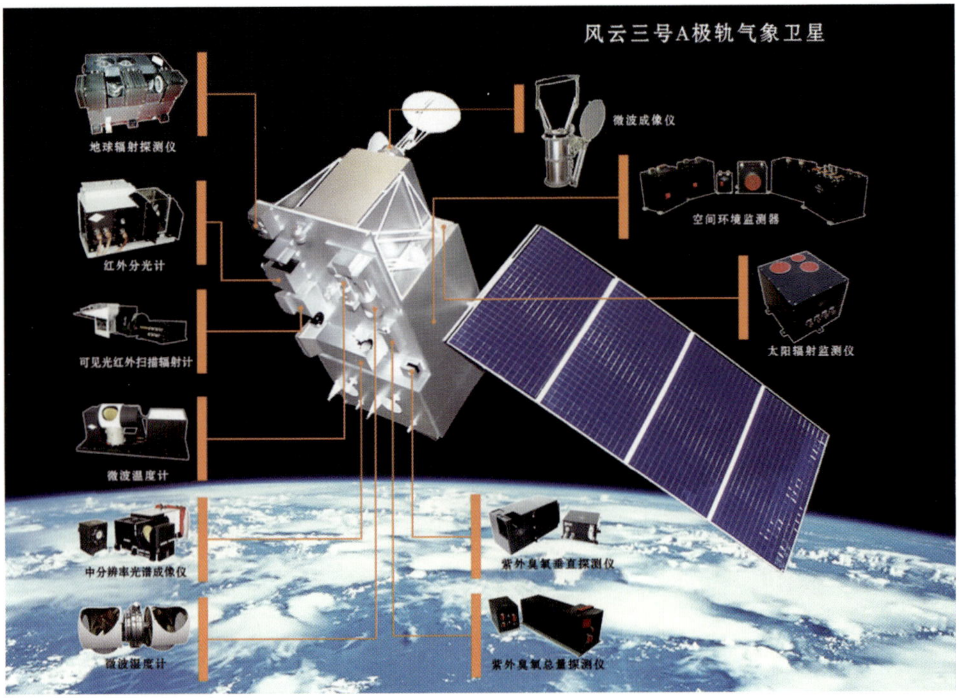

图3-1-2 风云三号卫星和星载遥感探测器示意图

和卫星本体。FY-3号02批卫星为业务星，共有五颗，设计寿命五年，可以持续发展十年左右，其技术状态和水平与欧洲正在运行的METOP和美国正在发展的NPP极轨业务气象卫星接近。

FY-3的特点和主要技术进步是：

①太阳能帆板自动对日进行定向跟踪，提高了星上能源系统的功率。

②采用一个S波段、两个L波段，共三个信道传送资料，以满足星上多种探测器资料的发送和获取全球资料的需求。

③FY-3号01批卫星有11种探测仪器。

美国地球静止气象卫星的发展 1966年美国宇航局（NASA）发射了首颗地球静止卫星-应用技术卫星（ATS-1），在卫星上进行了多项实验，利用地球静止轨道进行气象探测的可能性是其中之一。卫星上的旋转扫描云相机（SSCC）成功地每20分钟获取一幅地球全圆盘可见光图像。此后，宇航局又发射了两颗地球同步轨道气象卫星（SMS），探测器为可见光、红外自旋扫描辐射计（VISSR）。

美国第一代业务静止气象卫星 在1975—1978年，美国共发射了三颗命名为地球同步业务环境卫星GOES1~GOES3。卫星上的主要遥感探测器是可见光红外自旋扫描辐射计。

美国第二代业务静止气象卫星 1980—1987年，美国共发射了四颗GOES卫星，即GOES4~GOES7。卫星上的主要变化是在VISSR上增加了探测大气温、湿度垂直分布的能力，即VISSR的大气探测器（VAS，可见光红外自旋扫描辐射计大气探测器），以上两代卫星的姿态都是自旋稳定。

美国第三代业务静止气象卫星 1994—2001年，美国发射了GOES8~GOES12共五颗第三代业务静止气象卫星。其最大的改进是采用了三轴稳定的卫星姿态控制技术，使成像与垂直探测独立同时进行，对局部区域可以进行高频次监测。

美国第四代业务静止气象卫星 美国的GOESI3~GOESI15为第四代业务静止气象卫星（2006—2010），星上有5通道成像辐射计、19通道大气探测器、空间环境监视器和太阳X-Ray成像仪。

美国再下一代业务静止气象卫星GOES-R，计划于2016年年底发射。星上的主要探测器是先进基线成像仪（ABI）、闪电成像仪（GLM）、空间环境监测器（SEISS）、太阳紫外成像仪（SUVI）、远紫外和X射线辐照度探测器（EXIS）和磁力计（MAG）。其中的ABI由16个探测通道组成，包括6个可见光和近红外通道、10个红外通道，空间分辨率可见光0.5 km，近红外1 km，红外2 km，全圆盘图成像时间约5分钟。它具有分辨率更高、通道更多和速度更快的成像能力。同时，它也将显著地增强对空间环境的监测能力。

中国的业务静止气象卫星 1986年我国第一颗静止气象卫星风云二号正式列入国家计划。第一颗卫星于1997年6月10日在西昌卫星发射基地发射，被命名为“FY-2A”，见图3-1-3。卫星的主要遥感观测仪器是多通道可见光红外自旋扫描辐射仪。由于消旋天线故障，“FY-2A”卫星没有达到设计寿命。2000年6月25日发射的“FY-2B”卫星也未达到设计寿命。

图3-1-3 风云二号气象卫星原型图

中国第一代业务静止气象卫星 2004—2012年，中国共发射了四颗业务静止气象卫星FY2C~2F。它们分别于2006年12月8日、2008年12月23日和2012年1月13日发射，分别位于105°E、86.5°E和111.8°E赤道上空。相对01批卫星，02批卫星的技术性能有较大改进，主要包括星载扫描辐射计由

01批的三通道增加到五通道，若干主要技术指标也有所提高；02批增加了星上蓄电池供电能力，以保证卫星在春分、秋分前后进入地影期间对全星供电，卫星上仪器不关机。03批由FY-2F、FY-2G和FY-2H三颗卫星组成，卫星性能将在02批卫星的基础上有适当改进。增加03批卫星计划的主要目的是确保在轨运行的第一代地球静止气象卫星向第二代静止气象卫星实现连续、稳定的过渡。整个第一代地球静止气象卫星在轨运行并提供应用服务的时间到2015年。

风云二号（FY-2）气象卫星的在轨任务是：

（1）用星载多通道扫描辐射计进行对地观测，获取白天可见光云图、昼夜红外云图和水汽图以及相应的气象参数。

（2）通过星载转发器发送原始云图、高分辨率数字展宽云图和低分辨率云图，供地面接收站和国内外用户站接收利用。

（3）收集和转发气象、水文和海洋等应用部门的数据收集平台获取的观测数据。

（4）利用星载空间环境监测器，监测太阳活动和卫星轨道位置的空间环境状态，为卫星工程和空间环境监测提供观测数据。

中国下一代业务静止气象卫星　中国第二代业务静止气象卫星FY-4计划于2016年前后发射，它将由四颗卫星组成。卫星将采用三轴稳定姿控方式，主要载荷为：多通道成像仪、傅里叶红外大气探测仪、闪电成像仪和空间天气监测仪器组等。其中，多通道成像仪具有14个通道，波长范围0.45 μm~13.8 μm。可见光图像水平分辨率为0.5 km~1 km，红外和水汽为2 km。全圆盘图成像时间15分钟，区域图3000 km×3000 km成像时间3~5分钟，成像区域和时段可选。这将极大地增强对暴雨、强对流等中小尺度灾害性天气系统的监测能力。

中国气象卫星发展的总体规划和目标：

2012年前，建立由风云二号和风云三号等多种卫星组成的对地综合观测业务平台，提高卫星数据的定量化处理，和在天气分析、数值预报、地球环境监测等领域的应用水平，完善卫星数据和产品的共享体系。使我国卫星观测及应用水平达到20世纪末世界先进水平。

2020年前，建立以风云三号、风云四号系列卫星为代表的高、低轨道业务卫星组成的综合对地观测平台，实现对地球气候系统五大圈层及其相互作用的连续、稳定、可靠观测。卫星观测的时间、空间、光谱分辨率和辐射测量精度显著提高，对中、小尺度天气系统和地球环境的探测能力明显增强；定量化的卫星数据和产品，在气象预报以及地球环境监测预测中，被各级业务、科研部门广泛应用。

1.5 全球业务气象卫星探测系统

全球业务气象卫星探测系统是在WMO协调下，在各气象卫星发射和运行国家的共同努力下建成的天基探测系统。中国的风云一号、风云三号和风云二号系列已全部纳入全球业务应用气象卫星网络，成为其中的重要成员。

图3-1-4是目前正在运行的全球业务气象卫星探测系统，它由极轨和静止两类轨道卫星组成。正在业务运行的极轨气象卫星有美国的NOAA（即图上的TIROS，下一步被JPSS替代）、俄罗斯的流星系列气象卫星(METEOR)、中国风云一号、风云三号系列卫星，以及欧洲气象卫星组织的极轨气象卫星(METOP)。位于赤道平面上离地面35800 km高度的地球静止气象卫星有中国的风云二号D和E星（105°E和86.5°E）、日本的MTSAT(140°E)、美国的地球静止业务环境卫星西（GOES-W，135°W)、美国的地球静止业务环境卫星东（GOES-E，70°W)、欧洲气象卫星组织的METEOSAT（0°E）以及另一颗METEOSAT（63°E)，它是欧洲气象卫星组织为了支持印度洋的季风试验而从其备份位置移到印度洋实施观测任务的。

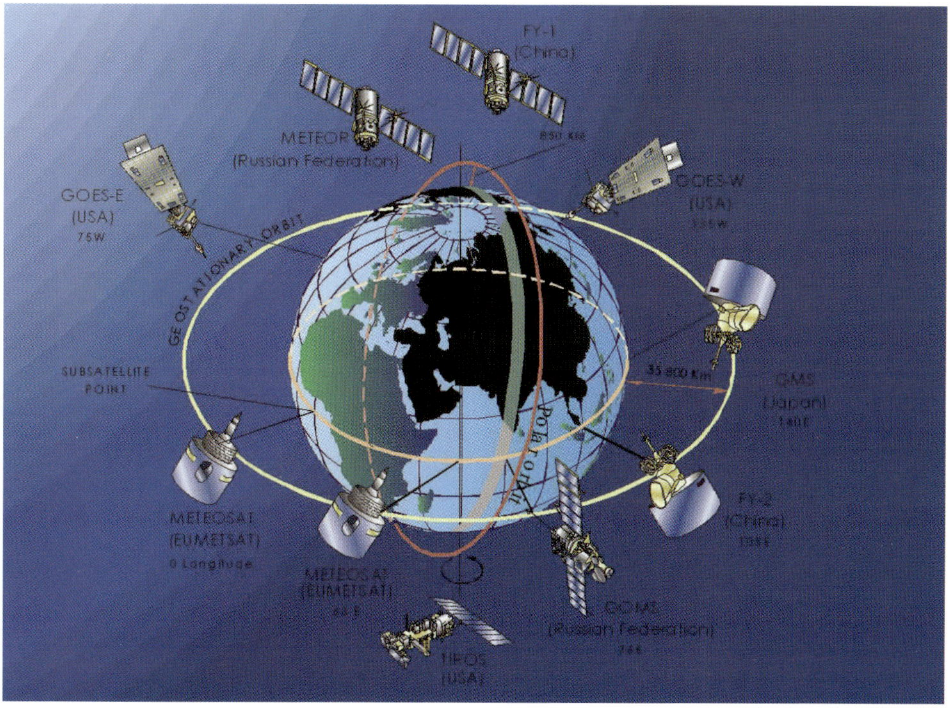

图3-1-4 全球业务气象卫星探测系统

业务气象卫星观测系统实现了高空间分辨率和高时间分辨率的全球探测，其观测资料已经在各国的天气分析预报、数值预报、短期气候预测、各种大气科学研究项目和世界气象组织协调的大型科学研究计划（如WCRP、IPCC）中发挥着重大的、基础性的作用。

2 气象卫星遥感原理、资料处理和产品

2.1 如何遥感地球大气的表面特征和大气参数

要采用遥感技术获取地球大气信息，就必须弄清楚电磁辐射在地球大气中的传输过程。覆盖着地球的大气是由一些分子状态的大气成分，固、液状态的气溶胶和水滴、冰晶状态的云所组成。构成大气的气体成分，如

氮气、氧气、水汽和二氧化碳等对电磁辐射均具有选择吸收的性能，取决于它们的分子结构。这样，在电磁波谱的某些波段，所有的大气成分均不吸收，成为电磁辐射可以自由通过的大气窗，大气成分吸收的波段则是吸收带。气溶胶和云是悬浮在大气中的固态、液态颗粒物、水滴和冰晶，它们对电磁辐射的作用与分子状态的大气成分完全不同。固态和液态的水体对红外辐射有极强的吸收能力。在有云覆盖的地区，只有云顶和云上的红外辐射到达外空，地面和云下的红外辐射则被云吸收。对来自太阳的可见光和近红外辐射，云的散射作用极为复杂。入射的电磁辐射与小颗粒和水滴（粒径远远小于入射波长）之间会发生多次瑞利散射；入射的电磁辐射与颗粒物、大水滴（粒径与入射波长相当）之间会发生米氏散射；入射的电磁辐射与冰粒则会产生极化效应。依据电磁辐射在地球大气中的传输特性，选取不同的电磁辐射波段（可见光、红外、微波）和波长范围（通道和通道宽度），不同的极化方式和主、被动遥感等技术手段就可以得到需要的地球大气参数。所以，要利用气象卫星获取表面特征，就选择大气窗区通道；要利用气象卫星遥感大气成分，就选择那种成分的吸收带；要探测气象要素的垂直分布，则应选择在大气中成均匀分布的那种气体成分的吸收带中的若干个通道。

卫星遥感就是在人造地球卫星上安装一个遥感探测器，通过探测器上的传感器对来自地球大气上行的电磁辐射的测量来获取地球大气的信息。这个上行辐射可以是地球大气反射、散射的太阳辐射；也可以是地球大气发射的辐射；还可以是卫星遥感探测器发射的电磁波被地球大气反射和散射回来的那部分。上述第一、二种遥感类型，卫星只接收不发射，又称为被动遥感。第三种类型的遥感，卫星接收自己发射的电磁辐射，故称为主动遥感。

利用反射的太阳光，可在卫星上探测地表和云的特性，也可探测大气中某些气体的含量。探测地表和云的特性的依据是地物波谱对太阳可见光的反射差异。探测不同种类云的差异则是它们反照率的不同。为此，需要选取大气中各种气体成分对电磁辐射吸收少的波长区域，即窗区通道。当选取0.65 μm和0.84 μm两个窗区通道时，0.84 μm通道的陆表反射率比水面的反射率高得多，很容易将陆地和水面区分开了；植被反射率在0.65 μm很低，在0.84 μm很高，而其他地物的反射率变化不大，于是，又可将植被从陆地表面中区分出来。

图3–2–1是FY–2E卫星上天后获取的遥感图像。大气的成分对可见光几乎是透明的，地球表面和云顶面对太阳发射的电磁波的可见光波段的反射、散射辐射清楚地被遥感探测器成像为图3–2–1（a），晴空区的地表特征和云区的顶面特征清晰可见，如：亚洲南部沿海的海岸线和澳洲大陆的海岸线。在水汽吸收带，对流层中上部的水汽对地面和低层大气发射的这一波段的辐射已经吸收殆尽，所以，在图3–2–1（b）上看不到海陆边界线，图上不同的灰度色调表示的是对流层中上部的水汽含量。

使用两个波长较近的通道，一个选在窗区，一个选在大气中某气体吸

(a)可见光图像

(b)6.3 μm水汽吸收带图像

图3–2–1　2009年2月20日FY–2E卫星观测的全圆盘图像

收带，如1.6 μm附近的二氧化碳（CO_2）吸收带，这两个通道对太阳光的地表反射和大气散射的特性差别不大，其反射率的差别主要由CO_2吸收产生，于是由反射率差可推算出大气中CO_2的含量。

通过选取各种波段通道的组合，可以识别各种地物，并获取地物各种特性的物理量。为此，就要对探测数据作定量处理和分析。其过程就是对大气辐射传输方程或在各种简化条件下的大气辐射传输方程进行迭代计算求解或求统计相关，得到卫星上遥感探测器某通道所测的辐射值和待求参数的关系。反过来利用此关系，就能够由卫星辐射测值得到待求的地球大气参数。

2.2 气象卫星遥感资料的处理和流程

要把气象卫星上遥感仪器获取的来自地球表面、云和大气的多波段辐射信息转变为可以应用于监测地球大气的图像或大气参数产品，就必须解决以下几个问题：第一是卫星所遥感的目标物在什么地方，这就是遥感数据的地理定位问题；第二是卫星上的传感器记录的是二进制码，它们的物理意义是什么？表示的是多大的辐射量？这就是遥感数据的辐射定标问题。通常把上述两项统称为遥感数据的预处理；第三是去除辐射在地球大气传输过程中由于大气成分的吸收、大气中云和气溶胶的散射等物理、化学过程对辐射的削弱部分，这就需要通过大气削弱订正来解决；第四是依据卫星遥感的原理，对来自地球大气不同种类的上行辐射与云、大气、地表等参数的物理、化学和生物化学关系或统计模型，把辐射测值转换为遥感的定量产品，供各方面的用户使用。

遥感数据预处理与产品生成，是气象卫星地面应用系统中数据处理和信息提取的重要环节，是气象卫星遥感信息定量应用和服务的基础。以风云二号气象卫星地面处理系统的资料处理流程为例，利用图3-2-2对这一问题加以说明。

由风云二号卫星遥感的数据经过地面接收系统到达指令和数据接收站（图上的CDAS）。在这里，它把接收到的数据分别送给资料处理中心（DPC）和卫星运行控制中心（SOCC）。在SOCC生成卫星的轨道参数和其他与卫星运行状态有关的信息，并把它们送往DPC。在DPC，利用上述两

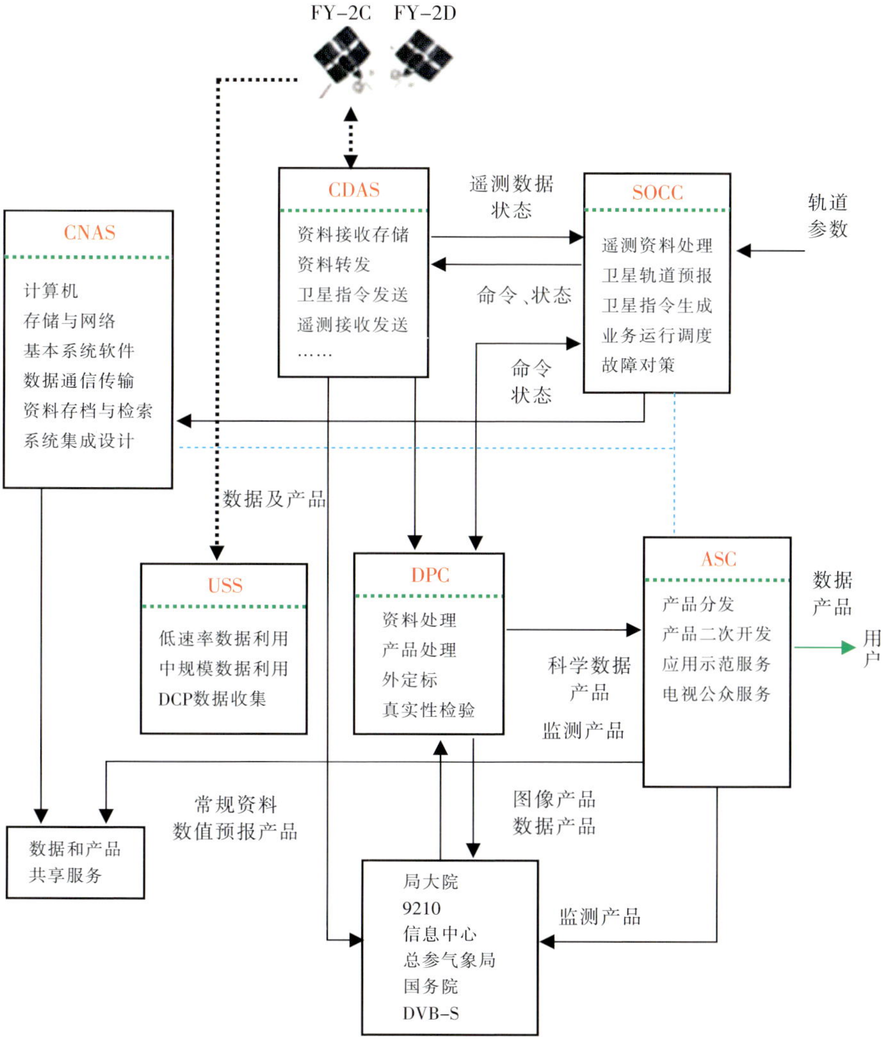

图3-2-2　风云二号气象卫星地面资料处理流程示意图

方面的数据，完成资料的预处理和一级气象卫星遥感产品的生成，并把它们发送给各类直接用户和送往应用服务中心（ASC）。在ASC进行产品的二次开发，制作并形成监测服务产品，通过网络和各种手段提供服务。

图3-2-3给出了资料处理的内容、步骤。其中，关于预处理中的遥感资料定位，其方法有一个发展过程。早期，利用卫星轨道参数、位置、速度和时间等数据，计算每个像元的经、纬度、天顶角和方位角；利用与地面控制点（地理标记明显、经纬度已知的点）匹配的方法估算卫星姿态数据，然后再利用估算出来的新的姿态数据进行重定位。现在，大多使用星载的空间导航定位系统（GNSS）接收机（目前大多采用GPS接收机，今后，将同时利用北斗定位系统接收机）确定遥感卫星星下点位置，利用星

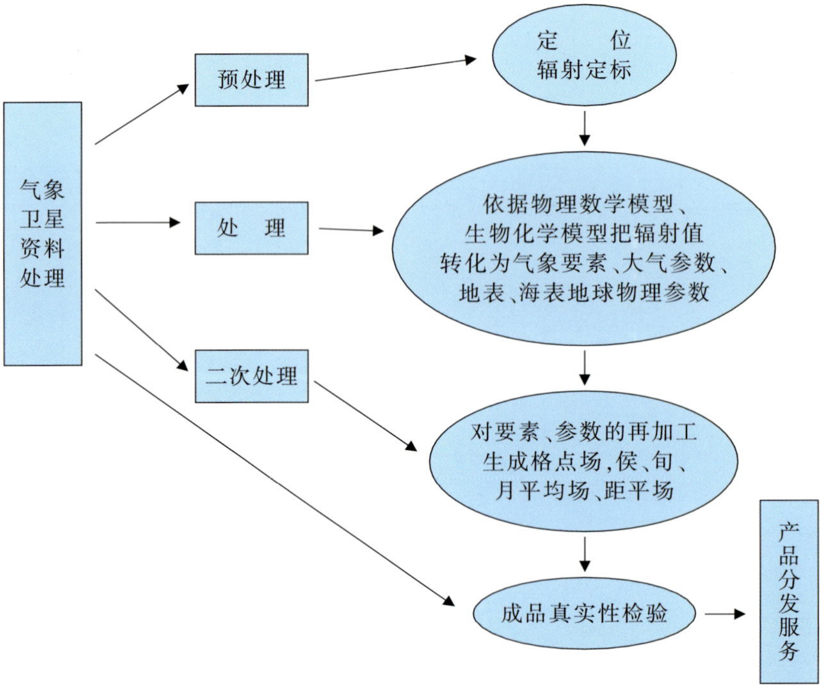

图3-2-3　气象卫星资料处理内容、步骤示意图

敏感器确定卫星姿态，实现实时定位计算。这样得到的遥感数据的地理定位精度更高，一般不超过一个像元。图3-2-4是一幅风云三号卫星由VIRR扫描观测得到的图像，图上经过定位得到的地理海岸线与观测到的实际海岸线吻合得很好。

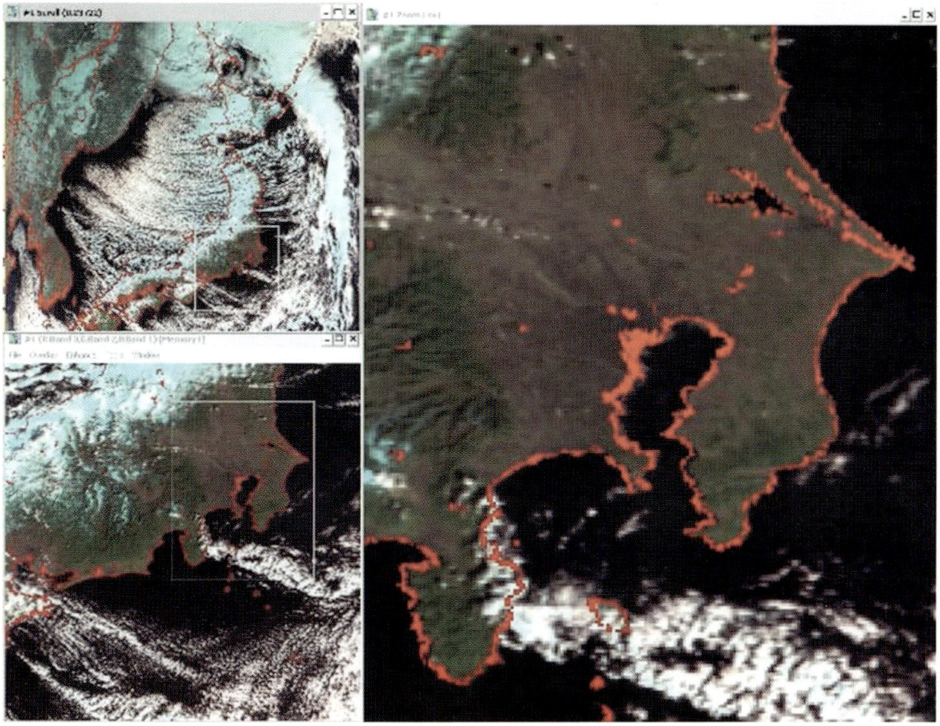

图3-2-4　VIRR地理定位结果图

预处理框中的辐射定标，包括以下几方面内容：

(1) 发射前定标　在实验室或条件可控的外场，利用辐射参考标准，确定辐射定标的换算关系（即遥感探测器观测的原始计数值与辐射值之间的关系）。

(2) 在轨定标　它又分为在轨星上定标（即利用星上的标准光源、黑体与发射前确定的辐射定标换算关系进行定标）；在轨交叉定标（即利用国内外探测波段相同、探测方法类似的遥感卫星，选取观测时间和地理位置相互匹配的观测资料，通过对比进行相互标定）；在轨场地定标（又称辐射校正场定标）。

下面以对风云三号紫外臭氧总量探测仪（TOU）的资料处理，生成气柱臭氧总量产品为例，进一步说明资料处理的方法和步骤：

遥感臭氧总量的原理 从臭氧赫金斯吸收带中选择六个波长，测量大气后向散射和大气外界太阳辐照度，采用“通道对”法反演臭氧总量。“通道对”指的是吸收系数差别显著的两个通道。其紫外后向散射强度的差与臭氧总量之间存在密切的关系，基于这个关系可以反演大气臭氧总量。

表3-2-1给出的是风云三号卫星臭氧总量探测仪（TOU）的探测通道、中心波长和带宽。表3-2-2是按TOU的通道特性确定的通道组合，即“通道对”。其中组合A适用于热带地区；组合B适用于热带以外的地区。图3-2-5则是根据模拟计算得到的通道3与通道5的N值（一个表示通道辐亮度与太阳辐照度比值的物理量）差（即表3-2-2中的组合B）与臭氧总量的关系。

表3-2-1 臭氧总量探测仪（TOU）的光谱特征

通道	中心波长（nm）	带宽（nm）
1	308.68±0.15	1+0.3，−0
2	312.59±0.15	1+0.3，−0
3	317.61±0.15	1+0.3，−0
4	322.40±0.15	1+0.3，−0
5	331.31±0.15	1+0.3，−0
6	360.11±0.25	1+0.3，−0

表3-2-2 TOU臭氧总量反演通道组合方式

通道组合名称	臭氧敏感通道	臭氧次敏感通道	反射率通道	适用条件
A	312.59	331.31	360.11	1≥s
B	317.61	331.31		初估值计算
B′	317.61	331.31	360.11	3≥s>1
C	322.40	331.31	360.11	s>3

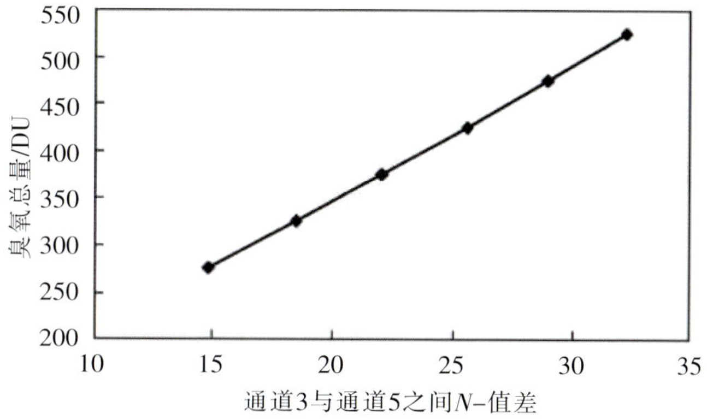

图3-2-5 通道3和通道5N-值差与臭氧总量关系的模拟计算结果

处理流程和步骤 按照TOU的通道设置和上述模拟计算结果，可以把TOU反演气柱臭氧总量的处理计算步骤归纳如下：

（1）辐射订正

由于实验室定标系数有误差，首先需要对风云三号TOU各个通道、各个扫描方向的辐射亮度进行订正，辐亮度订正系数通过交叉定标过程离线生成。辐照度则采用国外卫星测量结果。

（2）云量估计

利用通道六辐亮度计算像元内的云量，通过求解辐射传输方程，并根据ISCCP云高分布气候产品计算像元内有效云量。

(3) 正演计算

采用辐射查算表形式的辐射传输模式对每个通道进行辐射传输计算，生成臭氧总量与通道对之间N值差的对应关系。

$$N = -100\log_{10}(L/F)$$

其中，L代表通道辐亮度，F代表通道太阳辐照度。

(4) 臭氧总量反演

用这两个通道的N值差和臭氧总量与通道对N值差的关系，计算臭氧总量的初估值。

用于初估值计算的N值与实际观测的N值有一定的差别，称为残差。选择通道，用它们的残差建立联立方程，对初估值进行订正。

图3-2-6是利用TOU观测资料，采用上述处理方法得到的南半球极区大气柱臭氧总量分布图。2008年10月16日正是南半球的春末时刻，南半球的极区仍有低于150DU的区域，冬半年极区上空的臭氧洞依稀可见。

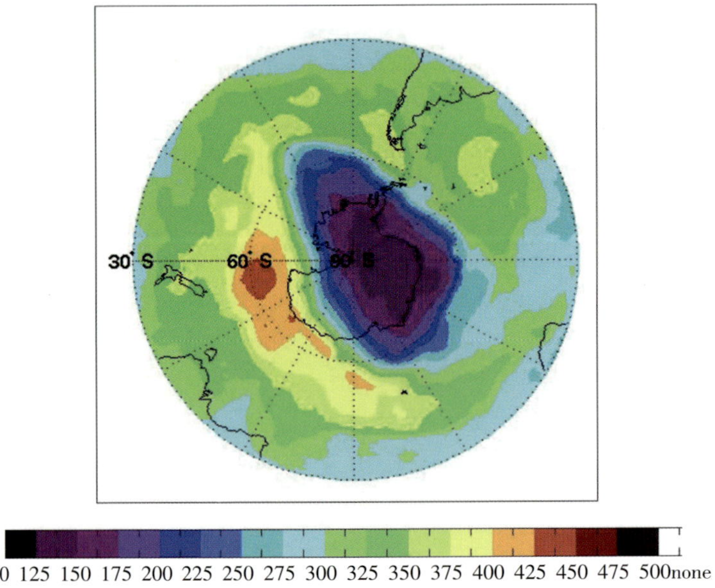

图3-2-6 TOU极射赤面投影臭氧总量产品(2008年10月16日)

真实性检验 用遥感技术获取的信息，通过加工处理生成的产品与直接测量的最大不同是前者依赖于反演模型或数理统计模式。所以，对遥感产品进行真实性检验是一个重要环节。真实性检验定义为通过独立的方法，评价产品质量的过程。随着用户对产品精度的要求越来越高，遥感产品真实性检验已成为推动定量遥感发展及产品应用的关键环节之一。图3-2-7是一幅FY-3/TOU遥感的北京地区气柱臭氧总量的真实性检验图。图上粉红色线是FY-3的处理结果，黑线是美国AURA卫星的臭氧监测仪（OMI）的观测结果，绿点和线条是北京地区地面陶普生光谱仪（Dobson）的观测结果。从图看出，在2008年7月至2009年1月的半年时间内，三类观测设备取得的臭氧总量十分一致。通过上述三种真实性检验方法，即不同卫星同类产品之间的相互检验，常规观测资料对遥感产品的检验和外场实测资料对产品的检验，很好地说明TOU仪器是成功的，处理方法是合理、可行的。我们可以放心地应用FY-3/TOU的处理结果。

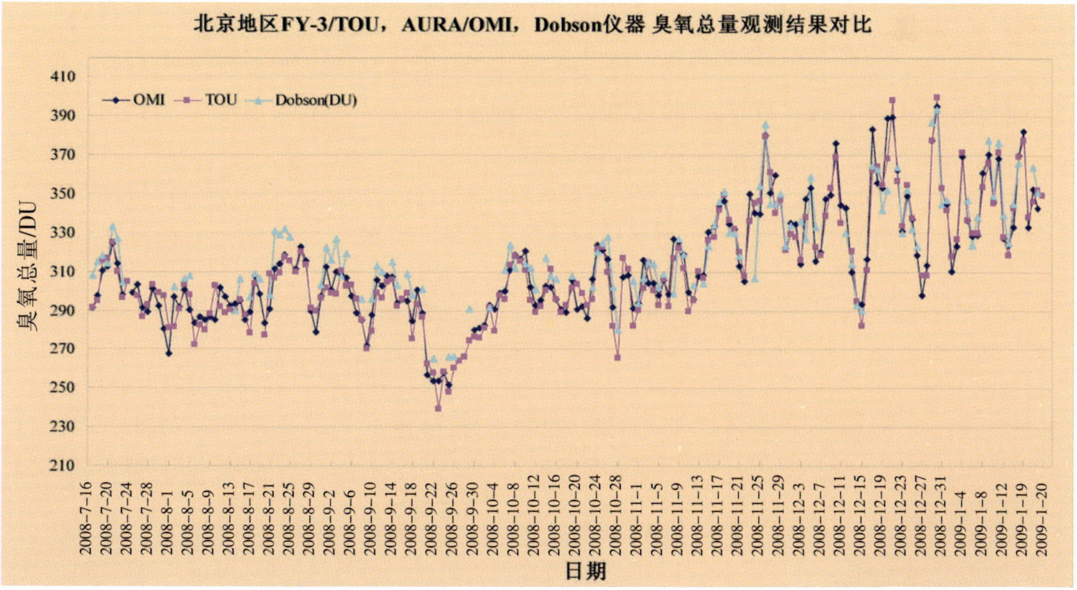

图3-2-7　2008.7.16—2009.1.20，北京地区TOU和其他臭氧总量观测产品的相互检验结果

2.3 两大类气象卫星遥感产品

这里所说的两大类遥感产品是指极轨和静止两类轨道卫星而言。由于极轨气象卫星的轨道低、星上的遥感探测器多、空间分辨率高、发展更成熟，因而产品的种类多，应用的方面也多。静止气象卫星离地面的高度高、遥感探测器较单一、观测的时间分辨率高，主要应用于天气分析预报，特别是暴雨、台风和强对流等灾害性天气的监测和预警等方面。

3 卫星云图和典型天气系统

第一颗气象卫星、第一代试验业务气象卫星携带的遥感探测器都是光电摄像系统，其主要功能是获取地球大气的可见光图像，也就是白天的可见光云图。气象工作者就利用卫星云图分析识别天气和天气系统。气象卫星的全球观测能力，卫星图像的高空间和高时间分辨能力使各种尺度的天气系统，以及它们的发展、演变均无一遗漏，且清晰、生动地呈现在卫星图像上，从而为天气预报人员提供了重要的制作天气预报的信息，为大气科学工作者提供了许多新的观测事实。所以，迄今为止，卫星云图仍然是应用最广泛、发挥作用最大、取得效果最显著的一类气象卫星资料。

3.1 如何分析识别卫星云图

最早的气象卫星仅能获取可见光云图。随着扫描辐射计的出现，又有了红外云图。再之后，又发展出了多通道扫描辐射计、微波成像仪等等。到今天，卫星遥感图像已经有许多种类。作为一个气象卫星图像分析使用者，首先，应该弄清楚将要使用的是什么通道的图像，它的光谱辐射特性如何。其次，要明确所分析的对象，如云、不同种类的云、气溶胶、不同的下垫面类型在不同通道的遥感图像上的辐射特性。再次，根据图像的识别原理，分析对象在不同通道图像上的辐射特性，从不同的侧面来识别分析对象的位置、状态、强弱和发展演变的阶段。

3.1.1 不同通道图像的辐射特性

可见光图像（VIS） 是太阳辐射经地球—大气系统散射或反射后到达卫星遥感探测器所得到的图像。它取决于太阳辐射强度、地表或云的散射、反射能力（统称为反照率），以及大气的气溶胶含量等。各种类型的云和下垫面的反照率的典型值如表3–3–1所示。

表3–3–1 不同类型下垫面和云反照率的典型值

类型	反照率/%	类型	反照率/%
海洋、湖泊	8	卷层云	32
黑土	14	卷云	36
植被	18	薄层云	42
沙地、沙漠	27	厚层云	64
海冰	35	层积云	68
旧雪	59	积云	69
新雪	80	积雨云	86
		大厚积雨云	92

在可见光黑白图像上，反照率高的地方一般赋予浅色调（白色），反照率低的地方赋予深色调（黑色）。根据色调，云、陆地、水面都能比较容易地识别出来。云的反照率范围跨度很大，不同的云和云型有不同色调、组织形态和纹理结构。例如，卷云的反照率在30%左右多是浅灰或灰白色调，呈丝缕状，积状云的反照率60%多至90%多、表现为灰白到浓白色调，其云顶粗糙、多起伏纹理等。

长波红外窗区图像（IR） 它是通过星上遥感探测器接收地球—大气系统上行的10 μm~12 μm波段发射辐射得到的图像。它取决于下垫面或云面的温度、发射率以及大气的水汽含量。这是一幅反映观测物体表面温度高低的图像。在红外图像上，温度低的地方一般赋予浅色调（白色），如积雨云、密卷云等；温度高的地方一般赋予深色调（黑色），如热带海洋和夏季正午的沙漠地区。不同高度上的云的色调明显不同，是区分不同云类云顶高度差异的主要手段。

水汽图像（WV） 它是通过遥感大气水汽吸收波段的发射辐射得到的图像。地表和大气低层的水汽发射的这个波段的辐射，被其上的水汽吸收，不能到达外空。卫星遥感的辐射主要来自对流层中上部大气水汽的发射辐射。当大气干燥水汽含量少时，遥感到相对低的对流层中上部的水汽，因而相应的温度高。水汽图像的灰度赋色方式和红外图像一致。水汽图像的纹理光滑连续，能较好地反映对流层中上部的环流形势和大尺度天气系统；图像上干、湿区之间的边界特征和变化，对天气系统的演变有明显的指示意义。

中波红外窗区图像 它是通过遥感地球—大气系统在3 μm~5 μm通道的上行辐射得到的图像。这个波段位于太阳短波辐射和地物长波辐射相互交叠的位置。在白天，它的测值中既包含太阳反射辐射的贡献，又包含地物发射辐射的贡献，使得这个波段的图像具有多方面的应用价值。中波红外波段的散射辐射与云相态和粒子尺度密切相关，依据不同的反射特性，可识别云粒子的相态和粒子的大小。在中波红外波段，云滴的发射率只有0.9左右，因此，在夜间用中波红外与长波红外通道的亮温差，可区分低云和地面。

3.1.2 识别云类和云系的依据

在围绕地球运动的旋转大气中，有若干尺度不同的波动和涡旋。它们与特定的大气温度场、湿度场和气压场相互配置，产生特定形式分布的上升、下沉运动及相应的云和云型分布。所以，利用卫星云图识别云和云型分布就是分析、识别天气系统，也就为天气分析预报提供了最重要、最基本的信息。利用卫星云图分析识别云、云型、天气系统的主要依据是：云的型式或结构、云区的范围大小、边界形状、亮度或色调、暗影和纹理。

在这六条判据中，首先，根据在不同通道图像上的亮度或色调区分出云区；其次，按照暗影纹理、色调以及边界形状等云型特征识别出不同种类的云区和下垫面；再次，依据云区的型式或结构与范围大小确定云系的类型和尺度，以及相应的天气系统。表3–3–2是按照卫星云图上云的色调、纹理、边界形状等图像特征判识云类和云种的依据表。

表3–3–2　在卫星云图上判识三类、八种云的依据表

云类		云型特征	色调特征	
			可见光	红外
卷状云	毛卷云	纤维状结构，穿过云层可以看见云下方的云和地物	深灰至灰色	浅灰色
	密卷云	厚而密实，云素常呈球状或细长状	浅灰至白色	白色
	卷层云	顶部光滑均匀，边界处呈纤维状，为带状或宽的云罩	灰色至白色	白色到灰色
层状云	高层云和高积云	顶部光滑，纹理均匀，边界破碎或光滑，常以层状出现	浅灰色	均匀的中灰色。在极区，云区比周围积雪覆盖区更暗
	雾和层云	顶部光滑，边缘陡峭，视情况可以与地形等高线一致	从灰到白。雾越厚越浓，色调越白	均匀的中灰色。夜间比四周无云区色调更暗
积状云	积云和浓积云	不规则的云素或云素群，如洋面上的冷平流区中的开口细胞状云或云线	白亮	较明亮，取决于云顶所伸及的高度
	积雨云	初生阶段边界光滑整齐，成熟阶段边界有短的卷云羽出现。随风切变的大小呈胡萝卜状或球状	非常白亮，纹理较光滑。当有穿顶性强对流云时，云顶多起伏，呈多皱纹和斑点状	云中心部分和向上风方向非常白亮，边缘清晰；向下风方向逐渐变暗，边缘模糊发毛
	层积云	在洋面上冷空气平流区中表现为闭合细胞状云。从运动学的理念去观察，常看到与层积云相伴的重力波，有时可能出现山地波或岛屿背风涡旋	云顶均匀，中心白亮，朝边缘薄处逐渐变灰	均匀的深灰色调，细胞状结构不明显，当云层很低时，可能检测不出来

下面举例说明对云、云系和天气系统的识别过程。图3-3-1（a）、（b）分别是2009年5月26日01:00（UTC）FY-2C卫星观测得到的可见光和红外图像。由可见光图像，见图3-3-1（a）上的色调可以较容易地区分出白色的云区、灰色的地表和灰黑色的水体表面。进一步，就白色的云区而言，又可以按其色调和纹理区分为A、B、C、D四种不同情况。A处的云最为白亮；B处的云呈灰色、多起伏纹理；C处的云呈灰白色丝缕状；D处的云呈深灰色、表面光滑均匀、边界清晰。在同一时刻的红外图像，见图3-3-1（b）上，A处和C处的云呈白色调，表示其云顶高，但A处呈团状，C处呈反气旋性弯曲的带状。再结合云区的范围和云型特征，A处为尺度一二百千米的团状深对流云区，C处为数千千米的云带。而B处和D处的云在红外图像上分别呈深灰色和黑灰色，结合云区的范围大小、边界形状和可见光图像上的特征，认为：B处是大范围带状中低云区尾部云顶相对更低的云区；D处是一片雾区。综合上述所有分析意见，可以得出如下分析结果：A处是一个中尺度对流云团；C处是呈反气旋性弯曲的，由卷云云带组成的高空急流云系的北边界；B处是由东海伸入大陆的主要由中、低云组成的冷锋云带的尾部；D处是覆盖鲁南、苏北沿海和近海的雾区。

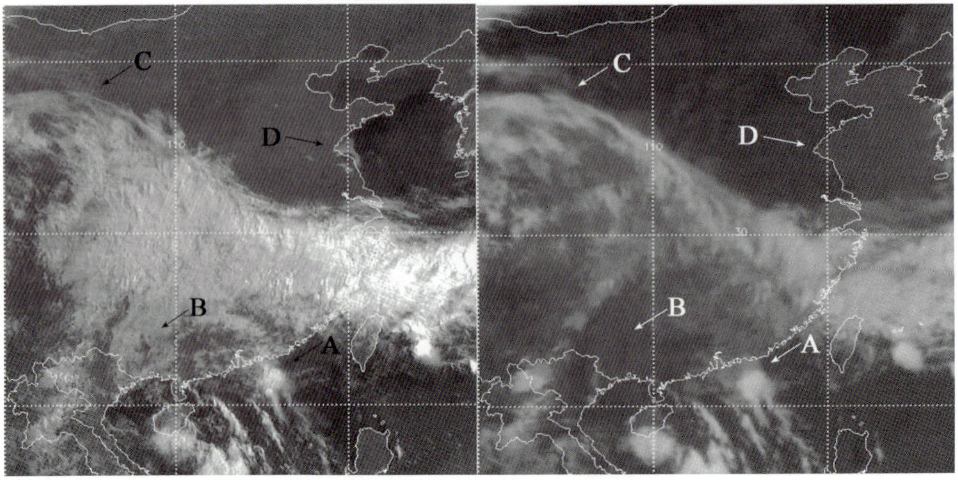

(a)2009年5月26日01:00可见光图像　　(b)2009年5月26日01:00红外图像

图3-3-1　(UTC)FY-2C卫星观测图像

3.2 云系和天气系统

围绕地球不停运动的大气是由不同尺度的运动系统，即天气系统组成的，它们与不同尺度的云系相对应。在卫星云图上就表现为不同尺度的云系。就日常的天气分析预报而言，关注得最多的是大尺度天气系统云系和中尺度天气系统云系。大尺度天气系统云系的形态多种多样，有带状、涡旋状、逗点状、叶状、细胞状、波纹状等等。这些特征性云型与天气系统有关，分析这些云系便能识别各类天气系统。

(1) 带状云系

带状云系的长宽比至少为4:1，其宽度大于一个纬距称作云带，小于一个纬距称作云线。图3-3-2是FY-1极轨气象卫星观测得到的三通道的彩色合成图像。图上一条由日本和朝鲜半岛南部经过东海伸入我国长江中、下游的云带是一条典型的梅雨锋云带。它的长度数千千米、宽度数百千米，整个云带由多层云系组成，云带的顶部是多起伏的纹理，表明在层状云中有对流云，这就决定了梅雨锋的降水既有稳定性降水，又有对流性降水。

图3-3-2 极轨气象卫星观测的梅雨锋云系

除锋面云系表现为带状云系以外，高空急流云系也具有带状云系的特征。图3-3-3是一幅FY-1极轨气象卫星的三通道彩色合成图像。图上一条由印度、穿过喜马拉雅山西部、经塔里木盆地东南边沿和柴达木盆地、直达河西走廊东部、长数千千米、呈反气旋性弯曲的卷云带，这是典型的高空急流云系，其强风轴正好位于云带北侧与晴空区的交界处。那里是高空强风区、风的水平切变和垂直切变大，是飞机飞行应该避开的强颠簸区。

图3-3-3　极轨气象卫星观测的副热带急流云系分布图

（2）涡旋云系

涡旋云系具有螺旋云带和气旋性环流中心，其水平尺度从几百到几千千米不等。图3-3-4是一幅典型的大尺度涡旋云系的卫星图像，其相应的天气系统是一个发展到成熟阶段的温带气旋。图上的螺旋云系主要由两部分组成，其一是云的表面光滑、均匀，由我国的西南地区向东北方向伸入内蒙古东部的云带，它由多层云组成。在一些地方透过高空卷云，还可以看到其下面的中云和对流云。在这条云带的西面，无论是在云区还是晴空区，都可以看到一条黑线。切莫认为这里是晴空区，它是高空的云在相对

图3-3-4 极轨气象卫星观测的典型温带气旋云系

低的云或晴空的地表上投下的阴影，即暗影。在太阳高度角较低的可见光图像上，暗影是区分不同高度云和地物相对高低的有效手段。这条由内蒙古东部伸向我国西南地区的云带就是这个温带气旋的冷锋云带。环绕中心旋转的、具有多起伏纹理特征的涡旋云带是温带气旋的锢囚锋云系，环绕的中心是气旋的环流中心。

（3）波状云线

图3-3-5是美国NOAA极轨气象卫星在我国西南地区观测的图像。图中最显著的特征是在图的中东部有一片由许多条南北走向云线构成的云系。这是典型的山脉背风波云系。当山脉附近的风向与山脊正交且大气稳定时，在山脉背风一侧会由于重力的作用形成重力波。在波的上升位相，空气上升变冷，形成云。在下沉位相，情况则恰恰相反，空气变暖，水滴蒸发，云消散，成为晴空。如果山脉成长条状，则在山脊的背风一侧会形成

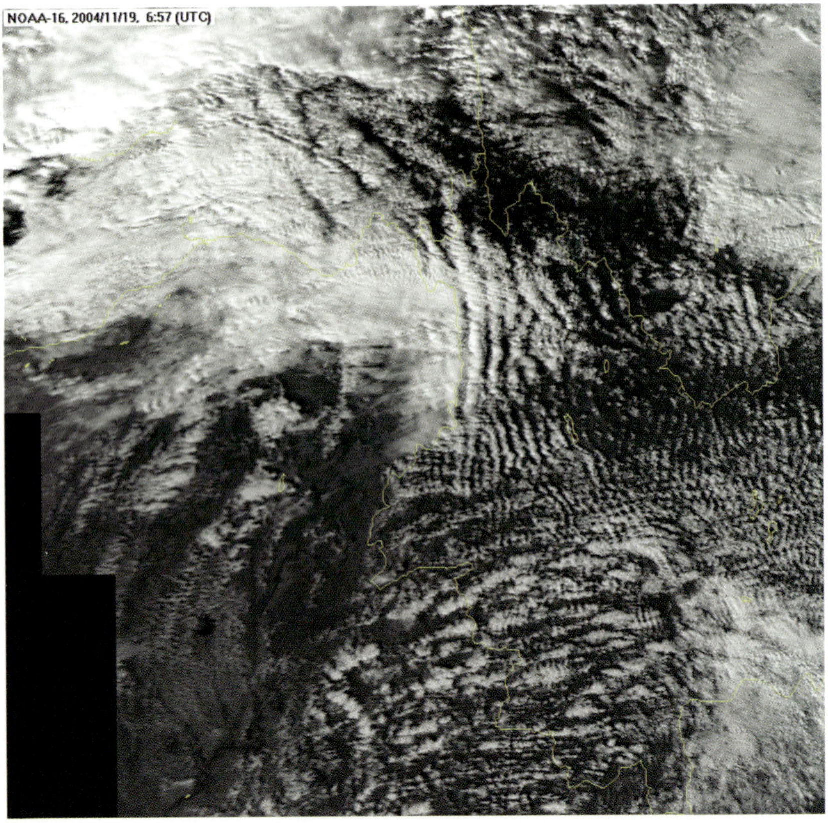

图3-3-5　2004年11月19日NOAA-16卫星图像

如图3-3-5所示的云线。图上的云线位于我国的川西南和滇西地区，那里是南北走向横断山脉的下游，当那里的3 km高空（相当于横断山脉顶部的高度）吹西风时，就会出现上述情况。反之，当在川西南和滇西地区的卫星云图上出现背风波云系时，就可以推论那里的风向、风速和大气的稳定度。那里也是颠簸剧烈，航空气象保障十分关注的地区。

3.3 温带气旋云系

气旋是旋转地球大气中最引人注目的自然现象。小到毁灭性的龙卷风，中到摧毁性的台风，大到带来大规模寒潮爆发的极地涡旋都是气旋性环流。在地面天气图上，气旋是由闭合等压线所包围的低值气压区，其风场显示气流呈逆时针方向旋转并向中心辐合（北半球），在南半球气旋则呈顺时针方向向内辐合。气旋分为温带气旋和热带气旋两大类。

温带气旋是活跃于中高纬度温带地区的斜压性气旋。多由冷暖空气对峙的锋面波动产生，因此，也称为锋面气旋。地面天气图上温带气旋从生成、发展到消亡，整个生命史一般为2~6天，大致可分为四个阶段：①初生阶段：锋面上出现小波动，冷空气向南侵袭形成冷锋，暖空气向北爬升，形成暖锋，围绕波动产生气旋性环流，环流中心气压下降，形成低压中心。②成熟阶段：随着气旋性环流的加强，中心气压不断下降。冷空气强迫其前面的暖空气上升或暖空气沿着锋面主动爬升，绝热冷却、凝结，出现系统性云系和降水。③锢囚阶段：冷锋赶上暖锋，出现锋面叠置，中心附近暖空气被迫抬升离开地面至高空。此时，气旋环流最强，中心气压最低。气旋区域内地面风速大，辐合上升气流加强，合适的水汽条件下，降水天气加剧。④消亡阶段：气旋中心受冷空气控制，高空温压场趋于重合，气压升高，气旋环流减弱，气旋与锋面脱离，上升运动减弱，云量和降水随之减弱，在地面摩擦作用下趋于消亡。温带气旋是中高纬度地区重要的天气系统之一，多风雨天气，有时伴有暴雨、暴雪或强对流天气，有时，近地面最大风力可达10级以上。对我国天气有重要影响的温带气旋，主要为蒙古气旋、东北气旋、黄河气旋和江淮气旋等。

图3-3-6是一幅典型的温带气旋输送带模型示意图。温带气旋的流场、温湿度场由暖输送带、冷输送带和干带三条输送带组成，它们通常有1 km~3 km厚、200 km~300 km宽和几千千米长。其中，暖输送带是来自对流层下部的较低纬度，从气旋东南侧暖区输入气旋的气流，沿锋面爬升，到高空向东北方向流出；冷输送带来自对流层下部的较高纬度，从气旋东北侧进入气旋，在暖输送带下爬升，到中空转向东北方向流出，与暖输送带趋于合并；干带来自对流层中上部，从西侧流入气旋，其中

的一部分卷入气旋中心附近的低压环流中，另一部分以反气旋方式下沉，揳入到冷锋的下面。

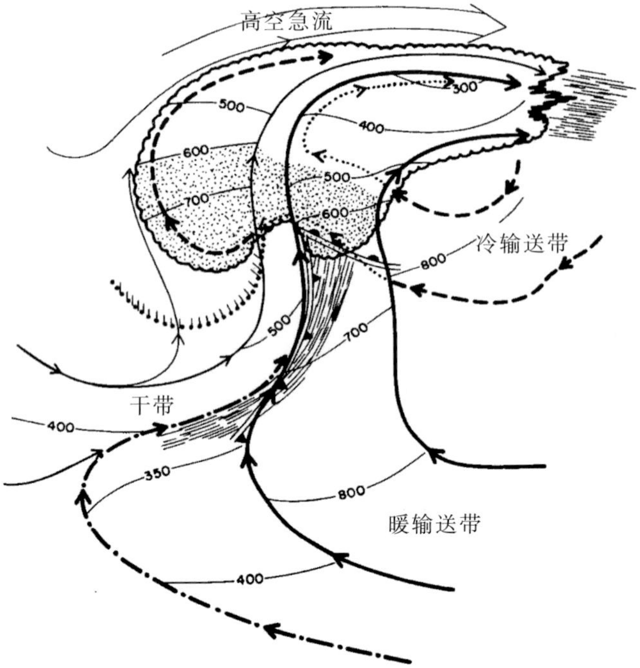

图3-3-6　典型温带气旋输送带模式示意图

为了进一步说明图像上的云型、云系与图3-3-6所示的输送带模式之间的对应关系，用图3-3-7做进一步分析。这是FY-2C卫星观测得到的中心位于中蒙交界地区的气旋云系。在图3-3-7（a）红外图像上的白亮云带FF是气旋的冷锋云系，它是从青藏高原东南侧向北北东方向输送的暖湿气流在爬升中成云致雨而形成的。图3-3-7（b）是同一范围，晚一小时的可见光云图。图上的云带CC与图3-3-7（a）上的云带FF是同一云带，但在可见光云图上可以清楚地看到云顶光滑的卷云带下面有多起伏的积云性中低云带，这是冷锋逼近时，冷空气强迫抬升其上暖湿气流的结果。图3-3-7（c）是与图3-3-7（a）同一时刻的水汽通道卫星图像。在水汽图像上，色调愈黑表示对流层中上部十分干燥且有下沉的气流。图上的红色箭头所示为由西北向东南方向输送的干冷空气，靠近云带且更黑的D和A处则表示那里的下沉气流更为显著。红外图像上的E处，在可见光图像上则表现为多起伏的纹理，在CC处的暗影则更为清楚地揭示出那里的多层云系结构，这是由于干带从底层强迫抬升暖输送带下面的冷输送带而形成的积云性云系，这就是气旋的锢囚锋部分云系。

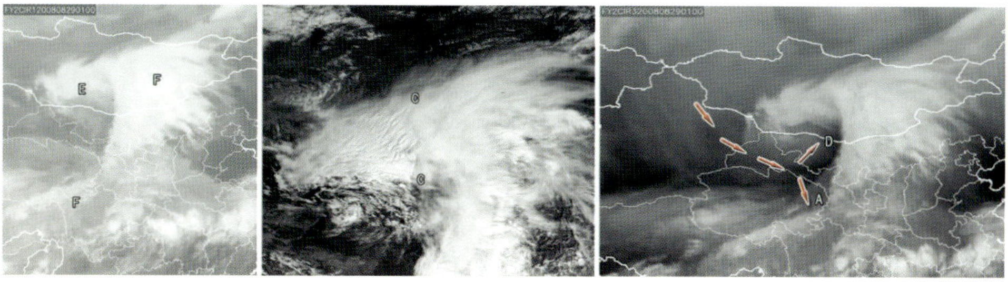

(a)红外图像(暖输送带)　(b)可见光图像　(c)水汽图像

图3-3-7　2008年8月29日FY-2C气象卫星

3.4 台风（热带气旋）云系

热带气旋是生成于距赤道五个纬度以外的热带海洋大气中，具有暖心结构的强烈气旋性旋转的低气压系统。它的水平尺度几百千米，甚至上千千米，垂直范围包括整个对流层，甚至平流层下部。按其发展加强的不同阶段分别称为热带低压、热带风暴、强热带风暴、台风（强台风和超强台风），热带气旋是它们的统称。它们分类的主要依据是中心风力的大小，其中心附近最大风速小于6~7级的热带气旋称为热带低气压。中心附近最大风力达8~9级的热带气旋称作热带风暴。1988年年底以前，我国曾把中心风力8~11级的热带气旋称为台风，中心风力大于等于12级的热带气旋称为强台风。从1989年1月1日起，我国的台风分类标准采用世界气象组织的分类标准。中心附近最大风力达10~11级的热带气旋称作强热带风暴。发生在西北太平洋和南海地区，中心附近最大风力达12级以上的热带气旋统称为台风，是发展到成熟阶段的热带气旋，主要出现在夏、秋季节。它的中心气压大多低于990 hPa，具有暖心的热力结构和低层暖湿气流辐合、中层上升、高层辐散流出的三维流场结构。由中心向外依次形成直径几至数十千米的少云、静稳的台风眼区，对流猛烈发展、云顶进入平流层的狂风暴雨云墙区，积雨云和少云相间出现的螺旋云带区。灾害性天气主要发生在云墙区和螺旋云带区。按中心风力大小，台风又分为台风（中心附近风力达到12~13级的热带气旋）；强台风（中心附近风力达到14~15级的热带气旋）；超强台风（中心附近风力大于、等于16级的热带气旋）。发生在大西洋、墨西哥湾、加勒比海和北太平洋东部，中心风力达12级或以上的热带气旋称作飓风。美国国家飓风中心根据飓风每小时移动的距离，把它分为以下五级：一级119 km/h~153 km/h，二级154 km/h~177 km/h，三级178 km/h~209 km/h，四级210 km/h~249 km/h，五级249 km/h以上。发生或经过孟加拉湾海域的热带气旋称作孟加拉湾风暴，它主要出现在5月和9~10月。

热带气旋在卫星云图上表现为涡旋状云系，是一种比较容易识别的天气系统，红外云图、可见光云图，以及水汽图像都常用于监测热带气旋。

热带气旋的典型特征

热带气旋具有比较对称的云型和暖心结构。图3-3-8是一幅FY-1C卫星观测得到的位于台湾东南方向的台风云型。它由无云的眼区，围绕眼区的连续密闭的云区即云墙，以及围绕中心的外围螺旋云带组成。图上从涡旋中心向外分别为台风眼、云墙和螺旋云带。通过云的形态特征，可以揭示热带气旋的发展演变过

图3-3-8　1999年6月5日FY-1C卫星云图

程。其主要特征有：

热带气旋发展初期 其云型特征是：由弯曲的积云线所确定的环流中心位于密闭云区的边沿，如图3-3-9所示。图上的热带气旋云系在18日发展加强成为当年的19号台风“天兔”。

图3-3-9 2013年9月17日13:00FY-3B气象卫星监测图像

在热带气旋迅速发展期间，其主要的云型演变特征是：环流中心进入热带气旋云系内部，并有发展演变为晴空眼区的趋势；深厚密闭的对流云墙开始在环流中心周围形成；外围螺旋云带开始发展，如图3-3-10所示。这是图3-3-9观测时次之后两天的卫星监测图像，热带气旋“天兔”正处于迅速发展阶段，并已加强成为强台风。

图3-3-10 2013年9月19日09:05FY-3A气象卫星监测图像

热带气旋成熟期 这时的卫星云型特征是：一个小而圆的晴空眼位于台风云型的中心；环绕眼区的对流云云墙密闭、旺盛、深厚、完整；在云墙外面围绕着一条甚至多条螺旋云带。图3-3-11是一幅达到超强台风强度的卫星观测图像。图上的台风“苏力”已于当日02:00发展加强成为超强台风，具有典型的强台风云型特征。

图3-3-11 2013年7月10日08:00的卫星监测图像

气象卫星遥感技术在热带气旋监测和预报中的作用最为显著，取得的效益也最明显。首先，它是在茫茫热带海洋上及时发现热带气旋的有效手段。其次，利用前述的由弯曲积云线确定的环流中心、螺旋云带按螺旋线向内旋转的中心和台风云系眼的位置等分析技术，能够较为准确地确定出热带气旋的位置。再次，通过对热带气旋发展过程中云型特征和演变的分析，以及它们在不同发展阶段的强度的对比，已经建立起一整套由卫星云图上的云型特征分析估计热带气旋强度的分析技术流程。它们的主要依据是：热带气旋的环流中心与中心密闭云区的相对位置关系，是在密闭云区外、边沿还是内部；在密闭云区内部是否有晴空的眼，以及眼的大小、形状和清晰程度；环绕眼的云墙范围和对流旺盛程度；外围螺旋云带的数目和完整程度等。在全世界广泛应用的热带气旋强度分析估计流程，就是把这些定性的与热带气旋发展阶段和强度有关的分析规则转化而来的。

利用卫星云图预报热带气旋的移动路径，是气象卫星在这方面的又一应用方向。热带气旋的移动主要受大尺度环境气流的控制。在热带、副热带地区影响大尺度环境气流的主要大尺度天气系统是赤道辐合带、副热带高压和中纬度的高空槽。这些天气系统在卫星云图上的特征都十分明显，通过对这些天气系统的识别，弄清热带气旋与这些大尺度天气系统的相对位置关系，就可以对它的未来移动做出判断。图3–3–12是台风将要转向移动的云系分布图。图上台风已经登陆我国大陆，表征副热带高压强弱和位置的晴空区主要位于黄海以东，台风云系以北的区域基本上被云覆盖，表明这里的高气压正在减弱，台风西北侧的高空短波槽云系在向东移动过程中，其东南部分已经与台风云系结合在一起。以上天气系统配置均表明，此台风已位于偏南和偏西南的环境气流中，从而判断它将向偏北和东北方向移动，会对我国东部地区产生重要影响。

图3–3–12 台风将要转向移动的云系分布图

3.5 暴雨和中尺度强对流云系的云图特征

暴雨是指强度和量均相当大的降水。按气象业务的规定：日（24小时）降水量大于等于50 mm的降水称为暴雨；日降水量大于100 mm，小于250 mm的降水称为大暴雨；日降水量大于等于250 mm的降水称为特大暴雨。由于我国幅员辽阔，各地降水强度差异甚大，故各地的暴雨标准又有差别。如：华南地区把日降水量大于等于80 mm的降水定为暴雨；新疆地区则将日降水量大于等于30 mm的降水定为暴雨。形成暴雨需要大量的水汽集中和很强的上升运动，这些条件只有在夏季风爆发之后的季节才在大范围内具备，这也就是为什么季风制约我国暴雨爆发和结束的原因。我国暴雨分布的地区特点是：东南多、西北少；沿海多、内陆少；迎风坡多、背风坡少。根据18世纪以来全世界有仪器观测记录的资料分析，最大的日降水发生在南印度洋的留尼汪岛，由热带气旋引发了24小时1870 mm的降水；中国的最大日降水发生在台湾地区的嘉义，1996年8月台风黑尔比在那里引发了24小时1748.5 mm的降水；中国大陆地区的最大日降水出现在河南林庄，是由1973年8月的三号台风在福建登陆深入内陆后引发的24小时1060 mm降水。暴雨能引发多种自然灾害，直接的是洪水、内涝和渍害，次生的是泥石流、滑坡和崩塌等。所以，暴雨的监测、预警和预报一直是气象业务和服务工作的重点。

大气要在1小时产生16 mm或24小时产生50 mm以上的强降水必须具备一些基本条件。例如，大气中的水汽含量要足够高并能不断补充，这就要求有大的水汽通量和水汽通量辐合；垂直速度要足够大，才能有大量的水汽凝结成雨，这就要求大气具有位势不稳定的层结；触发不稳定能量释放的启动机制，使大气的位势不稳定演变为真不稳定，从而产生较大的垂直速度，这就要求具有初始抬升机制。例如：低空辐合、高空辐散等。所以，直接产生暴雨的是镶嵌在天气尺度系统内的中尺度天气系统。天气尺度系统为中尺度对流系统（MCS）的发生、发展提供条件。反过来，它也可以制约中尺度对流系统的活动。

在气象卫星遥感图像上，暴雨主要是由中尺度对流系统产生的。这类中尺度对流系统是在天气尺度系统的背景下发生、发展起来的，其演变过程在卫星云图上表现得十分清楚，短时间间隔的静止气象卫星图像是监测、预警暴雨的有效工具。

图3-3-13（a）是FY-2E卫星遥感监测的我国东部、沿海和西北太平洋部分地区的增强显示伪彩色红外云图，色标指示的是云顶亮度温度。图上在我国大陆地区有两片云区。其中，位于浙江、江西和福建之间的云系是2012年8月8日在浙江登陆的11号台风“海葵”减弱后的云系。另一片云系位于鲁南、苏北的沿海地区，对流最旺盛、云顶亮温最低（云顶亮温在-62 ℃~-82 ℃）之处在沿海的连云港地区。在它的西南方向云顶亮温变化快，即云顶亮温梯度大；在它的东北方向则亮温梯度小。这是一个比较典型的产生暴雨的中尺度对流云团。其主要特点是：云区呈团状结构，水平范围几百千米，云团内有低云顶亮温中心，在云团的上风方向一侧云顶的亮温梯度大，下风方向一侧亮温梯度小，最强的降水就发生在云顶亮温最低和亮温梯

(a)2012年8月10日11:00

(b)2012年8月10日06:00

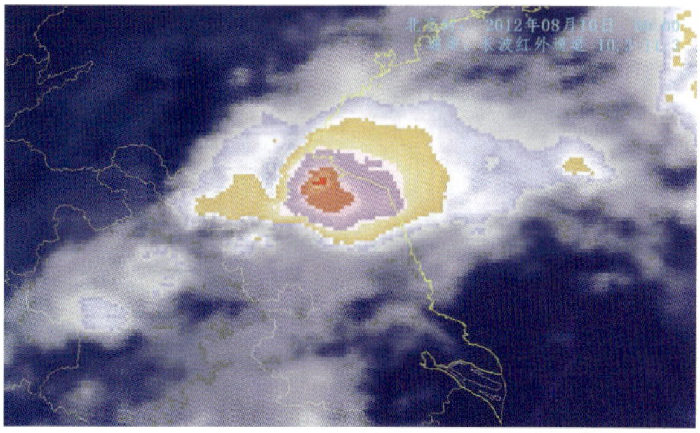
(c)2012年8月10日08:00

图3-3-13　FY-2E气象卫星TBB监测图像

度最大处。图3–3–13（b）和图3–3–13（c）分别是同一天06:00和08:00的图像。在这两个小时内，中尺度暴雨云团最显著的变化是云顶的冷云顶亮温迅速降低（从紫色的–42 ℃迅速地下降为红色的–72 ℃），冷云盖的面积也迅速扩大。这是暴雨云团快速发展的标志，也是降水强度迅速增加的信号。正是在这个暴雨云团迅速发展，且位置相对稳定的情况下，使连云港市东南方向的响水县在该日的08:00~14:00的6小时内下了461 mm的特大暴雨。其中有三个小时的小时降水量均超过100 mm，而本次降水过程中三个超过100 mm的小时降水就出现在图3–3–13（b）、（c）、（a）三个观测时次内。

下面给出一个镶嵌在天气尺度云带中的中尺度对流云团带来强降水的个例。2010年7月16~18日，在四川东北部和重庆西部出现了一场强降水天气，导致了这一地区的洪涝、泥石流和滑坡等自然灾害。图3–3–14是2010年7月17日08:00FY–2卫星观测得到的一幅红外伪彩色云图。这是整个降水时段中产生很强降水的一个时刻。此图已经过增强显示处理，图上的不同

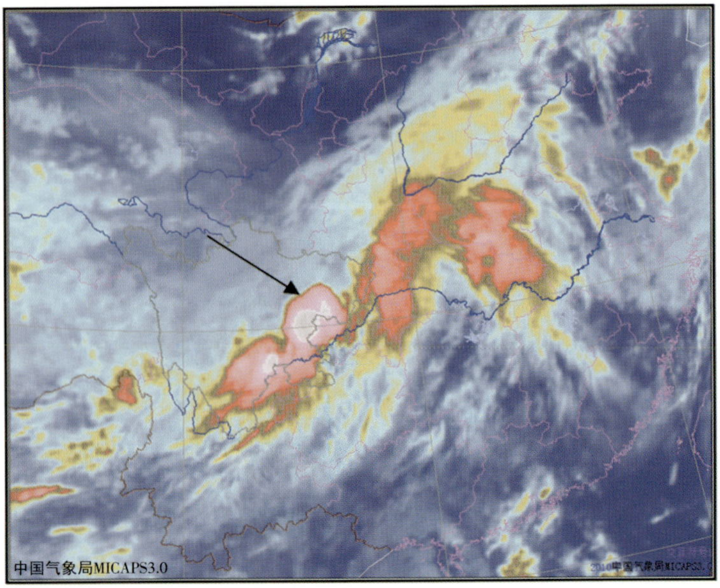

图3–3–14　风云静止气象卫星在2010年7月17日08:00观测的红外图像

颜色表示的是不同的云顶亮温，红色区域中的白色云区的亮温低于-80 ℃。图上从黄河大拐弯的风陵渡到长江转弯处的攀枝花，有一条2000多千米的天气尺度切变线云带。云带中镶嵌着若干个中尺度对流云团。其中，箭头所指的是一个发展到成熟阶段的MCS，云团中有白色冷云盖区-80 ℃，它与1小时大于50 mm的强降水区相对应。这类MCS在天气尺度云带中的这一地区不断进行新陈代谢，产生多个强降水峰值，导致这一地区洪涝灾害的发生。

强对流天气的卫星遥感监测

冰雹、雷暴大风和下击暴流等强对流灾害性天气也是中尺度天气系统引发的。与暴雨这类中尺度天气系统不同的是：强对流天气系统的水平范围和时间尺度较暴雨小；但对流更加强烈，要求的对流有效位能（CAPE）值更高，因而日变化更加明显，多发生在傍晚前后；二者在卫星遥感图像上也有一定的差异。

如图3-3-15，在2009年6月14日午后观测的卫星云图上，箭头所指的云团是一个发展到成熟阶段的典型的中尺度强对流云团。其主要的云型特

图3-3-15　2009年6月14日午后的静止气象卫星云图

征是：水平尺度200 km左右，生命史2~4小时；云团在可见光和红外图像上均很白亮，这就标志着云团是由大的水滴和冰晶组成，且对流十分旺盛、云顶很高，亮温很低；云团某一侧的边界处有清晰的弧状云线（如图中的箭头所指），这就是强对流云在近地面产生的雷暴高压的外流边界，也就是所谓的阵风锋之所在，新对流云团的产生往往与这条弧状云线的触发有关；云团的上风方向一侧有上冲云顶（如图中下面一个箭头所示），通过太阳光对云顶部的照射产生的明亮对比，即暗影来识别。在14日的下午到傍晚，当这个中尺度强对流云团移经安徽省，其弧状云线扫过淮北时，地面出现了雷雨、大风和冰雹等强对流灾害性天气。在淮北地区共有27个乡镇出现了8级以上大风，10个乡镇出现9级以上大风。其中，风台的关店镇风力最大，达到29.4 m/s。

3.6 沙尘、雾、霾的卫星遥感监测

在地面风力驱动下，会把大量裸露于地表的沙粒和尘土刮到空中，使大气变混浊，能见度下降，形成沙尘天气，并能引起天气灾害。中国气象部门把沙尘分类为浮尘、扬沙和沙尘暴三级。在确认有沙尘时，能见度是进行定量分类的依据。据此而进行的具体分类：浮尘是尘土、细沙均匀地浮游在空中，使水平能见度小于10 km的天气现象；扬沙是风将地面尘沙吹起，使空气相当混浊，水平能见度在1 km~10 km内的天气现象；沙尘暴是强风将地面大量沙尘吹起，使空气很混浊，水平能见度小于1 km的天气现象。强沙尘暴是大风将地面沙尘吹起，使空气非常混浊，水平能见度降到0.5 km以下的天气现象。强沙尘暴或超强沙尘暴对农田、蔬菜保护地、果林、草场和牧场等基础生产设施，以及公路、铁路交通和输电线路等破坏十分严重；同时，沙尘暴通过掩埋、吹刮等侵害作用，对植被生态环境造成严重的破坏，加剧了干旱地区的荒漠化进程。沙尘天气直接影响人们

的社会生活和空气环境质量。所以对沙尘天气，特别是沙尘暴的监测和预警引起了气象、环保等有关部门的高度重视。但是，按照上述定义和分类的沙尘天气，就地面观测而言，水平能见度大都由视力正常的观测员目测确定，只有一些基准站才装备有能见度仪，通过站点当地（水平150 m范围内）空气对光的削弱程度而测算得到。目测不足够准确，仪器测量又不能分辨出消光是否全由沙尘引起，因而二者都有一定的误差。尤其是在没有测站的地方，根本就不知道该地是否出现了沙尘天气。因此，沙尘天气发生、发展和演变的准确监测，一直是沙尘天气预警和研究中首当其冲的问题。

卫星从太空监测沙尘暴具有观测覆盖范围大，观测资料连续性好，且直观、形象等许多优点，一直受到气象和环境工作者的关注。卫星遥感监测沙尘的原理是因为沙尘气溶胶的辐射特性与其粒子的尺度和数浓度密切相关。沙尘气溶胶的反射率，在可见光和近红外波段较高，与透光或半透光的中、高云相近；但在短波红外（1.3 μm~1.9 μm）波段，反射率高于可见光和近红外波段，明显高于中、高云的反射率；在中红外（3.5 μm~3.9 μm）波段，沙尘气溶胶具有较高的亮度温度。在热红外波段，其亮温低于地表，但与中低云相当。沙尘和沙尘暴的卫星遥感监测就是按上述沙尘气溶胶的光谱辐射特性，将可见光、近红外、短波红外、中波红外和热红外通道的辐射观测值组合在一起，提取沙尘暴信息。目前已发展出多种利用遥感资料提取沙尘信息的方法，如多光谱阈值法、沙尘强度指数法(IDSI)、红外差异沙尘指数法、基于辐射正演传输模型的数值模拟方法等。

图3-3-16是典型的由卫星遥感得到的大范围沙尘分布图像。这是对2001年4月7日地球观测卫星中分辨率成像光谱仪的观测资料，经过三个通道合成处理之后得到的我国华北、东北和蒙古国东部的遥感图像。图上，中心位于中蒙交界处的白色螺旋云带，是一典型的蒙古气旋云型。白色螺

图3-3-16　2001年4月7日地球观测卫星的中分辨率成像光谱仪观测图像

旋云带后部，向东、向南，然后再向西延伸数千千米的黄褐色区域是由于气旋冷锋之后的大风将地面大量裸露的沙尘吹起，进入空中后这些沙尘又被大气中的涡旋性环流输送，形成如图所示的沙尘天气区。气旋中心东边、具有多起伏纹理特征的区域，表明那里是黄尘翻滚的沙尘暴区。渤海湾及华北东南部，表面光滑、色调均匀的淡黄色区域则是浮尘天气区。

图3-3-17（a）是2007年3月30日的卫星遥感图像，图3-3-17（b）是利用光谱阈值法对图（a）提取得到的沙尘分布图。

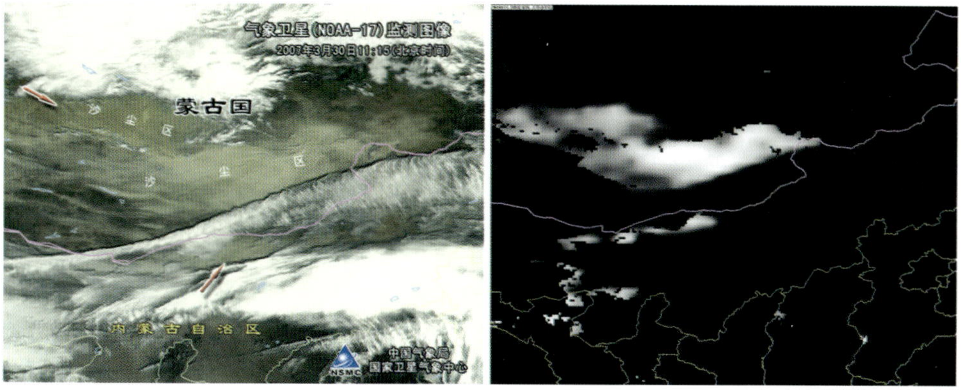

(a)2007年3月30日卫星遥感图像　　(b)利用光谱阈值法对图(a)提取的沙尘分布图像

图3-3-17

图3-3-18是根据2002年4月6日的卫星遥感信息，利用沙尘强度指数（IDSI）得到的沙尘信息分布图。图上用色标表示的数值0~100是一个无量纲数，数值愈大表示沙尘愈强。

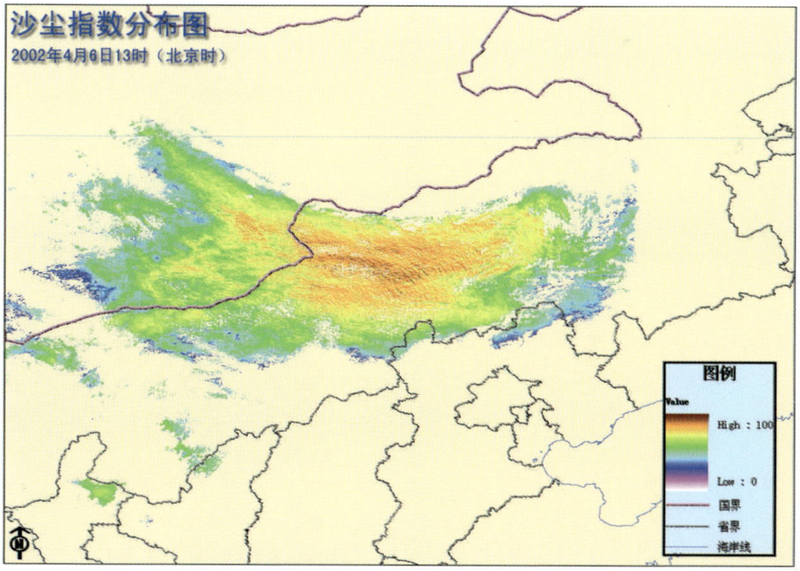

图3-3-18　2002年4月6日IDSI指数提取的沙尘信息

图3-3-19是利用国家卫星气象中心研究所开发的基于红外大气辐射正演传输模型的数值模拟方法，输入2001年4月7日由地球观测卫星中分辨率

成像光谱仪的观测数据，经过处理得到的沙尘产品。其内容包括沙尘监测图像：图（a）沙尘分布，图（b）沙尘粒子有效半径，图（c）沙尘总量等。

以上这些经过处理得到的卫星遥感沙尘和沙尘暴产品表明，目前利用多源卫星遥感资料，可以监测沙尘的范围、强度，弄清它的光学厚度、粒径分布等物理特征，从而为沙尘的预警服务和深入研究打下基础。

雾的卫星遥感监测

雾是由于近地面大气中悬浮着许多非常小的水滴（或冰晶），使能见度变坏到低于1 km的天气现象。因而，雾的强弱用能见度的大小来度量。一般雾的厚度比较小，常见的辐射雾的厚度大约从几十米到两百米左右。雾和云一样，与晴空区之间有明显的界线。

白天，雾在可见光图像上，纹理均匀，边界整齐光滑，跟地形边界吻合得很好，同时，由于雾滴比云滴小得多，反射率大，因此通过

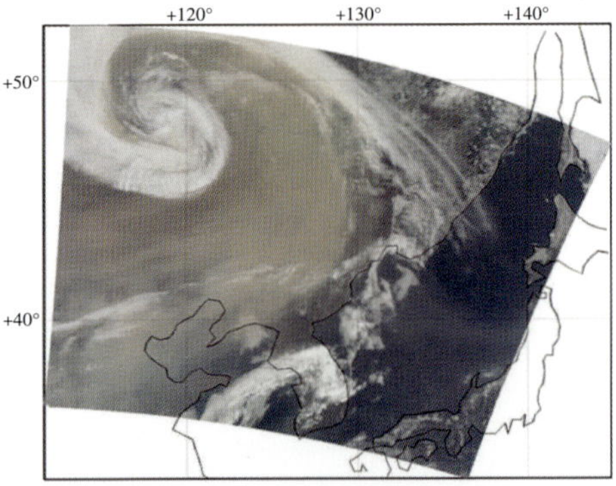

(a)沙尘分布

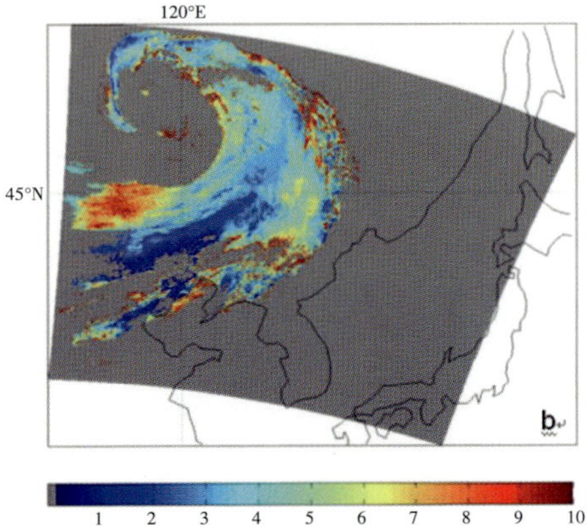

(b)沙尘粒子有效半径/μm

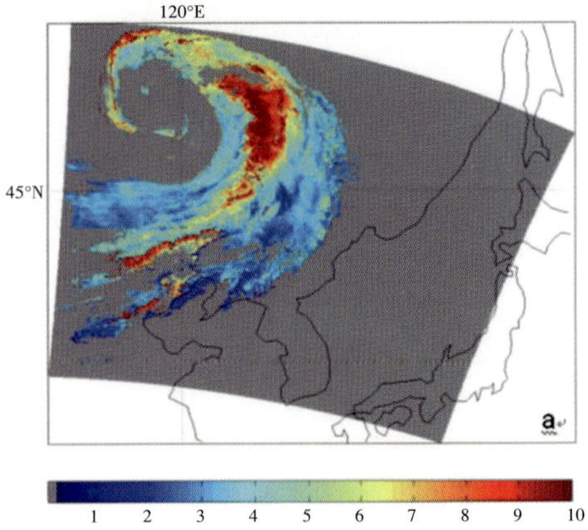

(c)沙尘总量/(mg/cm^2)

图3-3-19 2001年4月7日MOD/Terra卫星观测数据

人眼就能识别出哪里是雾，哪里是云。在中波红外通道，雾与中高云相比，亮温较高。

夜间，雾/低云在3.7 μm的发射率小于10.7 μm，两个通道的亮温存在明显差异；地表两个通道都相当于黑体，亮温非常接近。因此，通过这两个通道亮温差可区分雾/低云和地表。但是，雾和低云的区分却一直是难点，这是因为低云的高度降低且接地就成为雾。相反，雾的底部抬升离开地面就成为低云。卫星从宇宙空间向下观测，难于获得云底的信息。因此，必须利用一些辅助资料，如数值天气预报场或其他地表温度等，来帮助区分是低云还是雾。

图3–3–20是利用辐射传输模式计算得到的在不同大气柱水汽含量的情况下，根据长波红外和中波红外亮温差的大小区分雾/低云和晴空地面的识别原理图。同样，也可以得到其他识别雾和低云与不同地表的辐射亮温或亮温差的阈值。

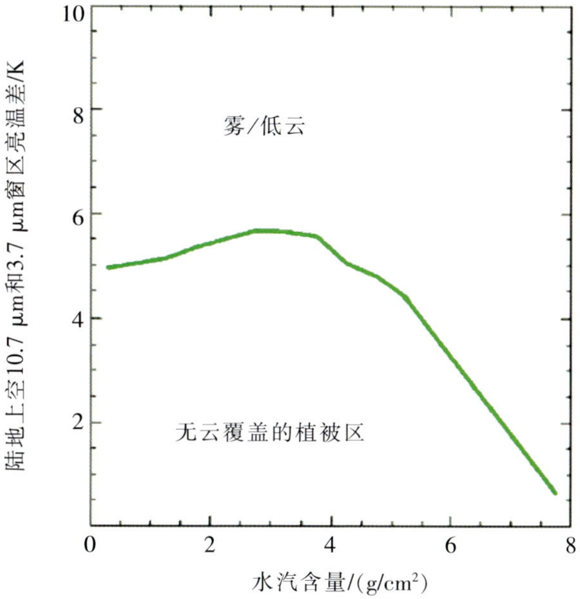

图3–3–20 雾/低云在不同大气柱水汽含量时，其10.7 μm与3.7 μm亮温差与晴空植被下垫面的区分阈值图

图3-3-21（a）是依据FY-3卫星在2013年1月13日早晨（09:05）的遥感监测得到的华北中南部、西南地区东部、江南西部、江汉等地出现的大雾天气，其中，华北中南部雾区的雾最为密实。大雾天气对上述地区的能见度和交通运输造成了一定影响。

图3-3-21（b）是依据遥感监测的各通道辐射值，通过处理方法得到的大雾分布图。为了取得更好的服务效果，在图3-3-21（b）上叠加了地理信息系统（GIS）中的行政分区和铁路、公路信息数据，使用者可以很方便地判定雾区对交通、城镇等的影响范围和程度，从而提高了服务的能力和效果。

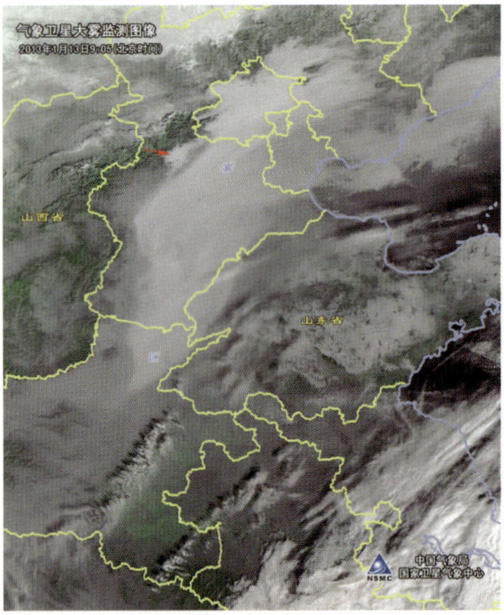

(a)气象卫星大雾监测图

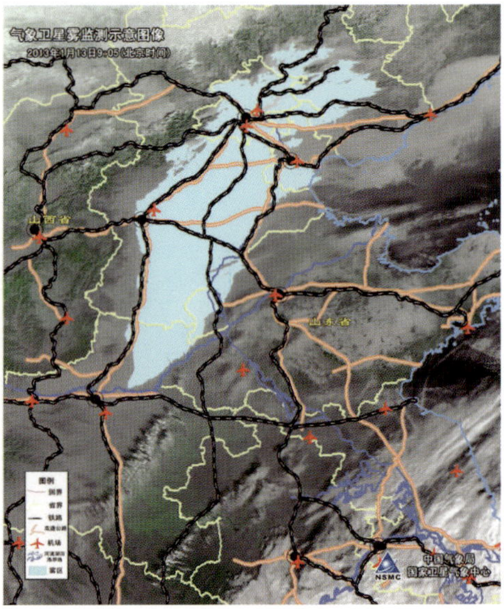

(b)遥感判识的示意图

图3-3-21　依据FY-3卫星2013年1月13日09:05的监测资料制作

图3-3-22是FY-3卫星对雾进行监测的另一个个例。2013年1月14日早晨08:53气象卫星监测到我国中东部出现大范围的大雾天气，大雾主要出现在河北中南部、天津、河南东部、山东、安徽、江苏等省。此外，在江西北部、浙江北部以及湖北的局部地区也出现雾，见图3-3-22（a）。卫星

监测到的大雾面积约为47.2万平方千米，大雾天气对上述地区的能见度和交通运输造成了一定影响。图3-3-22（b）是经过处理得到的雾区分布示意图，图上叠加了行政地理边界，主要交通干线和飞机机场。此图清楚地显示出这类大范围的雾区对大范围交通、航空空港和城市人民生活的影响之大。

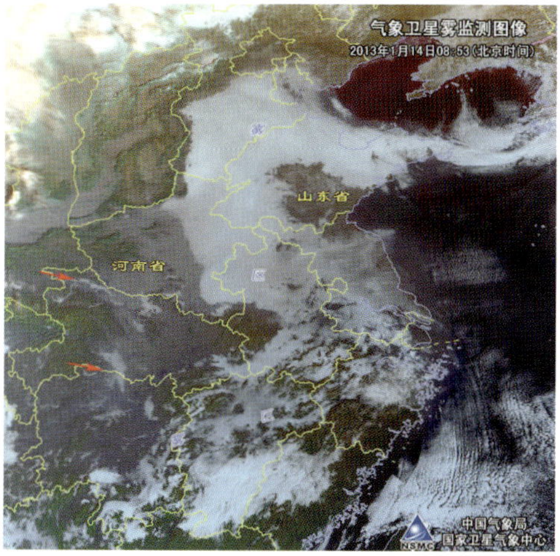

(a)2013年1月14日8:53FY-3气象卫星监测的大雾图像

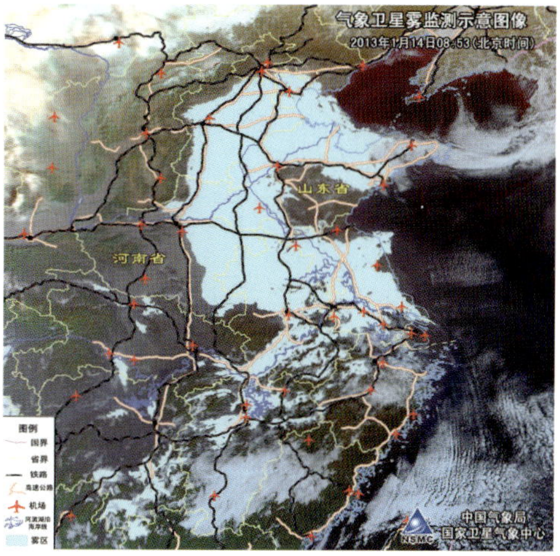

(b)2013年1月14日8:53对FY-3气象卫星监测资料经过处理得到的雾区分布示意图

图3-3-22

霾的卫星遥感监测

沙尘、雾、霾这三种天气现象在大气中均表现为能见度变坏，它们的强度都用能见度的大小来度量，所不同的是导致能见度变坏的大气构成。如果是粒径较大的、可以较快地沉降到地面的尘粒，一般是指粒径大于50 μm的粒子，就成为沙尘；如果是悬浮在大气中的细小粒子，一般是指粒径小于100 μm的总悬浮颗粒物就统称为雾霾；如果地面的相对湿度大于85%，则细小粒子主要由水相或冰相物质组成，为雾；如果相对湿度不高，细小粒子由固态的粉尘组成则为霾。在霾中，直径小于10 μm的粒子为可吸入颗粒物。直径小于2.5 μm的细小颗粒则是可以进入人体肺部，对健康影响最大，更受广大群众的关注。

图3-3-23是2013年9月28日13:05 的FY-3B气象卫星监测图像。此时，华北地区受低气压天气系统控制，空气静稳，流动性差，由工业和交通等人为活动产生的颗粒物不易排放，从而形成大范围的霾天。图上北京、天津、河北、山西、河南北部等地上空均有不同程度的霾，这与两天前(9月26日）在晴空条件下得到的对上述地区的监测结果形成鲜明对照，见图3-3-24。受其影响，上述地区能见度较低，空气质量差，有的地方甚至达到重度污染的程度。

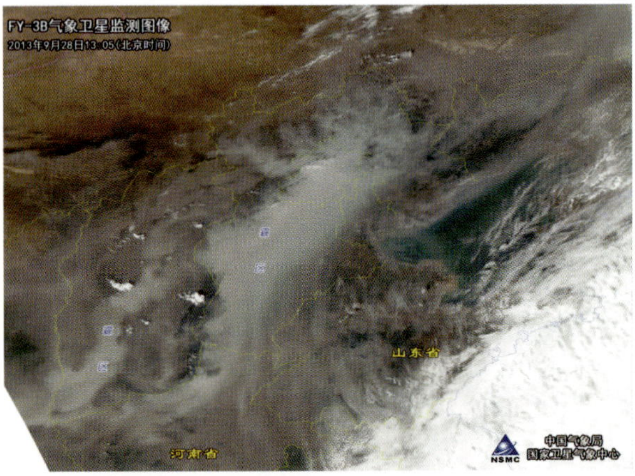

图3-3-23　2013年9月28日13:05FY-3B气象卫星监测图像

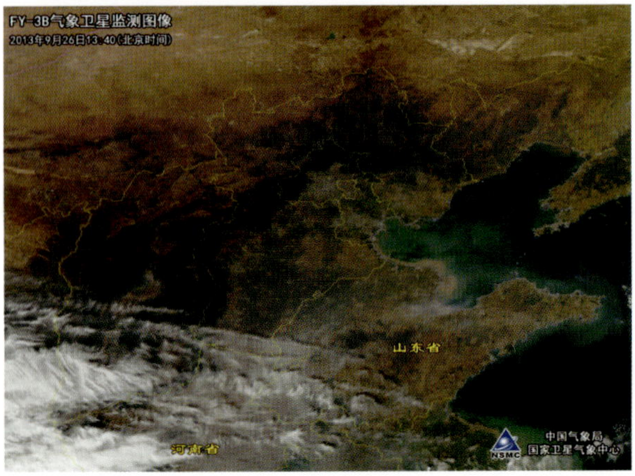

图3-3-24　2013年9月26日13:40FY-3B气象卫星监测得到的晴空图像

4 大气三维温、压、湿、风等气象要素的监测和在数值预报模式中的应用

4.1 气象卫星遥感三维大气参数的现状

在气象卫星的发展历程中，获取大气气象要素，即温度、湿度、气压和风的三维分布一直是其主要目标和努力方向。1964年，在成功地获得地表及大气的全球图像后，美国就把其工作重点转移到测量大气的温湿度廓线上，以便为全球数值预报模式提供更好的初始场。King1956年和Kaplan1959年等，首先提出可以反演温度廓线和吸收气体在不同气压层的分布的原理。前者证明沿着多个角度侧向扫描大气能够获得温度随高度的变化。后者则建议选一些特定的窄波段进行测量，通过反演辐射传输过程来获取大气参数。温度廓线可以通过大气中二氧化碳的吸收/发射来获取，湿度廓线则可以根据水汽的发射特征来反演。地表温度则可以利用窗区观测资料来估计，因为在窗区大气几乎是透明的。

气象卫星遥感的是大气层的上行电磁辐射。地表往上的出射辐射随着波长变化，原因有二：①普朗克函数跟波长有关；②大气中气体的吸收随分子结构不同而变化（CO_2，H_2O，O_3，…）。利用这些对吸收气体敏感的波段便可以获得大气廓线结构。如果采样区域位于吸收波段的中心，则获得大气层上部的辐射（下部的辐射已被大气中的吸收气体吸收掉）；如果采样区域逐渐离开吸收波段中心，则可连续获得大气下层的辐射信息。完全离开吸收波段则进入窗区，可以获得大气层最底部的信息。1969年用红外干涉光谱仪（IRIS），在11 μm的窗区测到320 K的地表温度，在15 μm的吸收波段测到210 K的对流层发射辐射。随着光谱移向二氧化碳吸收波段的中心，意味着发射辐射主要来自温度较低的上层大气，辐射温度因此也随着大气温度的降低而降低。如果围绕一个吸收波段精心挑选合适的光谱，利用多波段观测就能获得温湿度垂直廓线。廓线反演基于如下面这个

事实：辐射在大气中的吸收和传输高度依赖于该辐射的频率和吸收气体的含量。如果工作频率离吸收波段的中心很近，少量的吸收气体就能吸收大量的辐射，因此多数出射辐射均来自大气的上层。如果工作频率离吸收波段的中心很远，就需要相对多量的吸收气体来吸收辐射，因此出射辐射来自低层大气。但是实际上推导温度廓线并不简单，因为接收到的上行辐射来自于相当厚的一层大气（约10 km）。此外，相邻波段的辐射在很大范围内是重合的，这就导致观测到的辐射记录不独立，进而导致反演结果不唯一。因此，需要引入变分分析和其他辅助数据来求解。

1969年使用“雨云-3”号搭载的卫星红外光谱仪（SIRS），Wark等首次成功地反演出了温度廓线。跟无线电探空仪结果比较发现，反演出的温度廓线整体效果不错，但由于上述原因，缺少垂直方向上的一些细节，也就是垂直分辨率不高。同时，由于视场直径有250 km，使反演的产品容易受云的干扰。同时，由于SIRS只能观察轨道正下方区域，因而在相邻两条轨道之间有大量空白区域。

早在1972年就有人提出一些减少云干扰的方案，包括提高空间分辨率（30 km）和水平方向连续扫描。这些方案在“雨云-5”号上得以实现。该卫星上有一台作穿轨迹扫描的七通道红外温度廓线辐射计（ITPR），它成功地减轻了云量对天气尺度探测的影响，在95%的地球表面实现了垂直探测，相邻轨道平均间距250海里。

从1978年的“泰罗斯-N”（TIROS-N）开始，卫星上搭载有高分辨率的红外辐射仪（HIRS）和微波探测装置（MSU），使探测可以覆盖所有大气层高度。其中红外探测具有30 km的水平分辨率，微波探测是150 km。

NOAA极轨卫星携带改进的AVHRR（增加了一个1.6 μm通道用来区分云和冰雪）和HIRS，以及两个先进的微波探测器AMSU-A/B，以50 km水平分辨率提供温度廓线探测能力、以15 km水平分辨率提供湿度廓线探测能力，具有对大气温度、湿度的全天候垂直廓线探测能力。

到2011年年底，AVHRR被更先进的可见光红外成像辐射组件（VIIRS）代替，NOAA系列也将更名为联合极轨卫星系统（JPSS）系列。VIIRS要比AVHRR标定得更好，具有更高的水平分辨率（星下点：400 m与1 km），并增加了22个通道。VIIRS能给业务和气候研究提供的资料包括：海面温度、气溶胶、雪盖、云盖、地面反射率、植被指数、海冰和海洋水色。HIRS将被跨轨扫描干涉型大气探测器（CrIS）替代。CrIS是一台麦克尔逊干涉仪，用来反演大气温湿度廓线，温度反演的目标精度为对流层内每千米大气层1度，湿度反演的目标精度为每2千米15%。为了达到上述精度，CrIS必须跟先进技术微波廓线仪（ATMS）联合使用，ATMS准备用来替代AMSU，在下一代卫星上做跨轨扫描。欧洲的METOP系列卫星也将有类似的探测能力。METOP搭载了红外大气探测干涉仪（IASI）和AMSU-A以及微波湿度廓线仪（MHS/HSB）。CrIS/ATMS组合将工作在下午轨道（13:30上升轨道），IASI/AMSU/MHS将工作在上午轨道（09:30下降轨道）。

4.2 卫星遥感资料对数值预报模式的影响

自20世纪后期以来，数值天气预报技术的研制成功和不断的改进与发展是大气科学最重大的成就。什么叫数值天气预报?就是求解一组能刻画大气运动的流体力学偏微分方程组。一般而言，这组偏微分方程组是没有解的。作为一个初值问题，求数值解、对时间向前积分，就可以计算出未来的大气运动状况，从而制作出不同时效的天气预报。因而，大气初始状态的精准描写和方程组中对制约大气运动的物理过程的尽可能完整的包括就成为影响预报结果好坏的主要原因。

在过去的几十年中，数值天气预报（NWP）水平随着预报模式的改进、物理过程的完善，以及计算能力的增强而取得了长足进步。由于数值天气预报模式直接依赖于所使用的初值。所以，不论模式多么先进、计算机能力如何强大，准确和充分的初始大气状态的描述，仍然是制作出准确的数值天气预报的必要条件。最新研究成果表明，改进初值质量已成为进一步提高数值预报水平的关键。采用地面释放无线电探空气球获取大气三维信息的地区主要集中在亚洲、美洲、非洲和欧洲的大陆地区，而占全球超过70%的广阔海洋，几乎没有探测资料。在分析该区域某一时间序列的资料时，常规观测网所提供的资料是不确定的，由此分析得出的数值预报模式的初始场势必对预报结果造成严重的影响。

从20世纪90年代后期到21世纪初，气象卫星遥感探测进入了一个更新换代的时期。由多种轨道、主被动遥感、多波段和高光谱分辨率探测器组成的卫星星座，可以获得大气温、湿度的垂直分布，大气某些气体成分的含量，云参数及云微物理特征，地表、海表的物理状态参数和覆盖物等。这些信息均是数值预报模式所急需的大气初始状况和边界条件的变量和参数。但由于卫星遥感探测方式（沿轨道扫描带来的非同一时刻观测）的特殊性和探测物理量（电磁波谱的反射、散射和发射辐射）与天气预报模式中的模式变量（温度、湿度、气压和风）之间的复杂关系，使得要把卫星遥感探测资料用于天气预报模式需要解决若干科学技术问题。例如，模式变量与遥感探测资料之间的关系，即求解大气辐射传输方程的反演和正演问题；多种探测资料的融合问题；在一定动力约束条件下的变分同化问题等。在此之前，由于卫星反演产品的精度不够高、卫星探测方式与常规探测不同，直到20世纪80年代，气象卫星资料对数值预报模式的影响甚微，在一些地区甚至出现负效应。自20世纪70年代以来，把卫星遥感资料用于数值预报模式已经作为一个科学技术问题提出，开展了多方面研究，取得了显著的进步和丰硕的成果。

1989年，J.Eyre首先提出了采用变分同化的方法，在数值预报模式中直接同化卫星遥感的辐射率问题，使卫星资料在数值预报模式中的应用发生了质的飞跃。所谓资料的变分同化，实际上是一个度量背景场与观测资料距离的目标函数的极小化问题。由于在目标函数中引入了从分析变量空间到观测空间转换的算子，即使用正演方法，而非反演方法，放松了对观测资料的限制，为大量与分析变量存在复杂关系的观测资料的直接同化创造了条件。它还将预报模式引入到同化过程，从而使同化的结果与预报模式有更好的协调性，并为多时刻观测资料的使用提供了有效途径。

图3-4-1是2007年欧洲中期天气预报中心（ECMWF）业务数值预报模式同化卫星资料后对预报结果的影响。美国和欧洲中期数值天气预报中心的业务数值预报模式系统中，输入的观测资料的85%来自卫星的辐射测值和加工处理出来的各种要素和参数。图上的横坐标是预报的天数，纵坐标是高度场的预报和实况之间相关系数距平的百分比。如果定义相关系数距平80%为可用预报，则在模式中同化气象卫星遥感资料后，北半球的预报时效延长了3/4天，南半球延长了3天。在多种卫星遥感资料对减小预报误

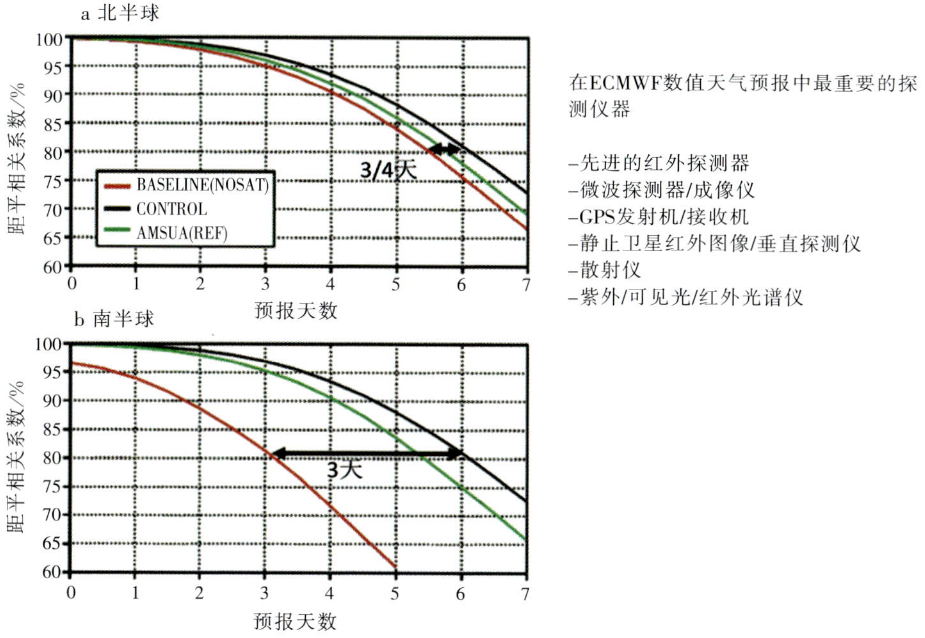

图3-4-1　2007年ECMWF业务数值预报模式同化卫星资料后对预报结果的影响

差的贡献中，先进的微波辐射计、先进的红外探测器、GPS掩星探测和散射计的贡献最显著。

在把卫星遥感的辐射资料应用到数值预报模式中时，对卫星资料的质量控制和偏差订正十分重要。首先，要剔除卫星资料中可能出现的异常值。在每条扫描线的边缘，大气辐射经过的路径比星下点要长，考虑到这种临边效应，一般也要把两侧的扫描点去掉。对于大气红外探测，为避免云污染，云检测是必需的；对于微波波段，通过云降水检测，把可能造成较大误差的观测数据剔除。在下垫面比较复杂的地区，如海岸线、冰面、雪面等，地表发射率、地表温度都难于确定，一般不使用这些地区的观测数据。由于地表的一些物理参数不够准确，会导致辐射模式计算不够准确，所以，一般主要选择对大气高层比较敏感的通道。

观测点之间间距较小的卫星资料之间存在一定的相关，为了降低这种相关性，实际业务中，需要把数据进行稀疏化。变分同化理论要求模式和观测误差是无偏的，且满足高斯分布，但是，观测辐射值与根据背景场廓线模拟计算的辐射值之间具有系统偏差，因此，必须进行偏差订正工作。

下面给出两个个例，进一步说明这一问题。一个例子是用分辨率为15 km的GRAPES中尺度模式对2004年台风（RANANIM）所做的预报模拟试验；另一个例子则是用GRAPES的全球模式对2005年09号台风“麦莎”（MATSA）的预报模拟试验。在2004年8月12日06Z GRAPES三维变分同化系统中，同化了AMSUA CH5–CH8的有效观测辐射值。从图上可以看出，对第一初估值进行了质量控制，但若不进行偏差订正，则仅有很少的观测资料被有效地同化进入模式中。由于在偏差订正中已经去掉了系统偏差，所以，有更多的卫星观测值进入了同化模式。图3–4–2（a）给出了台风RANANIM的路径预报，图3–4–2（b）给出了台风MATSA的路径预报。图上共有四条台风路径，它们分别是台风的观测路径，NCEP分析场预报路径，GTS常规观测加GRAPES三维变分同化AMSU资料的预报路径，GTS常规观测加GRAPES三维变分同化经过偏差订正的AMSU资料的预报路径。同化经过偏差订正的AMSU资料的模式预报路径与观测路径最接近，预报的效果最好。

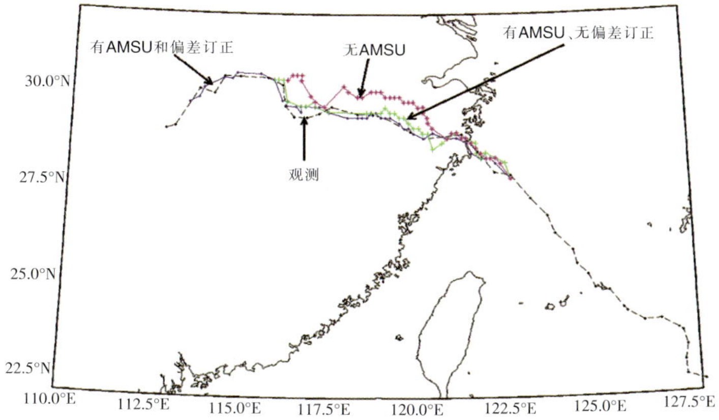

(a)台风RANANIM(2004)

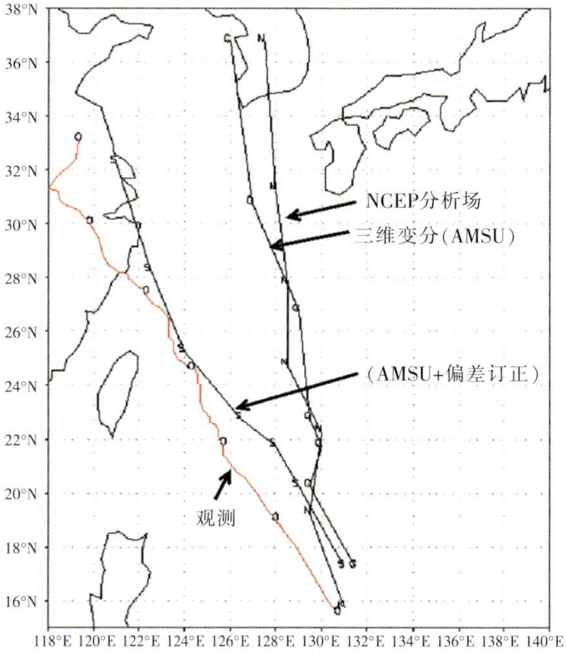

(b)台风MATSA(2006)

图3-4-2　AMSU和观测资料偏差订正对台风预报路径的影响

2003年，中国在新一代数值预报模式系统（GRAPES）的三维变分同化框架内实现了对NOAA等系列卫星ATOVS资料的直接同化。此后，在卫星资料的偏差订正，地表比辐射率计算的改进等与卫星遥感资料同化相关的问题也取得了有价值的成果。由静止卫星得到的云导风（AMV）产品是数值预报模式同化系统要解决的问题之一。近年来在云高的确定、质量控制等方面有新的改进。在此基础上，在FY-2卫星的AMV资料的同化应用方面作了进一步研究，提高了在数值预报中的使用率。近年来，气象卫星资料在中国数值预报中的贡献已经大幅度增长，以国家气象中心试验运行的中国新一代全球预报系统（GRAPES-GFS）为例，同化的卫星资料量已占总资料量的40%左右，卫星资料的同化带来了中期数值预报的明显改进，特别是常规资料稀缺的南半球地区，同化使可信预报延长了两天左右。对常规资料稠密的北半球，中期预报时效也有明显提高。

5 监测大气中的温室气体成分和污染物

地球大气中的二氧化碳、甲烷、氧化亚氮、氯氟碳化物以及水汽等，统称为温室气体。温室气体能透过太阳辐射，能吸收地球大气发射的红外辐射，从而减少向太空逸出的红外辐射，使地气系统温度升高，造成温室效应。自1750年以来，二氧化碳浓度值从工业化前的约280 ppm增加到2005年的379 ppm，甲烷浓度值从工业化前的约715 ppb增加到2005年的1774 ppb。大气温室气体含量增加可能引起的全球变暖，已成为目前最重要、影响最深远的全球环境问题之一。大气中污染气体的增加又严重地影响着人类的生存环境和健康。从20世纪50至60年代的局地大气化学污染问题到20世纪70至80年代的区域及全球大气化学研究，以至在20世纪80年代提出了全球变化问题，大气化学的研究日益受到重视。21世纪初开始，大气成分的研究已成为大气化学研究的重点。

大气成分的研究，主要包括观测和数据分析、实验室研究以及模式模拟等几个方面，但是，所有这些研究都依赖于稳定的、精确的、长时间、大范围的监测数据的获取。传统的大气成分监测主要是靠观测站点采样的观测技术去获得数据。它仅能反映取样点很小范围内的空气污染程度，而且还要辅助的化学分析仪器，设备复杂，费用昂贵，且垂直梯度观测的空间分析站点非常有限，无法得到大气柱总量。光谱遥感技术是近年来迅速发展起来的一门综合性探测技术，与传统的定点取样检测法相比，它主要具有以下特点：①远距离对气体排放物进行实时监测；②能快速分析多组分混合物；③可获得地面或高空大范围甚至全球的三维空间监测数据。由于光谱遥感技术自身的优势，它不仅可以进行地基遥感，获取定点的大气成分的柱总量，更主要的是可以应用于卫星观测，得到大尺度空间范围内的痕量气体分布，还可以细致地得到不同大气层，例如对流层、平流层的大气成分信息。随着全球环境问题的日益突出，遥感技术已经成为全球环境变化监测中一种重要的技术手段。

从20世纪70年代开始，很多卫星上都开始搭载大气成分的卫星观测仪。如：1995年4月21日欧空局发射的ERS-2卫星上的全球臭氧监测仪（Global Ozone Monitoring Experiment，GOME）。日本国家宇宙事业开发团（NASDA）研制的高级地球观测系统ADEOS-2（2002年12月发射成功），搭载了各类遥感器，其中有臭氧总量测绘仪（TOMS），用于臭氧和二氧化硫的浓度和分布观测；温室效应气体干涉监测仪（IMG），用于温室气体（CO_2，CH_4，N_2O）的浓度分布监测；改进型临边大气分光计（ILAS），用于高纬度区临边大气痕量气体（O_3，H_2O，CO_2，CH_4，NO_2，N_2O，HNO_3）的测量。美国的对地观测系统（EOS）卫星系列的第一颗卫星EOS/AM-1于1999年发射，EOS/PM-1于2002年发射，对地球大气进行全方位、长时间的观测研究。大气成分遥感监测的遥感器有许多种。例如，对流层污染测量仪（MOPITT）用于测量大气柱中发射和反射的红外辐射，反演大气中CO_2和CH_4的廓线，太阳紫外辐射后向散射观测仪（SBUV）、平流层气体和气溶胶试验（SAGE）、上层大气研究卫星（UARS）上的微波临边探测器（MLS），卤素掩星试验、高级平流层和中间层探测（ISAMS）等。欧洲空间局（ESA）在2002年3月1日发射的大型环境监测卫星（ENVISAT-1）上的"扫描成像吸收光谱大气制图仪"（SCIAMACHY）；美国国家航空航天局（NASA）于2004年7月15日发射的Aura地球观测系统卫星上携带的臭氧监测仪（Ozone Monitoring Instrument，OMI）；2008年7月25日我国发射的风云三号01试验星上搭载的大气成分探测仪（TOU/SBUS）；2009年1月23日美国发射的温室气体卫星（GOSAT）等。

5.1 卫星遥感监测臭氧和南极臭氧洞

平流层臭氧（O_3）对太阳的紫外辐射有吸收作用，这对人类及其生存环境起到了极其重要的保护作用。不同气体分子对太阳辐射具有不同的吸收特性，这取决于气体分子的结构。臭氧分子对200 nm~290 nm及600 nm附近的太阳紫外辐射有极强的吸收作用，因此，臭氧在大气中含量虽少，却吸收了来自太阳99%的高强度紫外辐射，阻挡了强紫外辐射到达地面，从而保护了地球上的人类和其他生物免遭太阳紫外辐射的辐照。臭氧对紫外辐射的吸收对全球气候系统也有重大影响。对流层中的O_3在9.6 μm的大气红外窗区有一个很强的红外吸收带，因此，具有让太阳短波辐射透射到地面，但却吸收地表发射的长波辐射，从而产生温室效应（Green-house effect）。因此，对流层O_3同水汽、CO_2等气体一样是影响近地层气温的温室气体。对流层O_3的增加将带来地表和低层大气的升温。因此，臭氧是一种重要的大气微量气体，它的现状和变化不仅与人类的生存、生活、健康密切相关，也会对气候的变化产生影响。

采用空间遥感技术是监测全球臭氧分布和变化的重要手段。欧洲空间局ESA在1995年4月21日发射的ERS-2卫星上，装载了全球臭氧监测仪（GOME），其主要任务是监测臭氧以及在对流层和平流层臭氧化学中具有重要影响的痕量气体（如：NO_2、BrO、OClO和SO_2）的全球分布；欧洲空间局（ESA）在2002年3月1日发射的ENVISAT-1上装载了多台大气化学成分测量仪器，通过对大气吸收光谱、大气发射光谱以及恒星光谱测量，探测大气臭氧层、温室效应示踪气体和气溶胶浓度分布。下面介绍几种监测臭氧的主要遥感探测器：

（1）全球臭氧监测仪（Global Ozone Monitoring Experiment，GOME）1995年4月21日，欧洲空间局把ERS-2卫星送上太空，卫星上安装了一台臭氧层探测设备。GOME是一个四通道中精度光谱仪，光谱的覆盖范围是240 nm~790 nm，光谱分辨率为0.17 nm~0.33 nm。

（2）臭氧监测仪（Ozone Monitoring Instrument，OMI）在美国国家航空航天局（NASA）2004年7月15日发射的Aura地球观测系统卫星上，携带的四个传感器是：（臭氧监测仪-OMI，微波临边探测仪-MLS，高分辨动力临边探测仪-HIRDLS和对流层发射分光仪-TES。臭氧探测器是其中之一，由荷兰和芬兰与NASA合作制造，是继GOME和SCIAMACHY后的新一代大气成分探测传感器。该仪器有三个通道，波长覆盖范围为270 nm~500 nm，光谱分辨率为0.5 nm。见表3-5-1。

表3-5-1　OMI通道参数表

通道	光谱范围/nm	光谱分辨率/nm	光谱采样距离
UV-1	270~310	0.42	0.32nm/pixel
UV-2	310~365	0.45	0.15nm/pixel
VIS	365~500	0.63	0.21nm/pixel

OMI仪器可以获得逐日、直接的全球低层臭氧以及NO_2、SO_2、HCHO、BrO、OClO等影响空气质量的污染物的测量结果，并可将结果以空前的空

间分辨率传输，这有助于科学家了解污染物的长距离输送及其复杂性，OMI的观测结果有助于我们更好地了解臭氧层空洞怎样对未来平流层冷却做出反应，为科学家对影响平流层臭氧层与气候的物理和化学过程提供了新的认识途径，有助于科学家监测全球污染的产生和重新认识气候变化将怎样影响平流层臭氧层的恢复。

(3) 臭氧总量和紫外后向散射仪（TOU/SBUS）在2007年5月27日发射的我国第二代极轨气象卫星风云三号上，首次搭载了这类大气成分探测仪，用以监测臭氧的柱总量和其垂直廓线分布。

臭氧是一种重要的大气微量气体，全球臭氧平均柱含量为0.3 cm左右（在标准温度和压力下），大部分集中在10 km~50 km的平流层。观测表明，臭氧的全球分布正受到明显破坏。

FY-3第一颗卫星发射成功后之后，我国获得了大量自主研制、发射、运行和开发处理生成的大气臭氧产品，实现了对全球和区域范围内大气臭氧的监测、分析和研究。

图3-5-1是FY-3A卫星监测的2008年8月至2009年1月南极臭氧洞发生、发展、消亡过程的图像。8月28日正是南极的隆冬时节，臭氧洞达到其最大面积。此后，臭氧洞逐渐缩小，到10月8日全部消失。到南半球的盛夏时节（2009年1月14日），南极地区的臭氧值又恢复到正常水平。图3-5-2是通过临边观测模式和先进的反演技术得到的1979—2000年二十年间逐月平均的对流层臭氧柱总量分布图。在北半球的夏季，对流层的臭氧柱总量达到最大值。同时还可以明显看出，在印度的东北部，美国的东部、中国的东部以及非洲的西部与南部地区是臭氧污染比较严重的地区。

臭氧的观测资料不仅给出了大气化学成分的分布，而且揭露出大气污染等环境状况。臭氧的分布和演变也与大气环流的现状和演变密切相关，它也是研究对流层和平流层环流与演变的重要资料源。图3-5-3就是其中

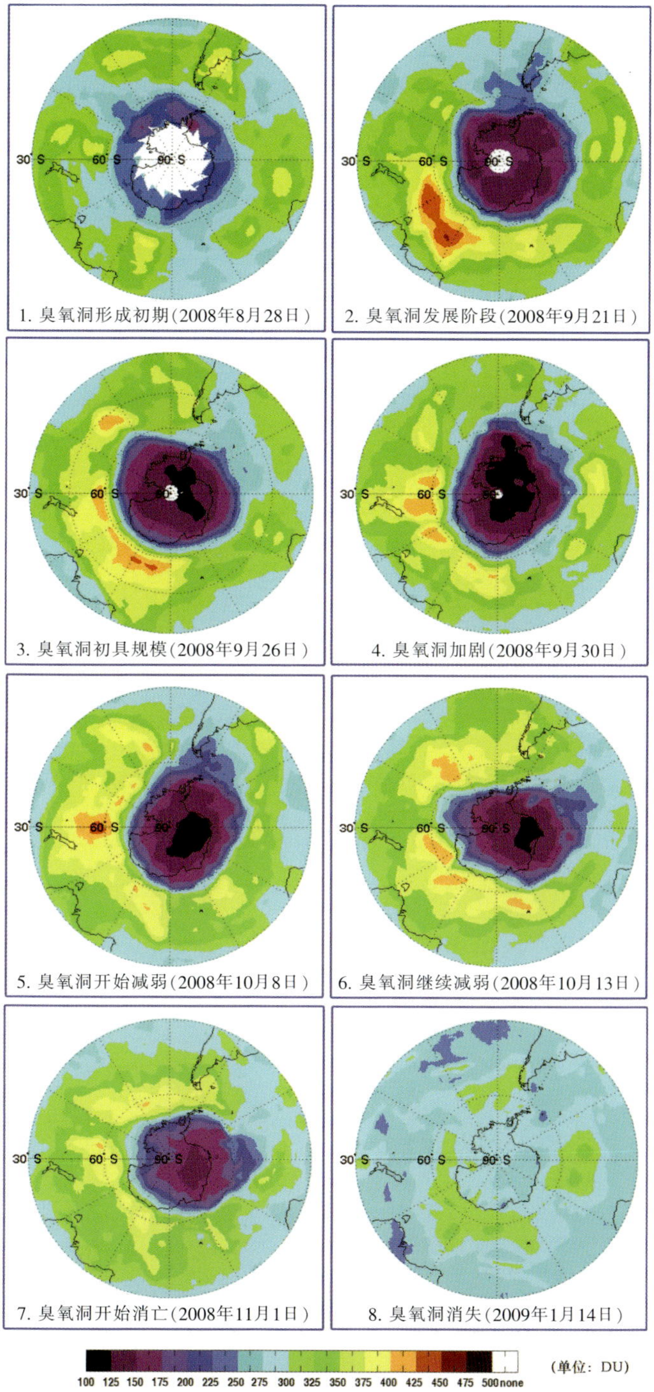

1. 臭氧洞形成初期(2008年8月28日)
2. 臭氧洞发展阶段(2008年9月21日)
3. 臭氧洞初具规模(2008年9月26日)
4. 臭氧洞加剧(2008年9月30日)
5. 臭氧洞开始减弱(2008年10月8日)
6. 臭氧洞继续减弱(2008年10月13日)
7. 臭氧洞开始消亡(2008年11月1日)
8. 臭氧洞消失(2009年1月14日)

图3-5-1　FY-3A获取的南极臭氧洞的图像

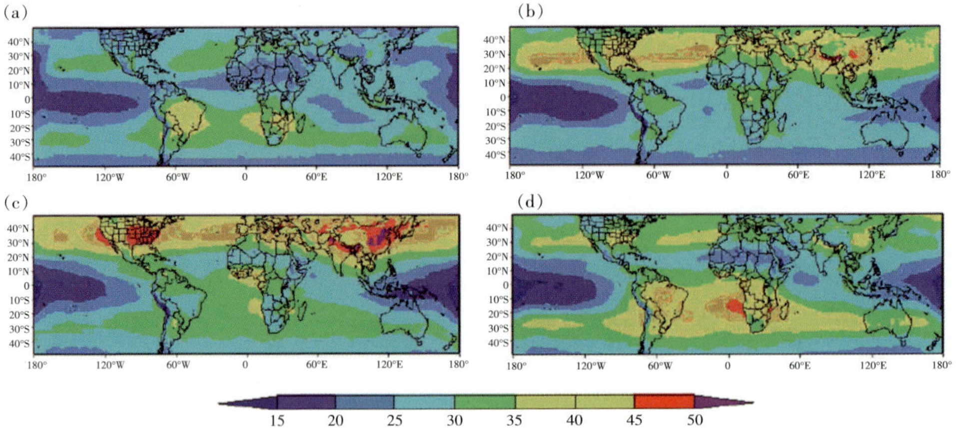

图3-5-2　全球对流层O_3的20年(1979-2000)平均柱总量(单位:DU)分布图
[其中:(a)为12月、1月和2月;(b)是3月、4月和5月;(c)是6月、7月和8月;(d)是9月、10月和11月]

的一例。图上的横坐标是相应年的3月，左边的纵坐标是北纬63°~90°区域，即整个北极地区臭氧柱总量的平均值，右边的纵坐标是相同范围50hPa高度的大气温度平均值。在从1979—2011年的33年间的臭氧资料分别取自NASA的Nimbus卫星的TOMS遥感探测器，NOAA卫星的SBUV探测器，Aura卫星的OMI探测器和中国FY-3的TOU探测器（2008—2011）。此图清楚地说明，北极地区平均臭氧柱浓度与平流层下部（50hPa）的温度存在着很好的正相关。而极涡区域平均温度的高低，也就反映了极涡的强度。因而该图清楚地指出，在1979—2011年的33年时间内，北极地区平均

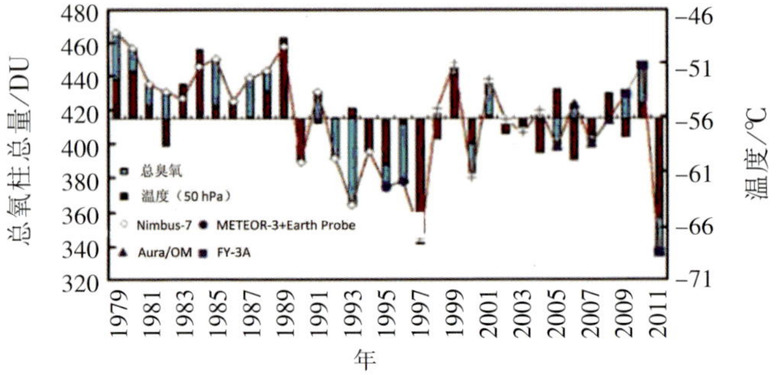

图3-5-3　北极地区臭氧总量与平流层下部(50hPa)极涡温度的相关分布图

臭氧柱浓度和平流层下部极涡强度存在着10年变化的周期。这一观测事实表明，长时间的大范围臭氧观测资料的积累，为我们研究对流层和平流层的相互作用、平流层下部极涡的活动与演变提供了新的技术途径。

5.2 卫星遥感监测大气成分和气候变化

甲烷是主要的温室气体之一。研究表明，自工业革命以来，甲烷在大气中的浓度增长了一倍多，并以平均每年0.9%的惊人速度增长，远远高于二氧化碳浓度的增长值。大气甲烷的快速增长趋势引起了各国政府和科学家的重视。卫星遥感为了解全球甲烷的分布提供了可能，因为地基的定点观测存在许多局限，无法得到大面积范围的分布和变化。最早利用卫星遥感得到甲烷数据的是日本ADEOS卫星上搭载的IMG。随着ENVISAT卫星上的SCIAMACHY传感器升空后，利用SCIAMACHY已经成功地得到比较可靠的数据，绘制出了全球甲烷分布图，见图3-5-4。从图中可以发现，在中国南部、南美北部以及中非地区是甲烷排放比较多的地区。

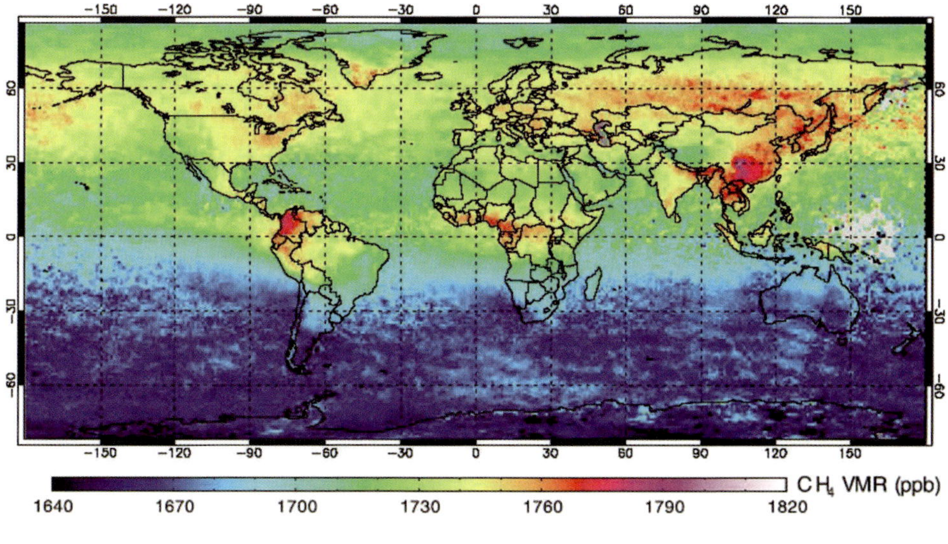

图3-5-4　2003-2004年两年全球CH_4平均垂直混合比分布图　单位/ppb

二氧化碳（CO_2）是一种重要的温室气体，在地球气候的形成和气候变迁中起着重要作用。其主要来源有海洋释放、生物呼吸、化石燃料燃烧、土地利用变化等，陆地生态系统光合作用、海洋呼吸、碳沉积等是大气中CO_2的重要来源。自工业革命以来，由于人类活动特别是大量化石燃料和森林破坏的影响，大气中CO_2增长了约35%，给全球气候、生态、经济等各方面造成很大影响，受到了普遍关注。

卫星遥感的方法，可以提供稳定、长时间序列、广空间区域、地面或高空三维的大气成分信息。搭载于美国Aqua卫星上的大气红外遥感探测器（AIRS），通过对红外光谱的探测，可以用于提取对流层中层CO_2信息。图3-5-5是由AIRS资料反演得到的从2003年1月到2008年12月的全球对流层中层CO_2平均浓度分布。结果表明，在北半球的CO_2浓度高于南半球，高值区域主要集中在30°N~60°N的中国北部、欧洲、美国中部、加拿大东南部、阿拉斯加附近海域等地区，形成北半球中高纬度CO_2高值带。这与该纬度带人类活动频繁和大气环流形成的长距离输送密切相关。在15°S~15°N的

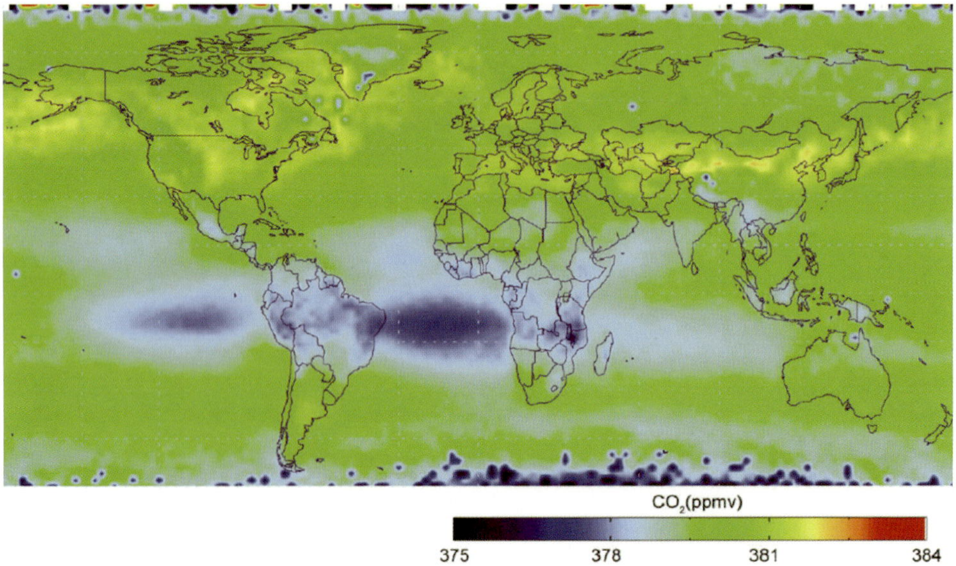

图3-5-5　2003年1月~2008年12月全球对流层中层CO_2平均浓度分布图

大西洋地区是全球CO_2低值中心，并向东延伸到非洲南部，向西一直延伸到南美洲西部太平洋海域，形成南半球低纬地区的CO_2低值带。

图3-5-6（a）和图3-5-6（b）是从三个研究小组各自处理的长时间序列MSU资料中得到的1979—2001年时段内对流层中部和平流层下部大气温度的变化趋势。这两个图清楚地揭露出对流层中部温度上升和平流层下部温度下降这一事实。尽管这三个小组处理的MSU资料给出的变化率有些差异，但它们的变化趋势是一致的。

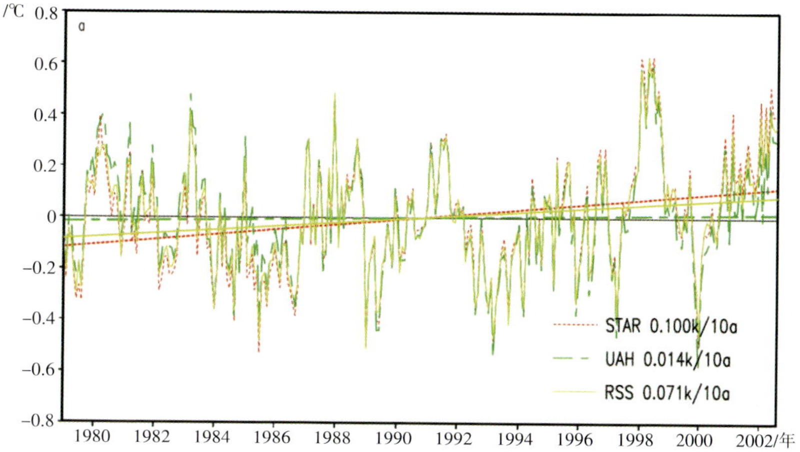

（a）对流层中部

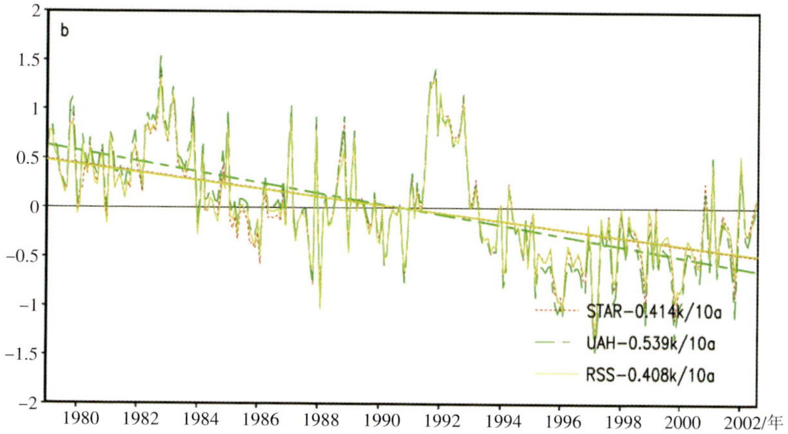

（b）平流层下部

图3-5-6　1979—2001年全球高空大气温度变化趋势图

另外，将上述资料分别与同期的NCEP资料和GPS掩星观测资料比，其变化趋势的一致性说明，经过处理的长时间序列MSU资料可用于大气温度的气候监测。

本章概要地介绍了气象卫星的发展、现状和能力。由于地球大气运动的多尺度性和全球覆盖，制约大气运动的物理、化学和生物地球化学因子及其相互作用十分复杂，要弄清大气运动的规律需要长时间地监测全球范围的大气、地表和海表的多尺度气象、海洋、陆表和生物地要素和参数。通过本章各节对气象卫星在灾害性天气监测和预报、数值预报模式、大气成分监测和气候预测等领域的应用事例，说明在弄清大气圈的行为和变化的过程中，气象卫星具有任何其他探测手段都不可替代的作用。未来的地球大气探测系统应该是多种以地基、空基和天基为观测平台的直接和遥感探测器组合而成的综合探测系统，气象卫星是其中最基本和最核心的成员。

参考文献

[1] P.K.RAO,等编. 气象卫星——系统、资料及其在环境中的应用[M]. 许健民，等译. 北京:气象出版社,1994 :21–46.

[2] 杨军主编. 气象卫星及其应用[M]. 北京:气象出版社,2012:525–657.

[3] 杨军,董超华,卢乃锰,等. 中国新一代极轨气象卫星——风云三号 [J]. 气象学报:2009,67(4):501–509.

[4] 陶诗言,方宗义. 气象卫星资料在我国天气分析和预报上的应用[J].大气科学,1979,3(3):239–246.

[5] 李俊,方宗义. 气象卫星的发展——机遇与挑战 [J].气象,2012,38(2):129–146.

[6] 王维和,张兴赢,安兴琴. 风云三号气象卫星全球臭氧总量反演和真实性检验结果分析[J]. 科学通报, 2010, 55: 1726–1733.

[7] 廖蜜,张鹏,吴雪宝,邱红. 利用MSU序列研究高空大气温度变化的进展 [J]. 气象,2011,37(9): 1151–1157.

[8] Smith,W. L., W. P. Bishop,V. F. Dvorak, et al. The Meteorological Satellite: Overview of 25 years of operation[J]. Science,1986,231: 455–462.

[9] Dvorak, V. F. Tropical cyclone intensity analysis using satellite data [J].NOAA Tech. Rep.,NESDIS 11, Washington, D.C.,1984.

[10] Eyre.J R and A C Lore,Direct use of satellite Sounding Radiances in NWP [J]. Meteo.Maganize,1989,118: 13–16,

[11] Han Wan,Jishan Xue.Adiptive tuning of background error and satellite radiance observation error for operational variational assimilation. Proceedings of SPIE [C]. 2007,6970,44:1–9,doi: 10.1117/12,774771.

第四章
空间遥感技术对水圈的监测

1 水圈的主体——海洋

地球上的水以气、液、固三种相态形式存在于空中、地表和地下，这些形式的水不停地运动着，相互转化，相互联系，以水循环的方式构成水圈。按其存在的方式可以将水圈划分为海洋、河流、湖泊、地下水和冰川五种主要类型，它们与大气圈、生物圈和岩石圈相互作用，直接关系到人类活动的表层系统。

地球上的总水量大约为13.8亿立方千米。其中海水为13.38亿立方千米，占地球总水量的97.2%，覆盖地球表面面积的71%。可以说，海洋主宰着水圈的行为，海洋对于人类的生存环境有着决定性的影响。由于存在着广阔的海洋，它把在热带低纬地区海水吸收的太阳热能，通过大洋环流向高纬和两极输送，维持着地球的能量平衡，造就了以纬度带为特征的气候分区。海水从海洋表面蒸发变成水汽，在大气环流的作用下被输送到陆地上空，遇到冷空气后，以降水的形式给陆地生物带来“生命之水”。降水流入江河湖泊，进入大地土壤，补充地下水，其中形成江河径流的降水部分返回大海，构成完整的水循环。海洋是一个巨大的二氧化碳汇，在全球碳循环中，海洋的贡献占46%。每年全球释放到大气中的二氧化碳约有80亿吨，其中，陆地生态系统吸收20亿吨，海洋生态系统吸收12亿~28亿吨。

海洋是一个丰富的资源宝库，海洋生物资源库中除了各种鱼类产品外，近海自然生产的海藻年产量相当于世界小麦年产量的15倍以上。海底蕴藏着巨大的矿产资源，包括油气资源、多金属结核和富钴锰结核，总储量达3万亿吨，新近发现海底蕴藏丰富的“可燃冰”，它是一种由碳、氢化合物与水分子在低温、高压条件下形成的冰（固）态固体物质，在世界陆地油气资源逐渐枯竭的情况下，可燃冰的发现为人类带来了新的希望。

我国是一个海洋大国，我国的海洋国土面积将近300万平方千米，相当于陆地国土面积的1/3。我国的海岸线北起辽宁省的鸭绿江口，南至广西的北仑河口，长达18000 km，在我国海域有大小岛屿6000余个，总面积达8万平方千米。我国拥有的海洋资源十分丰富，其中油气资源估计量为240亿吨，可燃冰储量达700亿吨油当量。在我国海域有广阔的渔场，渔业资源十分丰富。20世纪90年代以来，我国的海洋经济快速发展，海洋经济在我国国民经济中的比重逐年上升，已成为沿海经济新的增长点。为了实现建成海洋强国的宏伟目标，国务院制定了发展海洋经济的“十二五”规划，可以预期，21世纪将是我国海洋经济大发展的时期。我国沿海也是海洋、气象灾害多发的地区，每年台风、风暴潮灾害都会造成巨大的经济损失。为了有效地开发利用海洋，减轻海洋灾害带来的损失，保持健康的海洋生态，都需要了解海洋、认识海洋和观测海洋。获得海洋资料的传统方法是在沿岸或海岛建立海洋观测站，派遣飞机或调查船进行专项观测，施放锚定或漂移浮标。这些观测手段在空间上和时间上都存在极大的局限性，尤其是在远洋和两极地区观测资料十分稀少，无法满足海洋科学研究的需求。航天遥感技术的出现，为海洋观测开创了新的局面，航天遥感利用人造卫星作为观测平台，搭载各种对地观测的传感器，实现对地球的大面积连续观测，本章主要介绍卫星遥感海洋的原理、方法，以及所获得的海洋要素和主要的应用成果。

2 海洋卫星的发展和现状

2.1 气象卫星兼顾海洋监测

20世纪60年代以来，美国和苏联都先后发射了一系列专门用于气象遥感的卫星。气象卫星经历了几次更新换代的发展，已经实现了多卫星、多要素业务观测，在天气预报和气象灾害监测方面发挥了巨大的作用。由于广阔的海洋地区气象观测资料十分稀少，同时海洋和大气无论在科学领域或是在实际应用方面都有着密切的联系，所以气象卫星一开始就把海洋作为观测的一个重点区域。例如，气象卫星上的红外扫描辐射计，不仅可以获得夜间云图，监视大洋上空的热带风暴，还可以用来推算洋面温度。美国从1972年起利用NOAA卫星资料进行全球海面温度实时监测，建成了“全球海面温度计算业务系统”，投入业务使用，定期发布美国东西海岸、五大湖和墨西哥湾的海面温度分布图，利用气象卫星和海洋卫星资料综合获得全球海面温度观测值（分辨率为1 km）、月平均分布、区域或全球分析场（分辨率为50 km）、气候分析场等。

海冰情报也是目前气象卫星所提供的一项业务产品，利用气象卫星资料制作极区冰盖图。采取可见光和红外通道相结合的方法可以得到海冰的外缘线、冰的类型、结冰范围，连续的监测还可以得到流冰的方向和速度等动态信息，这些冰情资料对于海上交通、石油勘探、海岸工程和军事活动都具有重要的意义。

此外，自从有了气象卫星以后，加强了对海上天气系统的监视，提高了对海上天气、海况的预报水平，对于海上交通安全提供了保证。

虽然有了专门设计用于观测海洋的卫星，但是，气象卫星在获取海洋信息方面仍然占有重要位置，它与海洋卫星一起共同组成对地观测系统，更有利于实现对地球系统的全面监测。

2.2 SEASAT——海洋卫星发展的里程碑

利用卫星观测海洋，其发展大致经历了三个阶段：探索试验阶段、试验研究阶段和应用研究阶段。第一阶段主要利用气象卫星、陆地卫星以及天空实验室为载体，试验用于海洋遥感的仪器，如测地卫星GEOS-3上的高度计。

1978年6月美国宇航局（NASA）发射了一颗专门用于观测海洋的卫星——海洋卫星SEASAT-A，揭开了海洋卫星探测新的一页。卫星上载有五种类型的海洋遥感探测器，它们是雷达高度计（ALT）、微波散射计（SASS）、合成孔径雷达（SAR）、多通道扫描微波辐射计（SMMR）和可见光红外辐射计（VIRR），用于测量海面高度、海面风场、有效波高、海浪方向谱和海面温度。虽然由于技术上的原因，这颗卫星只运行了105天，但是已经获得了大量的宝贵资料，完成了预定的试验目的，在海洋卫星遥感发展史上具有里程碑意义。与此同时，1978年10月发射的美国试验卫星——雨云7号（Nimbus-7），卫星上安装了专门用于遥感海洋水色的海岸水色扫描仪（CZCS），利用这种仪器可以获得大洋叶绿素a的浓度分布，进而可以估算海洋初级生产力。

20世纪80至90年代是卫星海洋遥感蓬勃发展的时期。美国、欧空局、日本等陆续发射了各种功能的海洋卫星，极大地促进了海洋探测和海洋科学研究的发展，极大地丰富了人们对海洋的认识。这些卫星归纳起来可以分为三类。

第一类是以探测海洋水色为主要目的的卫星。这类卫星的主要用途是探测海洋叶绿素，近海悬浮泥沙，可溶性有机物和海面温度。主要的遥感器有雨云-7卫星上的CZCS；1997年9月美国发射的海洋水色卫星SEASTAR上的宽视场水色传感器（SEAWiFS）；1999年美国发射的EOS-Terra和EOS-Aqua卫星上的中分辨率成像光谱仪（MODIS）。我国的海洋卫星1号

(HY-1)也属于这一类卫星。

第二类是以探测海洋地形为主要目的的卫星。其主要用途是测量海面高度、有效波高、海面风速、海洋重力场等，主要的遥感器是雷达高度计和微波辐射计。除了SEASAT-A上的高度计外，1985年3月美国海军发射的大地测量卫星（Geosat），卫星上安装了Ku波段（13.5GH_Z）雷达测高仪。1982年8月美国NASA与法国空间研究中心（CNES）联合发射Topex/Poseidon卫星，卫星上载有双频雷达高度计，以研究全球海洋动力过程。JASON-1卫星是Topex/Poseidon卫星的后续星，2011年我国海洋卫星HY-2属于这一类卫星。

第三类是以探测综合性的海洋动力环境为主要目的的卫星。其主要探测目标，除了海洋地形卫星所要获取的海洋要素外，还包括海浪谱、海洋内波和海岸带水下地形。海洋动力卫星的探测器除了高度计、散射计、微波辐射计外，还增加海面成像的合成孔径雷达。1978年美国发射的SEASAT-A就是典型的海洋动力环境卫星。1991年7月欧空局发射了第一颗主要用于观测海洋的地球遥感卫星ERS-1，其后续卫星ERS-2于1995年4月发射，卫星上载有13.8 GH_Z雷达高度计以及可以工作在测波和测风状态的主动微波仪（AMI）。2002年欧空局发射了一颗大型的海洋观测卫星EnviSat-1，卫星上有效载荷由10种传感器组成，除了探测海洋动力环境要素的探测器外，还增加了全球臭氧监测仪（GOMOS），扫描成像大气吸收光谱仪（SCIAMACHY）以及大气探测迈克尔逊干涉仪（MIPAS），可以探测臭氧层、温室效应痕量气体以及气溶胶浓度分布。

在全球海洋观测的卫星系列中，还有一类专门测量某些海洋要素的卫星。如加拿大空间局于1995年11月发射的雷达卫星RadarSat，卫星上合成孔径雷达工作在C波段（5.3 GH_Z），有7种工作模式、25种波束和不同的入射角，其图像空间分辨率从10 m到100 m不等，它获取的遥感图像，在全球环境监测和自然资源调查中有重要的应用。美国国家航空航天局于1999年6月发射的QuickSCAT卫星，卫星上安装一台工作在Ku波段（13.4 GH_Z）的雷达测风散射计（SeaWinds），它可以获取全天候、高分辨率的全球海面风场资料。2003年发射的Coriolis卫星，星上载有WindSat仪器，它是一个极化微波辐射计，通过多波段、多极化和斯托克斯（Stokes）参数的测量，实现被动微波遥感矢量风的目标。同年发射的ICESat卫星，安装有激光高度计（GLAS），以及CryoSat上的干涉雷达高度计（SIRAL），用于测量极地冰盖和山脉冰川的分布，绘制地球重力场，并构造大地水准面模型。

2.3 我国海洋卫星系列

20世纪80至90年代，我国海洋工作者就已经开始利用国外的卫星遥感资料，包括气象卫星资料和海洋卫星资料，开展应用研究工作，在海洋环境监测、海洋工程建设等方面取得了可喜的进展。与此同时，海洋工作者与航天科技人员积极合作，积极规划我国海洋卫星的发展，提出分三步走的设想，即按先易后难的发展思路，有计划、有步骤地发展海洋水色卫星、海洋动力环境卫星和海洋雷达卫星。同时，积极同步建设地面应用系统，开展应用试验研究。

2002年3月15日是我国海洋卫星发展史上具有里程碑意义的一天。我国第一颗海洋卫星HY-1A在太原卫星发射中心升空，揭开了我国海洋卫星事业新的一页。继HY-1A之后，2007年4月又发射了一颗后续卫星HY-1B。HY-1序列是海洋水色卫星。卫星上主要的有效载荷为一台10波段海洋水色扫描仪和一台4波段CCD成像仪。其主要任务是：

（1）掌握海洋初级生产力分布，海洋渔业和海水养殖资源状况，为海洋生物资源的发展提供科学依据。

（2）了解河口、港湾悬浮泥沙分布，为沿岸海洋工程及河口港湾治理提供数据。

(3) 监测海面油溢、热污染，监测海冰、浅海地形等，为海洋环境监测、海洋生态保护以及海洋执法管理服务。

(4) 为研究海洋在全球碳循环中的作用以及El nino监测提供大洋水色、水温资料。

2011年8月在太原卫星发射中心发射了我国第一颗海洋动力环境卫星HY-2，该星集主、被动微波遥感于一体，具有高精度测轨、定轨能力及全天候探测能力。星上有效载荷有双频（13.58 GHz，5.25 GHz）雷达高度计、Ku波段（13.256 GHz）散射计、五通道（6.6 GHz，10.7 GHz，18.7 GHz，23.8 GHz，37.0 GHz）微波辐射计、三通道校正微波辐射计、多普勒测定轨系统（DORIS）、双频GPS以及激光测距仪，其轨道测量精度达厘米量级。HY-2的主要目标是监测海洋动力环境，获得包括海洋风场、高度场、有效波高、海洋重力场、大洋环流和海面温度场等多种海洋动力参数。

计划中的我国第三类海洋卫星HY-3是一颗海洋雷达卫星，主要载荷是一台多极化、多模式合成孔径雷达，用于全天候、全天时监视海岛、海岸带、海上目标，并获取海洋浪场、海浪谱、风暴潮漫滩、内波、海冰和海上溢油信息。

3 海洋遥感的物理基础

用于海洋遥感的电磁波波段包括可见光、红外辐射、微波以及无线电波。可见光的波长范围为0.4 μm~0.7 μm；红外辐射的波长范围为0.8 μm~100 μm。按波长的长短又可将红外辐射分为远红外、中红外和近红外。微波波长从1 mm~100 cm，介于远红外和微波之间为亚毫米波。波长100 cm以上是无线电波，又进一步区分为极高频（SHF）、超高频（UHF）、甚高频（VHF）以及高频（HF）、中频（MF）等。波段名称K、X、S、L和P，是第二次世界大战期间使用的密码名称，它们对应的波长是：P（30 cm~100 cm）、L（15 cm~30 cm）、S（7.5 cm~15 cm）、X（2.4 cm~3.75 cm）、K（0.75 cm~2.4 cm）。用于遥感的电磁波波长从可见光到微波相差6~7个量级。在这样宽的波长范围上，无论是产生（激发）和接收（测量）技术上，还是它们与海洋相互作用的机制上，都是十分不同的。在可见光部分主要是海面对太阳可见光的反射（包括镜面反射和漫反射）以及海水分子和水中悬浮物质对入射光的吸收和散射；在红外波段主要是海面的热辐射；在微波和无线电波部分，主要是不同尺度的海面波动对电磁波的散射以及海洋本身在微波区的热辐射。这些相互作用使电磁波信号包含了丰富的海洋信息，遥感的任务就是通过适当的手段接收这些经过相互作用的信号，然后通过适当的数学物理方法提取所需要的海洋信息，包括各种海洋要素的时空分布。与常规的海洋测量技术相比，卫星遥感具有大面积、准同步、连续性和观察要素的多样性，以及全天候全天时的特点，已成为当今海洋观测的重要手段，无论是海洋业务工作或是重大的海洋科学研究计划，卫星遥感都起着十分重要的作用。

3.1 海洋—大气辐射传输

图4-3-1是太阳可见光在海洋-大气系统中传输的示意图。参照该图，从海面发出的光波包括两部分：一部分是海面对入射太阳光的反射或对天空光的漫反射，记为Ir；另一部分来自水体透过海面的透射光，记为It。这两部分光辐射带有海水的信息，它们从海面出发，经过居间大气的衰减后到达卫星处被星上传感器所接收。海面对大气直射光和天空散射光的反射强度与海面状态以及海水的浑浊程度有关，而来自水体的透射光则是入射到海面以下的光能量被海水分子和海水中的悬浮物质吸收和散射而返回大气的部分。此外，卫星接收到的还有大气中的分子和气溶胶粒子对太阳光的散射，记为Ia。当然如果存在云，来自海面的光能量（Ir+It）则完全被

遮挡。此时，卫星传感器就无法“看”到海面，也就不可能获得任何海洋信息了。

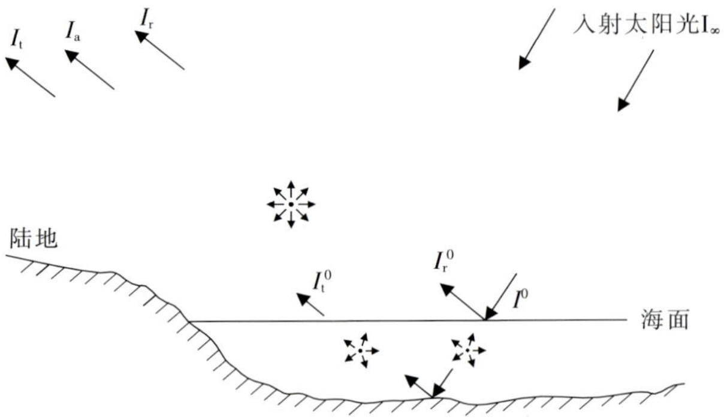

图4-3-1　海洋—大气辐射传输示意图

晴空条件下海洋—大气可见光辐射传输方程可写成

$$I = I_a + (I_r^0 + I_t^0)T_a$$

其中，T_a为大气透射率，它与整层大气的光学厚度有关，反映了大气对来自海面可见光辐射的透射程度。

为了求得I_t^0，需要求解辐射在海水中的传输方程。透过海面向下传播的太阳可见光在海水中受到海水分子的吸收和散射，同时还受到海水中颗粒物（悬浮泥沙、浮游植物、黄色物质等）的吸收和散射。与入射光波长相比，分子散射属于小粒子散射，叫作瑞利（Rayleigh）散射，散射截面与波长的四次方成反比，波长越短受到的散射越强。而颗粒物的尺度与光波波长相当，颗粒物的散射属于米（Mie）散射，其散射强度与颗粒物的折射指数、颗粒大小和形状有关。

可见光在海水中与海水分子以及颗粒物相互作用大致可分为两个方面。一方面，受到分子以及颗粒物的吸收和散射而衰减；另一方面，散射的作用又使能量重新分配。由于多次散射的作用，将其他方向上（例如，Θ′方向）的辐射能量转移到所考虑的传播方向（例如Θ方向）而引起传播方向上能量的增强。散射相函数就是表征海洋颗粒物散射方向特性的数学表述。描述可见光在海水中传输过程的数学模型叫作辐射传输方程，该方程在适当的边界条件下可以用各种方法，如解析方法、数值方法、近似方法等求解。边界条件是指在海表面辐射场的分布以及海底面的反射特性(如果入射太阳光经过海水衰减还能达到海底的话)。

由于海水中所含悬浮颗粒物的种类和浓度不同，海水透射光It以及反射光Ir便呈现出不同的光谱。纯净的海水、大洋水、近海水和近岸水的光谱特征有明显的差别。大洋海水最强的漫反射是在光谱的蓝、绿部分（λ：0.4 μm~0.5 μm)，而且随叶绿素含量不同，有明显的变化。而对于近岸海水，海水的漫反射率随海水中的悬浮物质和黄色物质含量而变化，漫反射率高值出现在黄光部分，即λ为0.55 μm~0.65 μm。根据不同海水的光谱特性，用多光谱测量，有可能定量推算海水中的叶绿素和悬浮泥沙的含量，从而可以估算海洋初级生产力，识别不同的水团和河口悬浮泥沙的迁移路径。

3.2 海洋的红外热辐射

热力学理论指出，任何物质只要其温度超过绝对零度，就会不断地向外发射红外辐射能量，因此，海洋也是一个红外辐射源。海洋的红外辐射能量由海表温度和海表的比辐射率两个因素决定。所谓比辐射率，是指一定温度下物体的热辐射与同样温度下绝对黑体的热辐射的比值。自然界里有一类物体，其比辐射率与辐射频率无关，称之为“灰体”。海洋可以视为灰体，海表对于红外热辐射的吸收率近似为常数，其数值非常接近于1，进而也可以将海表视为黑体。

海面的红外辐射在向太空传输的过程中会受到大气的影响。大气在红外波段具有选择性吸收，其主要的吸收气体是水汽、臭氧和二氧化碳。它们有各自的红外吸收带，所以，从太空测量海面的红外辐射要避开大气的红外吸收波段，选择红外透射率高的所谓大气红外窗区。此外，云对红外辐射有强烈的吸收，海洋红外遥感也同可见光波段一样，只有在晴空条件下才有效。然而，红外辐射不需要太阳光照射条件，因而在夜间也可以进行，夜间红外遥感实际也就是红外夜视。

3.3 微波和无线电波与随机海洋表面的相互作用

3.3.1 随机海洋表面的统计描述

海洋表面在风的驱动下呈现复杂的不规则运动，可以将海洋高度作为随机变量加以处理和分析。若取海面高度的平均值ζ（x，y，t）$\geqslant 0$作为参考面，则海面相对其平均值的高度ζ（x，y，t）是平面位置坐标（x，y）和时间t的随机函数。描述这种随机表面的一种统计特征量是随机变量的概率密度函数P（ζ），它表示在t时刻，海面高度取值为（ζ-dζ/2）~（ζ+dζ/2）间隔上的概率。对大量的波浪高度的测量值进行了统计分析，结果表明，海面高度的概率密度函数可以用高斯（Gaussian）分布很好地近似，即海面高度服从正态分布，其数学形式写成：

$$P(\zeta)=\frac{1}{\sqrt{2\pi}\,h}\exp\left(-\frac{\zeta^2}{2h^2}\right)$$

式中，h为海面的均方根波高，即$h^2=\langle\zeta^2\rangle$。在海洋观测规范中，常用有效波高（$H_{1/3}$）来表示海况。所谓有效波高是指观察连续通过某一固定点的N个波（一般要求$N\geqslant 100$），依照波高的高低顺序选择$N/3$个大波，取这些大波的平均值代表波高，叫作有效波高，或1/3大波的平均波高，记为$H_{1/3}$。引进有效波高的好处是，大量的观测数据统计结果表明，它与均方根波高h有一个经验关系，即

$$H_{1/3}\approx 2.83h$$

有了这个经验关系，给一些问题的分析处理带来了方便。

需要说明的是，实际的海面高度概率密度不可能严格地服从正态分布，这是因为实际海浪总是有限振幅。此外，当ζ达到一定大值时会出现

波浪破碎现象，而且波浪的轮廓也不可能是对称的，当波高增加时，通常可以看到波峰变尖、波谷变平的现象。实际的海面高度分布是偏态的，但它与高斯正态分布的差别不明显。

海面波高ζ的方向变化率$\partial\zeta/\partial x$，$\partial\zeta/\partial y$定义为海面斜率。在ζ服从正态分布的假定下，海面斜率也是正态分布的。

在电磁波散射理论中，另一个重要的描述海洋随机表面统计特征量是海浪波高的谱密度。对于随机表面ξ（x，y，t）可以看成是一系列空间上和时间上呈正弦波动的叠加，这相当于对波浪谱在数学上用二维波数空间（K_x，K_y）和一维时间频域（ω）上的傅里叶（Fourier）展开。波高的谱密度代表了不同空间尺度和时间尺度的波动对波高的贡献，记为ψ（$\vec{\mathbf{K}}$，ω），其中，$\vec{\mathbf{K}}$为二维空间波矢量，它与波动分量空间尺度的关系为$K=2\pi/L$，L记为波长，ω为波动的圆频率，它与波动周期的关系为$\omega=2\pi/T$。对于海洋这样的流体运动，时间波数与空间波数有如下特定的频散关系：

$$\omega^2 = g\sqrt{K_x^{\ 2} + K_y^{\ 2}} = gK$$

波的相速度$v=\sqrt{gL/2\pi}$，或波的周期与波长的平方根成正比，即$T=\sqrt{2\pi L/g}$。上式表明，不同波长的波动以不同的相速度传播，波长越长，传播速度越大。

时空波谱ψ（$\vec{\mathbf{K}}$，ω）可分解为空间波谱与时间波谱的乘积：

$$\psi(\vec{\mathbf{K}},\omega) = S(K_x,K_y)\delta(\omega-\omega_0)$$

其中，ω_0满足频散关系所规定的条件，即在K_x，K_y确定时，ω必须为ω_0。

按照波浪谱的定义，所有时空波动的总贡献即为均方波高h^2：

$$h^2=\langle\zeta^2\rangle=\iint_{-\infty}^{\infty} \mathrm{d}K_x\mathrm{d}K_y \int_{-\infty}^{\infty} \mathrm{d}\boldsymbol{\omega}(K_x,K_y,\omega)=\iint_{-\infty}^{\infty} \mathrm{d}K_x\mathrm{d}K_y S(K_x,K_y)$$

3.3.2 随机海洋表面对电磁波的散射

图4–3–2表示海洋表面对电磁波散射几何图像。参照该图，指定几个在讨论散射问题时要用到的量：电磁波的入射方向θ_i，φ_i，其中θ_i是入射线与海洋表面法线的夹角，φ_i为方位角，通常取作φ_i=0，相应入射电磁波电矢量振幅为$\vec{\mathbf{E}}_i$，通常取作$|\vec{\mathbf{E}}_i|$=1。

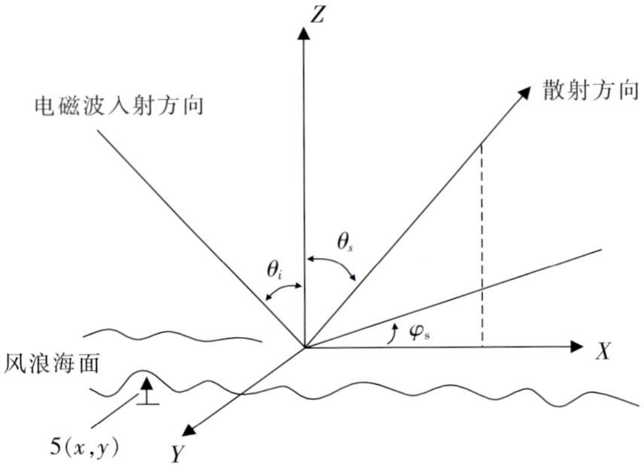

图4–3–2　海洋表面对电磁波散射的几何图示

散射方向为θ_s，φ_s，相应的散射电磁波电矢量为$\left|\vec{\mathbf{E}}_s\right|$。入射线与散射线所组成的平面叫作散射平面。入射电磁波可以有两种极化状态：垂直于入射平面的电矢量叫水平极化分量，记为h；沿着入射面的电矢量叫垂直极化，记为v，前者又叫作平行（平行于海平面）极化。同样，散射电磁波也有类似的两种极化。

散射截面σ_{pq}（θ_s，φ_s）定义为半径为R的整个球面上所接收到的散射能量与入射能量密度之比：

$$\sigma_{pq}(\theta_s,\varphi_s)=4\pi R^2\langle|E_s|^2\rangle/\langle|E_i|^2\rangle$$

其中，下标p，q分别表示散射波和入射波的极化状态，即前面所述的h和v。

电磁波的随机表面散射理论就是要设法求得散射截面（或归一化散射截面，即散射系数）与散射角、入射波波长、极化以及海面状态的关系。

按照入射电磁波的波长与海面粗糙度的关系，散射理论将海面区分为两种情况：稍微粗糙海面的布拉格（Bragg）共振散射；平缓变化海面的准镜面反射。下面分别予以介绍：

（1）Bragg共振散射模型

所谓稍微粗糙海面，是指满足以下两个条件的随机表面：

①海面波高ς<<入射波长，即$|K\varsigma\cos\theta_i|<<1$；

②海面斜率$|\partial\varsigma x/\partial x|$，$|\partial\varsigma y/\partial y|<<1$。

在此条件下，可用小扰动方法求解。求解的大致思路是：首先，将海面高度和电磁波的三个分量用K_x，K_y、ω的正弦级数展开，同时，将边界上的电磁波用小扰动参量展开，再利用电磁场在边界面上的连续条件确定电磁波展开式中的待定系数，从而得到远场条件下散射场的解。

用小扰动方法得到的雷达双向散射截面与散射角、海水介电常数以及海浪谱密度有关。对于单站雷达，即后向散射情形，雷达的散射截面只与沿电磁波传播方向上的海浪空间波数有关，即对于特定的波长为λ的入射波而言，对后向散射有贡献的是海面起伏谱中在入射方向上空间波长为$\lambda/2\sin\theta_i$的空间频谱成分。在掠射情形，$\sin\theta_i=1$此时空间波长为$\lambda/2$。当两条射线在随机起伏表面上相距为$\lambda/2$时，散射波的相位差等于2π，从海面上后向散射的电磁波有相同的相位，因而所有回波信号都同相叠加，形成“共振”条件。这种关系与光栅的衍射或晶体对X射线的衍射具有完全相同的机理，因此，通常把这种散射叫作布拉格（Bragg）共振散射。事实上，改变λ、θ_i可以得到海浪谱中的不同空间波数的响应，进而在双向散射情况下，改变散射方向θ_s，φ_s，可以得到有关海浪方向谱的信息。

根据上述Bragg共振散射机制，可以进一步解释雷达后向散射回波的多普勒（Doppler）频谱。由于对后向散射有贡献的波动分量以特定的相速度ν运动，其大小与波动尺度L之间满足一般频散关系，则雷达回波的Doppler频移为$f_D=2v/\lambda=\sqrt{gf_0/\pi c}$，其中$f_0$是雷达波发射频率（即载波频率），c是光速，$\nu$是海浪运动速度在入射方向上的投影。由于海浪可能存在各种方向上的运动分量，因此，通常能观测到回波频谱上包含两条孤立的尖峰，它们分别位于载波频率的两侧，正的Doppler频移相应于向着雷达方向的海浪的贡献，负的Doppler频移相应于远离雷达方向的海浪的贡献。海面对雷达波的散射包含了丰富的信息，为遥感海洋的动力参数奠定了基础。

（2）平缓变化海面的准镜面反射模型

所谓平缓海面是指海面的曲率半径ρ远大于入射波长，即满足基尔霍夫（Kirchoff）条件：$\rho k\cos^3\theta>>1$。实际的风浪海面可以形象地看成由一系列的小平面或子平面（facet）构成，根据局地曲率半径的大小，这些子平面具有不同的尺度，并对入射电磁波产生准镜面反射。总的散射场就是这些子平面镜反射的叠加。无穷大的子平面的反射方向图是δ函数，而有限大小的子平面的反射方向图具有不同的有限宽度的主峰和一系列的次峰，子平面尺度越大，方向图越尖锐。显然，对于特定散射方向有贡献的子平面，其法线处于一种适当的方向，使得镜反射波处于接收天线的范围内。对于机载或星载雷达探测海面而言，若入射波垂直向下，则只有当子平面的法线也位于垂直方向时，这些子平面才对雷达回波有贡献。考虑到雷达接收天线的角宽度，总的反射波是对子平面法线方向概率密度函数在一定角度范围内的积分。上述定性说明中只涉及几何光学中反射的概念，因此，准镜面反射模型又叫作几何光学模型。

（3）复合随机海面的散射

前面所述的随机海面的两种散射模型，即平缓变化海面的准镜面反射和稍微粗糙海面的布拉格共振散射，前者适合大尺度的海面波动，后者适合于小尺度的海面波动。然而实际的风浪海面具有各种尺度波动的叠加，是粗糙度的连续分布，而不可能是两种极端的截然不同的粗糙度。目前，还没有一种成熟的理论来处理这种粗糙度连续分布的海面散射问题。作为一种近似，有人提出一种复合随机表面模型。该模型认为随机海面由无穷多个稍微粗糙的子平面片段（Patches）组成，这些片段叠加在波长较长的大起伏波浪上。最终的后向散射效果是单个稍微粗糙子平面片段的后向散射按一定概率权重的积分。只是小尺度粗糙表面受到大尺度起伏的调制作用，从而改变了合成的局地入射方向，因而也改变了Bragg共振波长。

此外，有人将随机海洋表面看成是两种平均粗糙度大小组成的复合面：一种代表小尺度波动，其表面均方根起伏为h_s；一种代表大尺度波动，其表面均方根起伏为h_l。两种波动互不相关，因而，总的海面起伏均方根值为h_s+h_l，相应的波谱也可以分解为小尺度谱ψ_S和大尺度谱ψ_L的叠加。两种谱有各自的适用范围，且存在某一个临界波数K_C，总的波谱也是大、小尺度两种波谱的叠加。该模式认为，小尺度起伏受到大尺度起伏的调制，即稍微粗糙的海面由于受到大尺度波动的调制而呈现平缓变化，总的散射截面为大尺度镜面散射和小尺度布拉格共振散射之和，因此，这种模型又叫作倾斜的扰动平面模型或双尺度海面模型。一般说来，海洋表面的后向散射可表示为双尺度海面模型，即小尺度布拉格共振散射模型和大尺度镜面散射模型的叠加。在大的入射角度上，以布拉格共振模型为主，而在接近垂直入射时，镜面散射模型起主导作用。

3.4 海洋的微波热辐射

海面除了对电磁波产生反射和散射以外，还能发射热辐射。任何处于热力学平衡状态下的物体都具有发射热辐射的能力。按照普朗克（Planck）辐射定律，对于处于常温（270 K~300 K）的绝对黑体，其发射热辐射的最大波长位于红外波段（10 μm左右），而相应的微波热辐射强度要比红外辐射低10个数量级。但是由于无线电电子技术的发展，已经能够接收这样弱的信号。早在20世纪40年代就已经利用微电子技术接收来自宇宙天体的弱射电信号，诞生了射电天文学。海洋的微波热辐射包含了海洋与电磁波的另一种相互作用方式，成为遥感海洋的重要手段。因为它只是接收来自海洋的热辐射，是一种被动遥感方式，在设备和技术上要比主动方式（各种形式的微波雷达）简单得多。

一个物体发射热辐射的能力取决于物体的热力学温度和发射本领。后者又叫作比辐射率ε。根据普朗克定律，在微波波段绝对黑体的辐射强度与其热力学温度成正比，这就是在微波段瑞利–金斯（Rayleigh–Jeans）近似。因此在微波辐射强度计量上常采用亮度温度T_B这一概念。某一物体微波辐射亮度温度等效于该亮度温度下绝对黑体的辐射强度。物体的微波比辐射率等于该物体的亮度温度与其热力学温度之比，即$T_B=\varepsilon T$。

一般来说，从能量转换的观点看，电磁波与物体相互作用包括以下三个物理过程：一部分能量被反射（反射率记为r）；一部分能量进入物体(透过率记为T)；一部分被物体吸收（吸收率记为A)，被吸收的能量又以热辐射的形式发射出去，以维持热力学平衡。因此，比辐射率等于吸收率。根据普遍的能量守恒定律，有$r+T+A=1$。

物理上有三种理想的物体：

(1) 绝对黑体：$r=T=0$，$A=1$，即$\varepsilon=1$；

(2) 无损耗介质：$A=0$，$r+T=1$；

(3) 损耗介质：$T=0$，$r+\varepsilon=1$。

海洋在微波波段可以看成损耗介质，因而其比辐射率$\varepsilon=1-r$，离开海面的微波辐射亮度温度为$T_B=\varepsilon T_S$，其中T_S是海表温度，微波辐射在大气的传输过程中要受到大气分子和水成物的影响。晴空大气主要有氧气和水汽分子在各自的吸收带对微波有吸收，在其他波段则比较透明。而云雾和降水粒子对微波有一定的吸收和散射，它们对微波的衰减与波长、云含水量和云雾粒子大小有关，微波辐射穿透云层也是有条件的。总之，到达卫星高度的微波辐射包括两部分：一部分是海洋本身的微波辐射经过大气衰减后剩余的部分；一部分是大气向上的微波辐射以及向下的微波辐射被海面发射的部分。前一部分包含了海洋信息，而后一部分则是“干扰”，需要加以订正。

对于海洋表面的微波辐射，可以区分以下几种情况：

（1）平静海面。此时需要考虑的是海面的菲涅尔（Fresnel）反射率，镜面反射下两种极化的反射率不仅与入射角有关，而且与海水的复介电常数有关。

（2）风浪海面。如前所述，风浪海面的散射系数与表面粗糙度有关。一般来说，海面粗糙度增加，比辐射率也增加。通过海面粗糙度与海面风速的关系，利用海面微波辐射信号便可以遥感海态和海面风速。

风浪海面另一个特点是当风速大到一定值后，海浪破碎产生白沫，也叫作白帽（White Cap）。可以将白水沫层看成是均匀混合的多气泡介质，气泡尺度小于微波波长，并对微波产生散射。由此模式，按空气—白水沫层—海水三层平面分层介质模型，可以计算有白沫层存在时海面比辐射率。结果表明，随着白水沫层所占体积比的增加，海面比辐射率也增加，最终可以出现$\varepsilon=1$的情况，即海面几乎可以视为绝对黑体。

（3）溢油污染海面。污染海面的微波辐射是空气—油膜—海水三层介质的微波辐射问题。由于海水与原油以及各种原油产品的复介电常数彼此的差异，使得污染海面的比辐射率发生变化。一段来说，污染海面的亮度温度比非污染海面亮度温度平均高3 K~4 K（最大可达10 K），这种差异为监测海面油污染提供了可能。

(4) 冰雪覆盖的海面。由于冰雪的物理状态与海水十分不同，其微波辐射特征与海水有明显的差别。首先，冰雪的复介电常数远小于海水，因而，在微波段均匀冰雪层的比辐射率一般都大于0.9。其次，冰雪层具有复杂的物理结构，新生冰与多年陈冰无论在厚度、含盐度、内部孔隙大小和数量上都有所区别，而微波对冰雪层的穿透深度比较大，这些内部结构的差异必然会对微波辐射产生影响，因此，根据微波亮度温度的差异，不仅可以识别海冰（或结冰现象），而且可以区分各种类型的海冰。

4 海洋遥感的原理和方法

如前所述，遥感的物理基础是电磁波与介质的相互作用。按照波动信号的来源，遥感可分为被动式遥感和主动式遥感。前者接收自然界存在的波动信号，无须人工信号源，所以又称为无源遥感，例如，用红外或微波辐射计接收来自海洋或大气的红外和微波辐射。后者由人工源产生波动信号，与传输介质以及要探测的对象发生相互作用之后被接收，例如，各种微波雷达、声雷达和激光雷达。

4.1 可见光和红外遥感

早期的卫星遥感大多使用可见光和红外波段，美国气象卫星最早使用的可见光红外传感器是可见光红外电视摄像机，用以获取白天和夜间云图。第二代业务气象卫星上用的是双通道可见光红外扫描辐射计（SR）。业务气象卫星上使用的是多通道可见光红外扫描辐射计（AVHRR）以及通道更多、光谱分辨率更高的中分辨率成像光谱仪（MODIS）。这类仪器在可见光波段测量的是下垫面（包括云层、陆地、海洋等）反射和散射太阳可见光；在红外波段测量的是地球及其大气的红外热辐射。因为红外传感器的波段选择在大气红外吸收比较弱的“窗区”，所以，它测得的辐射主要来自云顶或海陆地表。可见光红外扫描辐射计获得白天和夜间云图，在无云条件下获得的是海陆地表的图像。

观测海洋的可见光红外传感器是水色仪，实际上它也是一种扫描辐射计，只不过其通道选择在对海洋辐射信号比较敏感的波段。代表性的仪器是1978年10月美国发射的雨云-7号卫星上的海岸带水色扫描辐射计（CZCS）。该仪器设置了五个可见光通道和一个热红外通道用于探测海水叶绿素、悬浮泥沙、有色可溶性有机物等。SeaSTAR是Nimbus-7的后续卫星，卫星上的有效载荷宽视场水色仪（SeaWiFS）承担了探测海洋水色的使命。我国的海洋一号（HY-1）也是一颗用于探测海洋水色环境要素的卫星。

海面温度是卫星海洋遥感中最早应用的项目，发展最充分，技术最成熟。由前面的讨论可知，星上的红外辐射计向下接收到的地球—大气系统的红外辐射包括以下几部分：

（1）海面向外的红外辐射经过居间大气受到衰减后到达卫星，海面的红外辐射取决于海面温度和海洋红外比辐射率。

（2）大气向上的红外辐射。

（3）大气向下的红外辐射经海面反射后又返回大气，然后到达卫星，通常认为，海洋在红外波段的辐射性质近似于黑体，其红外比辐射率等于1，红外吸收率等于0。因此，海面反射部分的贡献可以不计。

此外，还有太阳光谱中的红外成分到达海面后被海面反射。这样，卫星上接收到的只是海面红外辐射经大气衰减的部分以及大气向外辐射的部分。一般来说，遥感海洋的红外辐射计都选择在大气衰减比较弱的“窗区”波段。但尽管如此，大气对海面红外辐射的削弱还是不可忽略的，加之大气本身在这个波段上的向上辐射，这两部分构成了大气干扰，要定量提取海面温度的信息，必须采取适当的“算法”消除源自大气的干扰。

在卫星遥感海面温度的进程中发展了多种算法来反演海面温度，针对单个通道的测量，有外定标法、模式订正法和经验订正法等算法。

所谓外定标法，即用时空同步的海上实测海面温度，对卫星测量的亮度温度进行定标。例如，通过用时空同步的调查船、浮标等获得的实测海面温度得到两者的经验关系。只要有数量足够多、质量足够好而又具有统计代表性的海上测量，这种方法还是有比较好的精度的。过去用这种方法反演的海面温度的均方根误差一般在0.6 K左右，但是要得到不同地区、不同季节的对比资料，就需要进行大量的实地测量。

所谓模式订正，就是利用气象卫星上其他的探测仪器所获得的大气温湿廓线，用辐射传输模式计算整层大气的红外透过率以及大气向上的红外辐射，从而得到大气订正值。这种方法本身就遥感手段来说是“自洽”的，无须其他非遥感信息。但是，就目前的水平而言，大气温湿廓线的遥感反演有一定的误差，而且反演过程需要用到海面气压和海表温度，这种误差和约束条件必然会转移到海面温度的反演上。因此，一种比较实用的做法是将海面温度（或陆面温度）和大气温湿廓线一起作为一组未知参数，综合利用窗区通道和垂直廓线探测通道，将它们的测量值联合求解，这也是大气遥感反演正在使用的一种方法。

经验订正法实际上是一种利用数值模拟结果的统计回归方法。该法对大量的大气温湿廓线和海面温度组合，利用红外辐射传输模式计算不同大气廓线和海面温度下的红外辐射，然后对计算的红外辐射亮度温度与海面温度进行回归。例如，用最小二乘法获得海面温度与计算亮度温度的线性回归方程。美国NOAA早期阶段就是采用这种方法求出计算海面温度的大气订正经验公式。

以上几种方法原则上适合单个探测通道。随着遥感技术的发展，遥感海面温度的多通道技术逐渐取代了单通道技术。多通道技术的依据是大气对不同波长的红外辐射有着不同的衰减，利用两个或多个通道的测量值的线性组合可以消除大气的影响，从而得到海面温度。典型的做法是将大气红外窗区较宽的10 μm~12 μm拆分为两个较窄的通道10.3 μm~11.3 μm和11.5 μm~12.5 μm。所以，多通道方法又形象地称为“分裂窗区”算法或“辟窗”算法。多通道反演海面温度的计算公式有多种形式，有的利用多通道亮度温度的线性组合，也有的采用多通道亮度温度差的形式，无论采取何种形式，计算公式中使用的常数应根据具体的传感器通道的光谱特征，不同海区、不同季节进行回归订正，以提高反演精度。

由于不同观测角对应不同的大气光程长度，因而向外辐射受到的大气衰减也各不相同。与多通道技术的思路类似，用多个角度测量的辐射值的组合来消除大气的影响，由此发展了多角度海温遥感反演法。通常气象卫星上的先进甚高分辨率扫描辐射计（AVHRR）观测视场垂直于星下轨迹扫描，从星下点（观测角为0°）到图像边缘（观测角为±56°）提供了2048个不同角度的观测值。ERS和ENVISAT卫星上的沿轨迹扫描辐射计采取圆锥扫描方式，对于同一视场有两次观测，两次观测的角度不同，所经过的大气光程长度不同，可以用多角度算法来反演海面温度。

此外，还可以利用多通道和多角度相结合的方法来反演海面温度。这种方法利用的信息更丰富，更有利于消除大气的影响和提高海面温度的反演精度。

以上所述的各种方法都只适用于晴空无云区。因此，作为一个完整的算法，还需要有用于识别云存在的判据。

4.2 海洋水色

卫星遥感海洋水色的主要目的是通过测量来自海面以下一定深度（取决于海水的清洁程度）的上行可见光辐亮度，反演海洋叶绿素、悬浮泥沙和可溶解有机物。在可见光和近红外波段上，卫星传感器所接收到的辐射包括以下三部分：一是来自大气路径上的贡献，包括大气的分子散射和气溶胶散射；二是来自海面的反射，包括对太阳光的镜面反射和对天空散射光的漫反射；三是离水辐射，指太阳光进入海水后，被海水分子以及海水中的颗粒物散射而离开海面返回大气的那部分辐射，离水辐射包含了可见光与海水各种颗粒物相互作用的信息，是反演叶绿素浓度的基础。在上述上行可见光辐亮度中，大气路径的贡献以及海面反射的贡献占据大约90%的份额，如何从星载水色扫描仪所接收到的辐射能量中消除大气干扰，对于获得所需要的海洋信息至关重要。此外，经过大气校正后的离水辐射是来自叶绿素、悬浮泥沙和可溶解有机物的共同贡献，如何有效地选择对各个水色要素敏感的波段和适当的算法将它们分离，也是遥感反演成败的关键问题。

如果要根据星载水色仪测得的辐射亮度I_T（λ）求出离水辐亮度I_W（λ），首先必须进行大气校正，从I_T（λ）中消除分子散射和海面漫反射的贡献以及最为困难的气溶胶散射的贡献。气溶胶散射辐亮度依赖于气溶胶的类型和浓度，而气溶胶的这些参数在时空上存在很大的变化。自从CZCS问世以来，在消除气溶胶影响上进行了大量的探索，一种常用的做法是认为在近红外通道（例如，λ=765 nm~865 nm）海水的离水辐射等于0，其观测值只有大气的贡献，在扣除分子散射项和海面漫反射项以后只剩下气溶胶的贡献。由这两个波段气溶胶散射辐射的比值可以确定表征气溶胶类型的参数——气溶胶单次散射颜色比ε。一旦ε确定下来，就可以求得其他可见光波段上气溶胶的散射辐射分量了。

4.2.1 海洋表层叶绿素浓度反演

海洋水色要素反演算法分为两类：一类是经验公式法，另一类是基于模型的解析算法。前者通过现场测量水体的光谱辐射特征和时空同步的水色要素的浓度，通过统计分析建立两者的关系。后者利用生物—光学模型和辐射传输模型建立水体要素与水体光谱特征以及水面上空大气光谱特征的关系。

现场测量数据分析表明，在可见光波段海表反射率随海水叶绿素的变化关系表现出很有规律的特征。在通道波长550 nm上，海表反射率几乎是一个常数，而当波长小于550 nm时，随着叶绿素浓度的增加，海表反射率减小；相反，当波长大于550 nm时，情况正好相反。几个水色仪（CZCS、SeaWiFS和MODIS）都采用了通道比值来反演叶绿素浓度，即所谓“蓝绿通道比值法”。CZCS采用443/555和510/555；SeaWiFS采用443/555，490/555和510/555；MODIS采用443/555，490/555。具体的运算公式有的采用双对数线性形式，即叶绿素浓度的对数与双波段离水辐射比值的对数呈线性关系；也有的公式采用幂函数关系，即叶绿素浓度与双波段离水辐射比值呈幂指数函数关系。反演的试验结果表明，由于算法中使用了不同波长离水辐射的比，减少了非海水因素带来的误差，基本上能满足对浮游植物色素浓度的测量精度要求。

4.2.2 悬浮泥沙含量反演

实验发现，卫星接收到的水体向上辐射强度与水体中悬浮泥沙的含量有很好的对应关系，将向上辐射强度换算成水体的反射比，则水体的反射比与水体的含沙量之间也存在相关关系。实验发现，波长620 nm处的反射比对水体含沙量变化最为敏感，且随着含沙量的增加，反射比的峰值向长波方向移动，即所谓的“红移现象”。近年来，有关定量遥感海洋水体悬浮泥沙含量方面提出了若干模式，大体上也分为经验模式和理论模式两个方面。

所谓经验模式，主要是通过卫星遥感数据与海面同步测量建立经验相关关系，包括线性关系，即海面反射比与海水含沙量呈正比关系；对数关系，即海面反射比与海水含沙量的对数呈线性关系。

所谓理论模式，根据光在海水中的传输特征，从理论上导出离水辐射或反射比随悬浮泥沙含量变化的关系。

4.2.3 多因子水色反演

对于沿岸带或近海海域，引起海水光谱特性变化的往往有多种水色因子的共同作用，要将每一种因子单独提取出来，往往比较困难，一种做法是将它们看成是一组变量进行联合反演。如果将高光谱分辨率和多波段现代水色遥感器获得的一组测量值看成是测量空间，而将水色要素看成是变量空间，联合反演实质上是从测量空间到变量空间的映射。数学上有多种方法实施这种映射，如线性/非线性最优搜索法、主成分分析法、人工神经网络法等，它们都能在一定程度上得到合理的结果。

4.3 被动微波遥感

被动微波遥感是根据物体自身的微波热辐射，所用的遥感器叫作微波辐射计，它实质上是一台高灵敏度的微波噪声接收机。如前所述，海面的微波辐射与出射方向角、极化状态、海水的热力学温度和发射本领（也即微波比辐射率）有关。其中前两个因素在实验中是可以人为控制的，后两个因素是与遥感对象有关的海洋物理量。其中比辐射率依赖于海水的介电常数与物理结构，因而与海水的含盐度S、表面粗糙度r、含白水沫的比例f以及海水的相态（液态海水或固态海冰）有关。上述多种因素的影响，给微波辐射计测量结果的解释和地球物理参数的定量提取带来了复杂性。过去已经做了大量的研究工作，分析海洋微波信号的特征，以期找出对某些因子比较敏感的“最佳”时段。与此同时，进行了一系列的机载实验，来证实微波辐射计遥感方案的可行性以及制订适合的资料处理方法。比较有代表性的试验有NASA用机载1.43 GHz和2.65 GHz双频辐射计联合遥感海面温度和海水含盐量；用1.55 cm波长辐射计遥感海面粗糙度和海面风速；用机载多波段微波辐射计遥感海冰等。

与星载红外被动遥感类似，星载微波辐射计首先是在气象卫星上试验使用。到了1978年在风云七号卫星和SeaSat-A上进行被动微波遥感海洋的试验。卫星上的多通道微波扫描辐射计（SMMR）采用了多波段综合遥感多要素的方案。该辐射计共有五个频段同时测量两个极化分量，对每一个像元共计测得十个辐射量。在SMMR的五个频段中，频率较低的频段（6.6 GHz，10.69 GHz）对海面温度和海面粗糙度比较敏感；18 GHz和21 GHz两个频段适合遥感大气水汽，而37 GHz对云和降水比较敏感。水汽和云水这些大气参数在对其他海洋遥感器（主要是各种主动微波遥感器）的大气订正是不可缺少的。

业已提出两种资料处理算法：一种是根据理论推导的公式来计算SMMR亮度温度，然后用线性最小二乘法进行迭代来估计这些环境参数；一种是用多元回归关系建立被测的要素和亮度温度之间的统计关系。考虑到问题的非线性，对于不同的亮度温度范围采用一组不同的回归系数。以下以SMMR资料反演为代表，介绍被动微波遥感海洋参数的初步结果。

（1）海面温度

SMMR遥感海面温度的预期目标是精度达到2 K。试验结果表明，在大洋地区，辐射计天线旁瓣订正不重要，即不存在陆地地表微波辐射的干扰。夜间SMMR反演的海面温度与XBT（投弃式温深仪）海面测温资料的平均偏差为0.53 K，标准偏差为1.49 K。对于白天的测量在消除了太阳镜面反射（海面太阳耀斑）以后平均偏差为0.7 K，标准偏差为1.19 K。但是，在近岸地区，由于星载微波辐射计地面像元空间分辨率低，接收的下垫面的微波辐射包含了一部分陆地的影响，因而反演精度有所下降，SST

的反演值与表面观测值之间的平均偏差为3.1 K，均方根离散为2.2 K。

（2）海面风速

SMMR反演海面风速的预期目标要求达到2 m/s或10%的精度。为了估计SMMR的测风能力，使用了三种类型的风场资料进行比较：一类是常规的表面观测资料，包括海岛气象站、海洋调查船和浮标资料；一类是由天气学分析所产生的风场资料；一类是同一卫星（Seasat-A）上雷达散射计反演的风场资料，该资料在时间和空间上与SMMR的测风资料是同步的。与SST情形类似，陆地干扰、降雨和高空液态水以及海面太阳反光都会影响到SMMR测风的精度。反演结果表明，对n=250个试验样，SMMR测风与散射计测风之间的平均偏差为0.6 m/s，标准偏差为1.4 m/s。

（3）海冰和海水盐度

由于冰、水的微波比辐射计的差异以及各类海冰（多年冰、新生冰）微波比辐射率的差异，利用被动微波遥感手段识别海冰和区分不同类型的海冰原理上是可行的。早先，雨云-5和雨云-6号卫星上用频率为19.35 GHz和37.0 GHz电扫描微波辐射计进行海冰监测试验，成功地区分极区的冰水界线，估算海面冰区所占的面积比例。美国国防气象卫星DMSP上的微波成像仪SSM/I利用22 GHz和85 GHz两个通道垂直极化亮度温度的差异来监测海冰，取得了较好的效果。

影响海面微波辐射强度的两个地球物理量是海面温度和海水的比辐射率，而海水的比辐射率与海水的复介电常数有关，影响海水的复介电常数的一个因子是海水的含盐度。海表水体盐度增加，使海水的导电能力上升，从而导致海水复介电常数增大，在其他条件不变的情况下，最终使海表微波比辐射率和亮度温度降低。亮度温度随海水盐度变化的敏感性与微波频率有关。当频率大于5 GHz时，亮度温度对盐度变化不敏感，因此，用被动微波遥感方式探测海水盐度一般选择在较低的频段，美国和阿根廷联合发射的Aquarius卫星已于2011年6月升空，卫星上载有二频段四通道微波辐射计，其中1.41 GHz和2.69 GHz两个频段工作在水平极化和垂直极化方式，而一个工作在1.26 GHz频段的散射计（具有两种极化方式）用于测量海面风速，修正海面粗糙度对盐度反演的影响。该卫星工作一年多来已经获得全球大洋海水含盐度的月、季节变化图，对研究大洋环流、海洋动力学、降雨的季节气候预测以及海洋水质调查和环境保护提供了基础资料。

与红外被动遥感相比，微波受云的干扰比较小，这是其优点。但是由于微波波长较长，星载微波辐射计的地面分辨率远不及红外辐射计，一般为几十千米到数百千米。提高被动微波遥感的空间分辨率需要大尺寸天线，这在技术上和实用上都是有困难的。为了发挥微波不受云干扰的优势，同时又要有高的空间分辨率，这一点只有主动微波遥感技术能够达到。

4.4 主动微波遥感

红外和微波被动遥感在探测海洋表层的热状况方面是成功的，而有关海洋动力等方面的状态，只能从温度场的分析中间接地反映出来。这是很自然的，因为这两种被动遥感技术的基础是海洋的热辐射。然而，诸如海浪、波高、波谱、海流、潮汐等海洋动力学特征是重要的海洋环境参数，对这些参数进行遥感探测是海洋遥感的主要任务。这些参数可以而且必须用主动微波遥感手段来进行探测。主动微波遥感通过微波信号发射机向海面发射电磁波，然后接收从海面返回的散射、反射波，即各种类型的雷达工作方式。由于对不同波长、极化状态和入射角的电磁波海洋的散射特性是不同的，分析这些散射波与海况之间的关系，便可以获得有关海洋动力学参数的间接测量。

按照主动微波遥感器的工作方式，可分为成像的真实孔径雷达和合成孔径雷达，以及不成像的雷达高度计和雷达散射计。由于空间分辨率的要求，限制了真实孔径雷达在空间探测上的应用。以下就目前海洋卫星采用的主动微波遥感器的工作原理和获取海洋信息的方法做一简单的介绍。

4.4.1 雷达高度计

卫星高度计的主要使命是探测海面高度。如图4-4-1，卫星上的高度计垂直向海面发射一束纳秒级的脉冲，然后接收从海面反射回来的回波，由脉冲在星地之间的往返时间，便可确定卫星距海面的距离h。假定卫星距离地球参考椭球面的高度为h^*，则海面距参考椭球的距离简单地就是$h^* - h$，在大地测量中通常取一个理想的参考椭球体作为测量地面高度的参考点。例如，我国在大地测量中所用的“1980西安坐标系”，就是采用了1975年国际大地测量协会（IGG）所推荐的全球坐标系，它是一个长轴$a = 6378.140$ km，短轴$b = 6356.755$ km的旋转椭球体。卫星高度计测得的瞬时海面距参考椭球的距离定义为海面高度。如果海洋不存在诸如潮汐、海流、风浪等动力学过程，静止的海洋完全在地球重力场作用下将处在一个等势面上，这种等势面就叫作大地水准面（geoid）。瞬时海表面平均来说非常接近于大地水准面，平均海面相对于大地水准面的偏离叫作海面拓扑（Sea surface topography），也就是海面地形。因此，卫星高度的测量结果为改进海洋大地水准面提供了可能。

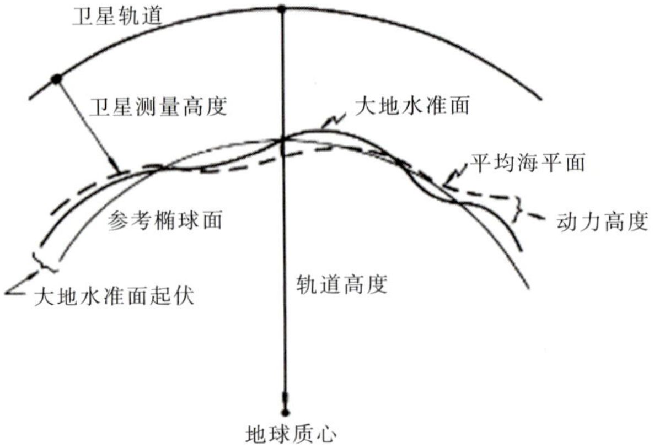

图4-4-1　卫星高度计测量海面高度示意图

前面提到，卫星高度计测量海面高度取决于两个参量：一是星地距离h，一是卫星高度h^*，后者由卫星地面跟踪站网测得的卫星在空间坐标系中的位置、速度、姿态等数据，代入卫星轨道动力学模式计算出来，前者由高度计脉冲在星地之间的往返时间计算。高度计的脉冲波在星地传输过程中受到多种因素的影响，其中包括电离层中自由电子和离子对电磁波的延迟作用；中性大气中水汽以及干空气分子对电磁波的延迟。此外还有潮汐和波浪的影响。这些影响在高度计的数据处理中都需要一一加以扣除。

卫星高度计除了能测量海面高度外，通过分析回波的波形还能测出海浪的高度和海面风速大小。高度计向海面发射一束纳秒级的窄脉冲，脉冲以球面波的形式向下传播，脉冲的前沿首先与海浪的波峰相遇（时序记为的τ_0），波峰上适当取向的子面将对电磁波产生镜面反射。随着时间的推移，脉冲波与海面的接触面积增加，相应地产生反射的子平面数目也增加，使得返回的反射功率也增加（记为τ_1）。当脉冲的后沿到达海浪波谷这一时刻（记为τ_2），海面被脉冲照射的面积达到极大值，照射面是一个以星下点为圆心的圆，相应地回波强度也达到极大值，以后，脉冲波继续前进，脉冲波在海面上照射的区域是一个以星下点为圆心的圆环（记为τ_3），环的内径随时间增加，环的宽度随时间减小，其结果是保持环的面积不变。由于高度计天线增益的方向性，虽然被照射的圆环面积不变，但法线指向高度计方向的子平面数目在减少，从而回波功率在达到某一个极大值以后开始下降。

分析这样一个单脉冲波与海面相互作用的过程，我们可以得到以下的认识：脉冲波往返时间取决于高度计和海面之间的距离；脉冲波与粗糙海面作用后，回波的波形发生变化，回波脉冲的前沿变宽，而且海洋波浪高度越大，回波前沿展宽越明显；回波功率达到极大值后逐渐衰减，其极大值与被照射面积内海面的平均散射截面有关。这三个量（脉冲波往返时间、回波波形前沿扩展、回波功率的极大值）是高度计测量的三个基本量，它们分别与海面高度、海面粗糙度以及平均散射截面有关。通过大量的现场实验和理论分析，建立了海面均方根波高与回波脉冲前沿扩展的经验关系，以及海面风速与海面平均散射截面的经验关系，为高度计测波和测海面风速奠定了基础。

4.4.2 雷达散射计

雷达散射计是一台经过绝对定标的雷达，它定量地测量目标物的后向散射截面。适当构型的星载散射计向海面发射微波脉冲，同时接收来自海面的后向散射功率，通过不同入射方位角后向散射截面与海面风速和风向的关系来反演海面风场。1978年美国发射的海洋卫星SEASAT上携带的测风散射计（SASS）首次实现了卫星遥感海面风场的试验。

以下以SASS为例，说明散射计测风的原理和方法。

SASS散射计工作在C波段（波长2 cm），使用12个多普勒滤波器将天线足迹分成50 km的分辨单元，天线入射角为25°~55°。图4-4-2是SASS测风的示意图。图上标明该散射计有四根扇形双极化天线，它们在海面形成X形的照射区，照射面与星下点轨迹方向（即方位方向）分别为45°和135°。对于海面上给定的观测区，首先被前向天线所照射，然后经过一段时间间隔后（一般为1~3 min，取决于观测区位于像幅的内侧或外侧）被后向天线所照射。假定在前后两次照射时间间隔内，观测区的海况没有变化，但是，观测区相对于散射计的速度是不同的：前向照射时观测区接近散射计，而后向照射时观测区远离散射计，因而两种情况下散射回波的多普勒（Doppler）频移是不同的。同样，前向照射和后向照射时，雷达波入射方位角也不相同。而海面对雷达的散射具有各向异性的特点，当天线指向顺风或逆风方向时，回波功率最大；而当天线指向垂直风向时，回波功率最小。于是，根据散射截面与入射方位方位角的关系以及回波强度和多普勒

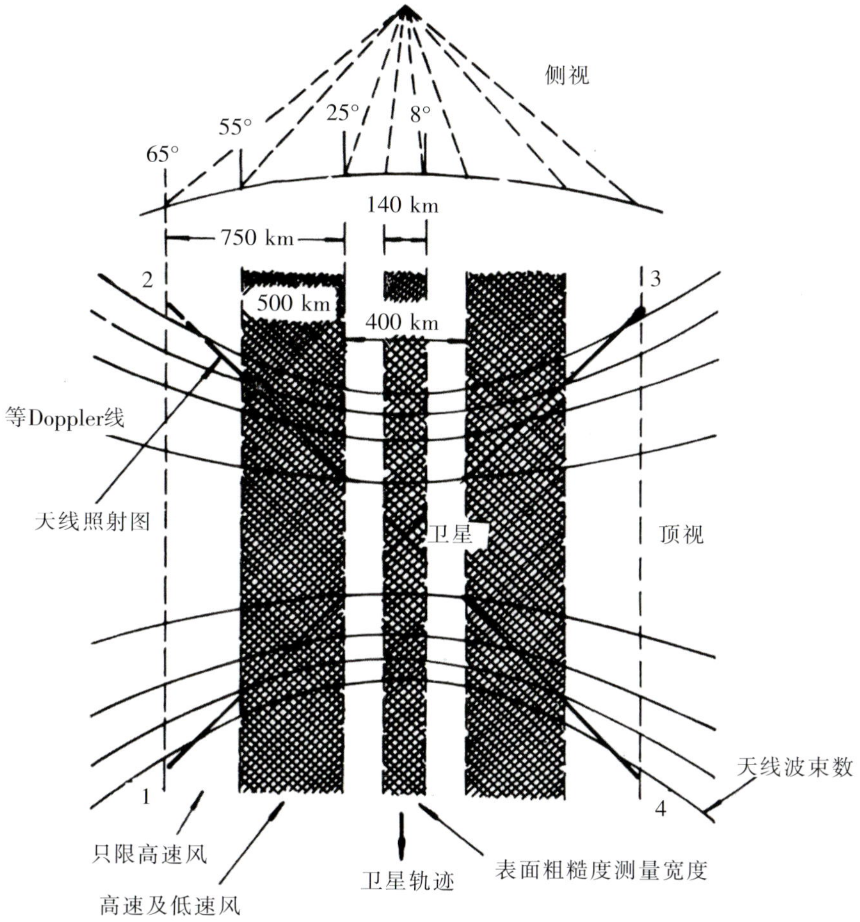

图4-4-2　SEASAT测风散射计SASS海面遥感示意图

频移，便可以得到观测区风向风速的信息。由于天线指向顺风方向的回波功率与指向逆风方向的回波功率相等，因而从散射计回波信号中提取风向信息存在180°的模糊。在散射计风场反演算法中需要引进其他的辅助信息，以消除风向反演的模糊性。

ERS-1、ERS-2卫星上散射计工作在C波段、单极化方式，与SASS不同，采用三根天线，分别在前视45°、侧视90°和后视135°，以更好地确定风向。美国国家航空航天局在QuickSCAT卫星安装了一台测量海面风场的散射计SeaWinds，该仪器的特点是采用口径为1 m的抛物面圆盘状天线，通过天线旋转实现圆锥扫描，它是双波束、双极化系统，当卫星飞行时，实现对海面同一照射区多次观测，以提高风向的反演精度。

4.4.3 合成孔径雷达

合成孔径雷达是20世纪50年代开始发展起来的雷达新技术，在20世纪60年代得到了迅速的发展和应用。到了20世纪70年代已发展出十几种不同类型的合成孔径雷达，并在阿波罗17登月试验上得到应用。20世纪六七十年代的机载合成孔径雷达大多在陆地上飞行试验，获取地表图像，用于地质勘探、地形测绘、资源调查和军事侦察。1978年6月，美国的海洋卫星SEASAT首次将合成孔径雷达用于海洋观测。

通常的真实孔径成像雷达是靠天线上不同辐射元发出的电磁波的干涉效应来获得主波束的方向性和窄宽度，其成像的可分辨尺寸与飞行高度H成正比，与天线尺寸L成反比，即天线尺寸越大，地面分辨率越高，而飞行高度越高，地面分辨率越低。其成像过程只利用了回波强度的信息。合成孔径的原理是通过雷达载体（例如，飞机或卫星）的运动，从不同的位置对同一目标进行观测，顺次记录回波信号振幅和相位历史，然后对不同时刻的回波进行相关分析。这样便等效于用一个相当大尺寸的天线来观测同一目标，以获得很高的方位分辨率。以SEASAT上的SAR为例，参见图4-4-3。通常合成孔径雷达成像，在垂直于天线运动方向（图4-4-3上的x方向）的分辨距离靠发射的窄脉冲来实现（叫作距离分辨率），$\triangle X=C\tau/(2\sin\theta)$，$\tau$为脉冲宽度，$\theta$为观测天底角，C为光速，以SEASAT/SAR的参数而言，若要求$\triangle X=25$ m，取$\theta=20°$，则要求$\tau=65$ ns。飞行方向（图4-4-5上的y方向）的分辨距离靠合成孔径技术来实现（叫作方位分辨率）。$\triangle Y=\lambda R/(2L\cos\theta)$，其中$\lambda$为雷达波长，对SEASAT/SAR而言为23.5 cm，

R为卫星高度，约为800 km，L为“等效天线”尺寸。若取积分时间为2.3 s，在此时间内卫星飞行了大约17 km，相当于用一个17 km的大天线观测海面上一个目标。将这些数据代入上式得$\Delta Y\approx 6.6$ m。若要与距离方向的分辨率ΔX相匹配，则需取4次测量的平均值。

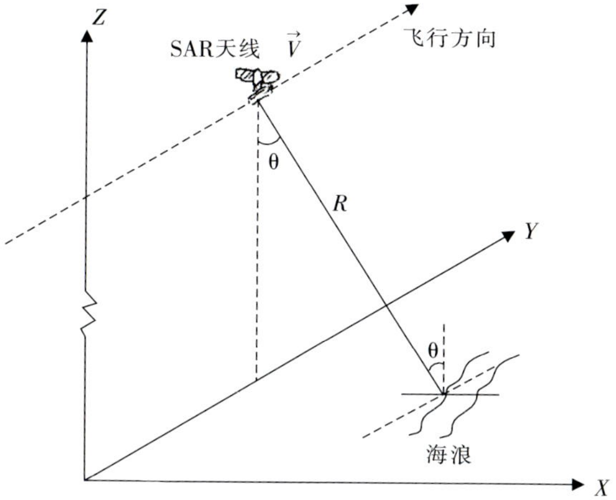

图4-4-3　SEASAT合成孔径雷达观测海洋示意图

根据前面介绍的随机海洋表面对电磁波的散射理论，针对SEASAT合成孔径雷达的具体情况（波长23.5 cm，入射角19°~23°），可以采用稍微粗糙表面的布拉格共振散射模型。在这种测量条件下，对雷达波的散射起决定作用的是波长约为30 cm的海洋波谱成分，SAR的回波强度反映了这种小尺度毛细波的能量密度。此外，这种小尺度的共振波还受到大尺度重力波（波长大于100 m）以及表面流的调制。可以设想，大尺度重力波引起局地小尺度共振波的倾斜，改变了雷达波的局地入射角，从而引起散射截面的变化。除了倾斜效应以外，还存在其他两类波—波相互作用的机制，也会引起散射截面的变化：一是表面张力效应（Surface straining mechanism），又叫作流体力学效应。物理上可以理解为长重力波引起局地速度场的辐散，从而改变了共振波的局部能量密度；一是轨道速度机制（orbital velocity mechanism），长重力波引起周期性的速度变化，从而引起SAR图像强度周期性位移。但是，这种机制只对于在雷达的方位方向（卫星飞行方向）上传播的海浪才起作用。

除了上述三种波—波相互作用机制以外，还存在波—流相互作用，表面流在尺度小于$CT_W/2$距离上的空间变化也能引起共振波能量密度的变化，从而能影响雷达散射截面的大小。上式中T_W是表征海浪生长的增长时间，C为共振波的相速度。表面流的变化通常与内波、湾流、涡旋以及大尺度海洋对流等海洋动力学现象相联系。表面流通过影响海流速度的局地辐散以及改变波浪传播方向，从而导致共振波能量的汇聚。上述这些相互作用，为从合成孔径雷达图像上识别海洋表面动力学特征提供了依据。

继SEASAT/SAR之后，世界各国又研发了多种合成孔径雷达用于对地观测。1995年11月加拿大发射了一颗专门的雷达卫星RadarSat，该卫星上的雷达工作在C波段有多种成像模式，包括标准模式、精细模式、宽/窄幅扫描模式和超精细宽/窄模式。海洋观测方面多使用标准模式和扫描模式，以监测海浪、内波、海洋锋面、极冰以及溢油。EOS/SAR是一种多频段（L、C、X波段）、多极化（HH、VV以及L波段的HV、VH），多模态（分局部、区域和全球成像模式）的合成孔径雷达，图像经处理后可生成多种生物物理和地球物理产品，用于监测全球变化。欧空局研制的高级合成孔径雷达（ASAR），搭载于ENVISAT卫星上，用于对海冰、陆地和海洋进行监视和勘察。

5 卫星遥感在海洋科学研究中的应用

5.1 厄尔尼诺监测

所谓厄尔尼诺，在科学上是指南美厄瓜多尔南部和秘鲁北部沿海大范围（赤道中东太平洋）海水温度异常变暖，以及由此引起的大气环流发生异常变化的现象。在厄尔尼诺监测中，将赤道附近太平洋中东部海域划为Nino Ⅲ区（5° S–5° N， 90° W–150° W），该海域表层海温距平连续6个月大于0.5 ℃，就定义为一次厄尔尼诺事件。图4–5–1为一次厄尔尼诺事件发生时西太平洋温度距平，从图上可以看到，有一股暖水舌自东太平洋海岸向西延伸。大量的观察和研究发现，厄尔尼诺期间，太平洋低纬度地区东南信风减弱，西风增强，海平面较高的西太平洋暖水向东传播，造成东太平洋海面上升，海温升高。由于热带太平洋是一个巨大的热源和水汽源，该处的热力和动力状态异常变化将引起大气环流的相应调整，从而引起全球范围的气候异常和一系列天气灾害，在西太平洋地区的印度尼西亚出现严重的干旱，森林火灾高发。厄尔尼诺对我国也有严重的影响，厄尔尼诺期间，我国北方高温干旱，长江流域暴雨成灾。所以，对厄尔尼诺现象的监测和预报对于社会经济发展和防灾减灾具有重要意义。

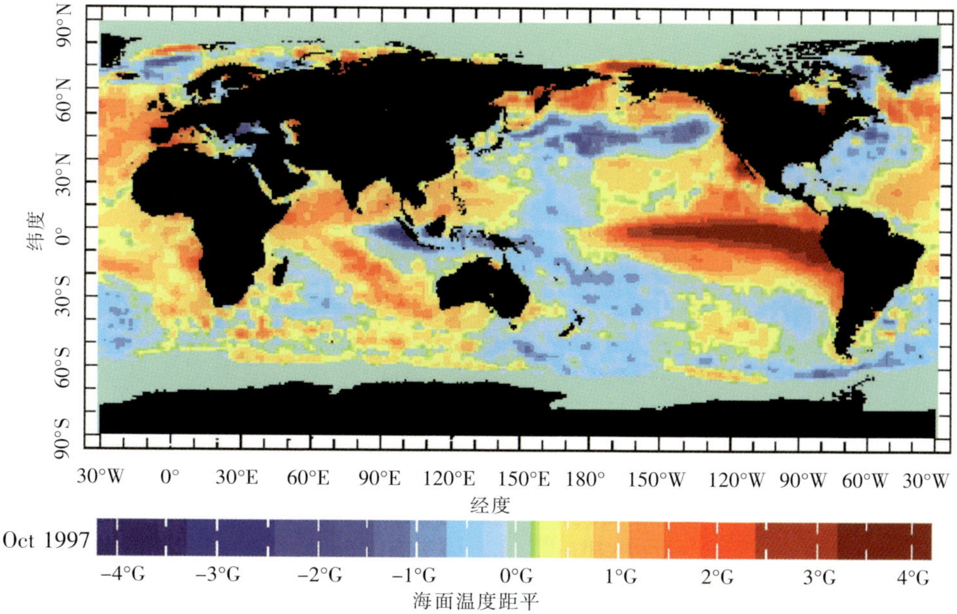

图4–5–1　1997年10月厄尔尼诺发生时热带太平洋海表温度距平

卫星遥感可以为厄尔尼诺监测提供所需的信息。安装在静止气象卫星上的可见光、红外扫描辐射计位于赤道上空，连续地监视热带洋面的温度变化，极轨卫星上的甚高分辨率辐射计，以及对地观测卫星上的中分辨率成像光谱仪可以提供更高分辨率的海面温度。融合这些资料可以获得大面积的海面温度分布，用于监测厄尔尼诺敏感区（例如，Nino III区）海面温度随时间的变化，寻找厄尔尼诺可能发生的先兆信号。各类海洋卫星上的高度计（例如，Jason，Envisat）可获得海面高度变化，用于监测厄尔尼诺酝酿期间热带东西太平洋海面高度的变化，由此得到西太平洋暖水向东传播的信息。卫星上微波散射计数据反演得到海面风场，有助于解释厄尔尼诺事件发生时东南信风减弱、西风加强的事实。所以，这些卫星遥感反演结果对于理解厄尔尼诺发生、发展和消亡的全过程有极大的帮助。

5.2 海平面上升和海面地形

政府间气候变化委员会（IPCC）第四次工作报告指出，1906—2005年，全球地面平均温度上升0.74 ℃±0.18 ℃。1998—2010年中，有11个年份位居1909年以来最暖的14个年份之列。其中2007年是近100年来最热的一年。全球气候变暖已是不争的事实。气候变暖导致海水温度上升，海水热膨胀，极地冰原融化，大陆冰川消融和入海径流流量增加，所有这些因素将导致海平面上升。根据海岸验潮站资料，全球平均海平面在20世纪以每年1.8±0.1 mm的速率上升。受海平面上升威胁最大的是一些位于大洋中的小岛国家。对于一些临海国家，海平面上升将降低河口地区的海堤防御能力，加剧沿海及河口地区海岸侵蚀和海水入侵。我国有辽阔的海域和漫长的海岸线，直接感受到海平面上升所带来的威胁。仅上海一处，在1998—2007年10年间，海平面上升了115 mm。据国家海洋局发布的《2011年中国海平面公报》，我国沿海海平面变化总体上呈波动上升趋势，参见图4-5-2。1980—2012年，总体上升了约85 mm，高于全球平均水平2.7 mm。

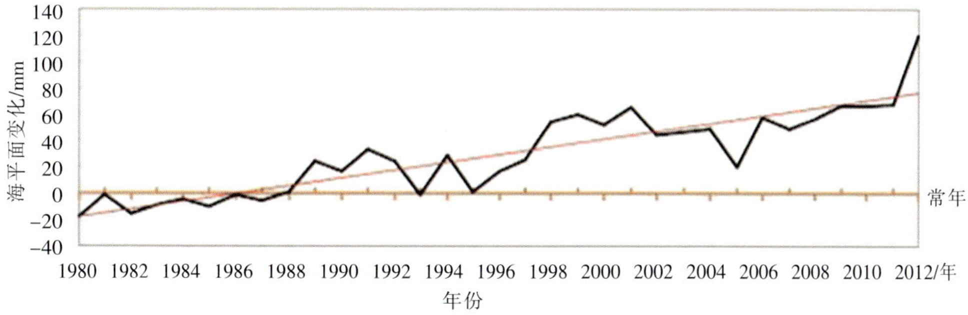

图4-5-2　我国沿海1980-2012年海平面变化

监测海平面变化的传统方法是通过验潮站测量的水位数据。但是，对于研究区域或全球海平面变化而言，验潮站的空间分布存在极大的局限性，而利用卫星观测可以弥补这一不足。测高卫星TOPEX/POSEIDON及其后续卫星Jason时间跨度最长、测高精度达3~4 cm量级，重复周期短（约10天），最适合于研究海面高度的年际和年代变化。利用TOPEX/POSEIDON数据，对中国海平面的时空变化进行分析，发现中国海平面南高北低的特点，整体上呈上升趋势，年上升率为3.6 mm，相应的渤海、黄海、东海和南海年上升率分别为1.2 mm、3.6 mm、6.4 mm、4.6 mm。不仅整个中国海平面上升表现为空间不均匀性，而且局部海域也存在空间不均匀的特点。例如，在南海海域吕宋岛西侧深海区表现为上升趋势，而在浅水陆架区上升趋势不明显，甚至表现为负值。

此外，卫星高度计还可以测量海面地形异常，即海表面与平均海表面的高度差，后者与大地水准面十分接近。海洋表层洋流主要是由海表压力梯度、风应力和科氏力互相平衡的结果，有了卫星观测海面高度和风应力，再加上由洋面温度（SST）估算的热膨胀对海水密度的影响，就可以推算出大洋环流。由TOPEX/POSEIDON和JASON-1，JASON-2卫星高度及数据提取太平洋西部边界流——黑潮的流速，识别黑潮主轴，监测其季节和年际变化。

5.3 碳循环和海洋初级生产力

所谓碳循环是指碳（主要是CO_2）在大气、海洋及生物圈之间的转移和交换的过程。陆地上的绿色植物（生产者）在光合作用时，从大气中取得碳，合成糖类和蛋白质等有机物，然后经过消费者和分解者（细菌和微生物）通过呼吸和线体腐烂分解，碳又返回大气。在海洋中，海洋碳循环分为三方面：一是大气中的CO_2被海洋吸收并以碳酸盐的形式存在于海水中，即所谓的“碳酸盐泵”；二是通过海洋混合层和陆架上升流将碳释放到大气，即所谓的“物理泵”；三是海洋生物的净固碳过程，即“生物泵”，它是浮游植物光合固碳率减去呼吸率，通过生物新陈代谢来实现碳的转移。海洋浮游植物通过光合作用固化无机碳，将太阳能转换化为化学能的能力叫作海洋初级生产力。大多数海洋植物是单细胞或多细胞、能自由漂浮的藻类，叫作浮游植物，其色素浓度（如叶绿素浓度）表示浮游植物生物量。其数量占到了整个地球植被的25%，所以，海洋浮游植物对调节地球系统的含碳量起着重要的作用。准确估算海洋浮游植物或叶绿素含量，有助于了解全球碳循环以及气候变化。

各类海洋水色卫星是专门为测量全球海洋叶绿素含量，进而估计大洋初级生产力而设计的。图4-5-3、图4-5-4分别是由我国海洋卫星HY-1上10波段海洋水色扫描仪反演得到的我国海域叶绿素a浓度的不同季节的分布情况。由地球观测卫星EOS上的中分辨率成像光谱仪的水色产品已实现业务化运行，这种遥感产品对于估算海洋初级生产力、合理评估海洋生态环境及水产资料是十分有用的。

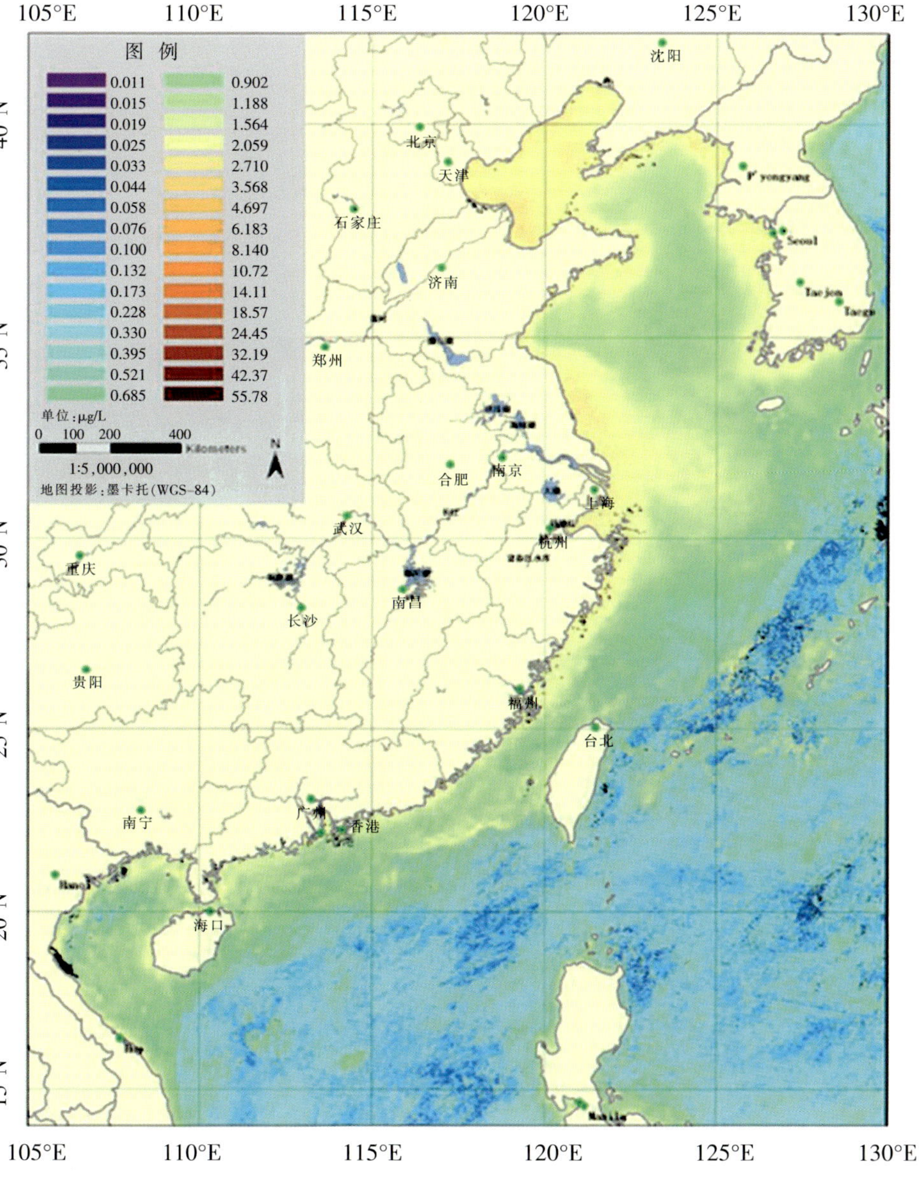

图4-5-3　2011年中国近海及西北太平洋区域叶绿素-a浓度1~3月分布图

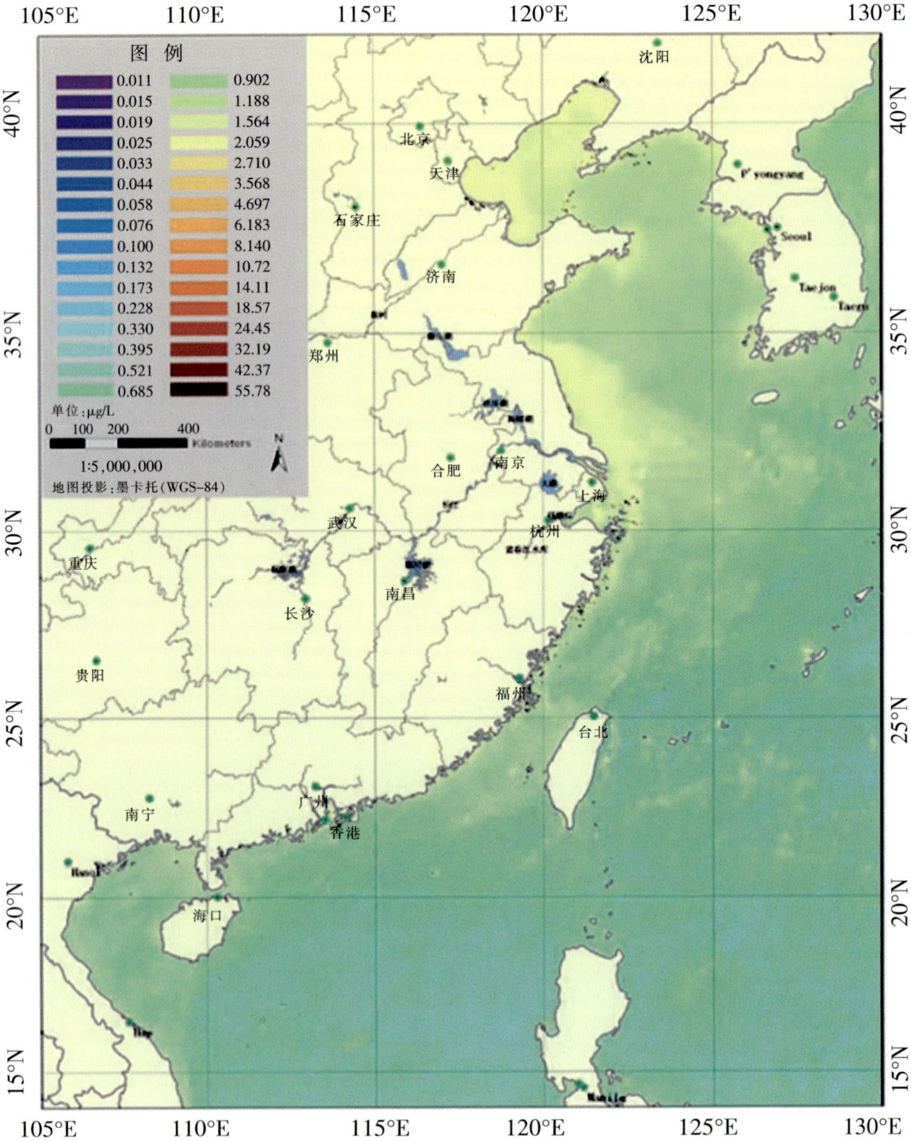

图4-5-4　2011年中国近海及西北太平洋区域叶绿素-a浓度4~6月分布图

6 卫星遥感在海洋环境监测中的应用

6.1 赤潮和绿潮监测

赤潮（又称红潮）是在特定的环境条件下海水中的某些浮游植物爆发性增殖或聚集，引起海水变色的一种有害的生态现象。而绿潮则是海水中的某些大型藻类（如浒苔）爆发性增殖致使海水变色。两者的区别是，赤潮是单细胞藻类或原生物引起的，而绿潮是多细胞的大型藻类。赤潮或绿潮发生时，当地水域水体中叶绿素含量骤然升高，溶解氧含量下降，致使其他海洋生物不能正常繁殖，破坏了原有的生态平衡，究其原因是人类通过入海河流或排污口向海洋排放过量的含氮、磷污染物，造成海水富营养化，给浮游植物和大型藻类繁殖创造了条件，如果再出现不利于海水交换的气象、水文条件，就很容易发生大面积赤潮。

赤潮发生时海水水质变差，对海洋水产养殖业、滨海旅游和海洋生态环境造成严重的损失。据估计，我国每年因赤潮造成的经济损失以亿元人民币计，所以治理赤潮对保护海洋生态环境和发展海洋经济有着重要的意义。而治理赤潮，首先需要发现它，卫星遥感是监测赤潮的有效手段。

赤潮发生时，海水中的浮游植物过度繁殖，导致水体的光学性质发生变化。赤潮水体在450 mm和660 mm形成吸收峰，在700 mm形成小的反射峰，不同藻类的赤潮引起的光谱反射峰的位置和宽度也有所不同。可见光波段遥感技术，正是利用赤潮水体和非赤潮水体光谱特性的差异来鉴别赤潮的。例如，利用AVHRR传感器近红光通道（通道1）与近红外通道（通道2）反射率的比值或差值，通过试验确定一定的阈值，作为鉴别赤潮的判据。我国海洋卫星HY-1上海洋水色扫描仪（COCTS）以及地球观测卫星EOS上的中分辨率成像光谱仪（MODIS）相应的通道也都可以用于监测赤潮。图4-6-1是我国卫星海洋应用中心利用HY-1B 、EOS/MODIS等光学数据监测绿潮的典型图。

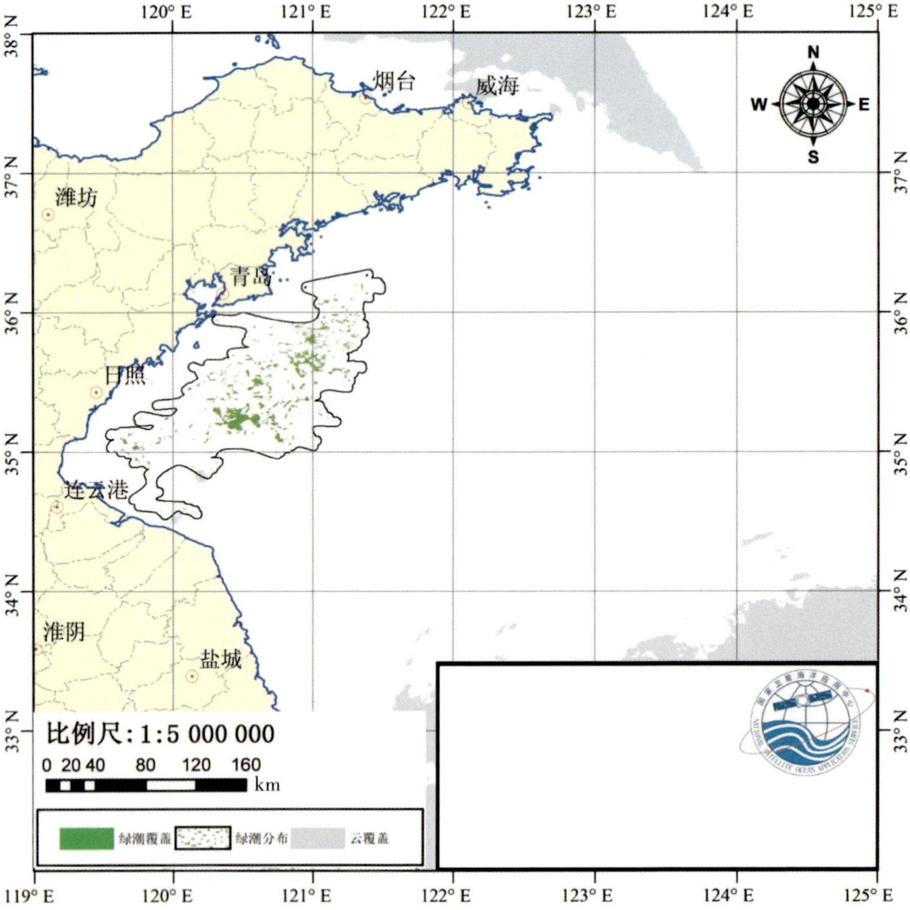

图4-6-1　2011年6月19日光学遥感绿潮检测典型图

6.2 海上溢油监测

随着海洋经济的蓬勃发展，人类的海上活动日益频繁，近海和浅海油气资源的开发为缓解日益紧张的能源做出了贡献，但同时也存在石油平台泄漏造成海面污染的隐患，大型货轮提供了价廉的大宗货物运输方式，但船体触礁、碰撞造成的溢油污染也时有发生。例如，2010年4月20日英国石油公司在美国墨西哥湾租用的钻井平台“深水地平线号”发生爆炸，导致大量石油泄漏，酿成一场经济和环境惨剧，成为美国历史上最严重的一次海上溢油事故。又如，2011年6月4日中海油和康菲中国有限公司所属的位于我国渤海的蓬莱19–3油田发生大面积溢油事件，沿海渔民养殖户大量海产品受污染，损失超过10亿元人民币。

海上溢油事件造成大面积海水被污染，给局部海洋生态环境带来负面影响。一般来说，事故发生后，环境管理部门会立即启动应急预案，采取各种技术手段查清油污海面的范围、溢油的种类、油膜厚度、当前以及未来可能受污染的海域。在各种有效的技术手段中，卫星遥感能提供直观的被油膜污染的海面图像，为执法管理提供最直接的证据。

油膜覆盖的海面与未污染的海面在可见光反射特征方面有明显的差异。一般来说，油的反射率在可见光波段低于海水，而在近红外高于海水；轻油和重油在可见光波段高于海水，两者最大反差出现在460 nm处和550 nm处。因此，利用可见光/近红外反射率的比值，可以增强油水灰度等级的反差，突出油膜特征。此外，当海水在红外波段可近似地看成是黑体，而油膜海面的比辐射率远小于海水，因此，在红外亮度温度上两者有明显的差别，这一特点也可用来识别溢油覆盖的海面。在微波波段，当海面有油膜覆盖时，油膜降低了海水的表面张力，抑制了海面毛细波和短重力波，从而降低了海面的雷达后向散射截面，在SAR后向散射图像上被溢油污染的海面是低值区。图4–6–2是国家卫星海洋应用中心利用ENVISAT/ASAR合成孔径雷达图像提取的辽东湾附近的溢油分布，从图上可以明显地看到被溢油污染的海域呈现暗的图像特征。

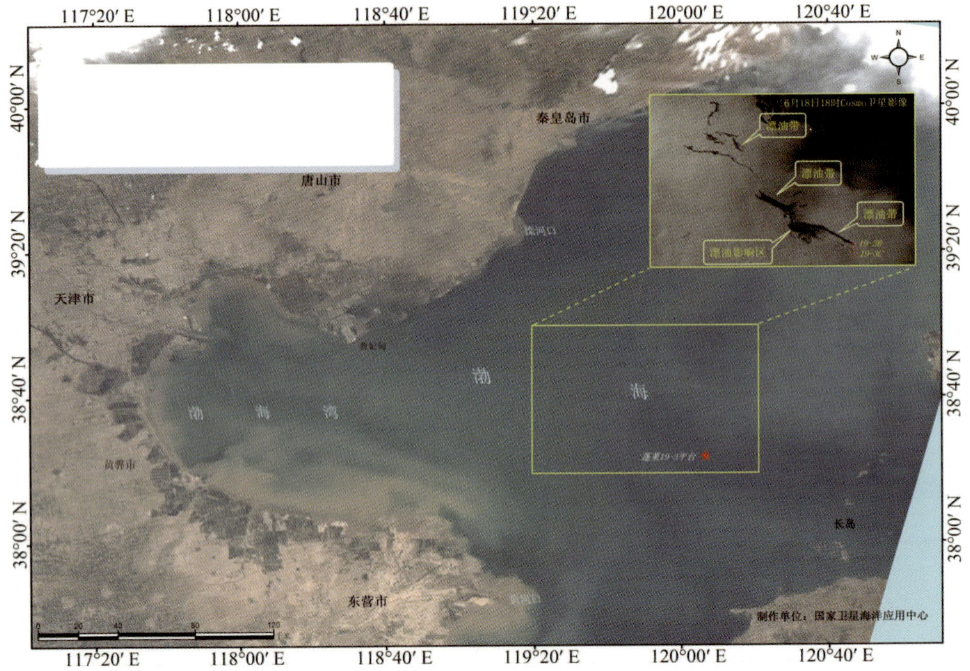

图4-6-2　2011年6月11日ENVISAT/ASAR卫星影像溢油监测分析图

6.3 海冰监测

液态的水在温度降到冰点以后便变成固态的冰，水的冰点与其含盐量有关：纯水的冰点为0 ℃，1.0%的盐水冰点为-0.5 ℃，而盐度3.5%海水的冰点为-1.9 ℃。海冰主要存在于地球两极的高纬度地区，其面积几乎占全球海洋表面的1/9。海冰在地球能量收支和全球气候变化方面具有重要影响，是全球气候模式中一个重要的参数。极区的海上交通和海洋资源开发与海冰的关系极大。随着全球气候变暖，极区的海冰状况也发生了极大的变化。例如，NASA的卫星图像显示，一块相当于美国曼哈顿岛两倍的冰山正逐渐脱离附近的一座冰川向南漂移。卫星观测结果还显示，2011年北极地区有900 km^{3}的海冰消失，比过去预估的融化速度加快了50%。所有这些都表明了全球气候变暖是一个不争的事实。

我国基本上是一个处于中纬度地区的国家。我国的渤海是一个半封闭的“内海”，每年冬季都有不同程度的结冰现象，属于一年生消的季节性海冰。海冰对沿岸海水养殖、海上交通运输和海上油气资源开发影响极大，严重的海冰也是一种自然灾害。例如，1969年冬季渤海出现了严重的冰情，一座石油钻井平台“渤海二号”被海冰撞击而倾斜，多艘船只被封冻在海上，船体受挤压严重变形。2009年，黄海、渤海出现30年来最严重的冰情，仅山东省海洋渔业的直接经济损失就超过22亿元人民币。所以，对海冰的监测，无论是对于全球气候变化的研究，或是对国民经济建设都有着十分重要的意义。

利用航天技术监测海冰有多种方式。在可见光波段，由于海冰的反射率明显高于海水，从可见光图像上很容易识别海冰，从而可以测量海冰外缘线和海冰范围。海冰的反射率随海冰厚度增加而增加，因此，根据反射率的大小可以区别不同厚度的海冰，或者对海冰进行分类（如白冰、灰白冰、皮冰等）。图4–6–3（a）、图4–6–3（b）分别是我国国家海洋卫星中心提供的遥感影像图及海冰厚度分布图。

在红外遥感技术方面，由于冰、水的温度不同，红外传感器测得的冰、水亮度温度也存在差异，可以作为识别海冰的依据，红外图像在夜间作为可见光遥感手段的补充，可以获得夜间海冰的信息，用于监测海冰的连续变化。

微波技术在遥感海冰上具有独特的优势，不仅因为微波技术能够穿透云层，具有全天候、全天时的探测能力，特别适合在高纬度地区工作；而且因为微波辐射与海冰相互作用的特点，使其能够探测多种海冰参数，成为测绘全球海冰的有效工具。海冰和海水的介电性质有极大的差异，使得雷达波在海冰和海水中的传播有显著的差别，在冰水界面上形成强的雷达反射回波，而海水则对雷达波产生强的吸收和衰减，因而海冰和海水在雷达图像上表现出强烈的反差，很容易区分开来。此外，微波对海冰有一定

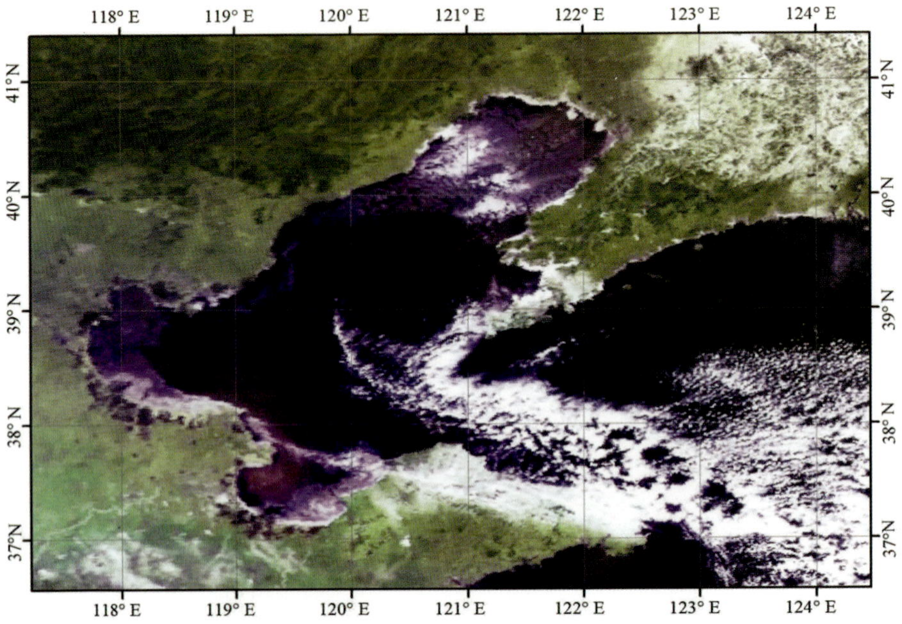

(a)2011年1月29日HY-1B COCTS海冰遥感影像图

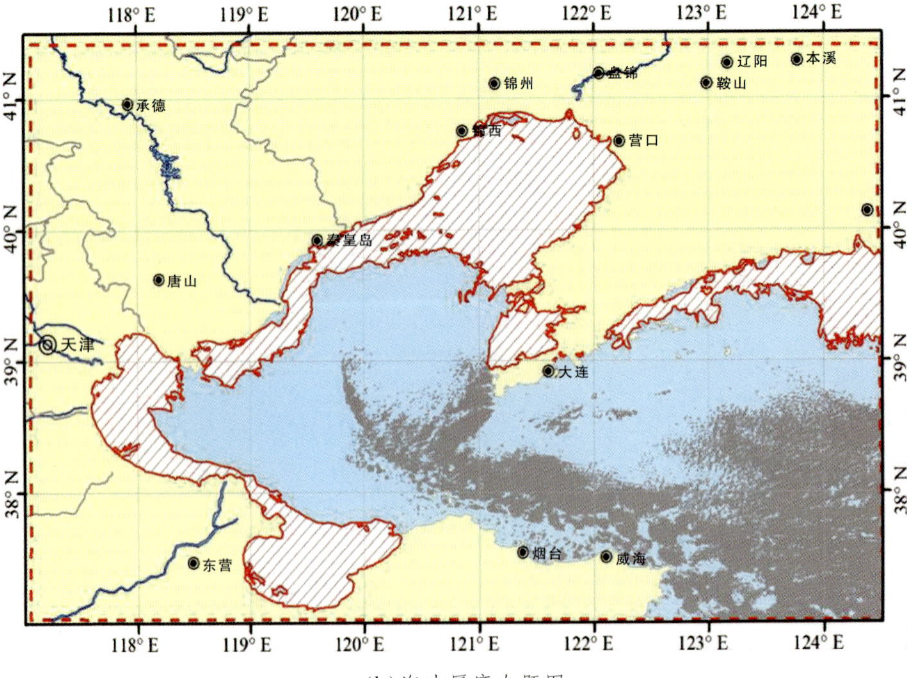

(b)海冰厚度专题图

图4-6-3　海冰遥感图像及海冰厚度分布

的穿透能力，可以“探测”到海冰的内部情况，因而，就有可能区分不同类型的海冰，例如新生冰、当年冰和多年冰，它们的内部紧密程度不同，所含的气泡和卤水（盐分）的比例不同而具有不同的雷达后向散射系数，所有这些特点使得微波雷达很方便地检测到海冰的外缘线，以及获得海冰密集度、覆盖范围、内部几何结构等重要的参数。

海冰的复介电常数与水有较大的区别，海冰的微波比辐射率明显高于海水，不同类型的海冰其微波比辐射率也不同，这些特点为被动微波遥感海冰提供了可能。美国雨云-7号卫星上的多通道微波扫描辐射计以及国防卫星DMSP上的微波成像仪（SSM/I）已经获得全球南极和北极海冰覆盖的多年记录，为研究极地海冰变化提供了可贵的资料。

6.4 悬浮泥沙调查

江河径流携带大量的有机和无机悬浮物入海，研究这些悬浮物的沉积和迁移规律对于海岸带水质监测、生态环境保护以及海洋工程和港口建设有着重要意义。利用卫星作为观测平台遥感河口和近岸悬浮泥沙的含量和空间分布，其根据是含沙水体的光谱反射率与水体含沙量之间存在一定的相关关系。实验表明，含沙水体的反射率高于清洁海水，且随着含沙量的增加而增加。含沙水体的光谱反射率有两个峰值，一个位于黄光波段（560 nm~590 nm），另一个位于近红外波段（760 nm~900 nm）。含沙量较低时，两峰值都较平缓，第一反射峰值高于第二反射峰值。随着含沙量的增加，第二峰值逐渐升高，直到超过第一峰值。同时随着悬浮泥沙浓度增加，第一反射峰值波长逐渐向长波方向移动，即出现所谓的“红移现象”，当悬浮泥沙浓度达到某一数值后，红转移现象停止。根据悬浮泥沙水体的光谱特征可以设计各种算法，包括MERIS波单段线性模式，多波段线性模式以及MODIS线性光谱混合模式等，从卫星传感器测得的光谱反射率反演悬浮泥沙浓度。可利用的在轨卫星资源有EOS/MODIS，ENVISAT/MERIS以及我国的海洋卫星HY-1上的海洋水色扫描仪。图4-6-4是HY-1莱州湾悬浮泥沙分布检测结果图像。

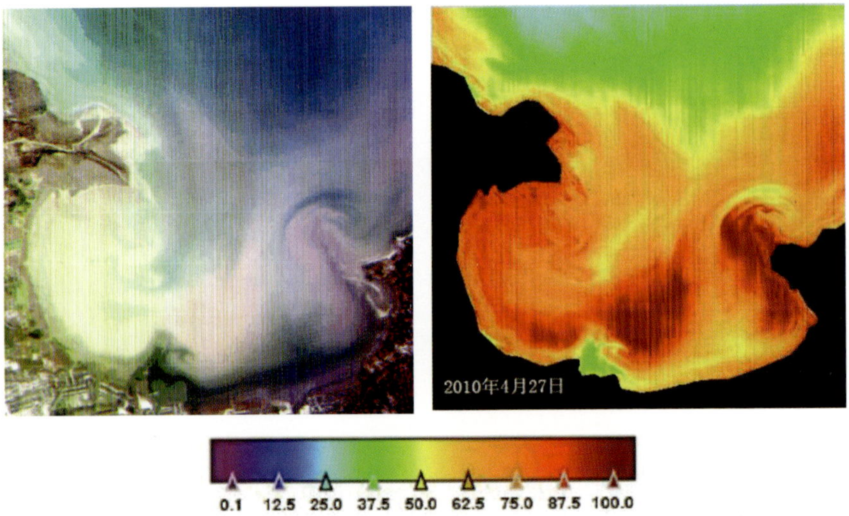

图4-6-4　2010年4月27日HY-1CZI莱州湾悬浮泥沙分布检测结果图像

7 卫星遥感在海洋经济活动中的应用

自从1978年6月第一颗海洋卫星SEASAT上天以来，世界各国已经发射了一系列专业海洋卫星和兼顾海洋观测的地球卫星。在利用航天技术观测海洋方面取得了长足的进展，获得了长时间序列的全球海洋资料，遥感资料与常规海洋观测资料相结合，加深了对海洋各种物理过程的理解，并在海洋环境监测业务中得到了广泛的应用。同时，一些涉海的经济活动。例如，海上交通、海洋渔业捕捞以及海上油气资源开采也多从遥感资料中获取海洋环境参数。本节概要介绍两种典型的海洋经济活动应用卫星遥感资料的情况。

7.1 渔场速报

所谓渔场速报是指通过卫星遥感技术获取的海面温度、浮游生物等渔场环境信息，分析海洋环境及其变化，并结合渔业捕捞作业和渔业水产学知识，分析判断渔场位置，发布渔场有关信息，为渔业生产服务的一种业务活动。其基本依据是：海洋鱼类的生长、发育、鱼群的集散与迁徙，滞留时间的长短与洄游路线等，都与其生活的海洋环境密切相关，特别是与海水温度关系最为密切，了解了海水温度分布，并结合各种鱼类的生活习性，就有可能预测鱼群聚集的场所，判断渔场的位置以及鱼发的时间，从而提高渔业捕捞的生产效率。

20世纪80年代美国西南及东南渔业中心利用雨云-7号卫星的海岸带水色扫描仪（CZCS）资料，定期计算墨西哥湾的叶绿素和初级生产力分布，并结合甚高分辨率辐射计（AVHRR）计算海面温度，分析暖水团范围、发展趋势，找出鱼类与环境因子的相关关系，指导渔业生产。我国在20世纪末利用卫星遥感资料和常规资料先后开展了为渔业生产服务的渔场速报的制作，研制了船载北太平洋渔场海温速报系统，综合利用SeaWiFS、MODIS、HY-1等遥感资料生成水色产品，利用NOAA、FY-1等遥感资料生成海温产品，用于分析渔场环境，指导渔业生产。我国863计划在海洋领域开展了海洋渔业信息集成服务系统的研发，该系统把卫星遥感技术、地理信息系统（GIS）和人工智能专家系统相结合进行渔情分析和预报，获得了显著的经济效益。

7.2 气象导航

气象导航又叫最佳航线选择，即在整个远洋航行过程中，充分利用一切有利于航行的气象和海洋水文条件，为船舶选择一条最安全、最有利的航行路线。按照所选的航线航行可以缩短航程和时间，降低货损，遭遇的风险最小。显然，在选择最佳航线时，首先，必须考虑到航行过程中可能遇到的天气状况。由于在广袤的大洋上能得到的气象资料十分稀少，只能靠气象卫星发现和监测可能发生的天气系统。其次，还必须充分考虑风、浪、流等水文要素以及可能出现的海雾、冰山等危及航行安全的因素。海洋卫星提供的有关海面风场和浪场情报对于航路预报和选择十分重要，我国从20世纪80年代开始开展“气象导航”这项业务。据统计，大约91%的接受气象导航的船舶能在较有利的天气条件下航行，平均每个航次缩短航程1000多海里，节省航时2~3天，节省燃油50~100吨。可见，气象导航的经济效益是十分可观的。

参考文献

[1] 刘玉光. 卫星海洋学[M]. 北京:高等教育出版社,2009.

[2] 刘良明. 卫星海洋遥感导论[M]. 武汉:武汉大学出版社,2005.

[3] 蒋兴伟,林明森,宋清涛. 海洋二号卫星主被动微波遥感探测技术研究[J]. 中国工程科学,2013,07:4-11.

[4] 刘建强. 海洋一号A卫星技术性能与业务运行模式 [J]. 中国航天,2003,09:14-17.

[5] 董庆,郭华东. 合成孔径雷达海洋遥感[M]. 北京:科学出版社,2005.

[6] 杨劲松. 合成孔径雷达海面风场、海浪和内波遥感技术[M]. 北京:海洋出版社,2005.

[7] Seelye Martin. 海洋遥感导论[M]. 蒋兴伟,等译. 北京:海洋出版社,2008.

[8] C. Elachi. 遥感的物理学和技术概论 [M]. 王松皋，等译. 北京：气象出版社，1995.

[9] 潘德炉,毛志华编. 海洋水色遥感机理及反演[M]. 北京:海洋出版社,2012.

[10] 潘德炉,林明森,毛志华 编. 海洋微波遥感与应用[M]. 北京:海洋出版社,2013.

[11] 潘德炉,何贤强 编. 海洋水色水温遥感应用科学与技术[M]. 北京:海洋出版社,2014.

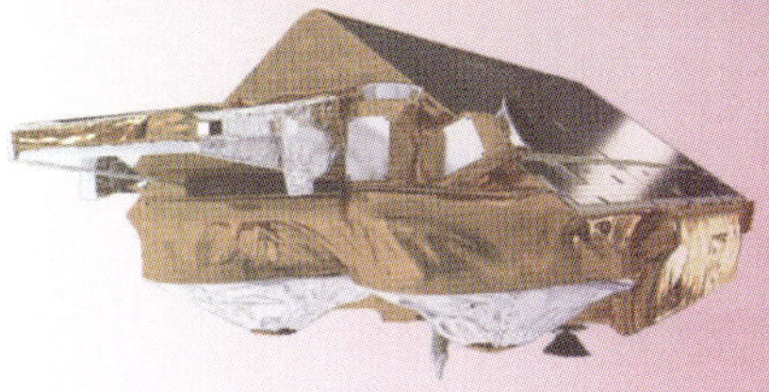

第五章
空间遥感技术对冰雪圈的监测

1 什么是冰雪圈

冰雪圈（Cryosphere），意即严寒或冰冻寒冷。冰雪圈（也称冰冻圈）是指地球表层水体以固态形式存在的部分，包括所有种类的冰、雪和冻结土，如冰川、积雪、冻土、海冰、河冰、湖冰等。冰雪圈是随天气、气候条件和地域分布缓慢或激烈变化的地球系统中的特殊圈层，与大气圈、水圈、岩石圈、生物圈共同组成地球气候系统。

1.1 冰雪圈的组成和影响

地球上水分总量的2.6%为淡水，其中约80%为冰雪，即地球上的冰雪圈。冰雪圈由大陆积雪、永冻层、山地冰川、海冰和大陆冰盖等组成。对气候有影响的冰雪覆盖主要有三部分：积雪、海冰和大陆冰盖。积雪是指由降雪形成的覆盖在地球表面上的雪层。它是地面气温低于冰点的寒冷地区或寒冷季节的特殊自然景观和天气现象。当观测视野范围内地表二分之一以上面积被雪覆盖时，则该地被认为出现了积雪。年降雪量与年消融量相等的平衡线即常年积雪的下界称为雪线，其高度与温度和固态降水相关，一般随纬度的减小而降低，最大雪线高度在南北半球的热带和副热带，高纬度地区则在地面出现永久性的雪盖或冰盖。大陆积雪包括长期积雪（即永久积雪）、稳定季节性积雪、年周期性不稳定季节性积雪和非年周期性不稳定季节性积雪等类型。积雪季节性变化较大，冬季范围远大于夏季。永冻层是指物质表层水分常年冻结，一些地区的永冻层上层会每年发生解冻和结冻。山地冰川出现的高度一般随纬度而异，与气候平均雪线高度随纬度的变化相关。海冰根据来源，分为咸水冰和淡水冰，根据运动状态，分为固定冰和浮冰。大陆冰盖是指陆地上终年不化的冰雪覆盖区，主要在格陵兰岛和南极大陆。表5–1–1是NASA1998年统计的冰雪圈组成和各部分所占面积：全球冰量集中在南极，尤其是东南极冰盖，冰覆盖约占地球陆地面积的11%；积雪主要集中在北半球，而1月北半球积雪的平均面积约占半球表面的25%。上述冰、雪、冻土主要分布在高纬度和两极地区，

表5–1–1　冰雪圈组成和各部分所占面积

冰雪圈组分			面积/10^6 km^2
陆冰	东南极洲		9.9
	西南极洲		2.3
	格陵兰岛		1.7
	小冰帽和山地冰川		0.18
多年冻土（不计南极洲）	连续型		7.6
	不连续型		1.73
海冰	北半球	3月底	14.0
		9月初	6.0
	南半球	9月	15.0
		2月	2.0
陆地积雪	北半球	1月底	46.5
		8月底	3.9
	南半球	7月底	0.85
		5月初	0.07

中、低纬度地区主要是以青藏高原为主体的高亚洲冰雪区，沿喜马拉雅山体分布着连绵起伏的永久积雪和冰川，平均海拔高度在5 km以上，被称为“世界第三极”，也是冰雪圈的重要组成部分。

冰雪圈既是古气候、古环境变化的重要信息库，又是现代气候变化的灵敏指示器，不仅对气候变化有敏感的响应，而且能够调节气候环境变化的节奏和强度，加强或减弱环境演化过程。施雅风院士说，冰雪圈虽是气候的产物，但一经生成，又对气候有重要的反馈作用。一是通过积雪的反射率和冰川融化起作用。每年到达地面的太阳能大约有30%消耗于冰雪圈中，冰雪下垫面的变化主要是冰盖、海冰和积雪的收缩与放大，对以能量平衡为基础的气候模式有重要影响。例如，青藏高原积雪异常对东亚大气环流、印度降水以及长江中下游梅雨都有相当大的影响。二是通过水循环影响气候。全球变暖、冰川和冰盖融化促使海平面上升，海洋面积扩大，蒸发增加，水汽由海洋上输送到大陆，大陆降水亦相应增加。图5–1–1是冰雪圈与全球气候系统主要组分间若干重要相互作用方框图。图中上部方框表示重要状态变量，下部方框表示相互作用中的重要过程，箭头表示直接相互作用。冰、雪对陆地覆盖、土壤水分、陆表温度、气温、地气系统的辐射、大气环流、海面温度和水分循环以及地气系统能量交换等都有直接影响。冰雪通过表面的反射率和不同的湍流通量，调制了陆面与大气间的能量交换，极大地影响了大气的非绝热过程。以南极、北极冰雪冷源为例，若两极冰雪增加，则两极的冷源加强，高、低纬度之间的温差和相应的气压梯度加大，从而改变大气环流，导致气象要素发生变化，更重要的是影响大气活动中心的强度和位置，从而影响全球的气候，反之亦然。

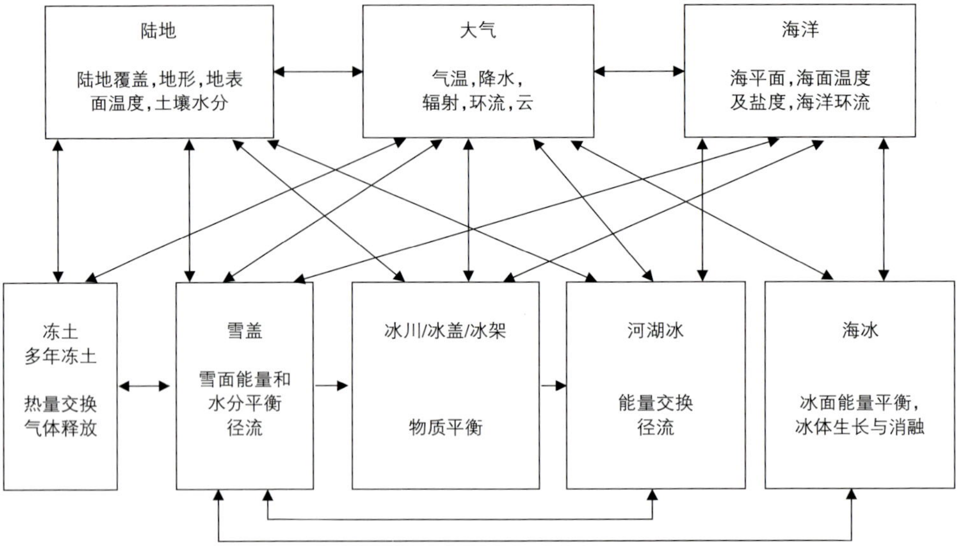

图5-1-1 冰雪圈与全球气候系统主要组分间若干重要相互作用方框图

1.2 冰雪在地球气候系统中的作用

在全球气候系统中，冰雪扮演着重要角色。受季节性降雪、气温变化的影响，积雪和海冰范围的季节性变化很大，而冰雪覆盖的季节性变化，驱使全球的平均气温也随之变化。卫星遥感监测表明，北半球陆地积雪面积最大为46.5×10^6 km^2，最小为3.9×10^6 km^2；晚冬时，南极海冰面积为17×10^6~20×10^6 km^2，夏末时，仅为3×10^6~4×10^6 km^2，而北极海冰面积在晚冬和夏末则分别为14×10^6~16×10^6 km^{2}和7×10^6~9×10^6 km^2。在地表各种自然物质中，雪的反射率几乎是最高的，积雪会反射大量到达地表的太阳短波入射辐射，影响地球表面的能量平衡。雪又是热的不良导体，它能减小地表和大气之间的热量交换，可保护积雪下植物的生长，并影响冻土的发育等地表自然过程。另外，雪在水分循环中也有着突出的作用，在许多山区，融雪径流是可依赖的稳定水源，被用于灌溉、生活和发电等。但有时雪也会造成许多自然灾害。例如牧区雪灾和不期而遇的雪崩等，都会给生命财产带来重大损失。

大范围积雪覆盖和变化对气候系统的影响主要表现在以下四个方面：

（1）积雪与辐射平衡：积雪具有高反射率，新雪的反射率高达80%~90%甚至更高，一般也在60%以上，而无雪的地表反射率约为15%~20%。入射到新雪层表面的太阳能80%被反射和散射。因此，大陆冰雪覆盖，将增大地面反射率，减少下垫面对短波辐射的吸收，直接影响地气系统的辐射平衡。

（2）积雪与能量平衡：积雪是很好的绝缘体，其低热导率直接影响地气热量交换，不仅使冰雪覆盖地区的气温下降，而且通过大气环流作用，能使其他地区的气温下降，从而对下垫面土壤（冻土）的温度变化和能量平衡起着非常重要的调节作用。

（3）积雪与热量收支平衡：雪对温度比较敏感，大陆积雪在融化过程中需要消耗大量潜热，使季节性升温变慢，直接影响地气系统和地表的热量收支平衡。

（4）积雪与水分收支平衡：积雪融化后产生了大量水分，融雪渗入土壤中，将增加土壤的水分含量，影响水分蒸发量，改变地表水分的收支平衡。不仅在积雪期间，即使融雪之后，也将对气候产生作用。

与积雪类似，冰的存在和变化，一方面是气候变化的结果，另一方面也对气候变化起着很强的反馈作用。

（1）全球变暖造成的一个重要威胁就是海平面的上升。海平面之所以能上升，原因就在于有大量的水进入海洋。这些水从哪里来？答案主要是从冰来。南极洲和格陵兰岛有广袤的冰盖，这些冰盖是经年累月形成的，冰冻三尺，绝非几个世纪之寒。气候变暖造成大量冰融化，形成的液态水最终注入海洋，它们是全球海平面升高的主力军。

(2) 冰盖和冰川消融后势必出现更多的裸地。这些地表的反射率比冰低得多，这意味着被反射回太空的太阳能减少，也就是有更多的太阳能被地表吸收，这一点无疑会加剧气候变暖。

(3) 冰是重要的水源。以青藏高原为例，它是多条亚洲大河的发源地，一旦青藏高原的冰大量减少，虽然会在短时间内造成江河流量升高、湖泊面积增大，但这是难以长期持续的，一旦冰损失殆尽，就意味着亚洲的许多大河将失去源头来水，这对于河流下游人口密集区来说，是致命的威胁。

(4) 近年来，北极海冰的变化，尤其是夏季北极海冰的变化成为关注的焦点。可以说，北极的夏季海冰正呈现快速减少的趋势，许多多年冰融化，包括北极熊在内的大量动物失去栖息地和捕猎场，这种食物链的顶端掠食者一旦灭亡，对整个生态系统造成的破坏将是致命的，即使是作为被捕猎对象的海豹，也将间接受害。2010年，破冰能力为1.5 m的中国雪龙号科考船深入北极腹地，直抵北纬88.4°，相当接近北极点，这在过去是不可想象的。北极将来有可能出现稳定的夏季航线，从东亚到西欧、北美洲东岸的航线，可以缩短航程和节约燃料，具有很强的吸引力。

IPCC指出：积雪、冰盖和冰川的范围是影响全球气候变化的重要因素，准确地掌握它们的变化情况，对于充分理解气候变化是十分必要的。掌握区域性乃至全球性的冰雪覆盖定量和定性信息，对于水文学和气候学的模式建立及预测都很重要。天气预报和全球环流模式也需要积雪观测结果，用以帮助解释地面过程和大气过程。

表5-1-2是NASA早在1982年就给出的各行业当时对积雪以及相关信息的需求，同时，也预计了将来对这些信息的需求。

由此可见，监测冰雪的发生、发展、变化，监测冰雪范围、物质总量

表5-1-2　积雪信息的主要用途

用途			雪深	雪水当量	积雪面积	密度	地层学	反照率	液态水含量	温度分布	雪/土壤界面状况
水供给预报	农业	灌溉过的土地	C	C	C	C			F		
		未灌溉的土地	C	C	C	C	C			C	C
		山脉管理	C	C	C						C
		森林管理	C	C	C						
	水电			C	C			F	F		C
	洪灾控制/预警		C	C	C			F	F	C	C
	地方及工业用途		C	C	C						C
	航海		C	C	C						
	全球农作物评价		C	C	C						C
雪灾分析	雪崩预测		C	C	C	C	C	F	F	C	
	交通/雪清除		C	C	C						
	雪承载分析		C	C	C						
天气调整			C	C	C						
军事用途			C	C	C	C	C	C	C	C	C
多用途土地规划	渔业及野生动植物管理		C	C	C	C	C				
	冬季娱乐		C	C	C	C	C				
	土地用途分区		C	C	C	C	C				
雪/气候相互关系			C	F	C	C		C		C	

说明:C表示需求的信息,F表示预计将来需求的信息。

及其融化状况等，在气象、气候、水文、农业、交通以及防灾减灾等众多领域，都具有十分重要的意义。

1.3 卫星遥感冰雪的重要性和优势

冰雪是气候系统中的一个重要组成部分。它对气候变化十分敏感，在所有可变的地表条件中，是一个关键的可变因子，其量的多少对气候变化具有十分重要的指示作用，区域冰雪的长期波动变化，无疑是区域气候长期变化的结果。近百年来，冰雪变化一直为中外气候学家所关注，监测冰雪变化已成为分析气候变化，诊断区域气候与冰雪相互作用的重要手段。另外，冰雪也是地表最活跃的自然要素之一。地球上约80%以上的淡水以固态形式存在，在中高纬度地区，尤其是干旱、半干旱地区，冰雪是河流与地下水的主要补给来源之一。所以，对冰雪的研究一直为水文学家所关注。但是，过量的冰雪会形成自然灾害，如造成牧区白灾、交通中断、融雪洪水、全球海平面升高等，给社会经济和人民日常生活带来严重影响。因此，研究冰雪对于冰雪灾害的预警、监测和评估等同样具有十分重要的意义。

地面常规观测是冰雪监测的重要手段。在卫星遥感发展不成熟的阶段，地面常规观测一直作为冰雪研究的主要资料来源，同时，也是卫星遥感冰雪的有力参考依据和检验手段。降雪、雪深、雪压/雪密度、冰厚等是地面常规积雪观测中的基本要素，全球已积累了大量的长时间序列资料，对冰雪气候研究起到了重要的作用。但是，地面常规观测属于点观测，加上站点分布不均匀，在冰雪气候研究的重要区域，如青藏高原、两极等地，站点分布很少，很难获取全面的观测资料。另外，冰雪的发生常常是大范围的，在空间分布上并不均匀，因此，常规站点观测得到的点上的冰雪信息不能代表大范围的冰雪分布，这些因素导致常规站点冰雪观测不能完全满足冰雪监测、冰雪灾害评估和气候分析的需要。

卫星遥感能够客观、快速地获取大范围冰雪覆盖信息，尤其是在地面观测信息不足、气候条件恶劣的山区和牧区、人迹罕至的深海大洋，卫星遥感是唯一能为冰雪灾害分析和气候研究提供信息的重要手段。利用卫星携带的遥感仪器进行冰雪监测已有五十多年的历史，随着科学技术的发展和积雪反演算法的不断完善，卫星遥感逐渐成为冰雪研究的主要信息来源，在冰雪覆盖、冰雪持续时间、雪深、雪水当量、冰厚、冰盖和冰川等冰雪要素参数反演及冰雪灾害灾后评估等方面，已展示出不可替代的优势。

（1）卫星观测范围广。极轨气象卫星对地观测轨道的扫描宽度可达2800 km，每天都可获取覆盖全球的资料，用于全球冰雪监测。静止气象卫星观测地球面积可达1.7亿平方千米，能实时获取地球表面约1/3的高频次观测资料，便于开展冰雪动态变化监测。

（2）仪器种类多。气象卫星携带着多种观测仪器，可以获取紫外、可见光、近红外、中红外、远红外和微波等对地观测数据。多颗卫星携带的光学仪器都设有用于冰雪监测的通道。例如，1.58 μm~1.64 μm或2.10 μm~2.14 μm，有利于云雪的区分，降低了积雪判识难度。极轨卫星上携带的微波成像仪，尽管分辨率不如光学仪器，但被动微波遥感可以不受云层影响，全天候地接收来自地表的冰雪辐射，还可以穿透冰雪层，获取冰雪层和地表信息，用于直接反演雪深和雪水当量等多项积雪参数。微波和激光高度计可以对冰盖高程进行精密测量，重力卫星对冰盖和冰川的质量变化十分敏感。这些遥感器为冰雪监测和研究提供了大量、多方位的数据。

（3）卫星观测空间分辨率较高。目前，极轨气象卫星图像资料星下点空间分辨率一般在1.1 km，如NOAA系列卫星和我国FY-1、FY-3系列卫星携带的扫描辐射计。美国1999年发射的EOS卫星上携带的中分辨率成像光谱仪和FY-3携带的中分辨率成像光谱仪，星下点分辨率最高为250 m。这对于冰雪监测来说，既可以满足天气、气候尺度对冰雪产品的需求，也能达到冰雪灾害监测的要求。

（4）卫星观测频次高。极轨气象卫星单颗星对同一地区实现每天2次观测（昼夜各1次）获取全球数据；静止气象卫星则达到每小时1~4次的观测，这对于动态监测冰雪范围的变化十分有利。

卫星遥感冰雪，在很大程度上弥补了地面常规观测的不足，每天都可以获取冰雪的多个参数的实况，卫星资料已逐渐成为冰雪监测的主要手段。经过五十多年的不断改进和完善，美国已经建立了功能齐全的卫星遥感全球冰雪监测业务，利用多源卫星资料对全球冰雪进行动态监测，并已为气候分析和诊断积累了多年的各类冰雪数据。在我国，国家卫星气象中心自1996年起，就利用AVHRR资料建立了卫星遥感全国积雪监测业务。随着FY-2和FY-3系列卫星的发射和业务运行，逐步建立了稳定的冰雪监测系统，已成为全球冰雪监测和资料积累的重要支撑。

2 冰雪遥感监测原理

2.1 积雪遥感监测原理

在卫星遥感应用中，电磁波与地物相互作用的辐射响应特性，是识别各类地物及其特征的重要依据。例如，积雪在可见光波段为高反射率，与大部分地物很易区分，但却与云混杂，使云雪识别成为主要障碍。然而在短波红外附近，由于积雪对太阳辐射的强吸收使得雪面反射率很低，而云（冰晶云除外）的反射率依然很高，这成为区分两者的重要依据。又如，积雪在37GHz和18GHz微波辐射亮温随积雪厚度的变化特征，为积雪深度和雪水当量的反演提供了依据。表5-2-1列出了积雪遥感监测中常用的电磁波频段，主要包括可见光、近红外、短波红外、远红外和微波波段等，积雪遥感就是依据雪与非雪地物以及云等在这些波段的不同光谱特性或波段间的差异，利用雪、冰、云、非冰雪覆盖裸地、森林和植被等不同下垫面，在不同的光谱波段所具有的光谱特征，建立积雪判识模式，从卫星遥感地球的综合信息中提取积雪信息。

2.1.1 光学遥感积雪监测原理

（1）可见光、近红外和短波红外积雪反射波谱特性

积雪在可见光—近红外波段以反射为主，具有很高的反射率，在短波红外波段，以吸收为主，反射率较低。图5-2-1显示了积雪与沙漠、小麦、湿地等典型地物，在可见光、近红外和短波红外的反射波谱曲线，在可见光波段，积雪始终保持0.7以上的高反射率，新雪的反射率更可高达0.95。

表5-2-1　适用于积雪遥感的电磁波分类和波长范围（频率）

名　称		波长范围	频率范围	常用波段及波长（频率）范围
可见光		0.4~0.7 μm	430~750 THz	0.58~0.68 μm
红外	近红外	0.7~1.3 μm	230~430 THz	0.725~1.10 μm
	短波红外	1.3~3.0 μm	100~230 THz	1.58~1.64 μm 2.10~2.14 μm
	中红外	3.0~8.0 μm	38~100 THz	3.55~3.93 μm
	远红外	8.0~14.0 μm	22~38 THz	10.3~11.3 μm 11.5~12.5 μm
微波	毫米波	1~10 mm	30~300 GHz	36.50 GHz，89.00 GHz
	厘米波	1~10　cm	3~30 GHz	6.9 GHz，10.70 GHz 18.70 GHz，23.80 GHz

很明显，在可见光波段，雪与非雪地物较容易区分。在近红外波段，雪的反射率明显呈递减趋势，许多研究表明，到达雪面的太阳辐射通常被雪冰粒子和粒子间的液态水吸收或反射，但是，不同类型的雪，在不同的光谱波段，具有不同的吸收或反射特性。如图5-2-2显示了不同粒子半径的雪和云的反射率随波长的变化。在可见光波段，积雪的吸收率较小（最小吸收率在0.46 μm附近），随着波长的增加，积雪对太阳辐射的吸收逐渐增大，但反射率依然很高，这一特性与光学厚度较厚的云十分接近。但积雪在短波红外和中红外波段（1.58 μm~1.64 μm，2.10 μm~2.25 μm和3.55 μm~3.93 μm）具有强吸收特性，反射率较低，纯雪的反射率一般低于15%。而云在这些波段仍保持较高的反射辐射。这一特性为积雪和水云的区分提供了重要依据，使得雪、云自动判识成为可能。

光学厚度相对较小但面积不是太小的冰云（如单纯的厚卷云），在可见光、近红外波段难以与积雪区分，但在短波红外波段低端（1.38 μm附近），可以基于两者的反射率差异解决。因为1.38 μm波段位于水汽的强吸收带，太阳光基本上不能照射到对流层中下部，测量的反射率基本上来自高层卷云的反射，造成较高的云反射率，而积雪在这一波段的反射率很低。

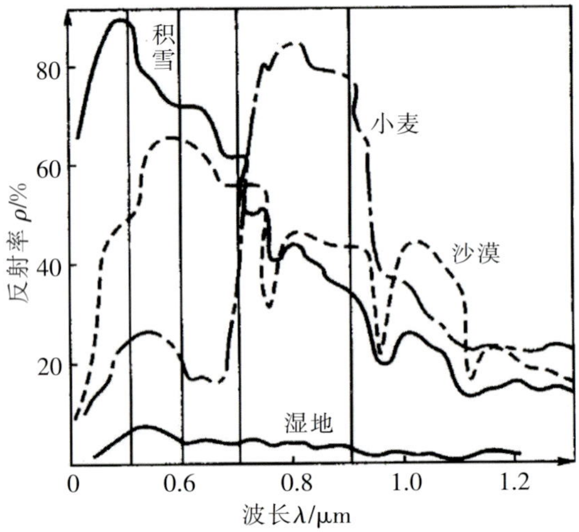

图5-2-1　积雪、沙漠、小麦、湿地等典型地物反射光谱曲线图

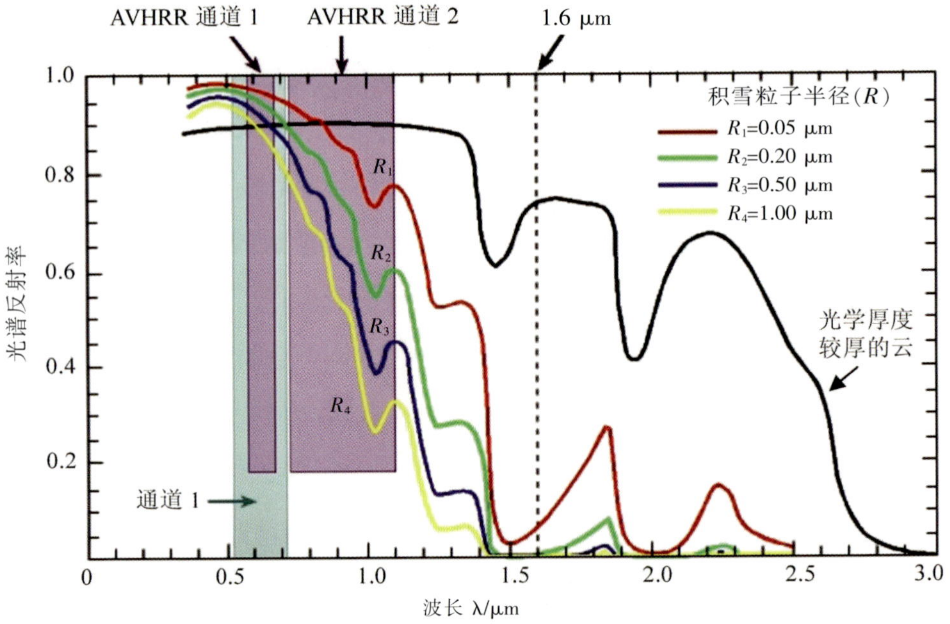

图5-2-2　不同粒子半径的雪和光学厚度较厚的云的反射率随波长变化图

值得注意的是，积雪粒径的差异对积雪反射率会带来影响。雪粒径越大，反射率越低，见图5-2-2。由于入射光散射时穿越冰粒的路程随冰粒增大而加长，冰粒对光能的吸收也加强，随着积雪粒径增大，积雪反射率下降。另外，观测角度同样会带来雪面反射率的变化。斜射光在雪面发生首次散射时，它不被冰粒直接吸收的概率要比垂直入射高。加之冰粒的不对称散射作用，随太阳天顶角加大，雪面反射率将增加。另外，积雪中含有污化杂质（即使含量很少）时，可见光反射率下降明显，并且粗粒雪对污化的反应比细粒雪更为明显。表5-2-2概括了积雪反射率随积雪特性和入射光环境参数的变化。积雪反射率随其自身特性及入射光环境的改变而变化。某些情况下会给积雪识别带来困难，但有时也可以利用这些变化规律反演更多的积雪参数。

表5-2-2　积雪反射率随积雪自身特性和入射光环境参数改变的变化规律

参数		雪面反射率变化规律	绝对和相对变幅敏感波段
积雪特性	雪粒径	随粒径加粗而降低	近红外
	液态水含量	随液态水含量增加而降低	近红外
	冻融循环	与原始湿雪相比基本不变	
	厚度	随厚度增加而增大	可见光
	污化	随污化增大而降低	可见光
	表面粗糙	随表面粗糙度加大而降低	近红外
光源环境	太阳天顶角	随天顶角加大而降低	近红外
	云盖	随云盖加厚，全波段反射率增大	

（2）红外波段积雪的辐射特性

在常用的远红外波段（如10.3 μm~11.3 μm和11.5 μm~12.5 μm），积雪的亮度温度略低于陆表，但明显高于中、高云，这为区分积雪和极易与积雪混杂的冰晶云提供了判识依据，因为冰晶云在短波红外波段的光谱特性与积雪相近。另外，积雪和不同类型的云在两个远红外波段的亮温差也略有差别，高云的亮温差最大，达到30 K~40 K；中云次之，但也大于20 K；低云的亮温差在8 K~20 K；雪的亮温差一般在7 K~15 K，与低云和陆地相类似。但在多数情况下，低云和陆地在10.3 μm~11.3 μm和11.5 μm~2.5 μm波段的亮温都比雪低。这一特点也可以作为积雪判识的辅助依据。

综上所述，积雪与云、裸地、水体、植被等下垫面的光谱差异，为星载光学仪器积雪遥感提供了理论依据。但值得注意的是，雪的光谱反射率取决于雪面状态和积雪的内部结构，如粒度和形状，杂质含量，近表层液态水含量，深度和表面粗糙度以及太阳高度角等。新雪和旧雪，干雪和湿雪，不同密度的雪，即将融化的雪和冻结的雪等，在反射特性上都存在一定的差异，如图5-2-3。新降雪在可见光波段有很高的反射率。随着积雪老化，在可见光，尤其是在波长较长波段（近红外）的反射率迅速下降，其主要原因是积雪表层的融化和再冻结以及杂质（如沙尘和工业污染物中的烟灰等）的自然增加所致。积雪融化时，融化了较小的颗粒，从而增加了积雪的平均粒度和密度，在雪晶粒变形后，反射率可能低于40%。雪面

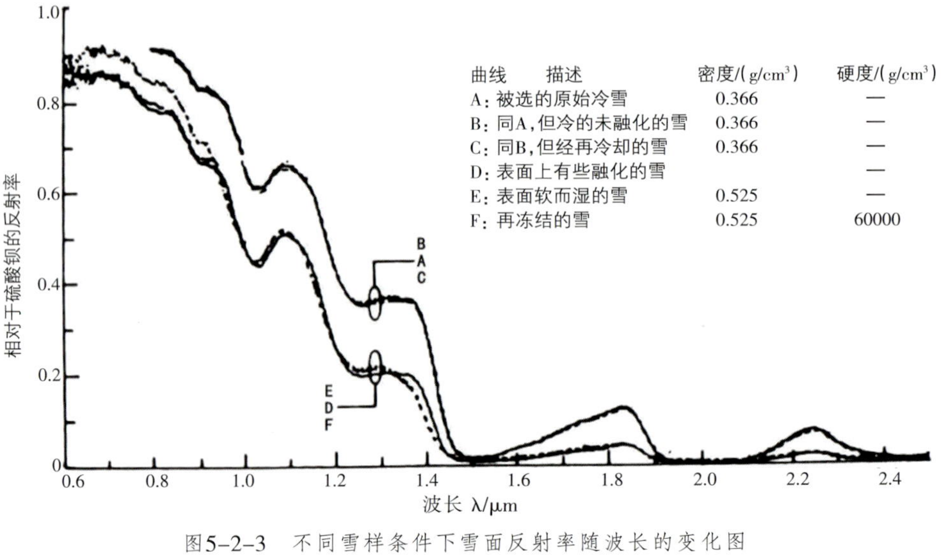

图5-2-3 不同雪样条件下雪面反射率随波长的变化图

状态和积雪内部结构的变化增加了积雪判识的复杂性。另外，大气中的云也是千变万化的，其光谱特征随云形、云状及内部结构的不同而变化，这些特征又增加了云、雪区分的难度。

2.1.2 被动微波积雪遥感原理

在微波波段，冰雪遥感是以雪粒子对微波的散射和吸收为基础的。雪面向上的微波辐射包括两部分：雪层本身的辐射和其下覆地表的热辐射。雪的电磁辐射特性随积雪的深度、结构以及液态水含量的变化而变化，这是被动微波遥感探测积雪信息的物理基础。由于雪粒是微波辐射的散射体，所以，辐射量值主要受到雪层的深度和雪粒大小影响，雪层越深或者雪水当量越大，也就意味着雪层中的散射粒子越多，来自下垫面的辐射和雪层本身的辐射在穿透雪层过程中，就会有更多的能量被吸收或者被散射到其他方向，能量损失就越大。到达卫星传感器的微波辐射被散射得越多，遥感获取的积雪覆盖区域的微波亮度温度越低，反之则高。干雪的被动微波遥感主要利用了这一原理。理论和实验研究均表明：积雪的微波亮度温度随积雪深度的增加而减小。除此之外，雪粒大小和液态水含量也对微波亮度温度产生较大的影响。Koike基于辐射传输方程理论，利用一个散射模型对积雪的亮度温度进行了计算。结果表明，雪粒大小是影响微波辐射的重要因子，直接影响微波辐射亮度温度。干雪粒子对微波的吸收和散射作用与波长有关，波长与雪粒子大小相近时（小于1 cm），散射作用占主导地位；波长远大于雪粒子时（大于5 cm），则以吸收作用为主。对于高于25 GHz的频率，干雪的雪颗粒是强散射体，强烈的衰减来自积雪下垫面的上行微波辐射，但自身对微波辐射的吸收很小，消光系数主要由散射主导，积雪越深，雪的散射作用越强，穿透的微波辐射就越少，被衰减的微波辐射就越多，传感器探测到的微波亮温随积雪深度的增加而减小，如图5-2-4，这种散射作用可用于探测积雪的存在和积雪厚度。在微波低频波段，干雪的散射主要受积雪下面地表特性的影响。而在高频波段，由于雪颗粒的散射体起着重要作用，积雪辐射对雪水当量和雪颗粒大小很敏感。当积雪开始融化时，由于冰和液态水在微波波段的介电常数差异很大，而观测信号主要来自近雪层表面，因而雪层发射信号将显著增强。因此，在高频波段，在积雪的衰减作用中，散射占主导作用，积雪的散射作用大大减弱了积雪的直接辐射。利用干雪随频率增加，散射作用增强，微波辐射减弱的特性，可以探测雪深和雪水当量。

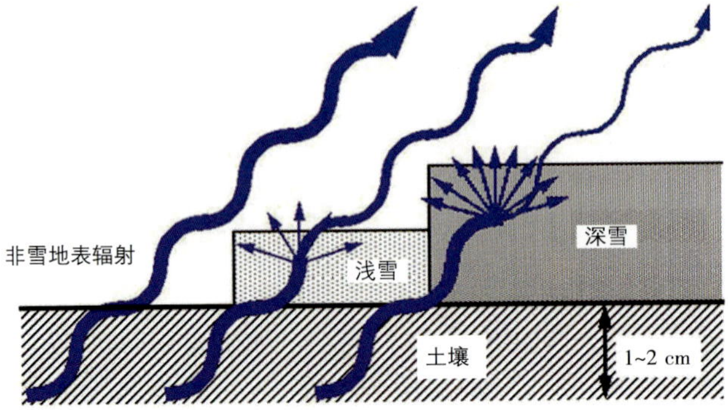

图5-2-4　雪层的微波辐射示意图

湿雪的微波辐射特性和干雪有较大差别。雪中微小水分含量就能显著地改变雪的辐射特性，当雪的湿度达到1%~2%时，湿雪的亮温在频率10.69GHz比同样物理温度下的干雪能高出10K，在37GHz可以高出100K，湿雪的发射率甚至可接近0.99。因此，根据这一特征可以区分干雪和湿雪，监测雪的消融和再冻结。

此外，微波能穿透云层，不受云盖的影响，直接监测到地表，同时获取雪层和地表信息。因此，被动微波波段是有云情况下进行冰雪监测和雪深计算的最好探测手段之一。

2.1.3 积雪遥感最佳波段选择

国内外积雪遥感普遍使用星载光学仪器和被动微波仪器观测资料。基于积雪的光谱特征，不同仪器、不同波段对积雪遥感的敏感性和监测能力不尽相同。表5–2–3为不同波段（可见光、近红外、热红外与微波波段）积雪特性参数获取能力比较。星载光学仪器通常用来监测积雪面积、雪面反射辐射和雪面温度；被动微波可以全天候、不受云层影响接收积雪信息，用于反演雪深和雪水当量，是有云情况下，对星载光学仪器无法探测积雪的较好补充。

表5–2–3　不同波段获取积雪特性能力比较

参数特性	可见光/近红外	热红外	微波
积雪面积	能	能	能
积雪深度	只有浅雪可以	差	较好
雪水当量	只有浅雪可以	差	较好
积雪湿度	差	差	能
雪面温度	不能	能	能
全天候监测	不能	不能	能
空间分辨率	≈10 m	≈100 m	被动微波20 km~150 km 雷达≈30 m

利用光学传感器遥感监测积雪，通常选用对积雪敏感的波段。例如，可见光、近红外、短波红外、中红外和远红外等。表5–2–4是常用于积雪监测的FY–1/MVISR、NOAA/AVHRR、FY–3/VIRR、FY–3/MERSI和EOS/MODIS等星载仪器的波段特性比较。

图5–2–5展示了MODIS、Landsat TM、VIRR、MERSI等仪器用于监测积雪的波段位置和积雪、植被、土壤等随波长变化的反射光谱曲线。利用光学仪器数据监测积雪，通常选用表5–2–5列出的波段。

常用于积雪监测的被动微波遥感数据有SMMR（Nimbus–7）、SSM/I和SSMIS（DMSP）、AMSR–E（Aqua）和MWRI（FY–3）等。表5–2–6是这几种传感器的参数特征及其相应频段比较。其中，SMMR已于1978年停止使用，其他仪器均在轨运行。除SSM/I的22.24GHz频率外，其他频率和AMSR–E、MWRI的频率均同时具有水平和垂直两种极化方式，为积雪监

表5-2-4　常用积雪监测仪器波段特性比较

仪器通道	FY-1/MVISR		NOAA/AVHRR		FY-3/MERSI		TERRA/MODIS	
	波长范围/μm	分辨率/km	波长范围/μm	分辨率/km	波长范围/μm	分辨率/m	波长范围/μm	分辨率/m
可见光					0.445~0.495	250	0.459~0.479	500
	0.58~0.68	1.1	0.580~0.680	1.1	0.525~0.575	250	0.545~0.565	500
					0.625~0.675	250	0.620~0.670	250
近红外	0.84~0.89	1.1	0.725~1.100	1.1	0.840~0.890	250	0.841~0.876	250
					1.020~1.040	1000	1.230~1.250	500
							1.360~1.390	1000
短波红外	1.58~1.64	1.1	1.580~1.64*		1.615~1.665	1000	1.628~1.652	500
					2.105~2.155	1000	2.105~2.135	500
中红外	3.55~3.95	1.1	3.55~3.93*（夜间）	1.1			3.66~3.840	1000
远红外	10.3~11.3	1.1	10.3~11.3	1.1	0.50~12.50	250	10.78~11.28	1000
	11.5~12.5	1.1	11.5~12.5	1.1			11.77~12.27	1000

自NOAA-15起，AVHRR/3的3通道采用1.58 μm~1.64 μm(3A)和3.55 μm~3.95 μm(3B)昼夜交替观测模式

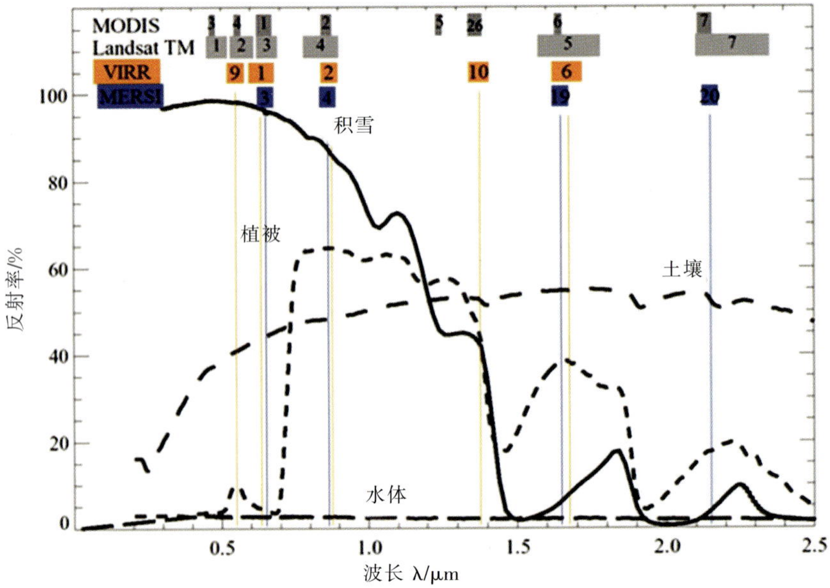

图5-2-5　MODIS、Landsat TM、VIRR、MERSI等仪器用于监测积雪的波段位置和积雪、植被、土壤、水体等随波长变化的反射光谱曲线图

表5-2-5 MODIS、AVHRR、MERSI和VIRR用于积雪监测的通道选择和主要用途

MODIS用于积雪监测的光谱通道	对应于MODIS积雪监测通道的其他仪器通道			通道用途
	AVHRR/3	MERSI	VIRR	
1：0.620~0.670μm	1	3	1	反射率及差或比值，NDVI，NDSI
2：0.841~0.876μm	2	4	2	反射率及差或比值，NDVI
4：0.545~0.565μm			9	反射率及差或比值，NDSI
6：1.628~1.652μm	3A	19	6	反射率及差或比值，NDSI
7：2.105~2.155μm		20		反射率及差，NDSI
20：3.660~3.840μm	3B		3	亮温和温差
26：1.360~1.390μm			10	反射率及差或比值，NDSI
31：10.780~11.280μm	4		4	亮温和温差
32：11.770~12.270μm	5		5	亮温和温差

注：NDVI为归一化差分植被指数；NDSI为归一化差分积雪指数

测提供了丰富的基础数据。其中，SSM/I的优点在于具有较强的穿透能力，且对物体散射有很高的灵敏度，使其在获取雪深及雪层内部信息方面具有可见光、近红外波段无可比拟的优势，但太低的空间分辨率限制了其应用范围，特别是对山区积雪的监测应用。而AMSR-E和MWRI具有相近的频率、通道和幅宽，与以往的SMMR、SSM/I等被动微波辐射计相比，提供了更高空间分辨率和更多微波波段的信息，可以增强对积雪的全球微波测量，其缺点是提取的积雪边界线较粗。研究发现，微波18.7GHz垂直极化与36.5GHz水平极化的亮温差对雪深和雪水当量的变化比较敏感。目前，常采用18.7GHz和36.5GHz这两个频率的亮温差来反演雪深（雪水当量）。对于分布较浅的中低纬度积雪还可以加入对浅雪敏感的高频89GHz，利用89GHz、18.7GHz、36.5GHz的亮温差来探测浅雪雪深和雪水当量。

表5-2-6 常用的被动微波传感器特征参数比较

微波辐射计	发射时间	高度/km	频率/GHz	瞬间视场/km×km	精度/k	激化方式	幅宽/km
SMMR (Nimbus-7)	1978年 (停止使用)	955	6.60	148×95	0.7		780
			10.70	109×70	0.8		
			18.00	68×43	0.9		
			21.00	56×36	1.0		
			37.00	27×18	1.4		
SSM/I (DMSP F08/ F10/ F11/ F13/ F14/ F15)	1987年 1990年 1991年 1995年 1997年 1999年 (在轨运行)	833	19.35	69×44	0.8	V\H	1400
			22.24	60×40	0.8	V\H	
			37.00	37×28	0.6	V\H	
			85.50	15×13	1.1	V\H	
SSMIS (DMSP F16/ F17/ F18)	2003年 2006年 2009年 (在轨运行)	850	19.35	70×45	0.3	V\H	1707
			22.24	60×40	0.4	V\H	
			37.00	38×30	0.2	V\H	
			91.66	15×13	0.3	V\H	
AMSR-E (Aqua)	2002年 (在轨运行)	705	6.9	75×43	0.3	V\H	1445
			10.70	51×30	0.6	V\H	
			18.70	27×16	0.6	V\H	
			23.80	31×18	0.6	V\H	
			36.50	14×8	0.6	V\H	
			89.00	6×4	1.1	V\H	
MWRI (FY-3A/ 3B/ 3C)	2008年 2010年 2013年 (在轨运行)	836 830	10.65	51×85	0.5	V\H	1400
			18.70	30×50	0.5	V\H	
			23.80	27×45	0.8	V\H	
			36.50	18×30	0.5	V\H	
			89	9×15	1.0	V\H	

注:SSMIS有24个通道,这里仅给出冰雪遥感常用通道。

2.2 冰的遥感监测原理

卫星对于冰的遥感，在一定程度上，同对积雪的遥感有类似之处，但又存在明显的不同。卫星对任何目标的遥感，其立足点都是该目标的某种与众不同的特征，或者若干个特征的结合。如同积雪在可见光波段的高反射率是显著的特点，明显区别于植被和水体等其他典型地表，但是，与云有类似之处，故此需要增加近红外波段等信息加以甄别。

冰和雪有很多相似之处，也有很多不同。本质上讲，两者都是固体形式存在的水。不同的是，雪由无数小晶体共同组成，而冰是一个较大的整体。表面上看，我们可以透过50 cm厚的冰看到冰下的物体，但我们无法透过50 cm厚的雪看清楚雪下的物体。这是因为雪由许多小晶体组成，其间夹杂空气，冰晶和空气的界面形成反射，无数的晶体则代表有无数次的反射，故此光线对雪的穿透能力很低，而冰则只有上下两个和空气（或其他物体）相接的界面。

自然界中的冰主要由两种方式形成，第一种方式，由液态的水低温冻结而成，这一类主要出现在海洋、江河和湖泊之上；第二种方式，是积雪受到重力的作用压实以及反复的冻融循环而成。此外，无论哪一种冰，其上覆盖新雪的概率都是很高的，因此，裸冰并不常见，冰上覆盖积雪则较多见。自然界中冰的这些特点，决定了冰的遥感和雪不同，但也有很多相似之处，甚至很多时候，并不能很严格地区分出冰雪。

2.2.1 微波辐射计遥感冰的原理

微波辐射计是一种被动遥感仪器，它不发射电磁波，而是被动地接收来自地物目标的微波辐射。通常情况下，微波辐射计可以接收多个不同频率、不同极化方式下的地物目标微波辐射信号，这些信号被用于区分海冰是当年冰还是多年冰以及估算冰的密集度。11GHz以下的低频还能用来探测海冰表面的温度。

海冰的微波辐射信号一方面取决于它的表面温度，这是由普朗克定律决定的；另一方面，取决于它的微波发射率。冰的微波发射率由盐度、冰的类型（多年冰或者当年冰）以及冰的形状等多个因素共同决定，微波发射率的不同是区别冰和其他地物的主要依据。

通过大量的观测试验，发现海冰有如下几种特性：

（1）介电常数的实部和虚部随着冰中含盐量的增加而明显增加。纯海水的介电常数比海冰大得多。也就是说，如果观测像元中冰越多、水越少，那么介电常数会明显偏小，反之，则介电常数偏大。这一点可以用来判断观测像元中冰和水的比例，也就是冰的密集度。

（2）海冰的发射率与频率之间存在明显的关系。多年冰的发射率随着频率的增加而减小，当年冰则相反。这一点表明，可以通过几个不同频率的微波辐射亮温的增减趋势来区分当年冰和多年冰。

（3）微波辐射和冰面温度有很大的关系。因此，微波辐射计也可以用来探测冰面的温度。

2.2.2 微波散射计遥感冰的原理

微波散射计以及合成孔径雷达可以主动发射电磁波，并接收来自地物目标的回波信号。理论上，如果地物目标十分平坦，且电磁波非垂直发射的话，那么，绝大多数电波信号被反射后将继续向前传播，无法返回遥感器，此时回波信号就很弱。

当地物表面不光滑时，电波中一部分仍然前向反射，另有一部分后向散射，返回遥感器天线，这部分电波信号经过地物的调制后，携带了地物的若干信息，包括地物的介电常数、几何特性等。通过对回波信号进行分析，可以获得地物的某些特征参数。

冰给我们以光滑的感觉，但事实上，冰面绝非如镜面那样平坦（见图5–2–6），像溜冰场那样平坦的冰面，在自然界中极为罕见。例如，冰山上的冰依托山体地形，其表面的几何形状很大程度上取决于山体自身的几何形状；海冰虽然相对平坦些，但是，海冰在冻结过程中并不是一大片水面统一、均匀地同步冻结，而是一小块、一小片冻结，再相互碰撞、冻合而形成。不仅如此，冰面上还存在各种各样的融池（见图5-2-7），使得冰表面显得复杂。由于微波散射计的工作波长一般为厘米级，因此冰面厘米级或者更大尺度的粗糙度就可以有效地增强后向散射，而这一类粗糙度在冰面上广泛存在。

不平坦冰面，尤其是冰山和冰川中大量存在的垂直冰面，客观上形成一个个角散射体，此类几何形状对于微波信号具有很强的后向散射能力。当微波散射计对冰山、冰川、粗糙冰盖（如图5-2-8）进行观测时，回波信号往往会很强，在图像上表现为很高的亮度，而其他类型的地物表面，无论是水体、植被或者沙漠，都没有这样强的散射效果。因此，微波散射计可以依据此原理对冰进行遥感探测。

合成孔径雷达SAR与微波散射计类似，也是发射电磁波后接收回波信号，冰山、冰川、冰盖对后向散射的增强效应，在SAR图像中同样可以观测到。因此，SAR和微波散射计遥感冰的原理是一样的。

图5-2-6　和想象中迥异的并非平坦的海冰

图5-2-7　北极海冰及其上的融池

图5-2-8　珠穆朗玛峰许多陡峭的冰盖山崖形成很好的散射面

2.2.3 重力测量法与冰的遥感原理

重力卫星是一种与传统的其他遥感手段有着明显区别的遥感器。其他遥感器利用的是电磁波的信息，而重力卫星除了使用电磁波信息之外，还使用了卫星自身的加速度信息。从物理上说，这是最传统、最经典的牛顿力学。

卫星在围绕地球运动时，其轨道理论上是一个偏心率很小的椭圆。但是，由于地球的形状不是一个正球体，甚至也不是一个标准椭球体，它有着山峦沟壑的起伏，地球的密度也不是处处均一的。受到这些因素的影响，卫星在飞行时会在轨道上呈现摄动状态，通过精密GPS定位、高精度三轴加速度传感器以及两颗卫星之间距离变化的精密测量，就可以推算出地球的质量分布情况。这个质量分布是随时间而变化的，在海洋中，最主要的表现是海洋潮汐引起的海水质量的重新分布；在陆地上，很重要的一部分就是陆地上水的质量变化，相对而言，地球的固体部分质量变化较小(地震等特殊情况除外)，也较慢。在南极和格陵兰岛这样的典型冰盖地区，水基本都是以冰的形式存在，局地的质量变化可以用来反映冰的质量变化。

重力卫星对冰的测量，给出的是冰的质量变化情况，这是非常直接的，对于在全球变暖背景下海平面的上升问题，给出的是最为直接的输入量数据。在目前高度计卫星还不能测准毫米级的海平面变化状况下，冰盖消融的质量数据就显得更为重要了。图5–2–9是重力卫星GOCE测量地球质量分布的原理图。

由图可见，通过众多GPS卫星对GOCE自身所处的轨道进行精密测定，红色的波动曲线则表示受到地球重力场的变化，GOCE卫星在轨道上呈现上下起伏波动，当局地重力较大时，GOCE卫星轨道将偏低，反之，则轨道偏高。山峦起伏和可变的质量（主要是水）都是GOCE轨道波动的原因。

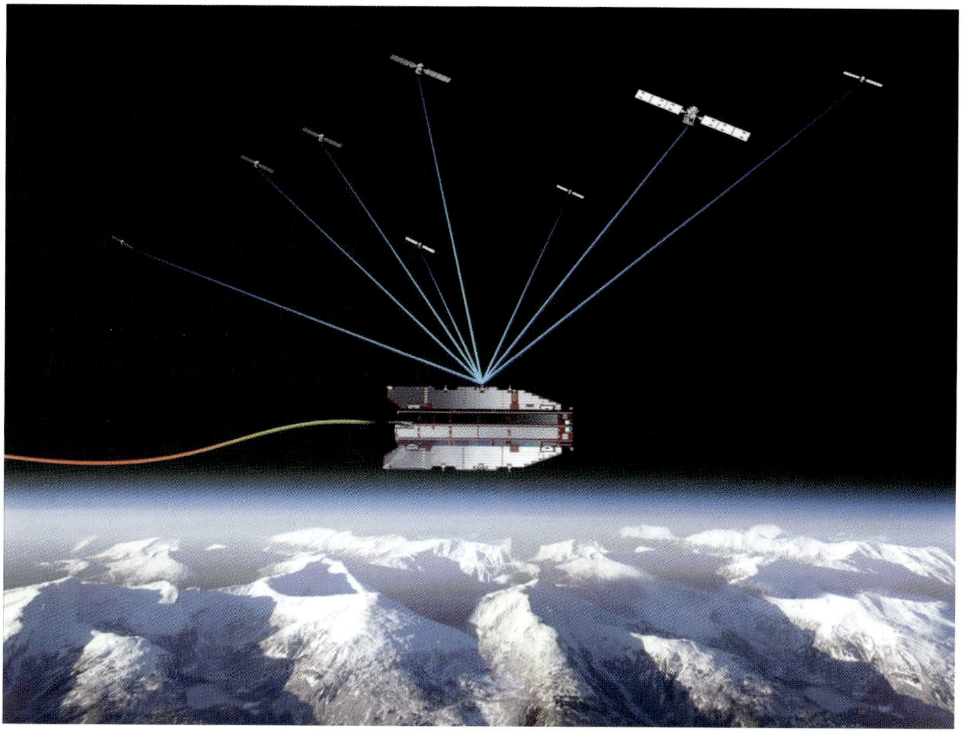

图5-2-9 GOCE卫星测量地球质量分布的原理图(ESA提供)

用逆向思维的方式，当测定GOCE的轨道以及波动情况，就可以反推地球的质量分布。

2.2.4 遥感测高法对冰的监测原理

通过卫星平台对地面高程进行测量的卫星称之为高度计卫星。卫星高度计测量的是卫星到地球表面的距离，如果能同时精密确定卫星的轨道高度，那么就可以据此推算出地球表面的绝对高程。卫星测高使用的设备分为微波高度计和激光高度计两类，从原理上说，卫星测高由精密定轨和精密测距两部分组成。所谓精密定轨指的是精确测定卫星的轨道，GPS卫星为精密定轨提供了有效的工具；而精密测距指的是测量从卫星到地球表面的距离。精密定轨减去精密测距，就可以得到地球表面的高程。目前，卫星测高的精度可以达到厘米级。当然，上述的两个精密测量，原理简单，具体实现起来却十分不易，技术要求极高。以测距为例，要测准距离，首先就要测准时间，在一定程度上说，时间测得多准，距离就能测多准。此外，电波在大气中的传播速度比真空中的传播速度要慢，大气中的电离层，以及对流层中的水汽都能引起电波传播速度的降低，需要把这些因素都计算清楚，否则，根本不可能做到厘米级别的精度。很多研究工作对测高的精度要求是很高的。比如，海平面的上升以毫米计，地形变化以厘米计，没有足够精度的数据就无法满足相应研究工作的需求。图5-2-10是卫星测高的原理图，图5-2-11是微波高度计测量的南极冰盖高程年际间的差异。

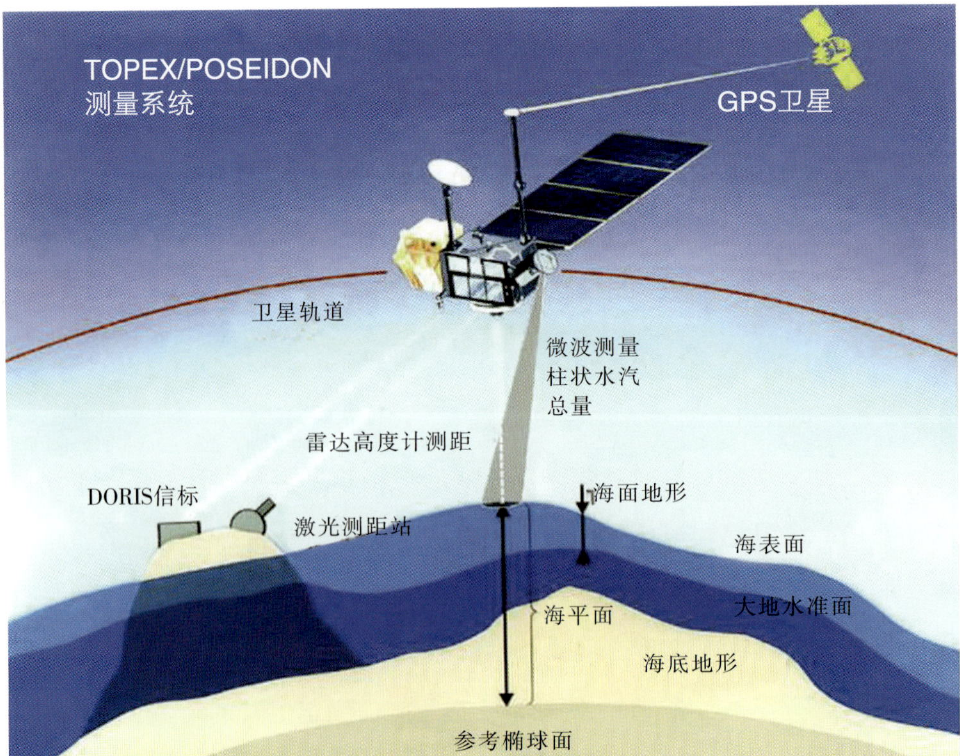

图5-2-10　卫星测高原理图

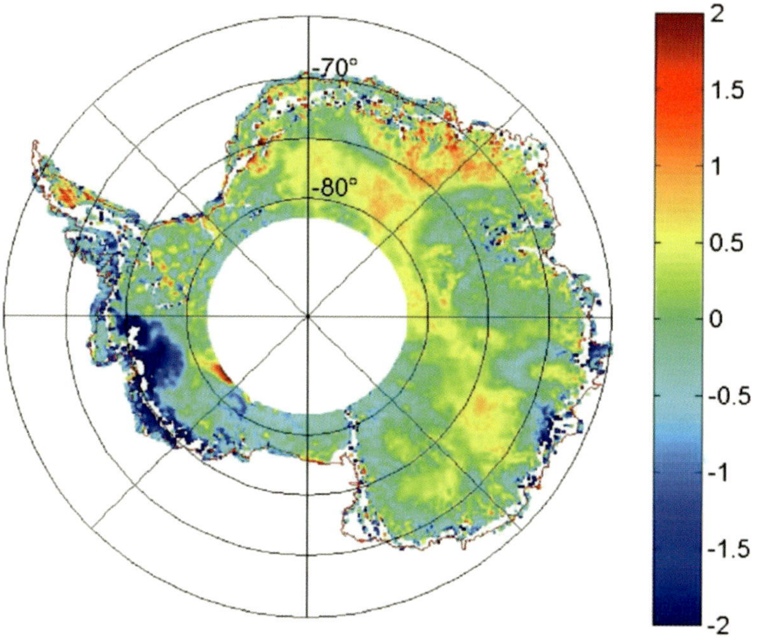

图5-2-11 微波高度计SARAL/ALTIKA和ENVISAT/RA-2测量的南极冰盖高程2006年和2013年之间的差异

3 冰雪遥感监测方法

3.1 积雪的遥感监测方法

卫星遥感可获取的常用积雪参数主要包括积雪、积雪覆盖度、雪深、雪密度和雪水当量等。积雪是指地表被雪覆盖的范围或面积；积雪覆盖度表示单位面积地表被积雪覆盖的百分比；雪深是指水平地表到积雪表面的垂直厚度，常以 cm为单位；雪密度是指地表积雪密度，常以g/cm^3为单位；雪水当量（Snow Water Equivalent），简称SWE，其定义和单位有两种取法：（1）单位面积（每平方厘米）上的积雪重量，单位取为g/cm^2，（2）单位面积（每平方厘米）上具有某深度的积雪全部融化后，在单位面积上的雪水深度，单位取为mm，这是目前国际上雪水当量参数惯用的定义；雪密度、雪水当量和雪深的关系是：雪水当量 = 雪密度 × 雪深。

3.1.1 光学遥感积雪提取方法

光学遥感进行积雪监测的第一步是积雪像元的识别。利用卫星遥感数据提取积雪信息有以下主要方法：（1）目视判读法，（2）积雪指数法，（3）多光谱运算阈值法，（4）云掩膜法，（5）图像监督分类法。表5-3-1列出了国内外基于不同光学仪器遥感数据的积雪提取主流算法。目前，常用的主要有三种：积雪指数法、多光谱运算阈值法和云掩膜法。

表5-3-1 国内外常用的光学仪器积雪判识算法

卫星数据	代表性研究者	积雪参数	算法及特点
TM	Dozier	日雪盖	归一化积雪指数（NDSI）判别
MODIS/EOS	Hall、Riggs、Klein	日雪盖	基于云检测产品的NDSI指数判别
	Salomonson	日雪覆盖率	由NDSI计算雪覆盖率
NOAA AVHRR/3	Armstrong	周/日雪盖	多光谱阈值判别
	Eastwood	日雪盖	基于1.6 μm的多光谱分类判别
	刘玉洁、郑照军	旬雪盖	多时次合成概率结合阈值判别
	民政部国家减灾中心	多日雪盖	多光谱阈值判别
FY-1 MVISR	刘玉洁、郑照军	旬雪盖	多时次合成光谱阈值判别
MSG/SEVIRI	Martijn de Ruyter	时日雪盖	多时次合成阈值及光谱分解法
GOES/VAS	Romanov	日雪盖	多时次合成阈值及光谱分解法
FY-2 S-VISSR	刘玉洁、郑照军	日雪盖	多时次概率结合阈值判别
	李三妹	日雪盖	阈值结合Bayes判别

1. 基于反射率的积雪指数法

依据积雪在短波红外波段尤其是1.6 μm或2.1 μm波段附近的反射率较低，云在该波段反射率较高（如图5-3-1所示），而积雪和云在可见光波段的反射率更高等特点，参照归一化差分植被指数，可以建立增大云、雪反差的归一化差分。积雪指数（NDSI）、差值积雪指数（DI）或比值积雪指数(NDI)，以此作为云、雪判识的主要依据，再结合其他波段的光谱特征进行云雪综合判识，能得到较准确的云、雪判识结果。该方法简单易用，但对于林区和下垫面比较复杂的积雪的判识存在不足。

$$\mathrm{NDSI}=\frac{R_{可见光}-R_{短波红外}}{R_{可见光}+R_{短波红外}}$$

$$\mathrm{DI}=R_{可见光}-R_{短波红外}$$

$$\mathrm{NDI}=R_{可见光}/R_{短波红外}$$

式中，$R_{可见光}$和$R_{短波红外}$分别为可见光通道和短波红外通道的反射率。

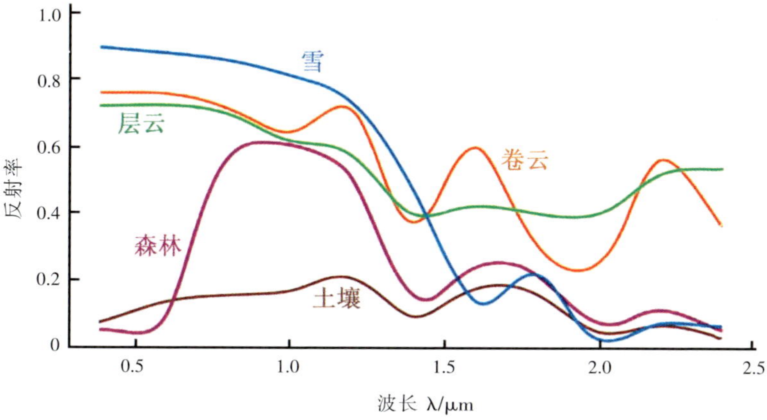

图5-3-1　云和自然地表典型目标的反射光谱曲线

2. 多光谱运算阈值法

多光谱运算阈值法是一种经验判识方法，依据云、雪、无雪覆盖裸地、水体、植被等不同观测物在不同波段的光谱差异，选取相应的卫星遥感观测波段数据，进行波段组合，建立多个积雪判识变量，并根据判识经验确定阈值，然后形成多个判识变量组，进而依据优化的决策树流程区分云、雪和晴空非雪覆盖陆地，提取积雪信息。这种方法以保证积雪信息完整和优先提取为前提，对于有些云信息，会作为积雪处理，如薄云下可见积雪时，就判定为积雪而不是云。

以NOAA-16/AVHRR/3为例，该方法分四步完成：

（1）建立多光谱组合变量。首先，利用可见光和短波红外波段计算比值、差值和归一化积雪指数；其次，利用可见光和近红外波段的反射率，计算其比值、差值和归一化植被指数；再次，利用红外波段亮温，计算波段间的差值等。

（2）设立组合变量阈值。对于阈值的设置，有的算法使用静态值，有的算法使用动态值。采用ENVI等专业遥感软件，以人机交互方式进行不同下垫面多光谱聚类和光谱特征分析，通过图像合成等多种手段进行反复试验，逐一确定用于积雪监测的多光谱组合变量的判识阈值，建立不同时间、不同下垫面的积雪检测阈值库。也可以依据判识经验和判识需求，建立积雪阈值提取软件，自动提取判识阈值。

（3）形成多个判识变量组，建立逐级判识的决策树流程。逐像元处理，判识满足各环节阈值的云和地物信息，实现单一观测时次积雪信息提取。

（4）多时次观测积雪合成。基于短期内“云动、雪不动”的特点，将判识提取的单时次积雪信息做多时次合成，最终得到多时次合成最大积雪范围数据。

表5-3-2举例给出NOAA-16/AVHRR/3所选取的积雪判识物理量，以及对应于11月中旬的积雪检测阈值。利用表中的判识物理量及积雪检测阈值，可以按积雪判识流程，从错综复杂的卫星观测目标中提取积雪信息。

3. 云掩膜积雪判识法

这种方法的处理思路是：先准确识别出云，然后从晴空陆地中，区分积雪与非积雪区。

与晴空下垫面相比，云具有较高的反射率和较低的温度，利用云与下垫面在反射率和热辐射方面的差异，国内外已发展了多种卫星资料的云掩膜算法。其中，具有代表性的是阈值法。云掩膜技术是在大量先期研究成

表5-3-2　NOAA-16/AVHRR3积雪判识物理量及11月中旬的积雪检测阈值表

判识物理量表达式	物理量名称及单位	雪信息值范围	补充说明
CH1	*R*1	0.290~0.999	0.200以下为陆地水体、冰
CH2	*R*2	0.270~0.999	包含云、部分冰和少量陆地
CH3	*R*3	0.030~0.185	水<雪、部分陆地、部分云<云、陆地
CH4	*T*4(K)	248.0~275.0	包含雪和部分云，248.0K以下为云
CH5	*T*5(K)	248.0~275.0	包含雪和部分云，248.0K以下为云
(CH1-CH2)*10000	DR12	100~1800	-10000~50为陆地水体
(CH1-CH3)*10000	DR13	1200~8500	-10000~100为陆地水体
(CH2-CH3)*10000	DR23	1000~8500	-10000~0为陆地水体
(CH2-CH1)/(CH2+CH1)*1000	NDVI	-150~-10	包含云、雪、陆地，-1000~-150为云阴影、水体、冰，-10~1000为陆地
(CH1-CH3/(CH1+CH3)*1000	NDSI	120~999	-1000~20为陆地水体，550~1000为雪
(CH1-CH2)/CH2*1000	RR12	20~300	230~10000为云阴影、水体、冰、雪，-1000~10为陆地
(CH1-CH3)/CH3*1000	RR13	1100~9999	1100~3200为混合区，3200~10000为雪(含冰)和极个别的云阴影区

果基础上发展和集成的，最典型的是MODIS云掩膜算法。该算法借鉴部分AVHRR云掩膜技术，从36个波段中选用其中14个，利用云和晴空像元在不同光谱段上辐射特性的不同，采用多通道辐射信息，分析18种云在不同地理条件和地表覆盖下的反射波谱型。在给定视场角度下，通过判识指明地表是否有云覆盖或全部晴空，将卫星观测像元标识为不同状况和不同类型的云和晴空，由于使用的波段数量和指标较多，判识过程比较复杂。表5-3-3列出了MODIS探测云雪的方法。由于阈值是随不同地区和时间变化的，所以表中未列出阈值的具体数值。

其中，MODIS云掩膜阈值的确定同样分为动态阈值和静态阈值两类。静态阈值可基于云像元/晴空像元多方面的气候辐射特性统计获得，或根据辐射传输理论在设定大气环境条件下通过计算获得，在某一观测区域内或在一定观测时间内，静态阈值保持不变；动态阈值则是根据观测时间和

表5-3-3 MODIS云雪类型和状况的云掩膜判识算法

云雪类型和状况	综合判别方法（其中：R_i代表波段反射率，BT_i代表波段亮温）
水体上的低云	$R_{0.87}$，$R_{0.67}/R_{0.87}$；BT_{11}，$BT_{11}-BT_{3.7}$
水体上的高厚云	$R_{1.38}$，$R_{0.87}$，$R_{0.67}/R_{0.87}$；BT_{11}；$BT_{13.9}$；$BT_{6.7}$，$BT_{11}-BT_{8.6}$，$BT_{11}-BT_{12}$
水体上的高薄云	$R_{1.38}$，$BT_{6.7}$；$BT_{13.9}$，$BT_{11}-BT_{12}$，$BT_{3.7}-BT_{12}$
积雪上的低云	$(R_{0.55}-R_{1.6})/(R_{0.55}+R_{1.6})$；$BT_{11}-BT_{3.7}$，$BT_{11}-BT_{6.7}$，$BT_{13}-BT_{11}$
积雪上高厚云	$R_{1.38}$，$(R_{0.55}-R_{1.6})/(R_{0.55}+R_{1.6})$；$BT_{13.6}$；$BT_{11}-BT_{6.7}$，$BT_{13}-BT_{11}$
积雪上高薄云	$R_{1.38}$；$(R_{0.55}-R_{1.6})/(R_{0.55}+R_{1.6})$；$BT_{13.6}$；$BT_{11}-BT_{6.7}$，$BT_{13}-BT_{11}$
植被上的低云	$R_{0.87}$，$R_{0.67}/R_{0.87}$，$BT_{11}-BT_{3.7}$；$(R_{0.87}-R_{0.65})/(R_{0.87}+R_{0.65})$
植被上的高厚云	$R_{1.38}$，$R_{0.87}$，$R_{0.67}/R_{0.87}$；$(R_{0.87}-R_{0.65})/(R_{0.87}+R_{0.65})$；$BT_{11}$，$BT_{13.9}$；$BT_{6.7}$，$BT_{11}-BT_{6.7}$，$BT_{11}-BT_{12}$
植被上的高薄云	$R_{1.38}$，$R_{0.87}$，$R_{0.67}/R_{0.87}$；$(R_{0.87}-R_{0.65})/(R_{0.87}+R_{0.65})$；$BT_{13.9}$，$BT_{6.7}$，$BT_{11}-BT_{8.6}$，$BT_{11}-BT_{12}$
裸露土壤上的低云	$R_{0.87}$，$R_{0.67}/R_{0.87}$，$BT_{11}-BT_{3.7}$，$BT_{3.7}-BT_{3.9}$
裸露土壤上的高厚云	$R_{1.38}$，$R_{0.87}$，$R_{0.67}/R_{0.87}$，$BT_{13.9}$；$BT_{6.7}$，BT_{11}
裸露土壤上的高薄云	$R_{1.38}$，$R_{0.87}$，$R_{0.67}/R_{0.87}$，$BT_{13.9}$；$BT_{6.7}$，BT_{11}，$BT_{11}-BT_{3.7}$，$BT_{3.7}-BT_{3.9}$

观测区域随某一变量的变化而自主改变，多采用统计分析方法，实时获取各判识阈值。

在MODIS云掩膜之后，进一步区分积雪与非积雪区。同时满足下述三个条件的，即为积雪：

①$(R_{0.55}-R_{1.6})/(R_{0.55}+R_{1.6})>0.4$

②$R_{0.87}>0.11$

③$R_{0.55}>0.1$

这组方法适合于大多数情况，但是，对于林区积雪的识别还不很令人满意。可以采用NDSI［即$(R_{0.55}-R_{1.6})/(R_{0.55}+R_{1.6})$，归一化差分积雪指数］结合NDVI［归一化差分植被指数，即$(R_{0.87}-R_{0.65})/(R_{0.87}+R_{0.65})$］进行林区积雪判识（图5-3-2）。对于中低纬度地区的茂密森林，还应考虑BT_{11}，阈值可设为277K，低于此阈值的认为是雪。

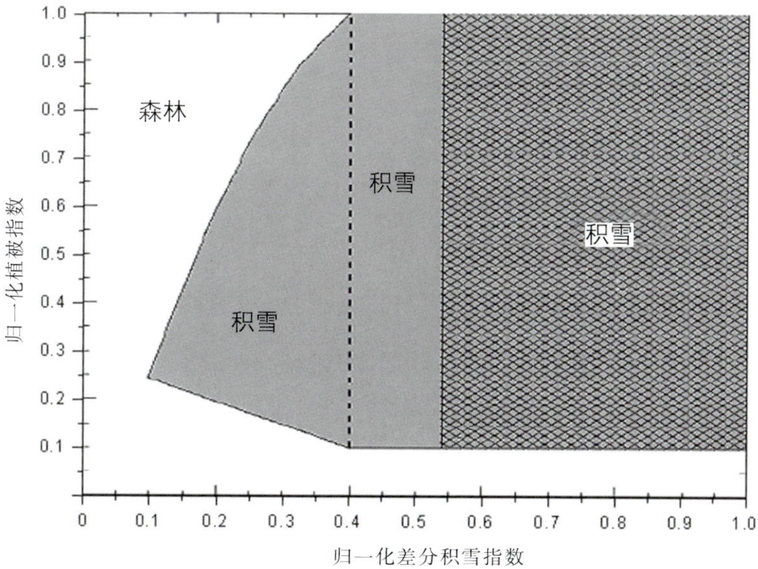

图5-3-2　NDVI-NDSI雪盖判识

值得注意的是，无论多光谱运算阈值法还是MODIS云掩膜法，虽然算法技术都很成熟，且已广泛应用于各类光学仪器积雪遥感产品生成，但是，无论何种算法，都无法获取云覆盖下的积雪。因此，实时获取全天候的积雪信息，必须同时利用光学和微波观测数据。

4. FY-3/VIRR积雪监测算法

参照云掩膜技术和多光谱运算阈值法，国家卫星气象中心建立了FY-3/VIRR仪器积雪监测制图软件系统。积雪判识提取采用独立的云检测算法，即分类树阈值自动判识方法，采用了陆地和海洋两种积雪判识模式：利用地表分类数据，结合归一化植被指数，确定待判识的像元属于陆地还是海洋，采用不同判识模式对像元分别进行判识处理。判识模式涵盖了常规陆地判识、常规云雪判识、薄卷云判识、雪面亮温的纬度—时间—高程控制函数处理、有冰云覆盖下的水云判识、湖冰和海冰判识、高海拔荒漠区卷云与积雪区分、林区积雪判识、最近赤道月雪线积雪再检测、孤立积雪错判点去除等关键技术。依据不同下垫面的特征，确定积雪判识参数

(包括参数组合)的优先顺序，对容易提取积雪信息的参数定为高优先应用等级，其优点是加快积雪提取速度和判识精度。对于判识困难的区域采用多参数综合应用的方式进行云雪判识。

FY-3/VIRR积雪判识算法使用了VIRR的1、2、3、4、5、6、9、10通道数据（参见表5-3-4）和卫星天顶角、太阳天顶角、卫星方位角、太阳方位角、经纬度和时间信息。算法输入数据还包括高程、地表分类等地理信息，以及积雪制图模板和各类算法判识参数。

表5-3-4　FY-3/VIRR积雪判识算法使用的VIRR通道数据及符号

通道号	中心波长/μm	波长范围/μm	使用物理量及代表符号	主要用途
1	0.645	0.620~0.670	反射率*R*1	地表/云边界,建立NDVI
2	0.86	0.841~0.876	反射率*R*2	地表/云边界,建立NDVI
3	33.750	3.660~3.840	亮温*T*3	表面/云温度、大气水汽
4	11.0	10.780~11.280	亮温*T*4	表面/云温度
5	12.0	11.770~12.270	亮温*T*5	表面/云温度
6	1.64	1.628~1.652	反射率*R*6	地表/云特性,建立NDSI
9	0.55	0.545~0.565	反射率*R*9	地表/云特性,建立NDSI
10	1.375	1.360~1.390	反射率*R*10	卷云探测

VIRR积雪判识算法主要包括以下环节：

常规陆地判识　常规陆地是指植被覆盖相对好的区域（如森林、耕地、草原等）和植被覆盖差的区域（如沙漠、荒漠、裸土等），覆盖有薄云、薄雪、重度气溶胶的陆地，则不属常规陆地。常规陆地具有NDVI和*T*4大，*R*1/*R*6、NDSI和*R*1−*R*6小，*R*1、*R*2、*R*9、*T*3−*T*4相对小，*T*3相对大等特点。利用这些特点设定一些阈值组合，可提取出常规陆地信息。

常规云雪判识　这里所说的常规云雪，是指非混合的云雪。常规云，主要是指上下方无其他云层的单纯卷云或上方无冰晶云覆盖的中低层水云

（主要是积云和细胞状云等）；常规雪，主要是指非森林和山地的新雪，以及覆盖在平坦的非沙漠、非荒漠、非裸土地表上且达到一定厚度的雪（包含未深度融化的旧雪）。单纯卷云的*R*10大，*T*4小，*R*1、*R*2、*R*9相对大，NDVI小，NDSI相对小；上方无冰晶云覆盖的中低层水云，*R*1、*R*2、*R*9、*T*3–*T*4大，NDVI小，*R*1/*R*6、NDSI相对小。利用这些特点，设定一些阈值组合，即可提取出常规云信息。常规雪具有NDVI小，*T*3、*T*4、*T*3–*T*4相对小，*R*6很小，*R*1/*R*6、NDSI和*R*1–*R*6很大，*R*1、*R*2、*R*9相对大等特点。利用这些特点设定一些阈值组合，可提取出常规雪信息。

薄卷云判识 借鉴Inoue、Saunders等利用11 μm和12 μm红外窗区通道*T*4和*T*5的亮温差（比完全晴空或完全云覆盖情况大）检测薄卷云方法，检测阈值根据*T*4和卫星天顶角而设定，并对其采用的查找表进行扩展和细化：把*T*4范围扩展到250 K到310 K的范围，步长插值为1 K；把Sec（传感器扫描角的余弦倒数）范围扩展到1.00到2.50的范围，步长插值为0.01。

雪面亮温的纬度—时间—高程控制函数处理 积雪表面的温度一般不超过277 K，对应卫星观测得到的*T*4最高也不超过282 K。如果不考虑极地等高寒地带，对应于积雪表面的*T*4也有通用的下限。但是，雪面亮温的上限和下限不是固定不变的，它随高程、纬度、地表类型、积雪类型、年内时间等因素变化。通过对全球长时序的积雪遥感样本分析，可建立雪面亮温的纬度—时间—高程控制函数，得到雪面亮温的上限和下限参考阈值。

有冰云覆盖的水云判识 Pavolonis等在用AVHRR和VIIRS判识白天重叠云盖时，着重分析了冰云/水云混合的情况，并主要采用模拟手段确定不同光学厚度的冰云、水云混合在0.65 μm反射率与11 μm、12 μm亮温差、1.38 μm反射率和1.65 μm反射率两种光谱特征分析条件下的趋势分布，并由此拟合出用于区分冰云落在水云上时对应的阈值曲线。VIRR积雪算法借鉴了Pavolonis等人的思路，利用大量新雪/厚雪样本以及落在水云上的冰云样本，从$R9$与$R6$、$R6$与$R9$、$R6$与$T4$、$T4-T5$与$R6$四种二维聚类图中，拟合出四条阈值曲线，用于区分雪和落在水云上的冰云。使用过程中，需要将它们作为一组判识条件同时使用，并且至少满足三个条件，才能判识为云或雪。另外，在应用这组判识条件前，被判识像元必须先通过$\mathrm{NDSI}>0.38$、$0.10<R6<0.26$、$0.00<R10<0.55$、$235\mathrm{K}<T4<275\mathrm{K}$的测试。

湖冰和海冰判识　用高程结合地表分类数据分开内陆水和海水，分别进行判识。如果冰上方有一定厚度的积雪，自然可以由雪算法判识出来，否则，用下面的方法识别冰像元：$\mathrm{NDSI}>0.6$，且$\mathrm{NDVI}<-0.03$，且$T4<274.35$，且$0.1<R1<0.6$，$0.005<R6<0.16$，且$0.09<R1-R6<0.16$，且$R1/R6>10.0$。

高海拔荒漠区卷云与积雪区分　1.38 μm波段对卷云区分能力很强，但是，对不同季节的卷云，$R10$检测阈值变化较大。例如，在初冬和春季时，部分陆地和极少量积雪区，$R10$偏大，在数值上与反射率偏小的卷云区有重合。这将影响卷云、陆地和积雪的区分。为了解决因卷云的$R10$有较强季节变化而引起的误判，可以对反射率低值区（仍高于一般的陆地、水体、积雪等）开展进一步判识，即通过与$R6$和$T4$的组合判识来解决。此外，通常$R10$较小的卷云，要么$R6$比积雪略高、比陆地略低，要么$T4$比积雪略低、比陆地低。利用这一微小差异，可以将弱的卷云区分出来，减少因单纯利用$R10$判断卷云造成的将部分陆地和极少量积雪区视作卷云的误判。

林区积雪判识　基于MOD10（MODIS雪产品）林区积雪NDSI–NDVI算法，结合11 μm波段的亮温阈值，改进生成了新的林区积雪判识方法，即在去除大部分典型云信息后，对于NDVI大于0.09以上的林区使用改进的NDSI–NDVI曲线（图5–3–3）进行积雪判识，判识过程还要结合$T4$小于277K、$R6$小于0.15的判据。同时，$R6$和$T4$值有温度和季节调整。例如，北纬50°以北的森林区，$T4$的上限可调低为274K，冬季$R6$上限可降低到0.10~0.12。

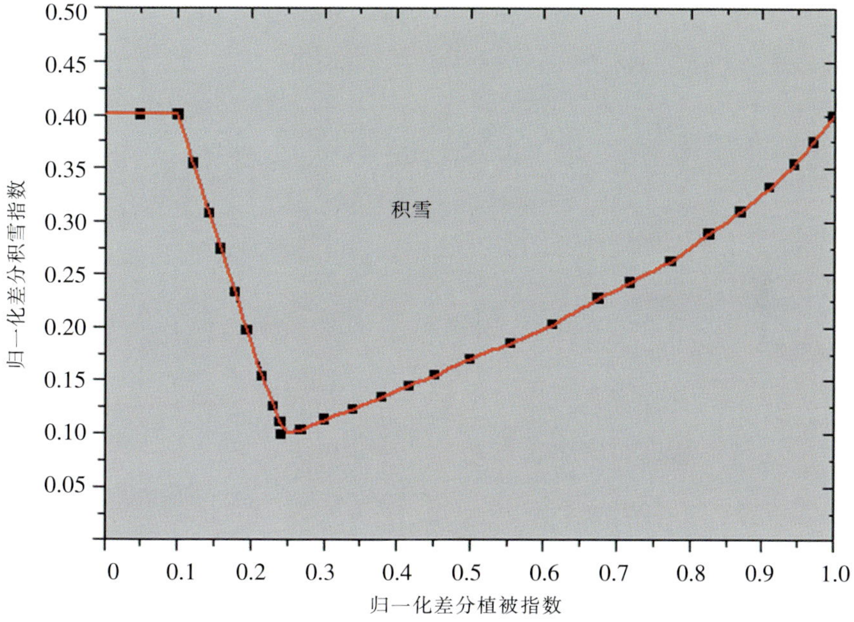

图5-3-3 VIRR NDSI-NDVI积雪判识曲线

历史累计最近赤道月雪线积雪再检测 将南北半球历史统计最近赤道月雪线作为积雪判识结果的再检测手段。一般情况下，雪线以内的区域为可能积雪区，而雪线以外的区域则为积雪不可能出现区。这样，在积雪判识中，雪线外区域可以不进行积雪判识，或者将检测出的积雪重新标记为云。

孤立积雪错判点去除 对判识可靠性不高且孤立的积雪点，利用海拔和周边环境温度等条件，进行错判点检测去除。

FY-3/VIRR积雪提取算法和数据处理系统是一个比较复杂的判识过程。图5-3-4为VIRR积雪判识算法流程图。表5-3-5给出了FY-3/VIRR积雪判识流程图中符号代表释义。图5-3-5给出了相应的积雪产品样例。

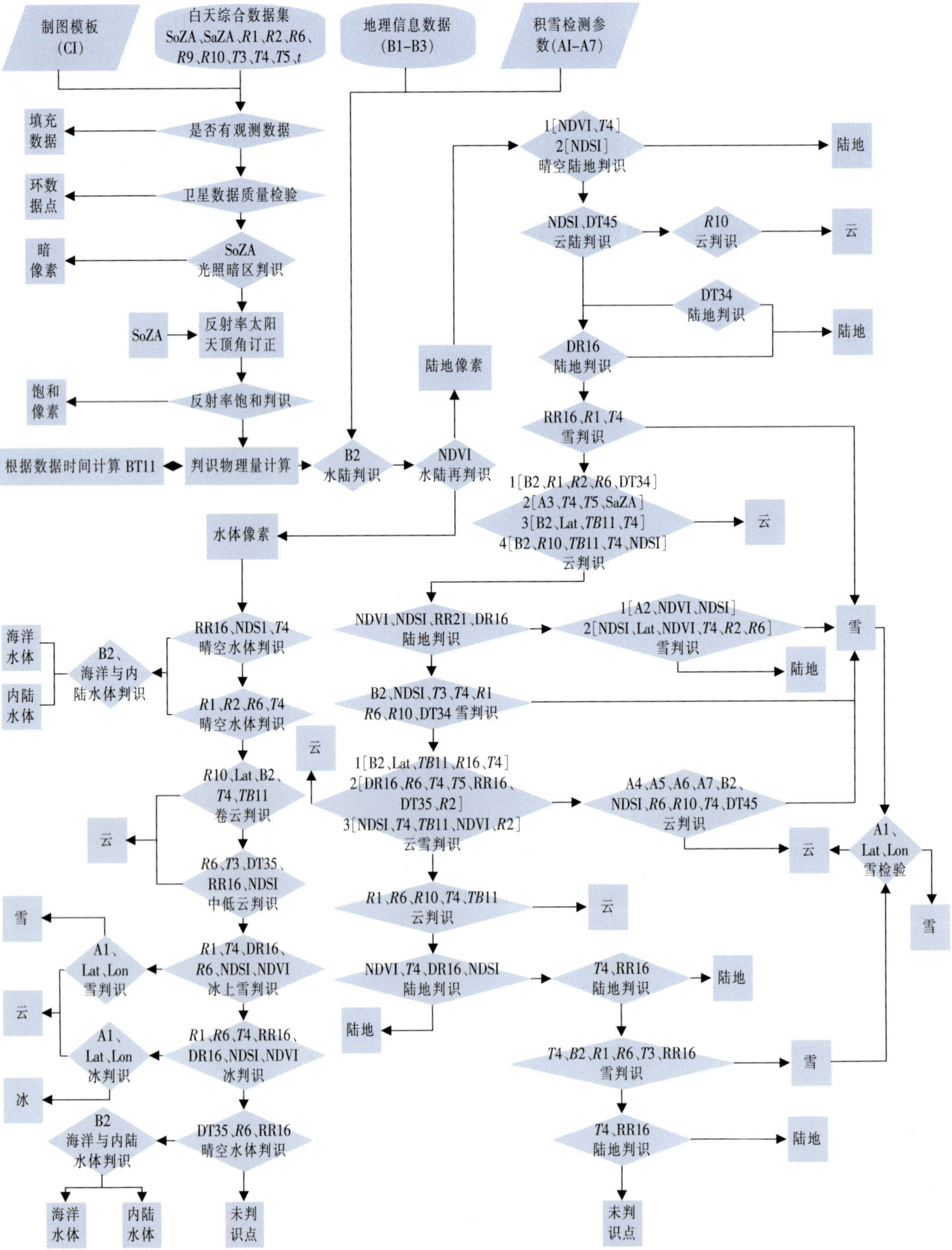

图5-3-4　VIRR积雪判识算法流程图

表5-3-5　FY-3/VIRR积雪判识流程图中符号代表释义

A1	最接近赤道的月雪线查找表	B1	土地利用数据文件
A2	NDSI-NDVI林区积雪判识查找表	B2	高程数据文件
A3	红外亮温差判识薄卷云查找表	B3	行政边界数据文件
A4	新雪与冰水云判识$R10$~$R6$查找表	Lat	像素点地理纬度
A5	新雪与冰水云判识$R6$~$T4$查找表	Lon	像素点地理经度
A6	新雪与冰水云判识$R6$~$R10$查找表	SoZA	太阳天顶角
A7	新雪与冰水云判识$T4$–$T5$~$R6$查找表	SaZA	卫星天顶角
$R1$	订正后的0.645 μm反射率	$T3$	3.75 μm亮温
$R2$	订正后的0.86 μm反射率	$T4$	11.0 μm亮温
$R6$	订正后的1.64 μm反射率	$T5$	12.0 μm亮温
$R9$	订正后的0.55 μm反射率	DR16	差值积雪指数：$R1$~$R6$
$R10$	订正后的1.375 μm反射率	DT34	低云温差指数：$T3$~$T4$
NDVI	归一化植被指数：$(R2-R1)/(R2+R1)$	DT35	低云温差指数：$T3$~$T5$
NDSI	归一化积雪指数：$(R1-R6)/(R1+R6)$	DT45	分裂窗亮温差：$T4$~$T5$
TB11	以时间t、高程和纬度为变量的11.0 μm参考亮温：$f(t, B2, Lat)$	RR21	比值植被指数：$R2/R1$
C1	VIRR日积雪制图模板文件	RR16	比值积雪指数：$R1/R6$

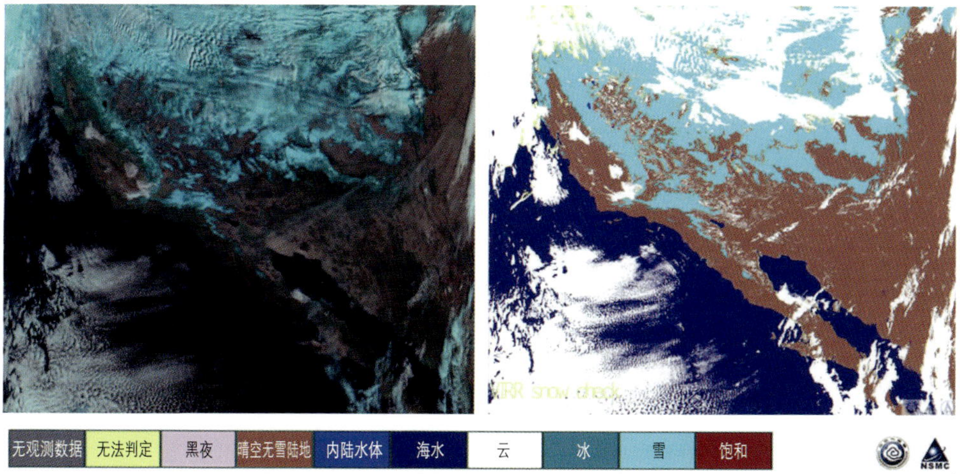

VIRR-621通道合成图　　　　对应的积雪判识结果

图5-3-5　FY-3/VIRR积雪产品样例

3.1.2 被动微波积雪遥感算法

经过长期的研究和应用，国内外已发展了多种积雪被动微波遥感模型和反演雪深、雪水当量的算法。常用的算法主要有半经验算法、迭代算法、基于物理模型的统计反演算法、神经网络算法和同化算法。最具有代表性的模型有：（1）MEMEL模型。这是瑞士Bern大学的微波遥感研究组通过实验发展起来的一个针对多层积雪的被动微波辐射传输模型，适用频率范围在5 GHz~100 GHz。该模型适用频率范围较宽，而且计算速度较快，是一个精巧而实用的模型。（2）HUT模型。芬兰赫尔辛基大学发展的一个主要用于雪水当量反演的半经验模型，基本假设是雪层微波辐射的散射以前向散射为主，描述了以雪水当量、有效粒子半径和雪密度为参数的均匀雪层发射机制。该模型采用一个经验系数来度量被散射到前向的辐射能量的比例，以简化雪层中的辐射传输计算。计算中还考虑了土壤表面、森林覆盖和大气对卫星观测亮温的影响。（3）基于致密介质辐射传输理论的积雪遥感模型。该模型使用致密介质辐射传输理论（DMRT）计算电磁波在积雪中的有效传播常数，据此修正雪的散射系数、消光系数和反照率，以便更准确地反映雪的辐射特性。用DMRT模拟不同雪粒径情况下，积雪深度与亮温差的关系，在对积雪微波辐射的物理描述的基础上，考虑了雪层内粒子的微观结构对辐射的影响以及粒子散射的相干作用，也考虑了粗糙表面的影响，为反演多种雪参数提供了可能。最具代表性的算法当属NASA算法。这是一种基于一定假设的半经验线性算法，即利用18 GHz和37 GHz频率的V极化或H极化的亮温差反演积雪深度。该算法是由NASA戈达德飞行中心水文科学部众多科学家在Chang算基础上经过多次反复验证和改进，逐步发展成为可靠和简单易用的算法。在各种积雪被动微波遥感模型中，NASA算法的应用最为广泛。为了叙述方便，李新等通过研究，把Chang的首创工作称为Chang算法，考虑了雪粒径和森林覆盖度的改进算法称为NASA96算法，针对AMSR（高级微波扫描辐射计）和AMSR-E的改进算法称为AMSR算法，Foster et al.提出的考虑了误差估计的新算法称为Foster算法。在以上算法的基础上，中国科学院寒区旱区环境与工程研究所（CAREERI）针对被动微波遥感SMMR，SSM/I和AMSR-E数据特点和中国区域积雪特征，修改建立了中国区域CAREERI雪深反演算法；国家卫星气象中心与北京师范大学合作，针对风云三号微波成像仪（MWRI）数据特点和积雪环境特征，研究建立了积雪参数算法和软件系统。现分述如下：

1. Chang算法

基于Mie散射理论和辐射传输模型，假设积雪为均一、单层的干雪，雪密度为0.3 g/cm^3，雪粒径为0.3 mm，雪深小于1 m，结合实测数据，Chang et al.提出了利用多波段扫描微波辐射仪（SMMR）资料反演雪深的半理论、半经验算法：

$$\mathrm{SD} = 1.59 \times (TB_{18\mathrm{H}} - TB_{37\mathrm{H}}) \qquad (1)$$

其中：SD为雪深（cm），$TB_{18\mathrm{H}}$和$TB_{37\mathrm{H}}$分别是SMMR的18GHz和37GHz水平极化亮温。选择水平极化而非垂直极化，是因为前者对雪深更敏感。

模型适用于雪深小于1 m的情况，大于该深度，亮温差出现饱和现象，即不再随雪深增加而增加。同时，考虑到SMMR 25 km × 25 km像元尺度内的异质性，当雪的估计值小于2.5 cm时，则认为地表没有积雪。因此，式（1）的适用范围是2.5 cm<SD<100 cm。Aemstrong et al.针对NASA算法开展了大量验证工作，得出主要结论：算法在大多数情况下能够较好地反映大尺度的积雪范围、雪深和雪水当量。但算法会低估积雪，对积雪范围的低估，是因为被动微波传感器不能探测到很浅的积雪，对雪深的低估，主要是源于饱和问题，以及森林覆盖度的影响。此外，雪粒径的变化，特别是深霜层的发育会显著地影响反演结果。

2. NASA96算法

通过调整Chang算法中的回归系数和引入森林覆盖度，并对原算法进行了修正。将原算法重新表示为：

$$SD = a(TB_{18H} - TB_{37H}) \quad (2)$$

式中：a为回归系数，Chang算法中取为1.59。

当雪粒径为0.4 mm时，将Chang算法中的系数a修正为0.78。新的雪深估算公式表示为：

$$SD = 0.78 \times (TB_{18H} - TB_{37H}) \quad (3)$$

考虑森林覆盖度f的影响后，算法进一步修正为：

$$SD = a(TB_{18H} - TB_{37H}) / (1.00 - f) \quad (4)$$

NASA96算法在欧亚大陆和北美地区用不同的计算公式：在欧亚大陆，a取0.78；北美地区，a取1.59。结果验证表明，在欧亚大陆和北美，新算法的精度都有显著的提高。

3. AMSR算法

AMSR算法中加入了剔除降雨区和湿雪区的判别方法，也考虑了森林覆盖度的影响。对于雪粒径的影响，则引入了一个雪粒径r（mm）动态增长的经验函数，它是初始粒径（取为0.2 mm）和时间的函数。对于雪的占空比（密度）的动态增长，也采用类似的经验函数描述。然后，对致密介质辐射传输模型的模拟结果做拟合，得到一个二次多项式形式的回归方程：

$$SD = b(\Delta TB)^2 + c\Delta TB \quad (5)$$

式中：ΔTB为AMSR的19GHz和37GHz频率水平极化亮温之差；b和c为两个经验参数，它们是粒径和占空比的函数。

初步的比较结果表明，AMSR 算法只是比Chang算法有微小的改善，还需要对算法做进一步改进。

4. Foster算法

这是NASA算法的最新发展，它考虑了森林覆盖度和雪粒径的动态变化，并且强调了先验信息——雪的分类数据库和土地覆盖类型数据库的作用，同时还引入两个随时间变化的动态参数分别表示森林覆盖度和雪粒径影响。对于雪水当量SWE（mm）的估计，将Chang算法可写为：

$$\mathrm{SWE} = C_0(TB_{19H} - TB_{37H}) \qquad (6)$$

式中，SWE为雪水当量（mm），用TB_{19H}替代式（1）中的TB_{18H}，其意义是可以用SSM/I的19.35GHz和AMSR的18.70GHz水平极化亮温或者用SMMR的18GHz水平极化亮温；C_0对于SSM/I取4.8 mm/K，对于SMMR取4.77 mm/K。

引入两个随时间变化的动态参数分别表示森林覆盖率和雪粒径影响，将Chang的算法修正为：

$$\mathrm{SWE} = F_tC_t\ (TB_{19H} - TB_{37H}) \qquad (7)$$

其中，F_t为森林覆盖度影响项：

$$F_t = 1/(1 - \varepsilon) \qquad (8)$$

式中，ε为森林覆盖度，可通过IGBP的全球土地利用图处理得到。

C_t为考虑了雪粒径影响后的修正系数：

$$C_t = (1 - \gamma)\ C_0 \qquad (9)$$

其中，γ是雪粒径不同引起的误差订正项，雪粒径随时间和积雪类型（苔原型、高山型、泰加林型、海洋型、大草原型、瞬时型）而变化，积雪类型采用Sturm的分类。C_0是常数项，取值同（6）。

Foster算法已经通过加拿大七个冬季大量积雪观测数据的验证，结果表明：在大多数地区，Chang算法估计雪水当量的已知偏差都得到了纠正，Foster算法能很好地反映雪的积累和消融时相。但对于高山型和海洋型积雪，它的误差依然较大。

在各种被动微波积雪遥感模型中，NASA算法的应用最为广泛。美国国家冰雪中心（NSIDC）已利用该算法建立了积雪参数反演系统，并处理生成了长时间序列的全球积雪数据集。

5. 中国区域CAREERI雪深反演改进算法

（1）剔除地表的非积雪像元

被动微波反演积雪深度的算法在某些地表特征下并不适用，包括降雨、沙地、冻土、寒漠等。因为积雪深度的反演算法主要利用了积雪层的散射特性，积雪越厚，散射效率越高，表现在19GHz和37GHz频率上的亮度温度差越大。而降雨、沙地、冻土、寒漠等地表特征同样会产生类似于积雪层的散射特征。如果不把这些地表像元从数据中剔除，反演结果将会高估积雪面积和雪深。为了判识积雪像元，首先需要分析统计已知地表特征与微波亮度温度的对应关系，利用SSM/I数据，确定不同地表特征亮度温度的分类标准，建立如图5–3–6所示的分类树算法，用于剔除无积雪像元。

（2）修正雪深反演系数

以Chang算法为基础，利用地面台站观测的雪深数据，对该算法的系数进行拟合订正。为了得到合理的反演系数，首先应考虑地面台站雪深的观测误差、雪层中液态水含量和地表水体对算式系数可能产生的影响，将有上述影响的观测数据剔除后，再利用选择后的地面台站积雪深度实测数据，对18/19GHz和37GHz亮度温度差进行回归分析，以获取雪深的反演系数。

对于SMMR数据，利用18 GHz和37GHz的水平极化亮温差反演雪深的算式为：

$$\mathrm{SD} = 0.78 \times (TB_{18} - TB_{37}) \tag{10}$$

考虑到森林覆盖区的影响，将算式比上一个因子（1–f），f为森林覆盖

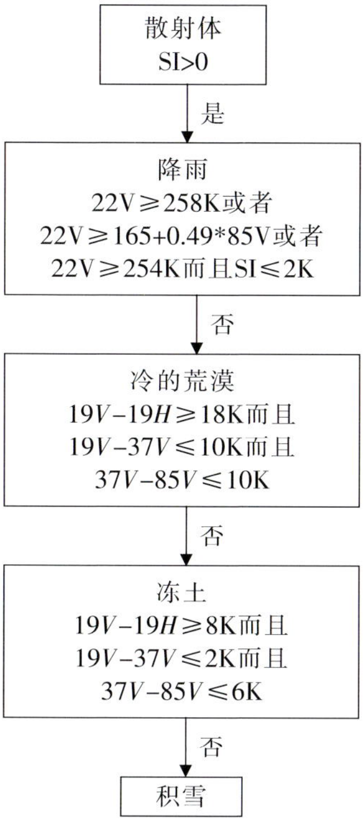

图5-3-6　基于被动微波遥感SSM/I数据的积雪分类树

率。没有森林的地方f为0。由此，雪深反演算式修正为：

$$SD = 0.78 \times (TB_{18} - TB_{37})/(1-f) \quad (11)$$

对于SSM/I的19GHz和37GHz水平极化亮温数据以及AMSR-E的18GHz和36GHz水平极化亮温数据，经过交叉定标与SMMR保持一致后，采用以上算式反演雪深。

6. FY-3/MWRI积雪参数反演算法

FY-3/MWRI从10.65GHz到89GHz共有五个观测频段，每个频段都有垂直与水平两种极化，频段的设置与AMSR-E的观测频段很相近（表5-3-6）。参照Chang算法和AMSR-E的全球算法建立的FY-3/MWRI积雪参数反演算法包括积雪判识和雪深与雪水当量计算。

表5-3-6 AMSR-E和FY-3/MWRI传感器主要参数特征比较

频率/GHz	6.925	10.65	18.7	23.8	36.5	89	AMSR-E
		10.65	18.7	23.8	36.5	89	FY-3/MWRI
分辨率/km	75×43	51×29	27×16	32×18	14×8	6×4	AMSR-E
		51×85	30×50	27×45	18×30	9×15	FY-3/MWRI
带宽/MHz	350	100	200	400	1000	3000	AMSR-E
		180	200	400	900	2300	FY-3/MWRI
极化方式	V,H	V,H	V,H	V,H	V,H	V,H	AMSR-E
		V,H	V,H	V,H	V,H	V,H	FY-3/MWRI
敏感性/K	0.34	0.7	0.7	0.6	0.7	1.2	AMSR-E
灵敏度/K		0.6	1	1	1	2	FY-3/MWRI
精度/K	1	1	1	1	1	1	AMSR-E
		1.2	2	2	2	2.8	FY-3/MWRI
入射角/°	55						AMSR-E
	53						FY-3/MWRI
刈宽度/km	1445						AMSR-E
	不小于1400						FY-3/MWRI

(1) 积雪判识

综合运用TB_{19V}、TB_{19H}、TB_{22V}、TB_{22H}、TB_{37V}、TB_{85V}等波段，选择$TB_{19V}-TB_{37V}$，$TB_{22V}-TB_{88V}$，（$TB_{22V}-TB_{85V}$）-（$TB_{19V}-TB_{37V}$），$TB_{19V}-TB_{19H}$，TB_{22V}等五组判识因子，分别区分陆地水体，判识陆地散射体，分离积雪与沙漠、冻土，同时，剔除降水影响值。图5-3-7是参照李晓静积雪判识算法建立的中国及其周边地区积雪判识流程图，将积雪区分为厚干雪、厚湿雪、浅干雪、厚湿雪、浅湿雪或者森林覆盖下的雪。各判识因子阈值是根据卫星观测数据结合地基观测数据的散点图聚类分析确定。

(2) 中国区域雪深和雪水当量算法

在以上积雪分类基础上，蒋玲梅等利用不同频率亮温对雪深的敏感性差异，建立了中国区域雪深半经验统计反演算法。为了提高雪深反演精

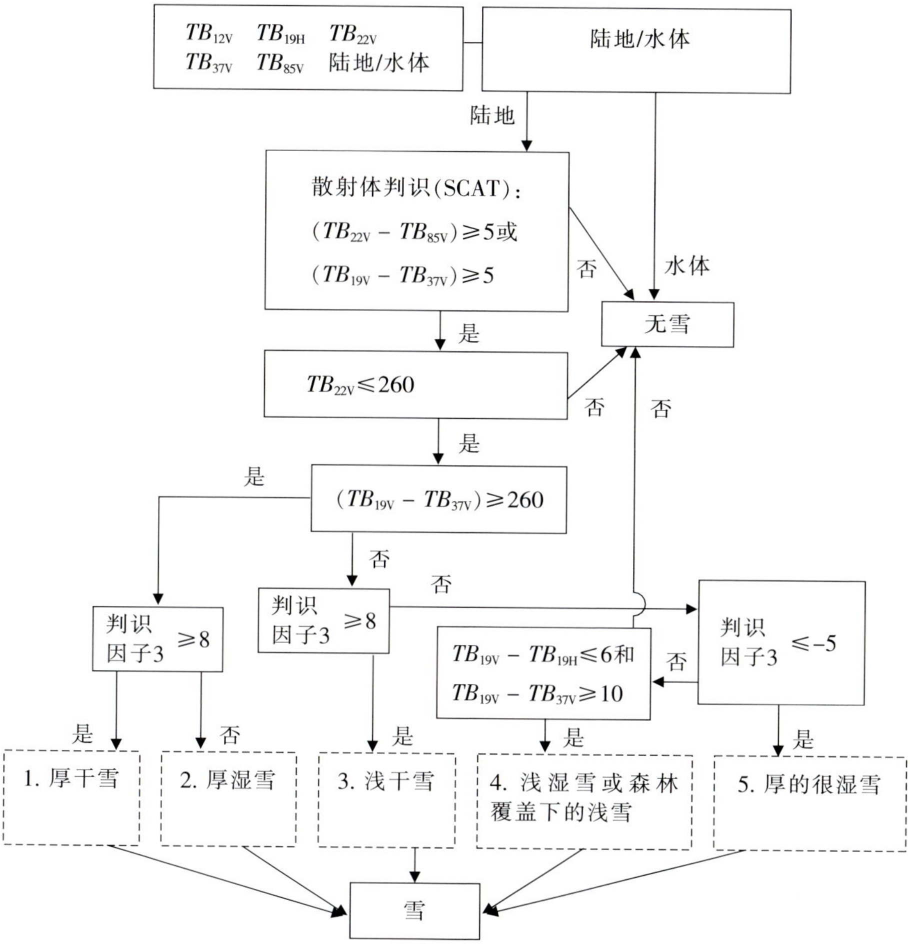

图5-3-7 利用FY-3/MWRI数据建立中国及其周边地区积雪判识流程图

图中判识因子3为$(TB_{22V}-TB_{85V})-(TB_{19V}-TB_{37V})$

度，根据全国1 km网格土地利用覆盖度数据，结合中国区域的下垫面微波辐射特征，将中国区域地表类型分成森林、农田、草地和裸地四种主要地物类型；针对四种主要地物类型建立相对“纯”像元下的雪深反演算法。所谓“纯”像元是假设在被动微波像元内，当主要地物的覆盖度大于或等于85%时，即认为该像元是该地物类型的“纯”像元。选用FY-3/MWRI的10.7GHz，18.7GHz，36.5GHz和89GHz的V/H极化数据组合反演雪深，

10.7GHz与18.7GHz可以反映雪下地表信息，36.5GHz波段则对积雪体散射很敏感。为了更好地识别浅雪，算法引入89GHz数据，通过统计回归分析得到针对农田、草地、森林和裸地四种类型下垫面相对纯像元下的地表雪深反演算法，详见式（12）和（13a）~（13d）：

$$\mathrm{SD} = \mathrm{F}(\text{农田}) \times \mathrm{Sd}(\text{农田}) + \mathrm{F}(\text{草地}) \times \mathrm{Sd}(\text{草地}) + \mathrm{F}(\text{裸地}) \times \mathrm{Sd}(\text{裸地}) + \mathrm{F}(\text{森林}) \times \mathrm{Sd}(\text{森林}) \tag{12}$$

$$\mathrm{Sd}(\text{农田}) = a_1 + a_2 \times d18v36h + a_3 \times d89v89h \tag{13a}$$

$$\mathrm{Sd}(\text{草地}) = b_1 + b_2 \times d18h36h - b_3 \times d18v18h + b_4 \times d10v89h - b_5 \times d18v89h \tag{13b}$$

$$\mathrm{Sd}(\text{森林}) = c_1 - c_2 \times d18h36v - c_3 \times d18v18h + c_4 \times d10v89h - c_5 \times d36v89h \tag{13c}$$

$$\mathrm{Sd}(\text{裸地}) = e_1 + e_2 \times d36h89h - e_3 \times d10v89v + e_4 \times d18v89v - e_5 \times d36v89v \tag{13d}$$

式中，F（农田），F（草地），F（森林）和F（裸地）分别代表每个像元内农田、草地、森林和裸地的覆盖度；Sd（农田），Sd（草地），Sd（森林）和Sd（裸地）分别为农田、草地、森林和裸地“纯”像元下垫面回归反演的雪深，单位为cm。公式中的字符组合：d表示差值；10、18、36和89表示FY-3/MWRI的对应亮温通道；v表示垂直极化；h表示水平极化；a_1~a_3，b_1~b_5，c_1~c_5，e_1~e_5分别为回归系数。

雪水当量按下式计算：

$$\mathrm{SWE} = \rho_{\text{雪密度}} \times \mathrm{SD} \times 10 \tag{14}$$

式中，SWE为雪水当量（mm），$\rho_{\text{雪密度}}$（g/cm^3），SD为雪深

将本算法分别应用于FY-3B/MWRI和AMSR-E数据，进行了2010—2011年冬季雪盖制图，与相应时段的MODIS日积雪产品（MYD10C1）相比，尽管两者数据源有所不同，本算法估算雪盖的精度均达到84%以上。

此外，利用本算法和FY-3B/MWRI数据在北半球进行了雪当量估算测试，与AMSR-E标准雪当量产品进行了比较，发现二者结果较为一致。但在中国地区，AMSR-E雪当量值明显高于FY-3B/MWRI估算值，这与已有AMSR-E雪当量产品的验证结果较为一致，FY-3B/MWRI雪深估算值与站点观测值更为吻合。图5-3-8是利用FY-3B/MWRI数据计算的2014年1~2月微波遥感雪水当量监测图。东北、内蒙古、青藏高原、新疆等季节性稳定积雪区域的雪水当量在1月稳定在20 mm~40 mm，2月上旬开始，中部地区出现了较大范围的积雪分布，雪水当量在5 mm~20 mm。

3.2 冰的遥感监测方法

冰不是一个单一的物理量，对它进行描述需要多个相关的参数。之前我们提到有多种不同的遥感器和不同的遥感测量原理，可对冰的某个或某些参数进行测量。依据这些原理，先后发展了许多遥感冰的具体算法。目前，已经能对几种不同类型的冰（海冰、冰盖、冰山等）的多个参数（如冰密集度、冰厚、冰面温度、冰的质量变化等）进行测量，以下我们介绍其中的一部分方法。

同时，需要指出的是，对冰的遥感技术已经发展到相当细致和深入的程度，我们介绍的方法只是其中最主要和最基本的部分，尚有许多更专业、更精细的研究工作不曾涉及。

3.2.1 可见光/红外算法——以MODIS遥感海冰为例

可见光/红外遥感器是历史最悠久、最成熟的遥感器，它一直以来都是对地观测主力军，冰也是它能够观测的对象之一，MODIS则是这一类遥感器中的典型代表。许多可见光和红外遥感的算法都以MODIS为例。

首先用MODIS的MOD03产品来区分海洋和陆地，用MOD35产品来区分有云和无云，可见光反演海冰严格限定在白天、晴空无云的条件之下。

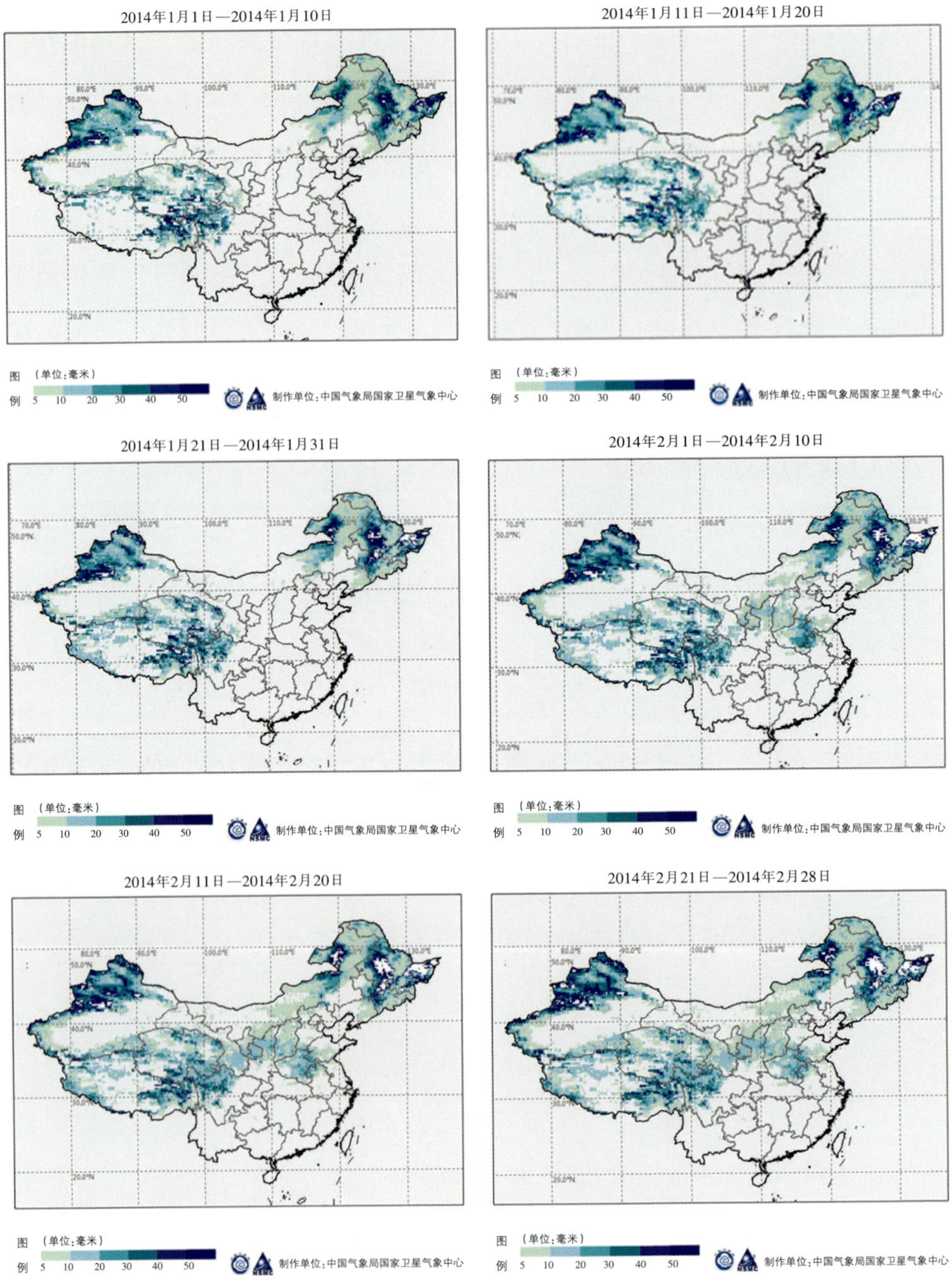

图5-3-8　2014年1~2月FY-3B/MWRI雪水当量监测图

当海冰上有积雪时，使用归一化积雪指数NSDI，它由MODIS的Band4（0.55 μm）和Band6（1.6 μm）建立：

$$NSDI = \frac{Band4 - Band6}{Band4 + Band6}$$

判断MODIS某像元是否是冰的依据有三条：

NSDI>0.4

波段2反射率<0.11

波段1反射率>0.10

海冰的冰面温度IST则使用Band31和Band32两个热红外通道，具体公式如下：

$$IST = a + bT_{31} + c(T_{31} - T_{32}) + d[(T_{31} - T_{32})\cdot(\sec q - 1)]$$

其中：T_{31}和T_{32}分别是MODIS波段31和32的亮温，q是入射角，a，b，c，d是系数，随温度范围以及南北半球而变。

上述算法除MODIS外，也适用于其他很多可见光/红外遥感器，例如，美国气象卫星NOAA的AVHRR、中国风云三号气象卫星的VIRR和MERSI等。当然，由于不同遥感器之间技术性能存在差异，算法中的某些参数需要进行适当的调整。

陆地卫星也是一大类可见光/红外遥感器，其最大特点是可以提供极高空间分辨率的遥感影像，水平高的可达到亚米级别，水平低的也在十米量级，比MODIS、AVHRR这一类千米级的空间分辨率要高得多，因此，可以获得细节更加丰富的冰图像信息。不过，遥感原理上并无不同，具体方法也类似。

3.2.2 被动微波遥感法——以AMSR遥感海冰为例

微波辐射计是探测海冰的有效手段，它能够探测海冰的多个参数，包括海冰密集度、冰面温度、区分当年冰还是多年冰以及冰面上覆盖的雪的厚度等。以下我们以AMSR为例，介绍微波辐射计探测海冰的密集度、区分当年冰或者多年冰的具体算法。

微波辐射计遥感海冰依赖的是极化比PR和梯度比GR。所谓极化比PR，是指微波辐射计每个频率上都有垂直和水平两种极化方式，这两种极化方式下微波亮温的归一化差分值；所谓梯度比GR，指的是微波辐射计临近的两个频率，相同极化方式下亮温的归一化差分值。通常情况下，使用的是18.7GHz和36.5GHz两个频率，具体计算公式如下：

$$PR = \frac{T_{19V} - T_{19H}}{T_{19V} + T_{19H}}$$

$$GR = \frac{T_{37V} - T_{19V}}{T_{37V} + T_{19V}}$$

其中，19和37分别表示18.7 GHz和36.5 GHz两个工作频率，V和H分别代表垂直极化和水平极化，T是亮温。PR-GR的点分布在一个类三角形的范围内，如图5-3-9所示。

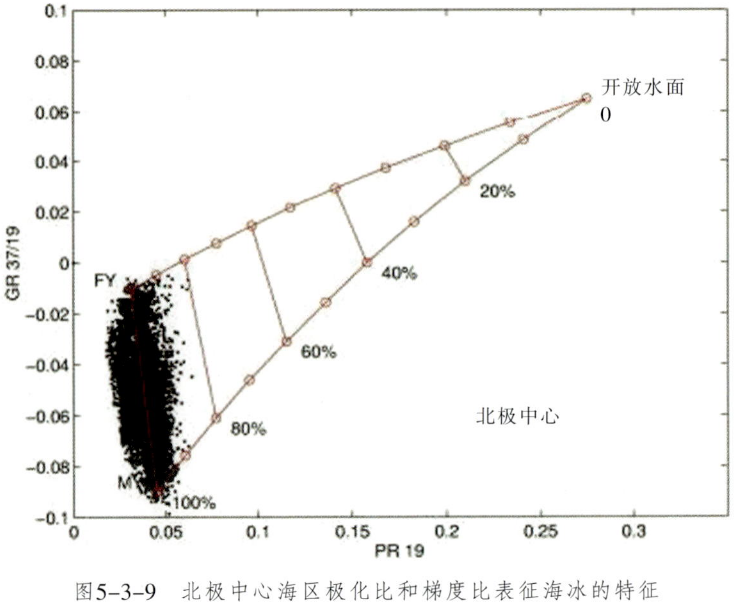

图5-3-9　北极中心海区极化比和梯度比表征海冰的特征

图中，FY代表当年冰，MY代表多年冰，二者之间的差别主要来自当年冰的盐分含量高。0~100%则代表不同的海冰密集度，海冰密集度低，则海水的信号贡献大，海冰贡献小；密集度高，则海冰贡献大，海水贡献小。图中所表示的是该地海冰密集度为100%，由多年冰和当年冰共同组成。不过，类三角形的几个顶点的坐标以及等密集度线的几何参数是经验型的，根据不同海区而不同。目前已经通过大量的实际观测，给出了全球几个最主要的海冰海区的类三角形几何参数。

图5-3-10是AMSR-E和MODIS对海冰冰面温度的同步观测结果。同MODIS相比，AMSR的最大优势在于可以穿透云层观测，而最大劣势在于低的空间分辨率。因此，AMSR和MODIS相结合，取长补短是一种很容易想到的方法。事实上，AQUA卫星就同时携带了AMSR-E和MODIS，二者在时间和空间上均有高度的一致性。

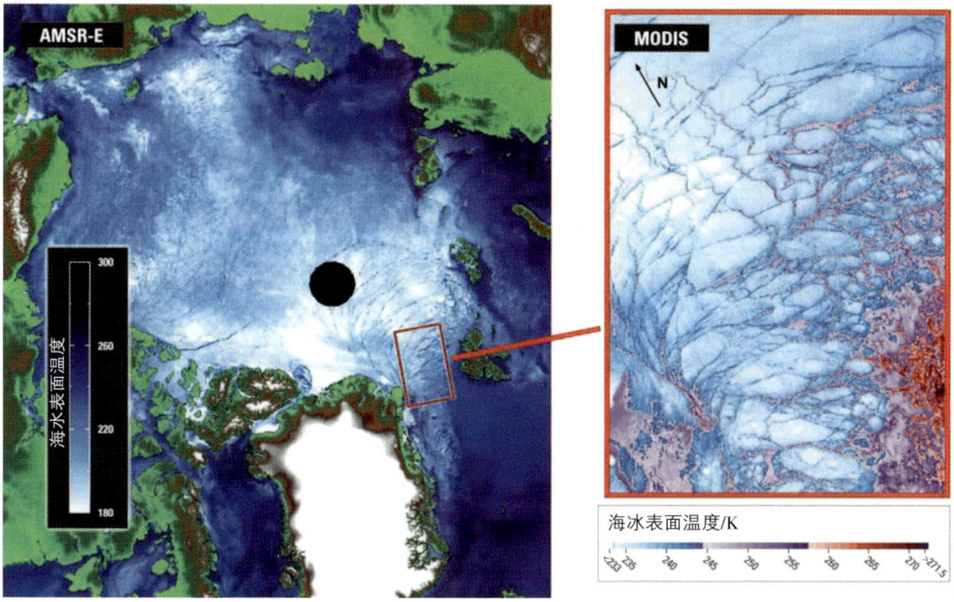

图5-3-10　AMSR-E和MODIS对海冰冰面温度的同步观测

AMSR是具有代表性的微波辐射计，AMSR系列就有AMSR-J（ADEOS-Ⅱ卫星）、AMSR-E（AQUA卫星）和AMSR2（GCOM-W1卫星）。此外，GPM的GMI、中国风云三号气象卫星的MWRI、海洋二号卫星的RAD，美国国防气象卫星DMSP的SSM/I和SSM/IS也是十分常用的微波辐射计，AMSR探测海冰的算法也能适用于这些。不过，SSM/I没有低频通道，GMI和MWRI虽然有低频通道，但是，最低频率约11GHz，在探测冰面温度上，性能不及AMSR。

3.2.3 微波散射方法——以微波散射计为例

总体来说，冰面是很强的散射体，散射计回波信号很强，在图像中表面为很高的亮度。图5-3-11是微波散射计QUIKSCAT对南极冰盖及周边海冰的观测结果。

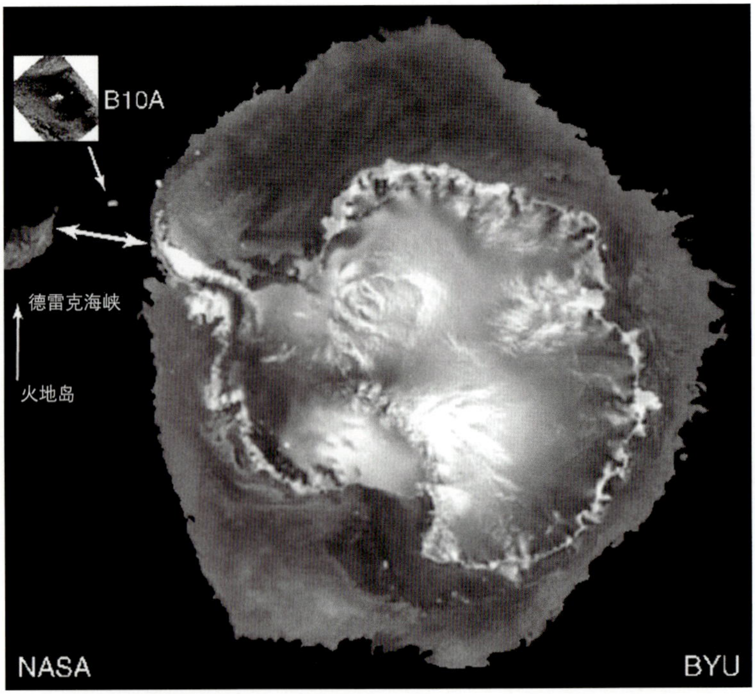

图5-3-11　微波散射计QUIKSCAT测量到的南极冰盖和周边的海冰情况

图中可以看出，南极大陆的冰盖回波信号明显比周边的海冰强得多，这主要是因为冰盖有大量的垂直结构，起到了角散射体的作用，很大程度地增强了回波信号，而由海水冻结而成的海冰以平面结构为主，回波强度明显较弱。但即便如此，海冰的回波信号依然明显高于周边未冻结的海水。图的左上角有一个小白点，这是B10A冰山，从冰盖上脱离后进入海洋，在图像中十分醒目。结合微波散射计可以测量海面风场，有助于我们判断海冰的运动速度和方向，这也为航行的预警提供了一个有效的手段。海冰历来是海上航行的大敌，家喻户晓的泰坦尼克号就是沉于与海冰相撞的事故（图5-3-12）。

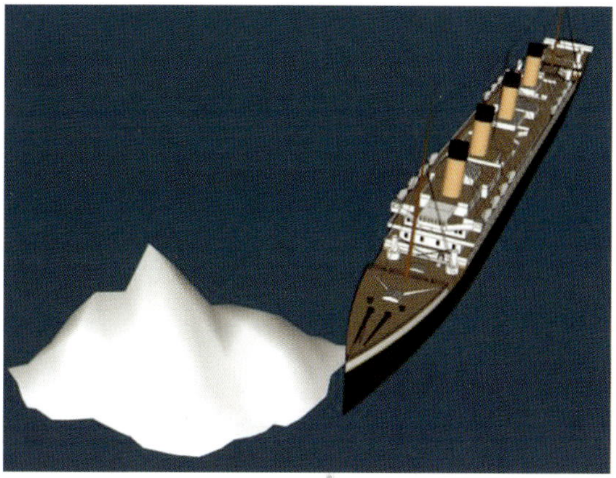

图5-3-12　泰坦尼克号和冰山

合成孔径雷达在测量雷达后向散射信号方面与微波散射计有很大的类似，不过合成孔径雷达的工作频率一般较低，空间分辨率则大大优于微波散射计，但是在冰遥感方面二者并无本质区别。

此外，GNSS-R也可以适用冰面散射法。所不同的是，GNSS-R是一种双站雷达，属于前向散射，这与SAR和散射计是最大的区别。此外，GNSS-R工作在L波段，该波段电磁波对冰有一定的透射能力，因此，GNSS-R不仅可能用来探测冰面状态，也可能探测冰内一定深度的信息。不过，GNSS-R还是一种有待完善的发展中技术，目前，用GNSS-R探测冰盖还为时尚早。

3.2.4 测高方法——值得重点介绍的ICESat和Cryosat

ICESat（Ice，Cloud，and land Elevation Satellite）顾名思义，是一颗以

测量冰、云和地形为核心任务的卫星，属于地球观测系统EOS的一个成员，由NASA在2003年1月12日发射升空。ICESat上面携带的唯一遥感器是GLAS（Geoscience Laser Altimeter System）。这是一台三频激光雷达，但是，第一个频率很快就失效了，我们通常只说后两个频率。GLAS波束垂直向下，工作波长分别是近红外的1064 nm和绿光的532 nm。近红外用于对地测高，绿光用于测量大气的后向散射回波信号。ICESat的轨道高度大约600 km，激光往返的时间差大约4 ms，可以根据精密测定往返时间差来推算卫星到目标的距离，再加上对卫星轨道的精密测定，就可以推算地表的高程。激光波束每隔170 m照亮约65 m直径的一个光斑，在此光斑内，如果地表是平坦的，那么回波信号会呈现一个很尖锐的单峰，根据峰值的时间差不难计算出时间间隔；当地表有植被覆盖时，回波信号会呈现双峰，第一个峰来自植被冠层顶部，第二个峰则来自真实的地表，根据两个峰的时间差，还可以推算植被的高度；当地表为平缓的斜面时，回波的峰尖锐度有所下降。一般来说，坡度越大，回波信号的峰值数值越小、峰的宽度越大，因此可以根据峰的形状推算地表的几何参数。图5-3-13是由ICESat/GLAS探测得出的南极、北极冰盖高程图。

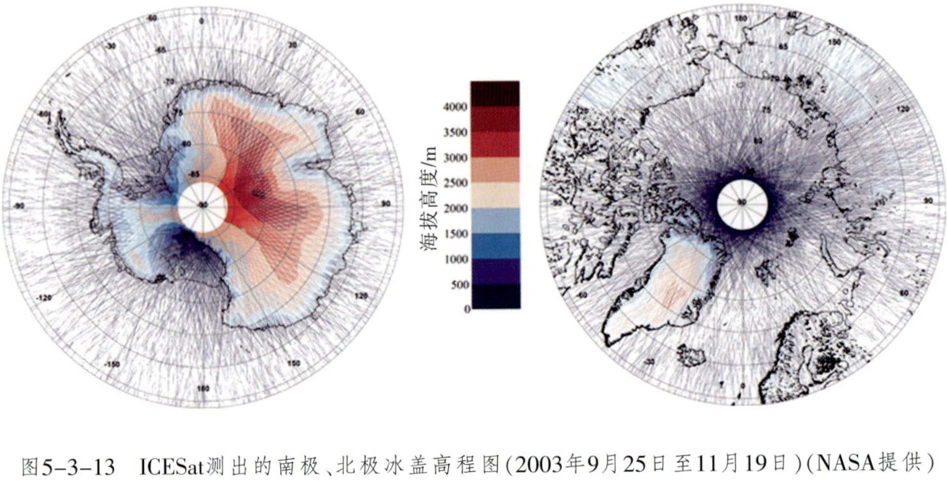

图5-3-13　ICESat测出的南极、北极冰盖高程图（2003年9月25日至11月19日）（NASA提供）

此外，GLAS和雷达高度计之间存在一个很大的区别，一般冰上往往覆盖一层积雪，雷达高度计可以穿透一定深度的积雪，而GLAS无法穿透积雪，从积雪和大气的界面处直接返回。正因为如此，如果能实现雷达高度计和GLAS同步观测，那么二者之间的差值可用来计算冰上积雪的厚度。

ICESat已经于2009年停止工作，由于对冰需要进行长时间的观测，因此的后续卫星也提上议事日程。目前，NASA已经规划了ICESat-2卫星，初步计划在2017年发射。ICESat-2的核心遥感器是单频激光雷达ATLAS（Advanced Topographic Laser Altimeter System），它的工作波长是532 nm，共有六个波束，两两一组，分为三组，彼此间隔为3.3 km。ATLAS的采样率大幅度提高，保证每隔70 cm就有一次观测，ATLAS可以进行更密集更细致的测量，图5-3-14是ICESat-2和ATLAS工作示意图。

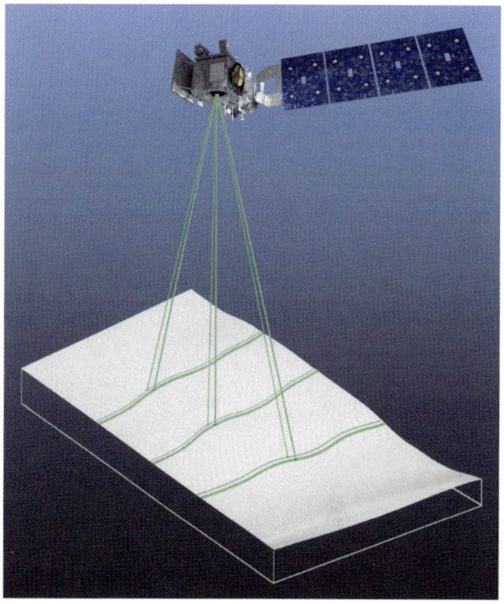

图5-3-14 ICESat-2和ATLAS工作示意图

欧洲空间局ESA主导的Cryosat也是一样的，它的名称就说明它是一个针对冰雪圈的遥感卫星（参见图5-3-15）。Cryosat-1由于发射失败，不得不由替补队员Cryosat-2取代它的位置。因此，一般情况下提到的Cryosat指的是Cryosat-2。

Cryosat的核心遥感器是一台Ku波段的微波雷达SIRAL（Synthetic Aperture Interferometric Radar Altimeter）。SIRAL是一台微波高度计，但它并非传统的脉冲式、测量发射到回波之间时间差和回波波形的微波高度计，它在传统微波高度计的基础上糅合了合成孔径技术和干涉测量技术，这些新

图5-3-15 Cryosat-2 卫星(ESA提供)

特性使得SIRAL具备了传统微波高度计所没有的能力。SIRAL可以测量冰盖边缘的复杂地形以及海冰的干舷高度（即冰盖顶部到海面的高度差）。SIRAL共有三种测量模式，分别是低分辨率模式LRM、合成孔径模式SAR和干涉合成孔径模式InSAR。低分辨率模式与传统的雷达高度计完全相同，是典型的精密定轨加精密测距的工作方式，而后两种则是SIRAL特有的功能。

SAR模式受益于很高的空间分辨率，使得SIRAL可以分辨狭窄水道中的冰和水，根据二者的差异获取海冰的干舷高度，再根据海冰露出水面的高度以及冰和水的密度差去推算冰的总厚度（图5-3-16）。

传统微波高度计所能测到的实际上是最早的回波信号，也就是距离最短的回波。如果地物目标是平面一块，那么这样的测距结果是明确的。如果地物目标本身地形崎岖不平，就无法进行准确的界定。InSAR模式的优势恰在于复杂地形条件下的测量（图5-3-17）。通过增加一部接收天线，和原有天线相距1 m，从卫星飞行方向上看，两部天线呈左右分布，如此一来，一个发射信号能被两部天线接收。两部天线之间的几何位置差使得二者接收到的信号在路径上和相位上存在差异，据此可以推算出回波的具体方向。此方向又可以用来推算地形的具体几何形状。这样，InSAR就能够在复杂的地形条件下进行观测。

图5-3-16 Cryosat探测海冰边缘图（SAR工作模式）(ESA提供)

Cryosat是一颗具有多重能力的卫星，InSAR方式可以对南极和格陵兰岛的冰盖的数字高程进行测量，获得冰盖的高程数据。SAR模式则用来测量北极海区海冰的干舷高度，并进一步推算冰的厚度，再根据冰的面积来推算冰的总体积，根据总体积推算冰的总质量。此外，Cryosat还同ICESat一起，发现了南极冰盖下存在大量排空水的冰下湖，这些冰下湖相当于掏空冰盖下方，使得冰盖存在坍塌的可能性。当然，SIRAL还能做传统雷达高度计所能做的一切工作，包括测量海面高度、海面风速和有效波高等。

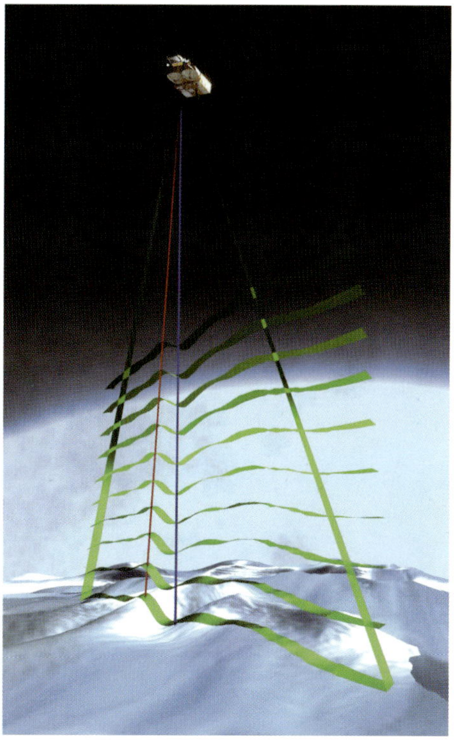

图5-3-17 Cryosat探测复杂地形条件下的冰面示意图(InSAR工作模式)(ESA提供)

图5-3-18和图5-3-19分别为Cryosat卫星测到的北极海区秋季冰层厚度的变化情况和南极冰盖高程。

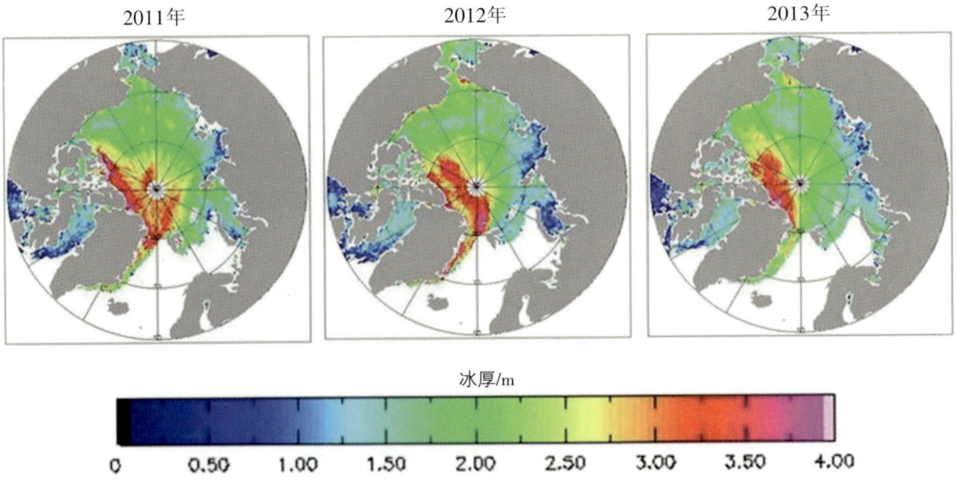

图5-3-18 Cryosat卫星测到的北极海区秋季冰层厚度的变化情况(ESA提供)

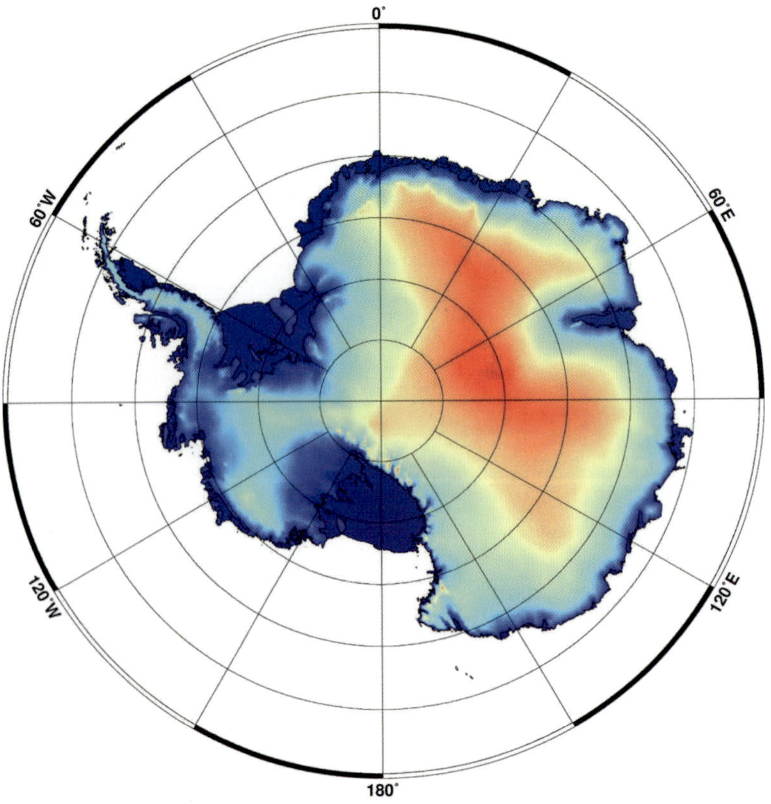

图5-3-19 Cryosat卫星测到的南极冰盖高程(ESA提供)

对于冰的观测是一项长期的、系统化的工作，既不能指望某一颗卫星就能包揽一切，也不能指望通过一段时间内的周到完整的观测就能代表历史和未来。因此，对冰的观测要同时使用多颗卫星，也要使用历史数据、当前数据以及未来数据。ICESat卫星、Cryosat卫星、飞机的机载激光和雷达测量以及未来的ICESat-2卫星共同组成了ICEBRIDGE任务。事实上，即便是ICEBRIDGE（图5-3-20），也无法做到对冰面面俱到的观测。结合各种卫星资源，做到取长补短，扩展观测数据的时间长度和观测范围，从多个不同的角度对冰进行综合观测，发展新的测量原理和观测技术是必然的发展方向。

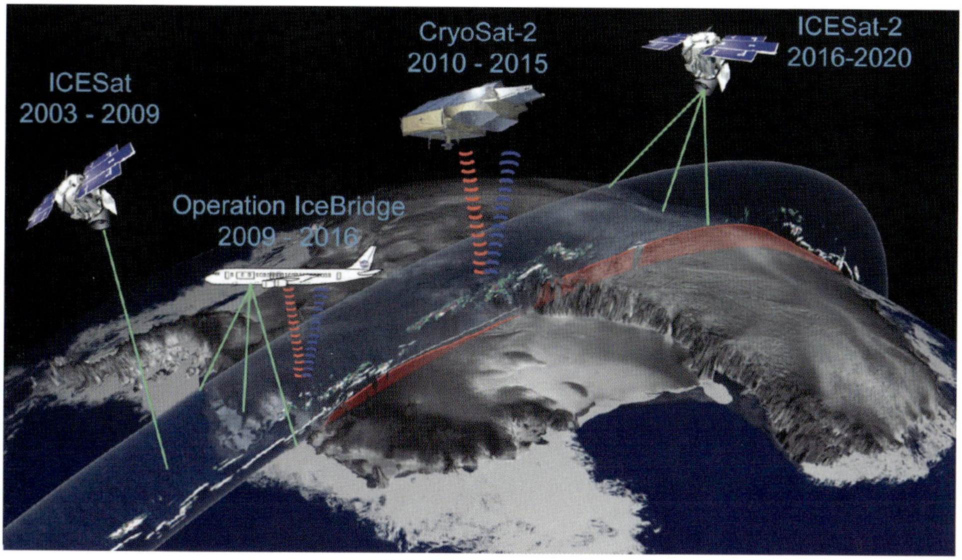

图5-3-20 ICEBRIDGE冰雪测量工作图示

3.2.5 重力测量法——以GRACE测量冰盖质量为例

重力卫星通过对地的连续观测，可以监测到质量的变化情况。在地球上，质量的一个主要变化因素是水。在海洋中，潮汐变化带来局地质量的变化；在陆地上，陆地水的变化（降雨输入、蒸发输出、积雪、结冰、融化等）是局地质量变化的主要因素。以地球上最主要的两块冰盖——南极大陆和格陵兰岛为例，重力卫星探测到的质量变化的主要原因是，由于气候变暖导致的冰盖融化。重力卫星探测最突出的一点是直接反映了水的物质总量的变化情况，比任何其他手段来得更加直接和明确。图5-3-21 是重力卫星给出的阿拉斯加和格陵兰岛冰盖融化情况。

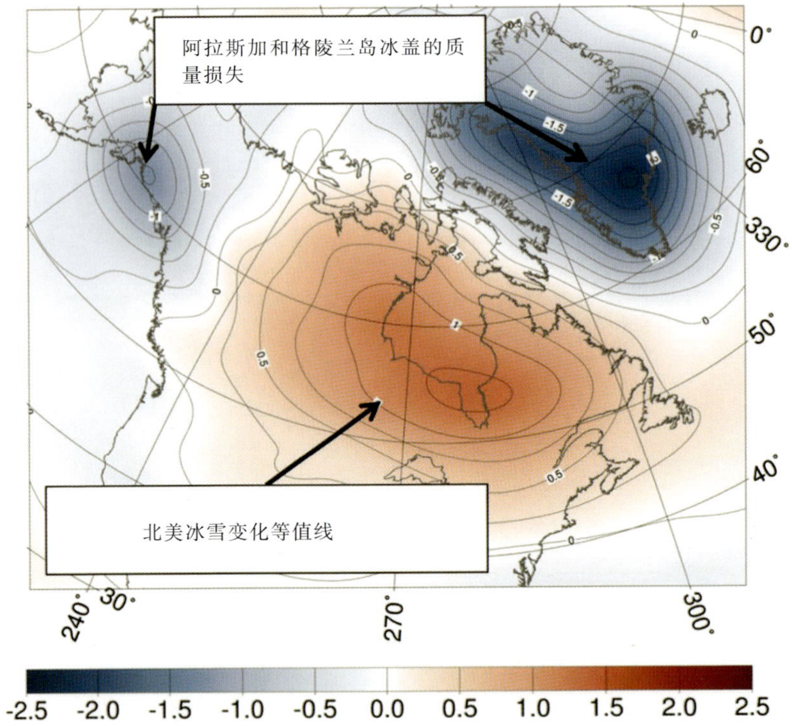

图5-3-21　重力卫星给出的阿拉斯加和格陵兰岛冰盖融化情况(GFZ提供)

3.3 冰雪遥感的局限性及误差分析

尽管遥感方法是监测冰雪的有效手段，但这并不意味着它是完美无缺的。事实上，通过遥感方法对冰雪的监测存在各种局限性。任何一种遥感方法都不能保证在任何情况下均能很好地工作，也不能保证在任何地点都能高质量地观测，更不可能做到无误差。冰和雪不是单一的物理量，它们涉及的参数很多，有的参数的遥感方法相对成熟，遥感器性能也较高，因此测量结果也较好；有的参数要么方法尚在逐步完善中，要么遥感器正在研制中，这些参数的测量结果目前并不理想，但是未来值得期待；有的参数目前还没有可行的观测方法，就更谈不到结果的优劣。此外，还有一些参数是很幸运的，有多种不同的原理可以对它们进行观测，这些各不相同的方法很难说此方法对彼方法有压倒性的优势，我们还可能需要研究不同方法之间的结合和取长补短的问题。总而言之，认识到遥感方法存在原理上或技术上的不足，对于用好遥感数据和明确发展方向都是非常重要的。

3.3.1 积雪遥感的局限性和误差分析

经过几十年发展，积雪遥感算法，特别是针对星载光学仪器和被动微波仪器的业务化算法，相对比较成熟，误差不断减小。但受仪器探测能力和算法物理基础等限制，积雪遥感算法仍需改进和完善。

1. 光学仪器积雪算法精度及局限性

利用静止气象卫星GOES/VAS仪器数据计算得到的北美地区亚像元积雪精度可以达到10%，而利用极轨卫星EOS/MODIS数据计算得到的MOD10业务产品，其北半球积雪范围误差为8%。这两种光学仪器积雪业务产品，基本上代表了当前千米级积雪遥感业务化的最高水平。

光学仪器积雪遥感受云和太阳光照条件的影响很大。云雪判识技术是建立在云和雪反射率及辐射率之差的基础上，对于通常的水云或单纯的冰云，云雪判识可以达到很高的准确性，但是对于覆盖在大片水云上方的冰云，由于其反射率和辐射率会与同区域的积雪异常相似，云雪区分难度很大；太阳光照条件直接决定了可进行积雪监测的区域，对于低太阳天顶角的昏暗或黑暗区域（5℃~10℃以下），将无法进行积雪制图，而接近昏暗条件的区域，由于太阳天顶角订正后的云/雪反射率差异也与常规不同，同样会造成判识误差；山地阴影和云阴影区域，有时也会产生云/雪判识误差。

下垫面类型和大气条件也是影响积雪判识精度的重要因素。林区积雪会受到森林的部分或全部遮挡，判识误差较大；沙漠、荒漠等地的融雪，由于1.6 μm反射的增强以及红外亮温的显著上升，判识难度也相当大；对于气溶胶污染较强的区域，卫星观测得到的地表反射率和辐射率都将发生异常变化，即使做订正，也将严重影响积雪判识精度。

此外，无论静止气象卫星还是极轨气象卫星，其业务化积雪算法基本上以静态阈值或动态与静态阈值相结合的决策树判识方法为主要手段，阈值的时空适应性有时造成积雪的漏判或错判。

2. 被动微波积雪算法精度及局限性

利用被动微波只能反演干雪的深度和雪水当量。被动微波方法无法检测到非常薄（小于5 cm）的雪覆盖，因为其对应的两个微波频率差没有大到可探测的程度。被动微波也无法穿透10~100倍于微波波长的积雪深度，因此，对于37GHz信号，即等效为0.8 cm波长信号，在积雪深度超过800 mm（SWE≈250 mm）时，会出现饱和。对于开阔草原，雪水当量反演可以达到与观测值相差±15 mm的精度；森林地区则存在30 mm~50 mm的高度不确定性，茂密森林更为严重。

被动微波雪深和雪水当量反演面临许多局限性。如空间分辨率太粗，积雪密度、粒径、雪层结构等，对积雪微波辐射和散射信号的影响复杂，下垫面类型和大气变化等，都制约着雪深和雪水当量的反演精度。

地面观测站点的雪深观测值缺乏大范围的区域代表性，使反演雪深值和站点的观测值缺乏可比性。在地形复杂区域，一个像元所对应的地表范围内雪深分布并不均匀。而被动微波亮温数据反映的是一个像元范围（如对SSM/I而言，该值为25 km × 25 km）内的平均辐射值，这就给精确评价反演的准确度带来了困难。

大部分业务反演使用“静态”方法（如Chang算法），即算法中采用的积雪密度和粒径在时间和空间上都保持恒定。现实中，积雪密度和粒径的时空变化很大。虽然“动态”方法（如积雪粒子尺寸依赖于像素的历史温度）也有发展，但由于应用不便、普适性不强等原因，目前并不被广泛使用。

积雪形态通过受温度和水汽控制的积雪粒子尺度的改变影响微波发射。对于大的板状灰白色冰晶，常规统计算法会得到过高估计的雪水当量，因为微波会把它“看成”深雪，而实际上，它看到的只是浅薄但密集的冰晶。冰壳层由反复融化—重新冻结或风压实而形成，也可能导致微波散射增加，形成雪水当量的高估。对于湿雪，大粒子以牺牲小粒子的迅速融化为代价而增长。然而，水的微波发射率接近于1，任何液体的存在（无论是在积雪中或作为开放的水体）都会淹没来自地球的衰减信号，导致反演不到雪深或雪深反演值很低。

冻土的存在是被动微波积雪算法误差的重要来源之一。冻土在37GHz的微波辐射信号和积雪的微波辐射非常相似。对于没有积雪覆盖的冻土，可以利用一些阈值判识手段区分冻土和积雪；但对冻土下伏于积雪的情况，如何将冻土的影响消除，是十分复杂的问题。

植被特别是森林也影响到被动微波积雪反演精度。植被对其下方的积雪信号具有掩蔽作用，这种效应通常被认为会导致高达50%的雪水当量被低估。大气中的水汽和瞬时降水，同样会干扰地面积雪的反演。

3.3.2 冰的遥感局限性和误差分析

冰的遥感手段非常多，可见光、红外、微波辐射计、微波散射计、合成孔径雷达、微波高度计、激光高度计、重力卫星等，都具备遥感冰的能力。但是，无论哪一种遥感方式，都存在局限性，有的是原理上的，此类局限性是难以克服的；有的是技术上的，有可能通过技术的进步得到改善。以下分别介绍各类遥感方式的局限性。

可见光和红外方式最大的问题在于云的遮挡，此类方式无法穿透云看到地球表面，也不单是针对冰的遥感，任何地表遥感都存在这一缺陷。南极地区十分干燥，这个缺陷尚不算明显，但是，北极地区云出现的概率很高，晴空概率低，这个缺陷就比较明显了。AVHRR、MODIS是典型的可见光/红外遥感器，激光高度计GLAS也同样无法避免。可见光还有一个基本前提条件就是日照，不仅夜晚不能使用，而且冰最集中的两极都存在极夜，这就意味着可见光将在几个月的时间内没有观测数据，这显然是很大的缺陷。

微波遥感尽管还不是真正意义上的全天候，但是，穿透云层的能力比可见光和红外遥感器强得多。不过，微波辐射计和微波散射计的像元大小在10 km量级，比可见光/红外遥感器要大至少一个数量级，因此，只适合对大面积的冰进行观测，例如北冰洋的海冰。尺度较小的冰，如高山冰川、近岸海冰和冰山等，不适合用微波辐射计和多数微波散射计。

测高卫星，如微波高度计和激光高度计，能对冰面高度进行精密的测量，但是，受到轨道和遥感器的限制，均只能垂直向下观测，而之前所提到的可见光、红外、微波辐射计、微波散射计等观测范围都能在1000 km以上，这就意味着，测高卫星对地球表面做不到完全覆盖，它的局限性是不言而喻的。

重力卫星能够观测地球表面的质量变化，非常适合观测冰和雪的积累或者损耗过程，观测最为直接，具有无可替代的作用。但是，重力卫星的缺陷在于空间分辨率过低，通常在200 km以上，因此，重力卫星若很好地发挥作用，其观测对象必须足够大，而且在空间上的变化小。以GRACE卫星对南极冰盖的观测为例，南极内陆的观测结果比较可信，而沿海地区受到海洋的潮汐以及海冰的影响，观测结果可信度较低。

合成孔径雷达是一种相当杰出的遥感器，它具备了微波遥感穿透云层的能力，又具有高的空间分辨率，同时，还具有一定的测绘能力，可以用来构建冰盖的数字高程。但是，合成孔径雷达扫描宽度一般在100 km量级，对全球覆盖一遍需要很长的时间，这对于冰这种季节性很强的目标来说，是明显不足的。此外，合成孔径雷达的数据费用比之前所提到的任何一种遥感数据都昂贵得多，这一点也限制了它的用途。当然，如果将来有越来越多的合成孔径雷达，覆盖能力不足的问题将得到很大的改善，数据量大了之后，也有望大幅度降低成本。

导航卫星反射遥感GNSS-R是一种新兴的遥感手段，它具备对冰的遥感能力，这一点，从原理上说是明确的，但是，GNSS-R尚未成熟，第一组真正意义上的GNSS-R卫星CYGNSS尚未发射。CYGNSS发射后，有望大大推进GNSS-R对冰的遥感技术，但是同样也可能暴露很多新的问题。总体而言，GNSS-R值得期待，但是仍需耐心等待。

以上局限性是从小的视角来看，如果从一个更高的角度来看，片面性是一种更大的局限性。冰作为一种自然现象和客观存在的物质，它不是一个单一的物理量或者化学量，我们需要多个参数，从多个不同的角度对它进行全面的描述，正如要描述一个人，需要姓名、性别、年龄、身高、体重等多个参数。每一种遥感器，都只能提供冰的某一个或者某几个参数，没有哪一种遥感器是全能的，这对于具体每一种遥感器而言，是很大的局限性，但同时也提醒我们，很有必要同时使用多个不同类型的遥感器，提供多个不同的参数，如此方能有利于我们从多个视角、更为全面地对冰进行观测，并且有助于我们研究各个不同参数之间的内在联系，推进对冰的科学认识。

3.4 国内外冰雪遥感产品简介

随着气象和环境卫星探测技术的不断提高，国内外已处理生成了多种长时间序列的雪冰数据，包括NOAA/NESDIS处理的北半球周冰雪数据，由美国国家宇航局、美国国家海洋和大气局、国家科学基金会等共同建立的美国国家冰雪数据中心提供积雪、海冰数据，中国科学院寒区旱区环境与工程研究所制作的中国区域日雪深数据和国家卫星气象中心处理的日、旬、月积雪数据等。表5-3-7给出了国内外冰雪产品的详细信息。

（1）北半球周积雪数据

NOAA/NESDIS利用NOAA系列卫星携带的VHRR和AVHRR遥感数据制作北半球周雪覆盖图，是有经验的气象学家对拍摄的可见光资料进行人工解译得到的。该产品开发于1966年11月，一直持续到2011年被美国国家冰雪中心新的冰雪产品替代。到目前为止，是持续时间最长的卫星遥感积雪数据，已广泛应用于数值预报初始场建立和气候分析。该产品给出了北半球89×89网格点区域中的陆地是否被积雪覆盖。空间分辨率约为2°×2°（约190 km）。

（2）北半球24 km IMS日冰积雪数据

美国国家冰雪数据中心（NSIDC）于1997年2月开始处理北半球24km日冰积雪数据，1998年11月1日正式运行并对外发布冰雪覆盖数据和相应的GIF图像。该产品通过处理光学和微波遥感数据以及一定的气象台站数据，得到逐日北半球积雪图，其最主要的特征是基于时空场景的融合，在特定的区域和条件下，由分析者决策哪个数据源更可靠和雪的最终位置，因此，其准确性和可信度较高。该产品给出了北半球1024×1024网格点区域中的陆地区域格点是否被冰雪覆盖，以及海洋区域是否被冰覆盖。空间分辨率约为24 km×24 km。卫星数据源为NOAA系列卫星携带的VHRR和AVHRR遥感数据、DMSP系列卫星携带的SSMR和SSM/I遥感数据、GOES系列卫星携带的VISSR遥感数据。

（3）北半球4 km IMS日冰雪覆盖数据

美国国家冰雪数据中心（NSIDC）于2004年开始处理北半球4 km日冰雪覆盖数据，2月23日正式业务运行并对外发布冰雪覆盖数据和相应的GIF图像，2006年6月开始同时分发GeoTIFF图像和相应的辅助文件。该产品给

表5–3–7　国内外冰雪产品综合表

NO.	数据名称	时间序列	范围	分辨率	时间频率	数据源	研制单位
1	周积雪	1973–2011	北半球 89×89	≥192 km	周	VHRR或 AVHRR/NOAA	NOAA
2	IMS冰雪覆盖	1997至今	北半球 1024×1024	24 km	日	光学、微波	NSIDC
3	IMS冰雪覆盖	2004至今	北半球 6144×6144	4 km	日	光学、微波	
4	雪深	1978–2011	中国区域	25 km	日	SSMR/SSMI	中国科学院寒旱所
5	冬季积雪	1989至今	中国区域	0.01°	日/旬	AVHRR	NSMC
	冬季积雪和积雪覆盖度	1989至今	青藏高原	0.01° 0.05°	日/旬/月	AVHRR	
	全球积雪和积雪覆盖度	2009至今	全球	0.01° 0.05°	日/旬/月	VIRR+MERSI	
	冬季区域积雪	1996–2013	青藏高原	0.05°	旬	AVHRR	
	雪水当量	2010至今	全球	25km	日	FY–3B/MWRI	
6	积雪和积雪反照率	2000至今	全球	500m	日	MODIS/AQUA MODIS/TERRA	NASA
	最大积雪范围	2000至今	全球	500m	8天		
	积雪覆盖度	2000至今	全球 7200×3600	0.05°	日/8天/月		
7	雪水当量	2002–2011	全球	25 km	日/5天/月	AMSR–E/EOS	NASA
8	冻土融化	2015至今	全球	3 km	日	SMAP	NSIDC
9	雪水当量	2002–2011	全球	25 km	日	AMSR–E	NSIDC
10	海冰	2002–2011	全球	12.5 km	日/5天/月	AMSR–E	NSIDC
11	海冰	1998至今	全球	1 km	日	MODIS/AQUA MODIS/TERRA	NSIDC
12	冰川/冰盖	2003–2009	全球	0.5 km	日	ICESAT	NSIDC
13	海冰/冰盖	1999–2009	全球	25 km	日	QUIKSCAT	NSIDC
14	冰面高程	1985至今	南极、 格陵兰岛	5 km	日	RADARSAT GEOSAT ERS–1/ALT	NSIDC
15	陆地水储量	2002至今	全球	1°	月	GRACE	JPL/GFZ/ CSR

出了北半球6144×6144网格点区域中的陆地区域格点是否被冰雪覆盖，以及海洋区域是否被冰覆盖。空间分辨率约为4 km×4 km。卫星数据源为NOAA系列卫星携带的VHRR和AVHRR遥感数据，DMSP系列卫星携带的SSMR和SSM/I遥感数据，GOES系列卫星携带的VISSR遥感数据。

（4）中国雪深长时间序列数据集

中国科学院寒区旱区环境与工程研究所处理的1978年10月24日到2010年12月31日逐日的中国范围的积雪厚度数据集，是利用美国国家冰雪数据中心（NSIDC）处理的SMMR SMMR[1]（1978—1987年）、SSM/I[2]（1987—2008年）和AMSR-E[3]（2002—2010年）逐日被动微波亮温数据，通过对不同传感器的亮温进行交叉定标，以提高亮温数据在时间上的一致性，然后利用车涛在Chang算法基础上针对中国地区进行修正的算法反演雪深。该数据集采用EASE-GRID和经纬度两种投影方式，空间分辨率为25 km，数据时间为1978—2010年。

（5）中国及全球多尺度积雪和雪水当量数据

国家卫星气象中心自1990年开始利用NOAA系列卫星携带的AVHRR和FY系列卫星携带的MVISR等遥感数据，处理了多种尺度的积雪数据，包括青藏高原地区、中国及周边地区和全球的日、旬、月积雪产品，数据空间分辨率分别为5 km×5 km、1 km×1 km或0.01°、0.05°。2010年开始利用FY-3/MWRI数据处理全球日雪水当量，数据空间分辨率为25 km×25 km。产品相关参数详见表5-3-7。

（6）全球MODIS冰雪覆盖数据

美国NASA自2000年开始利用EOS系列TERRA和AQUA卫星携带的MODIS遥感数据处理全球冰雪覆盖数据，包括日产品、八天产品和月产品。其中，日产品包括雪覆盖、雪反照率、雪覆盖度和质量评价信息，数据空间分辨率为500 m；八天产品为八天合成的最大积雪范围，数据分辨率均为500 m；月产品为7200×3600的气候格点上的积雪和质量评价信息，数据空间分辨率为0.05°。由于传感器的改进，MODIS卫星资料在空间分辨率、积雪反演算法等方面，明显优于25 km的NOAA数据集，在时间分辨率和光谱分辨率上，比TM等可见光数据具有更大的优势。除了NASA之外，NSIDC也使用MODIS卫星给出全球的海冰数据。

（7）全球AMSR-E冰雪数据

美国NASA自2002年6月19日开始，利用EOS系列AQUA卫星携带的AMSR-E遥感数据处理生成日、候和月雪水当量产品，一直持续到2011年10月3日。数据空间分辨率为25 km。AMSR-E同时还给出全球的海冰数据，包括海冰范围、海冰密集度、冰面温度、冰上雪厚等。

（8）ICESAT卫星冰盖数据

ICESAT卫星的激光高度计可以精密测定冰盖的高程，通过对时间序列数据的分析，可以获得冰盖高程的变化状况。NSIDC从2003年到2009年之间推出了ICESAT对全球冰面高程的测绘数据，是了解全球冰面变化的重要依据。

4 冰雪分布和变化特征

4.1 全球冰雪分布和变化特征

（1）北半球积雪时空分布和变化特征

北半球积雪主要分布在中、高纬度地区，以季节性积雪为主，其分布与纬度、海拔高度和下垫面自然条件等有关。全球98%的季节性积雪位于北半球。因此，北半球中、高纬度的积雪，对人类社会和自然环境有着重要意义。

积雪类型是分析积雪分布和变化特征的基础，通常积雪分类多以持续时间和稳定程度为依据，中国科学院寒区旱区研究所李培基先生早在20世纪80年代就以气象台站观测信息为基础数据，统计多年平均积雪日数，按积雪持续时间，将中国积雪划分为永久积雪、稳定季节性积雪、年周期性不稳定季节性积雪和非年周期性不稳定季节性积雪等类型，用于分析中国区域积雪分布。参考以上积雪分类方法，利用卫星遥感获取的长时间序列积雪数据，也可以将北半球积雪划分为四种积雪类型，将永久积雪定义为积雪长时间存在、降雪积累量大于当年消融量的积雪（在雪平衡线以上，也称为粒雪）；稳定季节性积雪（也称为连续稳定积雪），其空间分布连续，以积雪时间在60天以上为界；年周期性不稳定季节性积雪，空间上积雪不连续，积雪日数为10~60天，虽然每年都有降雪、积雪，而且气温较低，但积雪多呈斑状分布，在时间上时断时续；非年周期性不稳定季节性积雪，为有的年份出现积雪，有的年份不出现，或多年才出现一次积雪，年平均积雪日数为0~10天。图5-4-1是根据1980—2010年的周积雪资料，统计分析得到的北半球积雪分布图，清楚地展示出北半球的积雪分布。图中白色代表永久性积雪区（年平均积雪周数多于38周），主要分布在北极区域和低纬度高海拔地带，如青藏高原、天山山脉、安第斯山脉和落基山脉等，这类积雪几乎常年不融化，总面积约为5.98×10^6 km²；红色代表稳定季节性积雪区（年平均积雪周数多于9周），主要分布在北美和欧亚大陆，在北半球积雪中占有相当大的比例，面积约为38.1×10^6 km²；黄色代表年周期性不稳定积雪区（年平均积雪为2~9周），主要分布在寒、温交

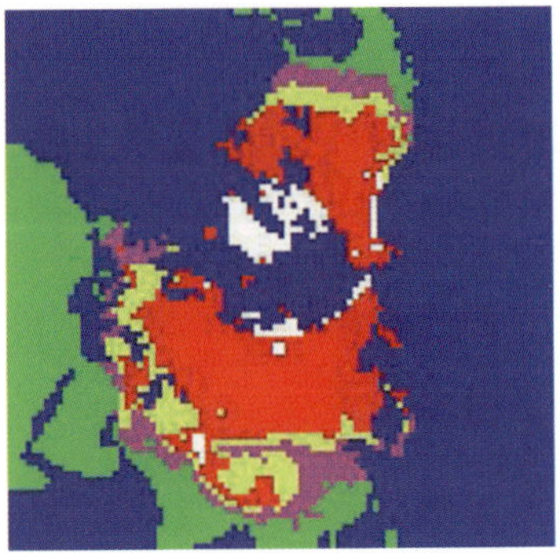

图5-4-1　北半球积雪分布图（图中，红色：稳定季节性积雪，黄色：年周期性不稳定季节性积雪，紫色：非年周期性不稳定季节性积雪，白色：永久积雪，绿色：无雪区）

错带地区；紫色代表非年周期性不稳定积雪区（积雪时间0~2周），主要分布在低纬度温带部分地区；绿色代表无积雪区；淡灰色代表海洋和湖泊。图5-4-2是利用美国冰雪中心24 km分辨率的日积雪数据统计分析的北半球积雪分布图，更清楚地展示了北半球的积雪分布状况。

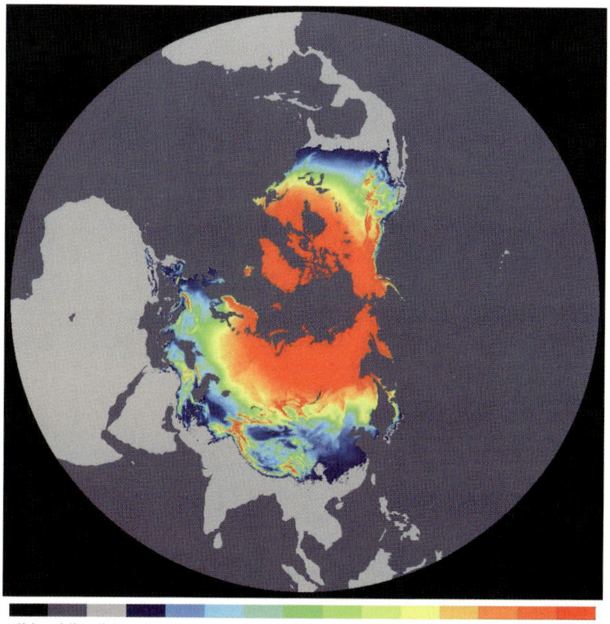

图5-4-2　利用日积雪数据统计分析的北半球积雪分布图

纵观北半球积雪分布图，可以看到，北美大陆积雪分布比较均匀，除落基山脉高山积雪外，从北到南，各类型积雪依次排列，基本与气候带相吻合。欧亚大陆积雪分布则很不规律，尤其是亚洲地区，受地形、温度和季节性降雪的影响，各类积雪区相互交错，积雪分布很不规则，时空分布差异较大。永久积雪、稳定季节性积雪、年周期性不稳定季节性积雪和非年周期性不稳定季节性积雪相互交错，充分显示出该地区积雪分布的复杂性和在气候变化研究中的重要性。

北半球积雪主要以分布在欧亚和北美大陆的稳定和非稳定季节性积雪为主体，受天气和气候系统影响，存在明显的年际变化差异。图5-4-3为

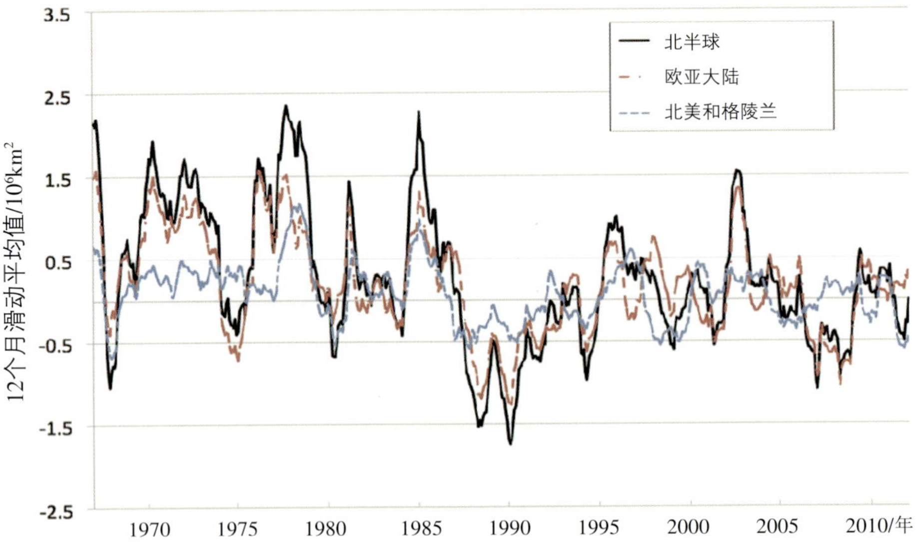

图5-4-3 1967—2010年北半球、欧亚大陆、北美和格陵兰地区积雪距平年际变化曲线图

美国科罗拉多大学Robinson博士利用1967—2010年的周积雪资料，统计分析得到的北半球、欧亚大陆、北美和格陵兰地区的积雪距平年际变化曲线，展示出北半球积雪年际变化特征。由于欧亚和北美大陆积雪在北半球占主导地位，北半球积雪与欧亚和北美大陆积雪年际变化非常相似，特点是年际波动起伏较大，变化周期约为8~10年。1986年以前，除部分年份出现负距平外，北半球积雪基本以正距平为主，而1986年以后，北半球积雪覆盖明显呈震荡起伏和缓慢减少趋势，较大负距平出现在1988—1989年、1990—1991年、1994—1995年和2006—2008年；除1995—1997年、2002—2004年出现短期正距平外，大部分时段为负距平。尤其是2004年以后，北半球积雪减少趋势比较明显。

图5-4-4是美国罗格斯大学（Rutgers University）全球积雪试验室制作的北半球积雪长期变化距平图，该曲线图是利用NOAA/NESDIS周积雪资料对四季积雪区域距平做滑动平均得到，图中更清楚地反映出北半球积雪的年际和年代际变化。很明显，1986年以前，北半球积雪以正距平为主，除

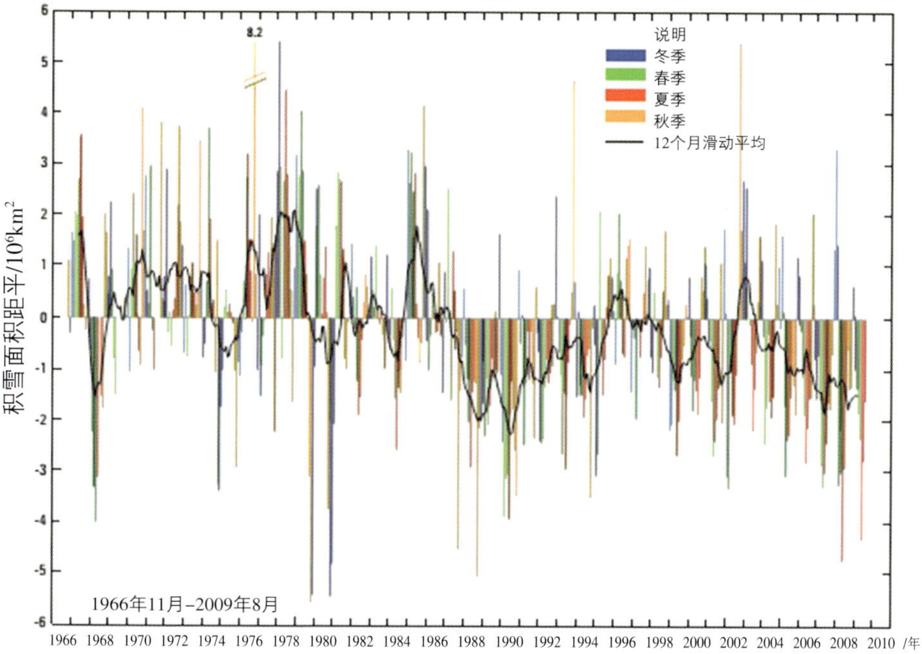

图5-4-4　北半球四季积雪覆盖距平滑动平均变化曲线图

1967—1968年、1974—1975年、1979—1981年和1982—1983年为负距平外，其他年份北半球积雪大部分正距平，属积雪偏多时段；1986年以后，北半球积雪基本以负距平为主，除1995—1996年和2002—2003年为正距平外，这一时段北半球积雪基本属偏少时期，1986年以后，北半球积雪范围呈明显的起伏减少趋势。

(2) 北极海冰和格陵兰冰盖的分布和变化特征

寒冷的北极是世界上仅次于南极的第二寒冷地区，冰在这里大量存在。北极的一个基本特点是大陆围绕海洋，因此，北极的冰主要有两种存在形式：一种是作为海冰出现在北冰洋地区，另一种是作为陆地冰出现在围绕北冰洋的陆地上。图5-4-5为北冰洋海水及其厚度分布情况。

北冰洋中，海冰最厚的是格陵兰岛和加拿大北极群岛的北侧海域，纬度高的海区多为多年冰，纬度低的海区，例如，波弗特海、哈德森湾等，

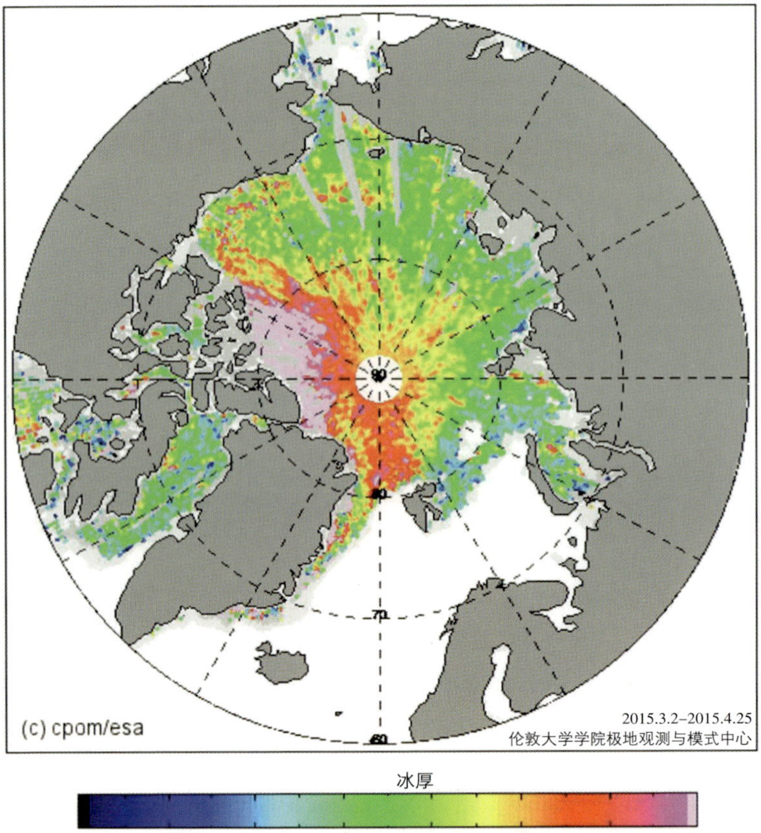

图5-4-5　北冰洋海冰及其厚度分布图

多为当年冰或者流冰。其中，格陵兰—冰岛—挪威海区海冰极少，这主要是由于强大的北大西洋暖流深入该地区，使得该海区温度较高，不容易形成海冰。

北冰洋虽然是世界上面积最小的大洋，但是，北冰洋海区有许多面积巨大的岛屿，包括世界第一大岛格陵兰岛。加拿大北部也有许多大岛，诸如巴芬岛、埃尔斯米尔岛、维多利亚岛等。这些岛屿上存在着大量的冰川和冰盖，最具代表性的莫过于格陵兰岛。格陵兰岛是陆地冰储量仅次于南极大陆的地区，除了沿海很窄的地区之外，整个格陵兰岛几乎都被冰盖所覆盖，如图5-4-6。

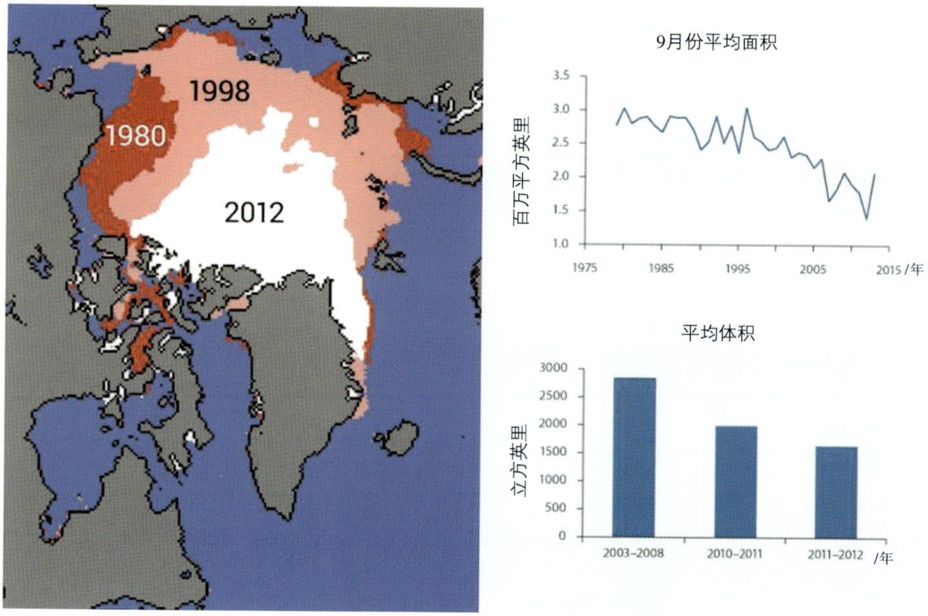

图5-4-8　北极海冰萎缩情况

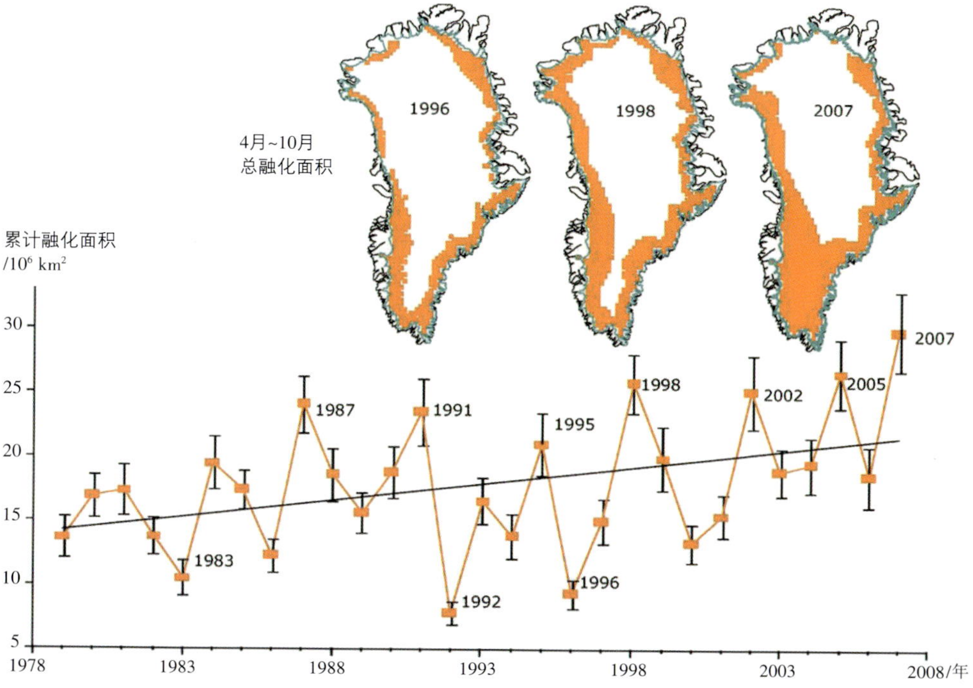

图5-4-9　格陵兰岛冰盖融化范围和趋势图

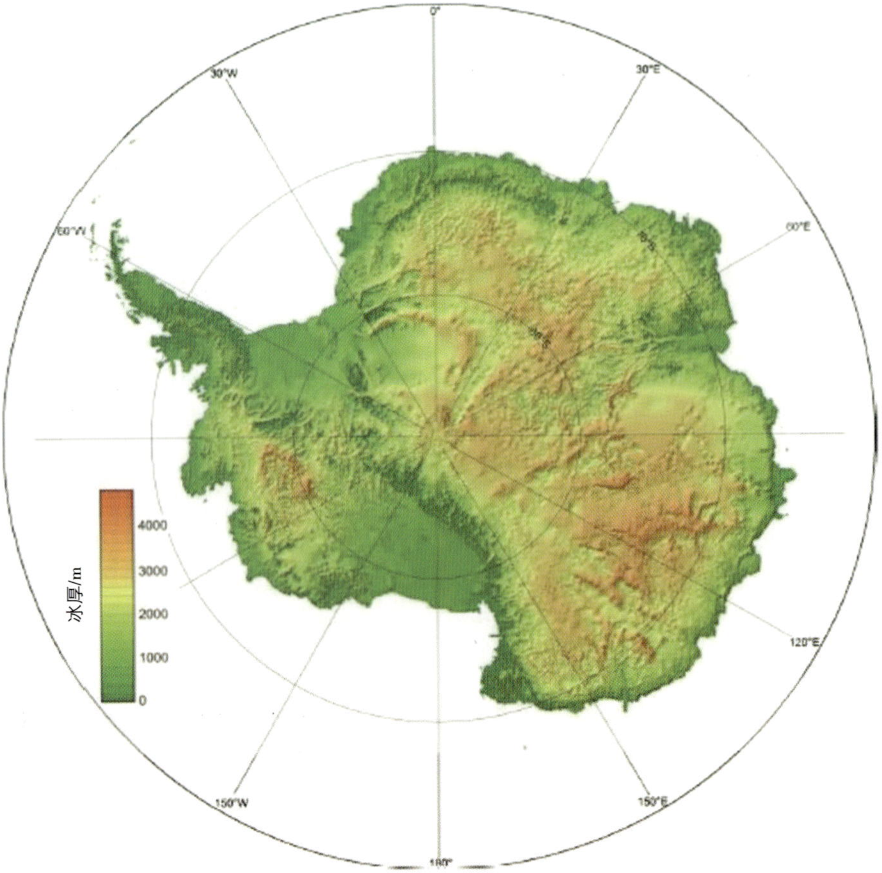

图5-4-10　南极冰盖厚度图

南极周边的海冰有很强的季节性差异，如图5-4-11。南极的冬季，海冰分布围绕整个南极大陆，最远距离超过1000 km，而夏季时，海冰面积大大减少，主要集中在罗斯海、威德尔海和阿蒙森海等地。

在全球变暖的大背景下，南极地区的冰盖融化是一个令人瞩目的现象。作为全球陆地冰雪最大的存储地，南极的冰盖融化对全球海平面升高起着举足轻重的作用。重力卫星GRACE对南极的冰盖质量进行了精密的探测，得到的结论是南极每年大约损失2×10^{11} t，大约造成海平面上升0.5 mm。其中，埃尔斯沃思地的冰盖融化速度最快，参见图5-4-12。

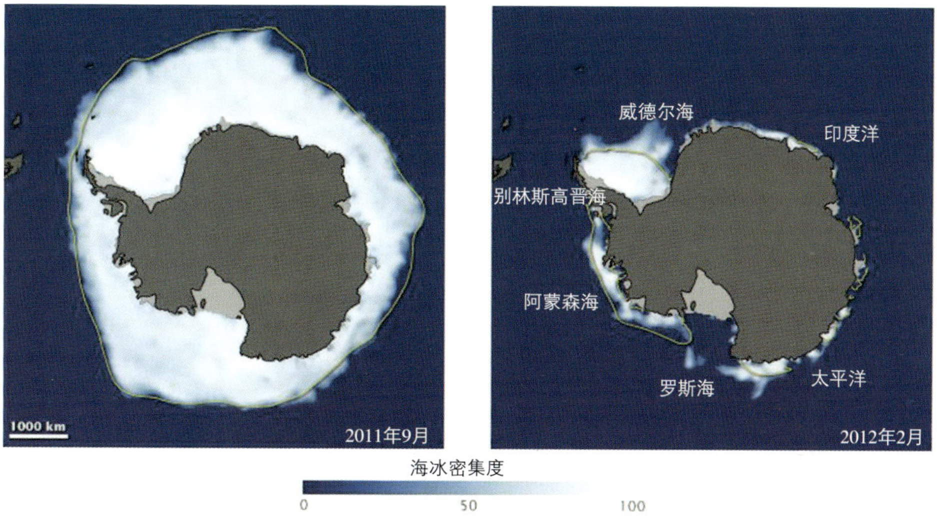

图5-4-11 南极海区海冰季节差异图

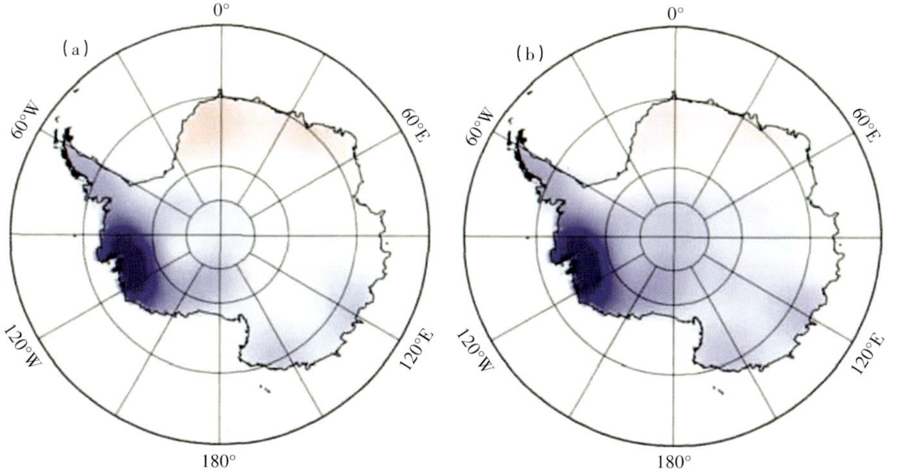

图5-4-12 重力卫星GRACE给出的南极冰盖变化状况示意图

(4) 高海拔地区冰川的分布和变化特征

除了两极因为气候寒冷存在大量冰之外，高海拔地区由于海拔高、气温低，同样存在大量的冰。其中，青藏高原及其周边地区是世界上平均海拔最高的地区，也是高海拔冰川最密集的地区，图5-4-13所示为青藏高原的冰峰。此外，贯穿美洲大陆西部的洛基—安第斯山脉、欧洲的阿尔卑斯

图5-4-13　GOOGLE ERATH看到的青藏高原的冰峰(图中白色部分)

山脉、中亚的高加索山脉也是高海拔冰川集中的地区。即便是在烈日炎炎的赤道地区，仍然有高山冰川的存在。其中，最为典型的例子当属非洲第一高峰、坦桑尼亚的乞力马扎罗山。1936年，大文豪海明威的中篇小说《乞力马扎罗的雪》引起了轰动，这是一部触及灵魂深处、以生命和死亡为主题的意识流作品，书名本身就告诉我们一个事实，那就是在如此接近赤道的地方，仍然有一座很高的山峰，山顶终年积雪不化（图5-4-14）。

图5-4-14　乞力马扎罗的雪和热带动物神奇的组合

覆巢之下，安有完卵？高海拔地区的冰川也无法逃脱全球气候变暖的影响。我国青藏高原的冰川融化十分突出，大量冰川融化，雪线的海拔高度逐年升高。青藏高原是亚洲大陆的水源地，一旦这些冰雪彻底消失，亚洲的多条大河将失去源头，对人口密集的长江中下游、黄河中下游、恒河及澜沧江—湄公河两岸的人民将是巨大的威胁。图5-4-15所示为高山冰川融化前后的对比。最近100年以来，乞力马扎罗山顶的冰雪已经消失了超过80%，所剩下的不足20%也岌岌可危。

图5-4-15　高山冰川融化前后对比图像

4.2 中国冰雪分布和变化特征

（1）中国积雪的时空分布

中国疆域辽阔，地形复杂，气候多样。就积雪而言，中国位于季节性积雪区，年周期性稳定或不稳定季节性积雪主要分布在新疆、内蒙古、东北、华北和青藏高原等地区，如图5-4-16所示。其中，新疆地区是稳定的季节性积雪区，是我国西部最稳定的固态水资源，年际、年内变化比较明显；内蒙古东部与东北地区是年周期性稳定积雪和不稳定积雪区。根据多年卫星积雪资料统计分析，我国冬季年周期性稳定和不稳定季节性积雪资

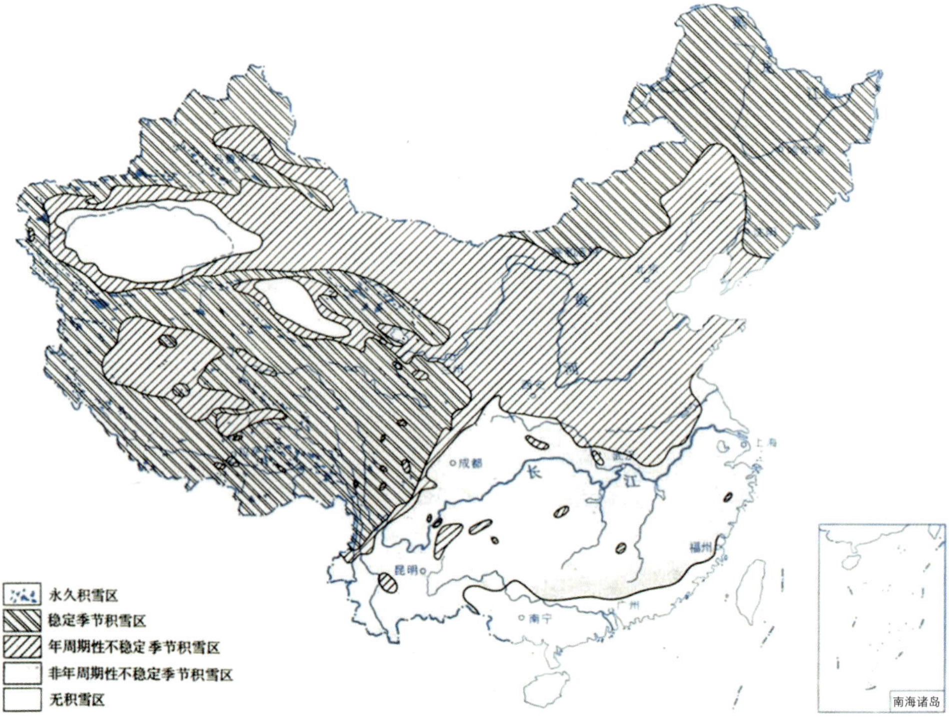

图5-4-16　中国积雪分布图

源比较丰富，每年深秋或初冬，受季节性降雪和气温变化的影响，积雪覆盖从北向南逐渐增加，1月前后积雪覆盖范围达到最大。然后，自南向北逐渐减少，5月或6月，季节性积雪完全消失，仅剩下永久积雪分布在天山、青藏高原部分地区。每年积雪的多寡，积雪覆盖时间和变化规律与包括气候变化在内的多种因素有关，积雪异常，尤其是青藏高原地区积雪异常，不仅将影响农业生产和牧区人民生活，而且将对次年夏季风的进程和夏季降水产生一定影响，进而影响气候变化。

为了分析中国积雪时空变化特征，利用美国冰雪中心24 km分辨率的日积雪数据统计分析了中国及周边地区冬半年（11月至次年4月）和夏半年（5月至10月）积雪覆盖持续时间多年平均图（如图5-4-17）。无论冬半年还是夏半年的积雪持续时间图，都能清楚地反映出我国新疆、内蒙古东

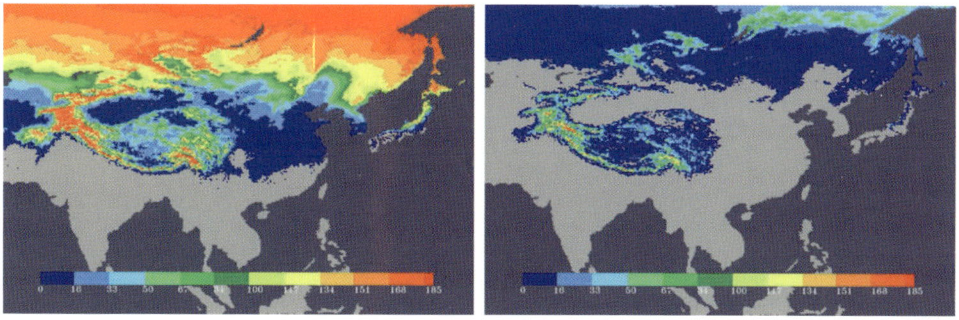

(a)　　　　(b)

图5-4-17　中国及周边地区冬半年(a)和夏半年(b)积雪覆盖持续时间图

部与东北、青藏高原三大主要积雪区的分布和变化状况。冬半年，中国大部分地区被不同类型的积雪覆盖，新疆、内蒙古东部与东北地区以稳定和非稳定季节性积雪为主，部分永久积雪出现在新疆天山和阿尔泰山山脉；青藏高原地区，四类积雪都存在，相互交错，永久积雪出现在帕米尔高原和喜马拉雅山脉；年周期性稳定和非稳定季节性积雪分布在新疆、内蒙古、华北和华南部分地区；积雪覆盖持续时间变化是从北向南逐渐减少，与中国气候带的分布很相似；但青藏高原地区由于地形影响，积雪覆盖持续时间与山脉走向和海拔高度有关，其变化基本是随地形高度下降而逐渐减少。因此，青藏高原积雪的变化对气候的影响更值得关注。夏半年，我国大部分地区季节性积雪融化，仅剩下新疆、内蒙古、东北部分地区和青藏高原大部分地区有积雪覆盖，除天山、帕米尔高原和喜马拉雅山脉终年积雪覆盖区，大部分地区积雪持续时间在0~16天，主要集中在5月和10月的不同时段。

(2) 中国积雪年内变化特征

利用1980—2007年北半球周积雪资料，分别计算了中国大陆主要积雪区——青藏高原、内蒙古东部与东北、新疆等不同区域多年月平均积雪面积，计算范围从8月到次年7月。由表5-4-1可见，从每年8月到次年7月，中国三大主要积雪区积雪面积变化情况。8月开始，中国和各区域积雪面积逐步增加，次年1月达到最大，然后逐步减少，直至7月，各区域积雪面积降到最低，内蒙古东部及东北地区出现零值。为了更清楚地显示各区域积雪面积的年内分布和变化，又将表5–4–1中的数据进行归一化处理，并将数值按照大小进行排序，得到青藏高原、内蒙古东部与东北、新疆等主要积雪区27年的月平均积雪面积归一化值（表5–4–2）。所谓归一化，是指以年内最大月平均积雪面积为分母，分别去除年内各月的月平均积雪面积，得到一组量纲为1的数值。表5–4–2更加清晰地反映了不同区域的年内积雪面积变化情况。各区域均在1月出现最大值，8月出现最小值。但内蒙古东部和东北地区与其他两个区域不同，次大值出现在12月，说明该区域冬季积雪增加速度略高于其他区域，这一特点也反映了该地区年周期性稳定和不稳定季节性积雪的影响。

表5–4–1　各地区27年的月平均积雪面积/10^4 km^2

月份	中国大陆	青藏高原	内蒙古东部与东北	新疆
8 月	19.5664	21.3232	0.0000	8.1855
9 月	27.3004	25.7155	0.0254	13.7854
10 月	67.6687	56.1327	4.5857	24.4659
11 月	164.1343	86.8346	55.9477	37.5703
12 月	268.4791	104.7808	108.3261	64.5715
1 月	309.5861	124.5902	118.1727	72.2582
2 月	261.6432	115.3025	99.7028	65.8041
3 月	181.8547	95.2094	61.2260	48.1654
4 月	101.3964	79.13871	0.4121	32.8299
5 月	64.8315	61.8455	0.0324	23.5813
6 月	44.5733	46.2405	0.0000	16.8731
7 月	27.5423	30.0004	0.0000	11.6253

注：考虑到高原地区积雪的影响，计算青藏高原积雪面积时，计算范围超出西藏和青海面积，西部和南部部分地区超出中国范围。

表5-4-2　各地区27年的月平均积雪面积归一化值排序（由大到小）

序号	中国大陆	青藏高原	内蒙古东部与东北	新疆
1	1.0000(01)	1.0000(01)	1.0000(01)	1.0000(01)
2	0.8672(12)	0.9255(02)	0.9167(12)	0.9107(02)
3	0.8551(02)	0.8410(12)	0.8437(02)	0.8936(12)
4	0.5874(03)	0.7642(03)	0.5181(03)	0.6666(03)
5	0.5302(11)	0.6970(11)	0.4734(11)	0.5200(11)
6	0.3275(04)	0.6352(04)	0.0881(04)	0.4543(04)
7	0.2186(10)	0.4964(05)	0.0388(10)	0.3386(10)
8	0.2094(05)	0.4505(10)	0.0002(05)	0.3264(05)
9	0.1440(06)	0.3711(06)	0.0002(09)	0.2335(06)
10	0.0890(07)	0.2408(07)	0.0000(06)	0.1908(09)
11	0.0882(09)	0.2064(09)	0.0000(07)	0.1609(07)
12	0.0632(08)	0.1711(08)	0.0000(08)	0.1133(08)

注：表中括号内的数字为月份序号

图5-4-18是青藏高原和内蒙古东部及东北（用左侧纵坐标）、新疆（用右侧纵坐标）多年月平均积雪面积变化特征图。从该图可见，各区域积雪面积年内变化呈现峰值分布特征，三个区域的积雪面积的月际分布很相似。积雪面积以1月最大，其次是12月或2月，形成波峰顶；内蒙古东部及东北积雪区与其他两个积雪区不同，年内积雪面积增加和减少都很快，甚至出现了五个零值或接近零值的月份（5月、6月、7月、8月、9月），雪季与非雪季清晰可分。受冬季降雪和温度变化的影响，三大区域稳定季节性积雪的增减速度和起始时间明显不同，但都是在1月份达到最大。受气候和地形影响，每年新疆和青藏高原的积雪面积增加最早，一般开始于8~9月，次年7月降至最小，新疆地区积雪递增速度高于青藏高原。而内蒙古东部及东北三省年内积雪增加最晚，但递增和递减速度最快，一般每年10月开始增加，12月出现次大值，次年1月达到最大，3月开始迅速融化，6月接近零值。中国三大主要积雪区域，青藏高原的积雪面积递增和递减速

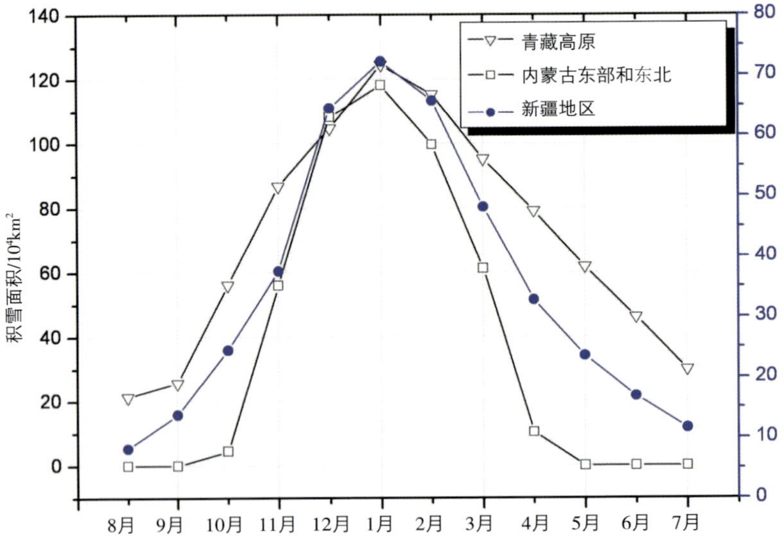

图5-4-18　青藏高原、内蒙古东部和东北、新疆地区积雪年内变化图

度最为缓慢，持续时间最长，对气候的影响最为明显。中国各主要积雪区中，只有内蒙古与东北积雪区出现年内空雪（无积雪）的月份，这与该区域地理位置，以及区域内永久积雪较少有关。其他区域受高原和高山终年积雪影响，一年四季都有或多或少的积雪覆盖。其中，青藏高原积雪区年内月平均积雪面积值振幅相对较小。由于中国冬季以积雪为显著特征，根据这一明显的凸形分布，可以发现，1月应该是中国各区域冬季最严寒的、积雪最多的月份。

（3）中国积雪的年代际变化

图5-4-19为新疆、青藏高原和内蒙古东部及东北地区年际积雪变化距平。三大稳定季节性积雪区相比，新疆是我国季节性积雪最为稳定的地区（蓝色曲线），而青藏高原和内蒙古东部及东北三省积雪年际变化起伏最大，而且30年中，有10年两大区域积雪距平呈反相关。尤其是1997—1998年冬季，青藏高原出现百年一遇的特大雪灾，但内蒙古东部及东北三省积雪很少，尤其是黑龙江地区积雪面积达到最小。1998—2010年，内蒙古东

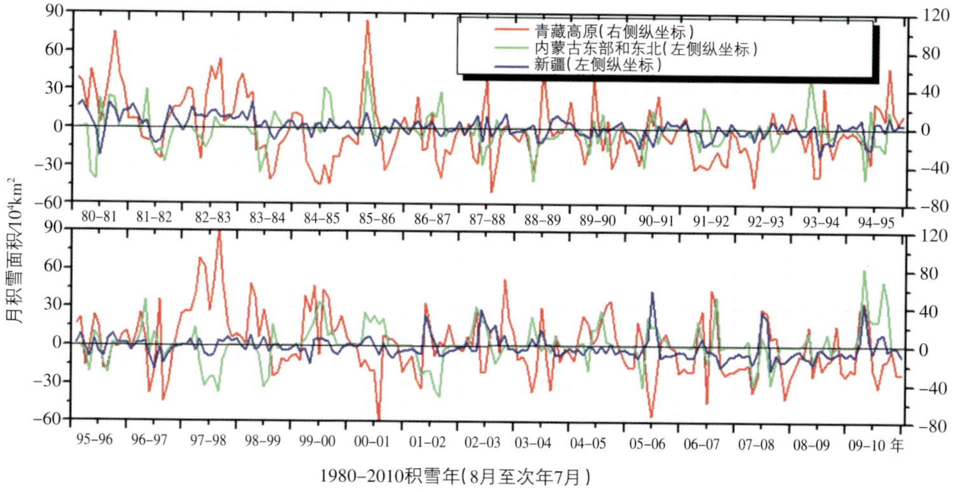

图5-4-19 新疆、青藏高原、内蒙古东部和东北地区积雪距平年际变化图

部及东北三省和新疆地区的积雪有增加的趋势，而青藏高原积雪呈明显减少的趋势。

（4）中国海冰的分布和变化特征

我国北部海区在冬季会形成海面封冻，海冰主要分布在渤海和黄海北部，通常分为辽东湾、渤海湾、莱州湾和黄海北部四片海区。一般从每年的11月中旬开始到次年的3月中旬结束。但是，冰期受气温的影响极大，暖冬海冰生成期晚、结束期早、面积小、厚度薄，冷冬则相反。中国海区的海冰均为当年冰，不存在北极那样的多年冰，海面结冰呈现从北往南、从岸往海逐步发展的基本特点。表5-4-3介绍了四片结冰海区的基本情况：

表5-4-3　中国海区海冰基本情况

海区	冰期	最大冰厚/cm	堆积高度/m	范围/km
辽东湾	11月中~次年3月中	30~60	2~3	120~150
渤海湾	12月上~次年3月初	15~40	1~2	40~60
莱州湾	12月中~次年2月底	10~25	<1	20~45
黄海北部	11月下~次年3月中	20~50	1~2	25~45

图5-4-20是国家海洋环境预报中心所做的2015年海冰预报示意图，图中较为直观地反映了中国海区海冰的基本范围、厚度等基本信息。

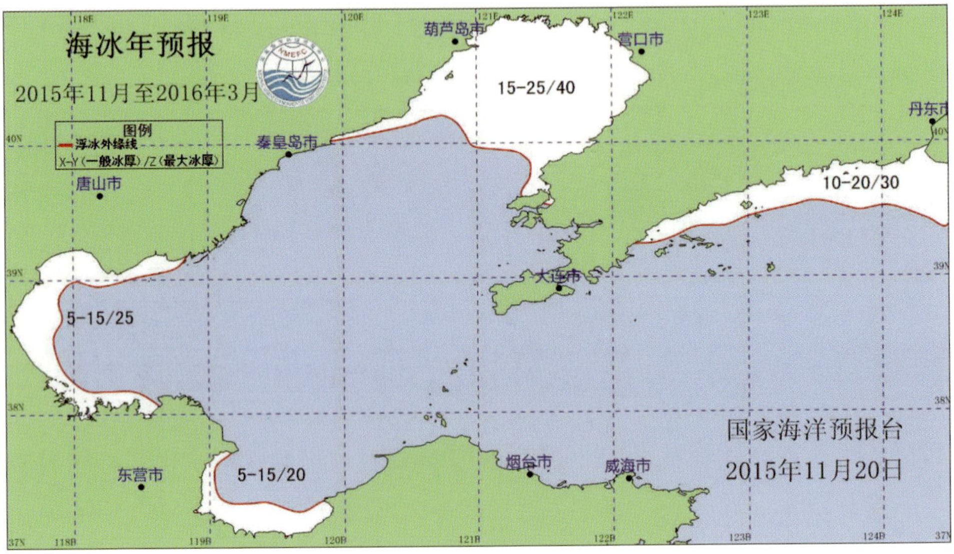

图5-4-20　2015年中国海区海冰预报图

4.3 青藏高原积雪分布及变化特征

青藏高原地区大范围冰雪覆盖和变化，对全球变化的影响不仅体现在冷却作用，更重要的是，冰雪覆盖的高反照率和低导热率引起地气系统辐射平衡的变化，地气系统辐射平衡将直接影响气候系统各圈层的相互作用。

利用国内外多种卫星遥感积雪资料，在相互验证的基础上，对青藏高原地区积雪分布和变化特征做了全面的统计分析。考虑到海拔高度与地形对积雪分布的影响，按不同海拔高度统计分析了高原积雪的年内、年际变化规律和变化趋势，以及青藏高原地区积雪分布特征和变化规律。

（1）青藏高原地区积雪分布

青藏高原积雪是冰雪圈中的一个重要成员。由于青藏高原面积大，平均海拔高度在4000 m以上，而且永久性积雪所占比例较大，使得该区域积雪面积的年内变化比其他两个区域缓慢。利用11年日积雪数据统计分析发现，青藏高原季节性积雪主要发生在10月到次年5月，9月和次年6月稳定季节性积雪很少，7月和8月几乎仅剩永久积雪。高原积雪及其变化的空间分布极不均匀，高值区和低值区量级的差别明显。首先，高原四周多积雪，腹地少雪，西部的喀喇昆仑山，南部的喜马拉雅山山脉和位于东南部的念青唐古拉山成为高原三大丰雪区。其次，是位于高原东北部的祁连山地区。高原东部是青藏高原积雪年际变化最显著的地区。而且永久积雪和季节性积雪相互交错，成为高原积雪的主体。图5–4–21是计算得到的青藏高原冬半年（上）和夏半年（下）11年平均积雪覆盖日数图，展示了青藏高原地区不同类型的积雪分布状况。图中红色和橘黄色部分为终年积雪覆盖的永久积雪区，黄色和绿色部分为年周期性稳定和非稳定季节性积雪，该地区积雪受气候变化影响，也是雪灾高发区。夏半年青藏高原腹地积雪持续时间较短，部分地区11年平均积雪持续时间不足20天，而且，持续时间和覆盖范围非常不稳定。

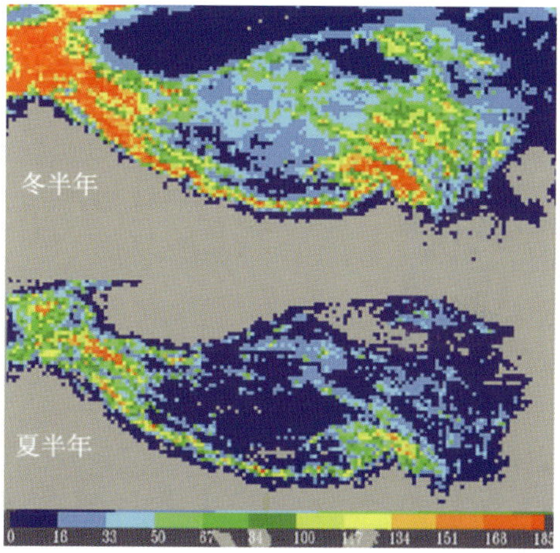

图5–4–21 青藏高原冬半年（上）和夏半年（下）多年平均积雪覆盖日数图

（2）青藏高原积雪年内年际变化

由于青藏高原地区永久性积雪主要分布在喜马拉雅山脉和帕米尔高原等地区，受高原特殊环境和特殊天气特征的影响，青藏高原地区积雪面积年内变化规律明显不同于其他区域。年积雪峰值出现在1月，且明显高于其他月份，2月至3月积雪面积迅速减少，3月至4月减少速度变缓，7月达到最低，9月以后积雪面积逐渐增加，增加速度缓慢，明显不同于其他区域（见图5-4-18）。

统计分析发现，青藏高原地区冬季稳定季节性积雪的分布特征明显，年际变化起伏较大，对气候影响具有较强的指示信号。图5-4-22是利用30年的卫星遥感积雪资料，统计分析的青藏高原地区积雪面积距平年际变化曲线。可以看出，自1980—2010年，青藏高原地区积雪面积变化年际起伏较大，各年变化明显不同。分析距平曲线发现，1980—1990年，青藏高原地区积雪逐渐减少，而1990—1998年，青藏高原积雪逐渐增加，1998年达到极值后，青藏高原地区积雪又开始逐年减少，到2010年，高原积雪仍呈减少趋势。

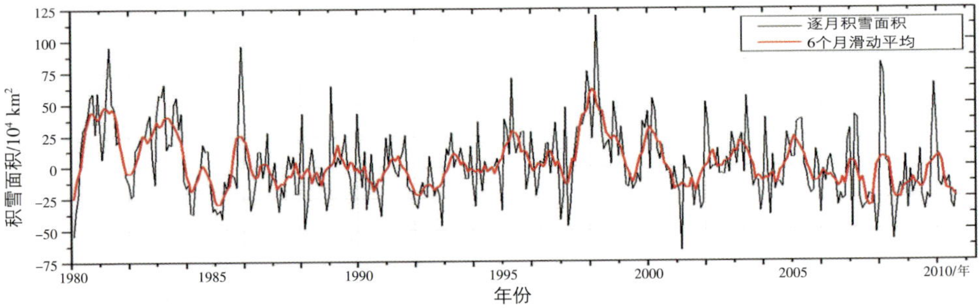

图5-4-22　青藏高原地区积雪面积距平的年际变化曲线图

（3）青藏高原地区四季积雪面积变化

利用近30年的北半球积雪资料计算了青藏高原地区春、夏、秋、冬四个季节总积雪面积与海拔3000 m以上积雪面积年际变化曲线，如图5-4-23所示。按常规估计，无论春夏秋冬，总雪盖面积应该大于海拔3000 m以上积雪面积，但是，通过比较发现，1998年以来，夏季总积雪面积逐年减少，逐步接近于海拔3000 m以上的积雪面积，1999年以后，总积雪面积与海拔3000 m以上积雪面积逐步重合，说明夏季青藏高原地区雪线已逐渐上升到海拔3000 m；春、秋两季总积雪面积也有减少趋势，但2007年以后，海拔3000 m以上积雪面积减少趋势略有改变；冬季，海拔3000 m以上积雪面积远远少于总积雪面积，且年际变化不大，总积雪面积变化呈缓慢减少趋势，尤其是夏季，总积雪面积减少趋势明显。

（4）青藏高原积雪变化周期分析

利用NOAA/NESDIS周积雪资料，对青藏高原四季积雪距平做五点滑动平均，得到青藏高原地区积雪年际变化，如图5–4–24所示。图中清楚地反映出青藏高原积雪变化的周期性。很明显，青藏高原积雪存在3~5年短周期变化，这是许多研究均已证实的变化规律。但从积雪年际变化曲线看，似乎存在18~20年长周期变化趋势。多雪年出现在1981—1983年和1997—1999年，两个多雪年峰值之间，相差18~20年。1983年以后，青藏高原积雪呈缓慢减少和逐步增加趋势，1980—1990年，高原积雪为减少趋势，1990年以后逐渐增加，1997—1998年，青藏高原冬季积雪达到最大极值，出现了百年不遇的特大雪灾。1999年后，青藏高原积雪又逐年减少至2010年。青藏高原积雪是否存在18~20年的长周期变化规律，有待长期监测验证，但值得注意的是，两次特大多雪年1982—1983年和1997—1998年都是受厄尔尼诺现象影响的年份。

冰雪圈是全球变化最快速、最活跃、最显著、最具指示性，也是对气候系统影响最直接和最敏感的圈层之一，被认为是气候系统多圈层相互作用的核心和纽带，其季节变化和年际变化与气候的增暖、变冷密切相关，对各种时间尺度的局地气候均有影响。对地观测卫星是监测冰雪覆盖变化的重要工具，随着遥感技术在地球系统科学研究应用中的不断深入，卫星遥感获取的冰雪数据将在全球变化研究中发挥更重要的作用。

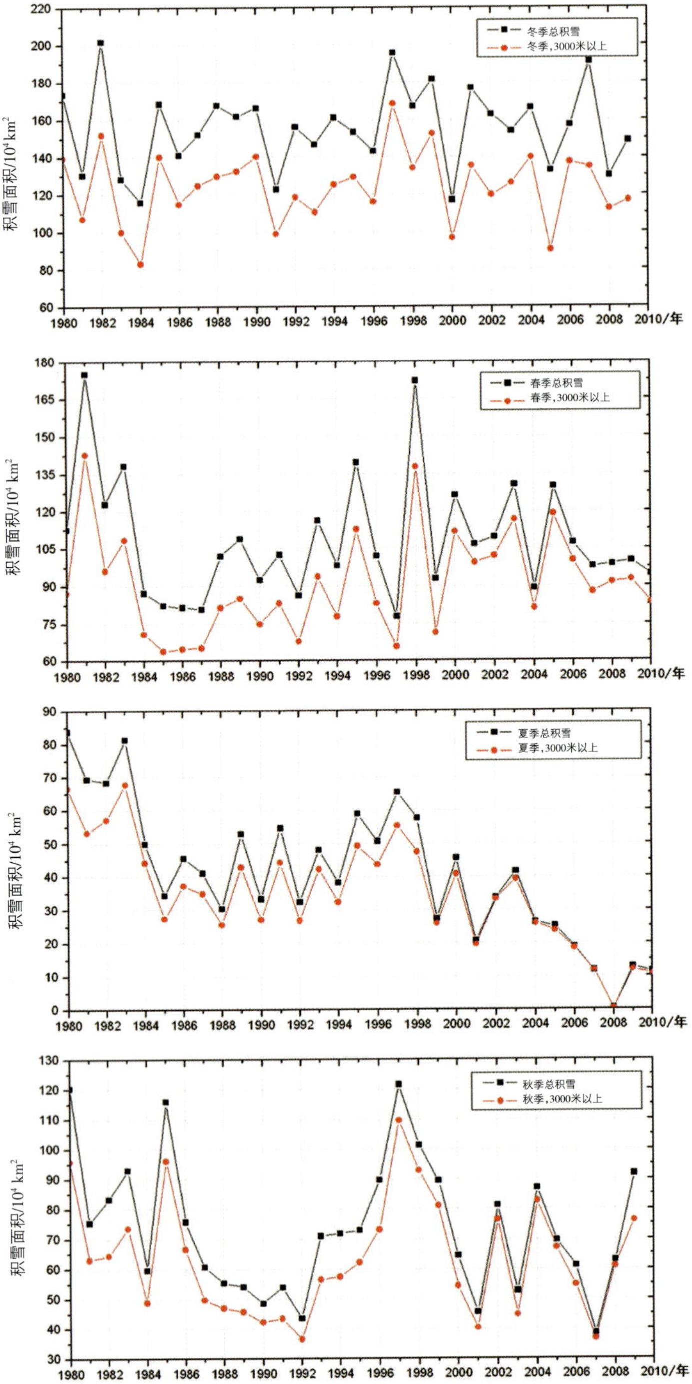

图5-4-23　青藏高原地区3000 m以上四季积雪面积与总积雪面积年际变化曲线图

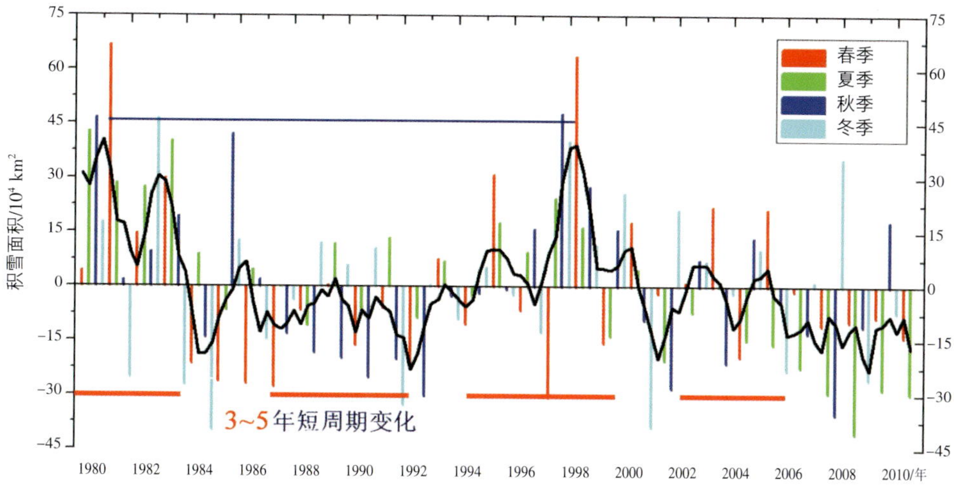

图5-4-24　青藏高原地区积雪变化周期图

参考文献

[1] 曹梅盛，李培基. 中国西部积雪微波遥感监测 [J]. 山地研究,1994,12: 230-234.

[2] 曹梅盛,李新,陈贤章,等. 冰冻圈遥感[M]. 北京:科学出版社,2006.

[3] 曹梅盛，冯学智，金德洪. 积雪的若干光谱反射特征 [J]. 科学通报,1982,27(20):1259-1261.

[4] 车涛,李新. 被动微波遥感估算雪水当量研究进展与展望[J]. 地球科学进展,2004,19:204-210.

[5] 蒋玲梅,等. FY3B-MWRI中国区域雪深反演算法改进[J]. 中国科学: 地球科学,2014,44(3),531- 547.

[6] 李新,车涛. 利用被动微波数据反演我国积雪深度及其精度评价[J]. 遥感技术与应用,2004,19(5):301-306.

[7] 李新,车涛. 积雪被动微波遥感研究进展[J]. 冰川冻土,2007,29(3):287-496.

[8] 李晓静,刘玉洁,等. 利用SMM/I数据判识我国及周边地区雪盖[J]. 应用气象学报,2007,18(1):12-20.

[9] 李培基,米德生. 中国积雪的分布[J]. 冰川冻土,1983,5(4):10-17.

[10] 施建成,等. 微波遥感地表参数反演进展[J]. 地球科学,2012,42 (6):814-842.

[11] 秦大河, 丁永建. 冰冻圈变化及其影响研究——现状、趋势及关键问题[J]. 气候变化研究进展,2009,5(4):187-195.

[12] 孙知文,施建成,蒋玲梅,等. 被动微波遥感反演中国西部地区雪深、雪水当量算法初步研究[J]. 地球科学进展,2006,21:1364-1369.

[13] 孙鸿烈,郑度. 青藏高原的演化与发展[M]. 广州:广东科技出版社,1998.

[14] 杨虎,李小青,游然,吴胜利. 风云三号微波成像仪定标精度评价及业务产品介绍[J]. 气象科技进展,2013,3(4):136-143.

[15] 郑照军,刘玉洁,张炳川. 中国地区冬季积雪遥感监测方法改进[J]. 应用气象学报,2004,15(增刊):75-84.

[16] Abdalati W,Steffen K. Passive microwave derived snow melt regions on the Greenland ice sheet[J]. Geophysical Research letters,1995,22(7):787-790.

[17] Ackerman S,Strabala K,Menzel P,et al. Discriminating Clear-sky from Clouds with MODIS Algorithm Theoretical Basis Document. Cooperative Institute for Meteorological Satillite Studies,University Of Wisconsin -Madison,NOAA/NESDIS,NASA/LaRC,HamptonVA. Version 4. 0,2002.

[18] Ackerman S,Strabala K,Menzel P,et al. Discriminating Clear-sky from Clouds with MODIS[J]. Journal OF Geophysical Research,1998,103:32141-32157.

[19] Armstrong R L,Chang A T C,RangoA,et al. Snow Depth and Grain Size Relationships with Relevance for Passive Microwave Studies [J]. Annals of Glaciology,1993,17:171-176.

[20] Armstrong,R. L. ,and M. J. Brodzik. Hemispheric -scale comparison and evaluation of passive microwave snow algorithms [J]. Annals of Glaciology,2002,34:38-44.

[21] Cavalieri,D. and J. Comiso. Algorithm Theoretical Basis Document for the AMSR-E Sea Ice Algorithm,Revised December 1. Landover,Maryland USA: Goddard Space Flight Center,2000.

[22] Chang A T C,Foster J L,Hall D K et al. Snow waterequivalent estimation by

microwave radiometry [J]. Cold Regions Science and Technology, 1982, 5(3): 259–267.

[23] Chang A T C, Foster J L, Hall D K. Nimbus-7 SMMR derived global snow cover parameters[J]. Annals of glaciology, 1987, 9: 39–44.

[24] Chang A T C, Foster J L, Hall D K et al. Snow parameters derived from microwave measurements during the boreas winter field campaign. Journal of Geophysical Research, 1997, 102(D24): 29663–29671.

[25] Chang A T C, Rango A. Algorithm theoretic basis document (ATBD) for the AMSR-E snow water equivalent algorithem, Version 3.0. NASA, 1999.

[26] Che T, Li X, Jin R, Armstrong R, Zhang TJ. Snow depth derived from passive microwave remote sensing data in China [J]. Annals of Glaciology, 2008, 49: 145–154.

[27] Chen C T, Nijssen B, Guo J, et al. Passive microwave remote sensing of snow constrained by hydrological simulations [J]. IEEE Transaction on Geoscience and Remote Sensing, 2001, 39(8): 1744–1756.

[28] Davis C. H. and H. J. Zwally. Geographic and seasonal variations in the surface properties of the ice sheets by satellite radar altimetry [J]. Journal of Glaciology, 1993, 39: 687–697.

[29] Drobot S D, Anderson M R. An improved method for determining snowmelt onset dates over Arctic sea ice using scanning multichannel microwave radiometer and Special Sensor Microwave/Imager data [J]. Journal of Geophysical Research, 2001, 106(D20): 24033–24049.

[30] Derksen, C. , A. Walker, and B. Goodison. A comparison of 18 winter seasons of in situ and passive microwave derived snow water equivalent estimates in Western Canada[J]. Remote Sensing of Environment, 2003, 88(3): 271–282.

[31] Derksen, C. , A. Walker, and B. Goodison. Evaluation of passive microwave snow water equivalent retrievals across the boreal forest/tundra transition of western Canada[J]. Remote Sensing of Environment, 2005, 96(3/4): 315–327.

[32] Derksen, C. , and M. MacKay. The Canadian northern boreal snow water

equivalent band[J]. Atmosphere-Ocean,2006,44(3):305–320.

[33] Derksen,C. The contribution of AMSR–E 18. 7 and 10. 7 GHz measurements to improved boreal forest snow water equivalent retrievals [J]. Remote Sensing of Environment,2008,112 (5):2701–2710.

[34] Dorothy K. Hall,David A. Robinso,State of the Earth's Cryosphere –Global Snow Cover,Satellite Image Atlas of Glaciers of the WorldA 310–344,U. S. Geological Survey Professional Paper 1386–A–3.

[35] Drinkwater,M. R. ,Francis R. ,Ratier G. and Wingham D. ,The European Space Agency's Earth Explorer Mission CryoSat:Measuring Variability in the Cryosphere[J]. Annals of Glaciology,2004,39:313–320.

[36] Fleming,K; Martinec,Z; Hagedoorn,J. Geoid displacement about Greenland resulting from past and present-day mass changes in the Greenland Ice Sheet [J]. GEOPHYSICAL RESEARCH LETTERS ,2004,31 (6):doi10,1029.

[37] Flury,J. Ice mass balance and ice dynamics from satellite gravity missions[J], EARTH MOON AND PLANETS,2004,94(1–2):83–91.

[38] Foster J L,Chang A,Hall D K. Comparison of snow mass estimates from prototype passive microwave snow algorithm,a revised algorithm and a snow depth climatolog[J]. Remote Sensing of Environment,1997,62(2):132–142.

[39] Foster J L,Sun C,Walker J P,et al. Quantifying the uncertainty in passive mocrowave snow water equivalent observations [J]. Remote Sensing of Environment,2005,94(2):187–203.

[40] Gutman,G. and Tarpley,D. Cloud screening for determination of land surface characteristics in a reduced resolution satellite data set[J]. International Journal of Remote sensing,1987,8(6):859–870.

[41] Gutman,G. Satellite daytime image classification for global studies of Earth's surface parameters from polar orbiters [J]. International Journal of Remote sensing,1992,13(2):209–234.

[42] Norman C. Grody,Alan N. Basist. Global Identification of Snowcover Using SSM/I Measurements[J]. IEEE Transaction on Geoscience and Remote Sensing,

1996,34(1):237–249.

[43] Hall,Dorothy K. and Jaroslav Martinec. Remote sensing of ice and snow[M]. London,New York:Chapman and Hall,1985.

[44] Hall,D. K. ,J. L. Foster,V. V. Salomonson,A. G. Klein and J. Y. L. Chien. Development of a Technique to Assess Snow-Cover Mapping Errors from Space [J]. IEEE Transactions on Geoscience and Remote Sensing,2001,39(2):432–438.

[45] Hall,D. K. ,Riggs,G. A. ,Salomonson,V. V. ,Digiromamo,N. and Bayr,K. J. MODIS snow-cover products[J]. Remote Sensing of Environment,2002,83:181–194.

[46] Hall,D. K. ,J. L. Foster,A. T. C. Chang,C. S. Benson and J. Y. L. Chien. Determination of snow-covered area in different land covers in central Alaska from aircraft data–April 1995[J]. Annals of Glaciology,1998,26:149–155.

[47] Hall,D. K. ,A. B. Tait,G. A. Riggs,V. V. Salomonson,with contributions from J. Y. L. Chien and A. G. Klein. Algorithm Theoretical Basis Document (ATBD) for the MODIS Snow–,Lake Ice–,and Sea Ice–Mapping Algorithms,Version 4.0,1998.

[48] Jin Y Q. Radiative transfer of snow pack/vegetation canopy at the SSM/I channels and satellite data analysis [J]. Remote Sensing of Environment, 1997,61:55–63.

[49] Hallikainen M,Ulaby F T,Deventer T E. Extinction behavior of dry snow in the 18 to 90 GHz range[J]. IEEE Trans Geosci Remote Sensing,1987,25:737–745.

[50] KoikeT,SuhamaT. Passive Microwave Remote Sensing of Snow [J]. Annals of Glaciology,1993,18:305–308.

[51] Kelly R E,Chang A T,Tsang L et al. Aprototype AMSR–E global snow area and snow depth algorithm [J]. IEEE Transaction on Geoscience and Remote Sensing,2003,41(1):230–242.

[52] Kim,Y. ,J. S. Kimball,K. C. McDonald and J. Glassy. Developing a global data record of daily landscape freeze/thaw status using satellite passive microwave

remote sensing [J]. IEEE Transactions on Geoscience and Remote Sensing, 2011,49:949-960.

[53] Romanov,P. ,Tarpley,D. ,Gutman,G. and Carroll,T. Mapping and monitoring of the snow cover fraction over North America [J]. Journal of Geophysical Research, ,2003,108(D16):8619.

[54] LucasR M,Harrison A R. Snow observation by satellite:A review [J]. Remote Sensing Reviews,1990,4(2):285-348.

[55] Matzler C,Wiesmann A. Extension of the microwave emission model of layered snowpacks to coarse grained snow [J]. Remote Sensing of Environment, 1999,70:317-325.

[56] Pulliainen J T,Grandell J,Hallikainen M T. HUT snow emission model and its applicability to snow water equivalent retrieval [J]. IEEE Transaction on Geoscience and Remote Sensing,1999,37(3):1378-1390.

[57] Pulliainen J,Hallikainen M. Retrieval of regional snow water equivalent from space -boren passive microwave observations [J]. Remote Sensing of Environment,2001,75(1):76-85.

[58] Robert,C. A.,A. D. Philip and H. W. Carlyle. Snow/cloud discrimination with multispectral satellite measurements[J]. J. Appl. Meteor,1990,29(10):994-1004.

[59] Rango. Progress of snow hydrology remote sensing research [J]. IEEE Trans. on Geoscience and Remote Sensing,1986,24(7):47-53.

[60] Ress,W. G. 雪冰遥感[M]. 车涛,高峰,等译. 郑州:黄河水利出版社,2011.

[61] Stowe,S. and Gutman,G. Global distribution of cloud cover derived from NOAA/AVHRR operational satellite data [J]. Adv. Space Meteor,1991,11(3): 51-54.

[62] Stiles W H,Ulaby F T. The active and passive microwave response to snow parameters-part I:wetness[J]. Journal of Geophysical Research,1980,85(C2): 1037-1044.

[63] Stiles et al. Microwave Measurements of Snowpack Properties [J]. Nordic Hydrology,1981,12:143-166.

[64] Stiles WH, Ulaby F T, Rango A. Microwave measurements of snowpack properties[J]. Nordic Hydrology, 1981, 12: 143–166 .

[65] Steinhoff HW, Barnes AH. Determination of snow depth and water equivalent by remote sensing. Colorado State University Completion Report Series No. 76, Colorado State University, Fort Collins, CO; 13, 1976.

[66] Sturm M, Holmgren J, Liston G E. A sensonal snow cover classification–system for local to global applications [J]. Journal of Climate, 1995, 8(5): 1261–1283.

[67] Tsang L, Chen C T, Chang A, et al. Densemedia radiative transfer theory based on quasicrystal line approximation with applications to passive microwave remote sensing of snow[J]. Radio science, 2000, 35(3): 731–749.

[68] Ulaby F T, Moore R K, Fung A. Microwave remote sensing: Active and passive, vol. 1 – Microwave remote sensing fundamentals and radiometry [M]. Reading, Massachusetts: Addison–Wesley–Longman, 1981.

[69] Vallese et al. Correlation Function Studies for Snow and Ice [J]. Journal of Applied Physics, 1981,52:4921–4925.

[70] Wahr, J. , D. Wingham, and C. Bentley. A method of combining ICESat and GRACE satellite data to constrain Antarctic mass balance [J]. Journal of Geophysical Research ,2000,105(B7): 16,279–16,294.

[71] Wiesmann A, Matzler C. Microwave emission model of layered snow packs[J]. Remote Sensing of Environment, 1999,70: 307–316.

[72] Wingham D. The First of the European Space Agency's Opportunity Missions: CryoSat, Earth Observation Quarterly, 63, ESA, 1999.

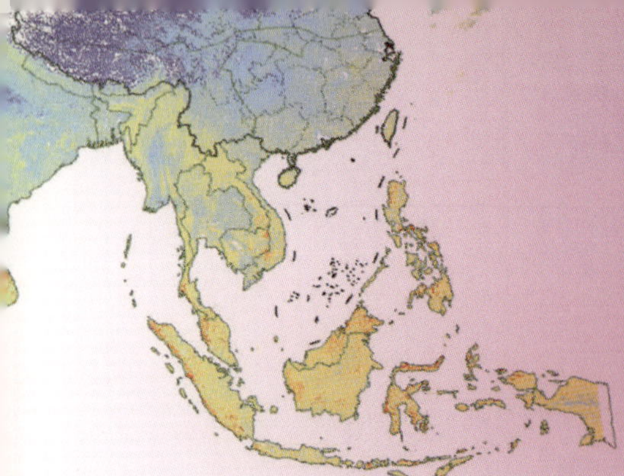

第六章 空间遥感技术对生物圈的监测

1 生物圈——生命的摇篮

1.1 什么是生物圈

在浩瀚的宇宙，有一片璀璨的巨大的漩涡状星系——银河系。银河系由一千二百亿颗恒星组成，还包括各种类型的星际气体和星际尘埃。太阳是银河系中的一颗普通的恒星，太阳和围绕它旋转的八大行星构成了太阳系。太阳系的八大行星中，有一颗美丽的蓝色星球，它就是地球。地球上生活着数以百万计的动植物和微生物，是目前人类已知的唯一存在生命的星球。地球诞生于大约四十六亿年前，在地球诞生后的十亿年内，诞生了生命。生命的出现改变了地球。光合作用使得太阳的能量能够被生物直接利用。光合作用产生的氧气在大气层聚集，通过一系列复杂的光化学反应，形成了臭氧，在大气层上层形成了臭氧层。由于臭氧层遮挡了来自宇宙的有害射线，使得地球上的生命得以生存。

亿万年来，地球上的生命繁衍生息，遍布地球的各个角落。大气、陆地、海洋，甚至冰冷的冰原、漆黑的深海、炎热的沙漠，到处都有生物存在。地球由大气圈、岩石圈、水圈、冰冻圈和生物圈五大圈层构成。其中，所有生物及其存在和活动的圈层，称为生物圈，如图6–1–1、图6–1–2

所示。生物圈的范围主要包括大气圈的下层、水圈以及岩石圈上层的土壤圈，其范围大约为海平面上下垂直约10 km，是地球的一个外层圈。生物圈是结合所有生物以及它们之间关系的全球性的生态系统，包括生物与岩石圈、水圈和空气的相互作用。生物圈也是一个封闭的具有自我调控功能的系统。一般认为，生物圈是从35亿年前生命起源后演化而来的。

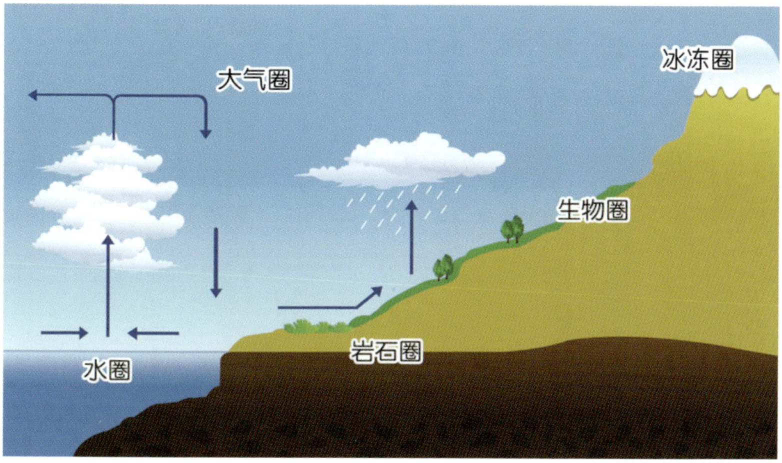

图6-1-1　地球五大圈层示意图

图6-1-2　生物圈的组成

地球上有生命存在的地方均属生物圈。生命活动推动着能量流动和物质循环，并反馈于生命活动。生物需要从环境获取能量与物质，在共同的演化中，二者不断相互作用，相互适应，推动着彼此的变化和适应。这个过程促进了生物与环境不断地变化，推动着生物圈的演化和发展。

1.2 生物圈的结构和范围

生物圈是指地球上有生命活动的领域及其居住环境的整体。地球表层由大气圈、水圈和岩石圈构成，三圈中适于生物生存的范围就是生物圈。它在地面以上达到大约23 km的高度，在地面以下延伸至10 km的深处，其中包括平流层的下层、整个对流层以及沉积岩圈和水圈。但是，大部分生物都集中在地表以上100 m到水下100 m的大气圈、水圈、岩石圈、土壤圈等圈层的交界处，这里是生物圈的核心。

生物圈是最大的生态系统。人也是生态系统中扮演消费者的一员，人的生存和发展离不开整个生物圈的繁荣。因此，保护生物圈就是保护人类。

1.3 生物圈的演化

生物圈是人类赖以生存的空间，它提供了人类生存所必需的环境和资源。亿万年来，生物圈在不断演化，地球生物乃至人类，也伴随着生物圈的演化不断进化，亿万年的演化造就了地球上丰富多样的物种，形成了如今地球上绚丽多彩的生命世界。

在太阳系中，只有地球形成了独一无二的孕育生命的生物圈。在漫长的演化中，地球在演化早期形成了大气圈和水圈。这为生命的诞生提供了物质和环境基础。海洋是水圈的主体，是生命的摇篮，为原始生命的诞生提供水和环境。大气圈为生命诞生提供了无机原料。

化石证据显示，大约在34亿年前，地球海洋中出现生命。早期地球生命长期以单细胞低等生物形态存在。约7亿年前，出现多细胞生物。约4亿年前，开始出现陆地植物等陆地生物。生物圈是生物及其周围环境的总称，包括大气圈下层、岩石圈上层和水圈。作为一个完整的圈层，生物圈在4亿年前才逐渐形成。

细菌在还原性大气条件下诞生，是厌氧生物。25亿年前出现的蓝藻，在产氧光合过程中释放的氧气聚积在大气中，把还原性大气改造成氧化大气圈，这是一个不可逆的过程。为生命诞生提供必要条件的还原性大气圈被氧化大气圈取代了。绿色植物和动物是在大气圈改造完成以后，适应氧化大气圈而产生的。

1.4 人与生物圈

人是生物圈中占统治地位的生物，能大规模地改变生物圈，使其为人类的需要服务。然而，人类毕竟是生物圈中的一个成员，必须依赖于生物圈提供一切生活资料。人类对生物圈的改造应有一定的限度，超过限度就会破坏生物圈的动态平衡，造成严重后果。人在生物圈中的地位，从对生物圈能施加的影响而言，并不明显地超过其他动物。食物缺乏以及疾病等因素限制着人口密度。

大约1万年以前，人类学会栽培植物。农业技术和贮存方法的改善，使人类生活不再局限于天天采集必需的食品，而能够从事更多的创造性活动。随着生产力的提高，人口逐渐增加并向城市集中，制造商品的手工业日益发展，人类活动对环境的影响和冲击也日益增加。尤其是产业革命以后的近几百年，开矿、挖煤、采油、伐林、垦荒、捕捞等规模迅速扩大，生物圈的面貌也发生了极大变化。这种变化不仅影响着其中的成员，也对人类自身产生巨大影响。20世纪60年代以来，人口的膨胀、世界资源的相对短缺和大范围的环境污染，迫使人们从生物圈的角度考虑问题和解决问题。20世纪70年代相继召开的一系列国际会议，如1971年联合国创议的“人与生物圈会议”、1972年的“人类环境会议”、1974年的“世界人口会议”等，便反映了上述认识。

世界人口数量增长迅猛，但地球上可耕土地是有限的，这必然造成全球范围的粮食问题。滥垦、滥牧、滥伐的日益严重，建设用地的高速扩展，都使全球植被减少。随之而来的后果是大范围的水土流失，耕地质量下降甚至发生荒漠化；失去了植被调节气候的作用，气温波动增大，水旱灾害增多；绿色植物固定二氧化碳、产生氧气的能力随植被减少而减少。水域捕捞也已接近极限，某些鱼类多次大规模减产。化石燃料使用速度日益增长，燃料危机不断加剧。

总之，地球的资源是有限的，经不起日益膨胀的人口任意浪费。世界上现存的生态系统面对着工业倾吐出来的大量污染物，显得相当脆弱。自工业革命以来，城市不断扩大，自然保护的呼声也随之增高。然而，只有到了生态学高度发展以后，人们才对自然保护有了比较正确的认识。自然保护并不是对自然资源弃置不用，任其自生自灭，而是积极地进行合理开发。

自然生态系统达到成熟阶段时，其能量和物质的输入、输出之间往往保持相对平衡，而系统中的生物种数以及各种群的数量比例也相对稳定。一方面，人类不仅要力求提高能量利用的效率（生态效率），还要维持物质循环源源不断。另一方面，人类今天要处理的是“人与生物圈”系统中，人的物质要求与环境的稳定供应之间的平衡。人类不仅要求生物圈能长期稳定地满足其不断增长的物质需求，而且要求环境质量不降低。维持这样的“人与生物圈”系统的总体平衡是人类的主要目标。

2 生物圈空间观测原理

建立长期稳定运行的卫星对地观测体系。以气象卫星系列、资源卫星系列、海洋卫星系列和环境与灾害监测小卫星群组成长期稳定运行的卫星对地观测体系，实现对中国及周边地区甚至全球的陆地、大气、海洋的立体观测和动态监测。

——《中国的航天》白皮书

遥感是一种空间观测手段。它出现在20世纪60年代，是近年来迅猛发展的一门学科，已经在资源环境、农业、林业、城市规划、军事等领域得到了应用。那么，什么是遥感？遥感是怎样发挥作用的？遥感是怎样应用于生物圈观测的？

2.1 遥感的兴起

1957年，苏联率先发射人造地球卫星。1959年，美国发射了先锋-2号卫星，用两个红外电子管拍摄地球上空云层的照片，测量地球辐射量。1965年，美国宇航员在640 km~1360 km的高空拍摄了102张地面照片，用于地质、地理和海洋研究。20世纪70年代起，美国有计划地发射探测地球资源的系列卫星，我国等也先后发射资源卫星和气象卫星，开创航天遥感新的里程。装在卫星上的不同类型的遥感器，在不同的电磁波段内，周期性地收集地球表面乃至一定深度的各类资源与环境的信息，成为人们研究、识别地球和环境的先进手段。

遥感技术经过近百年的发展，已构成地面、空中、太空三个立体层面，为人类提供监测自然资源和生态环境的信息。国外的遥感技术大多数首先应用于农业。美国利用陆地卫星和气象卫星等数据，预测全世界的小麦产量，准确度大于90%；他们提前半年估测苏联1977年的小麦总产量为9220万吨，与1978年公布的9200万吨相比，误差仅为2%。英国过去为土地规划而进行的土地资源清查和分类，用了25年时间，得到的仅仅是一份粗略的资料。1976年利用遥感技术，仅用4个人工作9个月，就把全国的土地划分为5大类、31个亚类，测出了面积，绘制成图件。菲律宾1968年开始森林调查，前9年只完成1/10，第10年只用4个月的时间，用30幅卫星图像，就把全国主要森林划分成5类，绘制成图。

2.2 什么是遥感技术系统

遥感技术系统主要包括遥感平台、遥感传感器以及信息传输和数字图像处理系统等。

在遥感技术系统中，用来搭载传感器的工具，叫作遥感平台。根据平台高度的不同，又包括太空平台、空中平台和地面平台，如上面提到的卫星和飞机。此外，常用的遥感平台还有气球，带有机械臂的遥感汽车，以及地面试验时用来固定光谱仪器的三脚架等。

遥感传感器就是安装在遥感平台上探测物体电磁波的仪器，如各类地面便携式光谱仪。针对不同的应用需求和电磁波波段范围，人们研究出多种传感器，以探测物体在可见光、热红外和微波范围内的电磁波信息。传感器会把这些信息按照一定的规律转换为遥感图像。

应用信息传输和数字图像处理系统，传感器获得图像后，通过电磁波信号传输到地面接收站，这些信号经过一系列复杂的处理后，可以提供给不同的用户使用。

2.3 遥感是怎样监测植被的

物体对外来电磁波都有反射、吸收和透射的作用。同时，地球上的各类物体也会不断地向外发射电磁波。因为物体组成和结构的不同，其反射、吸收、透射以及发射电磁波的特性差别也很大。遥感就是通过获取这些电磁波信息（主要是反射信息和发射信息）来探测目标的。

植被遥感主要关心植物和土壤等地物目标的波谱信息。因此，植被遥感是建立在地物和绿色植物光谱理论基础上的。绿色植物对不同波长光谱的吸收、散射、反射均有不同的特征，与绿色植物的叶片结构紧密相关。

绿色植物叶片的叶绿素对可见光，尤其是红光波段有较强烈的吸收，因此，红光波段包含了植物叶片的丰富信息。而植物对近红外波段有高的反射率、高的透射率和极低的吸收率，近红外对植被差异及植物长势反应十分敏感，因此，近红外波段包含了植物叶片的大量信息。这一反射光谱特性就是用卫星进行农业遥感的理论基础。图6-2-1是植物的反射光谱曲线图。

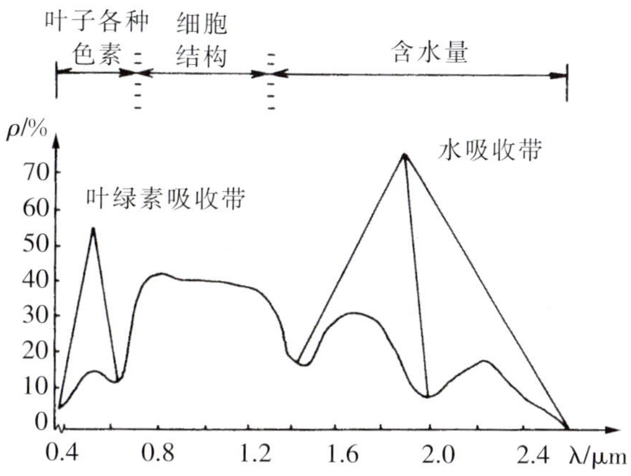

图6-2-1　植物的反射光谱特性曲线图

根据绿色植物具有可见光反射率低，近红外具有较高反射率的特点，通常采用这两个波段组合成归一化植被指数（NDVI，又称绿度值）来判识绿色植被分布。另外，由于绿度值越高，作物长势越好，往往利用这一特点来分析作物长势的好坏。

2.3.1 归一化植被指数

植被遥感是建立在光谱理论基础上的。植被指数VI（Vegetation Indices）是指由不同光谱的遥感数据、经变换或不同波段的线性、非线性组合，所构成的对植被有一定指示意义的指标。在植物生态参数遥感提取中，植被指数能提高对感兴趣的植物冠层特征的灵敏度，同时，也能尽量降低其他无关信息（例如，背景反射）的干扰。

典型的绿色植物光谱曲线上，蓝光区和红光区各有一个叶绿素吸收带（两个吸收中心分别在0.4 μm及0.65 μm）。近红外区则有一个强反射峰。

植被对可见光和近红外辐射的吸收—反射作用的两种截然不同的表现，是由色素及细胞内部结构差异造成的。如美国NOAA卫星携带的高级甚高分辨率辐射仪（AVHRR）观测通道的设置非常有利于捕捉这种差异：第一波段CH1（0.58 μm~0.68 μm）处在叶绿素的吸收带，第二波段CH2（0.72 μm~1.1 μm）则位于绿色植物的光谱反射区。因此，第一波段、第二波段的组合，常被有效地用于作物长势监测。归一化植被指数（NDVI）是最常用的一种植被指数。

$$NDVI = \frac{CH_2 - CH_1}{CH_2 + CH_1}$$

其中，CH_1、CH_2分别为NOAA/AVHRR的第一波段（红光）、第二波段（近红外）反射率值。NDVI提高了对土壤背景的鉴别能力，同时，削弱了大气层和地形阴影的影响；NDVI对土壤背景的变化比较敏感，当植被覆盖度小于15%时，植被的NDVI略大于裸土：当植被覆盖度为25%~80%时，NDVI随植被覆盖度的增加呈近于线性的增长；当植被覆盖度大于80%时，检测的灵敏度下降，这个现象称为NDVI饱和。

2.3.2 其他常见的植被指数

常用的植被指数中，比值植被指数（RVI）对土壤背景变化的敏感度较归一化植被指数（NDVI）、差值植被指数（DVI）均小，当植被覆盖度较小时，RVI不能很好地识别植被密度差异，但在高覆盖度下，RVI对植被十分敏感，与生物量的相关性最好，因而适合高覆盖度的植被监测。

DVI对土壤背景的变化较RVI敏感，植被覆盖度高时，对植被的灵敏度有所下降。NDVI对土壤背景的变化较为敏感，随绿色植被覆盖度的增加而迅速增大，当覆盖度增加到一定程度时，绿度值增加缓慢，适用于农作物早、中期的监测，是植被空间分布的最佳指示因子。垂直植被指数（PVI）受土壤背景的影响较小，对植被具有适中的灵敏度，有利于提取植被在各种土壤背景下生长发育的信息。

PVI由于考虑了土壤线，对低植被覆盖有更好的指示作用，但地区不同、土壤类型不同，土壤线也不同。而且土壤线不是严格的直线，是有适当宽度的带，求算复杂且存在一定误差。而比值植被指数RVI受土壤背景的影响较小，在拔节以后植被覆盖度较高的情况下，可选用RVI作为作物长势监测的植被指数。

3 植被与环境的空间观测

在生物圈监测中，遥感具有其他传统方法不可代替的地位。遥感的优势在于频繁和持久地提供地表特征的面状信息，这对于传统的以稀疏离散点为基础的对地观测手段是一场革命性的变化。在全球变化研究，尤其是植被与环境观测及过程研究中，遥感正日益成为新兴的有力研究手段。尽管如此，但长期以来存在对遥感手段认识的一种误解，即认为遥感的主要作用仅限于对地物进行简单的分类和面积提取。近年来，随着遥感逐步从定性化迈向定量化，越来越多的地表参数（如地表返照度ALBEDO、叶面积指数LAI、光合有效辐射PAR、陆表温度LST等）可以通过遥感获得，反演精度也日益提高，为实时有效地监测全球植被与环境奠定了技术支撑和数据获取基础。

地学上，通常把表征陆表特征信息的参数称作陆表参数。这里，陆表参数泛指可以定量参数化表达的陆表信息，包括各种环境参数（如PAR、LST、ALBEDO等）和生物物理参数（如LAI等）等。

3.1 空中看植被——植被类型识别

生物圈研究离不开陆表覆盖类型的确定及其空间分布。植被是陆表覆盖类型的主要组成部分，因此陆表覆盖类型重要内容之一就是植被识别与分类。估算植被净初级生产力（NPP）时通常要考虑不同的植被类型（以及土地覆盖类型）及其空间分布。例如，在光能利用率模型中，基于NDVI计算植被的光合有效辐射吸收比（FPAR）时，不同的植被类型都有各自的系数。因为植被生理及生物物理结构（如冠层结构、叶倾角、叶片结构等）上的差异，各种植被类型具有不同的$NDVI_{max}$和$NDVI_{min}$。在很多模型中，会影响到FPAR的计算。因此，植被类型及其空间分布的准确确定对于NPP估算就至关重要。

在模型中，对于植被情况变化较大的地区，如果仍采用多年前绘制的植被类型图，对模型精度会有不利影响。就中国而言，现在使用最为广泛的还是20世纪80年代初由中国科学院植物研究所编制的1:400万的植被类型图。值得一提的是，尽管这几十年来该图已经在各个领域发挥着巨大的作用，但是毕竟年代久远，无法反映近年来的变化。近十年来，AVHRR数据在世界范围内得到了广泛应用。1992年，美国全球数据信息系统（DIS）提出了一个基于1 km分辨率的AVHRR遥感影像数据库计划。1997年，土地覆盖工作组（LCWG）又提出一个快速跟踪1 km数据计划，利用遥感监测气候变化和植被动态，预测植被的地上生物量，叶子的寿命（常绿/落叶）和叶子的类型（针叶、阔叶、草本）的变化。研究者利用不同的分类算法，进行准实时的基于AVHRR数据的土地覆盖和植被分类研究。

在这些遥感数据的基础上，基于卫星遥感植被指数的分类则可以弥补传统方法的不足。首先，遥感获取的现实植被分布真实地反映了植被实际的空间分布现状。其次，由于遥感数据更新速度快，在植被分布变化的及时表达上具有极大优势。基于遥感数据的植被分类可大大提高植被类型图的更新速度。

3.2 植被生长状况的度量——植被指数

作为植被的一个重要遥感参数，归一化植被指数NDVI实际反映了植被生物量、覆盖度和叶绿素含量三方面的生物物理化学性质。NDVI等一系列植被指数反映了地表植被的分布状况，连续时间序列的NDVI图像反映了地表植被的物候学特征。因此，利用不同时相条件下的NDVI序列，可以比较准确地反映植被的生长季相变化的规律，有助于识别地表植被覆盖类型与生长状况。

植被指数是由卫星传感器不同波段的反射率组合而成，通常用红光（R）和近红外（NIR）两个波段。二十多年来，已研究发展了四十多个植被指数，如VI、RDVI、WDVI、PVI、SAVI、GEMI，等等。众多的植被指数中，由于NDVI原理清晰、计算简单，应用最为广泛。植被指数的定量测量可表明植被活力，而且植被指数比单波段用来探测生物量有更好的灵敏性。植被指数有助于增强遥感影像的解译力，并已作为一种遥感手段广泛应用于土地利用覆盖探测、植被覆盖密度评价、作物识别和作物预报等方面，并在专题制图方面增强了分类能力。植被指数还可用来诊断植被的一系列生物物理参量：叶面积指数（LAI）、植被覆盖率、生物量、光合有效辐射吸收比（FPAR）等；反过来又可用来分析植被生长过程：净初级生产力（NPP）和蒸散（蒸腾）等。

植被指数是由传感器不同波段的反射率组合而成，常见的植被指数如VI、NDVI，RDVI、WDVI、PVI、SAVI、GEMI等。绿色植被吸收红光（R），反射近红外（NIR），二者的组合能很好地指示植被的生长状况。其绝对比值SR很容易通过R和NIR获得。但当ρ_r很小并接近0时，SR就会无限增大。因此，采用归一化植被指数NDVI来避免这个问题，即用ρ_n和ρ_r的差值与二者之和的归一化比值。NDVI的优点是具有-1~1的固定变化范围。

植被指数的比较研究表明：MSAVI能最大限度地抵消土壤背景的影响；相对而言，NDVI适合于较高密度植被地区，但也存在NDVI饱和现象；SAVI适合于中密度以下地区的植被监测；并且多时相植被指数的累加值能较好地反映植被的分布。植被指数能在一定程度上定量化，反映植被的生长状况，可为模型提供植被类型信息及其他输入参数。

3.3 光合作用的重要参数——叶面积指数

叶面积指数（LAI）指单位土地面积上植物叶片总面积占土地面积的倍数。叶面积指数对陆地生态系统和大气间能量、水汽和CO_2交换具有非常重要的影响，同时，它也是大多数生态系统过程模型的重要输入参数之一。LAI可通过直接的野外小样地破坏性观测和利用冠层辐射传输模型间接估计。而通过遥感可以在更大时空尺度上观测LAI的变化。目前，发展的对地观测系统的主要目的就是通过遥感反演LAI、FPAR和NPP等植被参数。遥感反演LAI的方法可分为四类：植被指数法、像元成分非混合法、直接模式转换法和间接模式转换法，其中以植被指数法应用较为广泛。图6-3-1为FY-3分辨率光谱成像仪全球叶面积指数产品图。

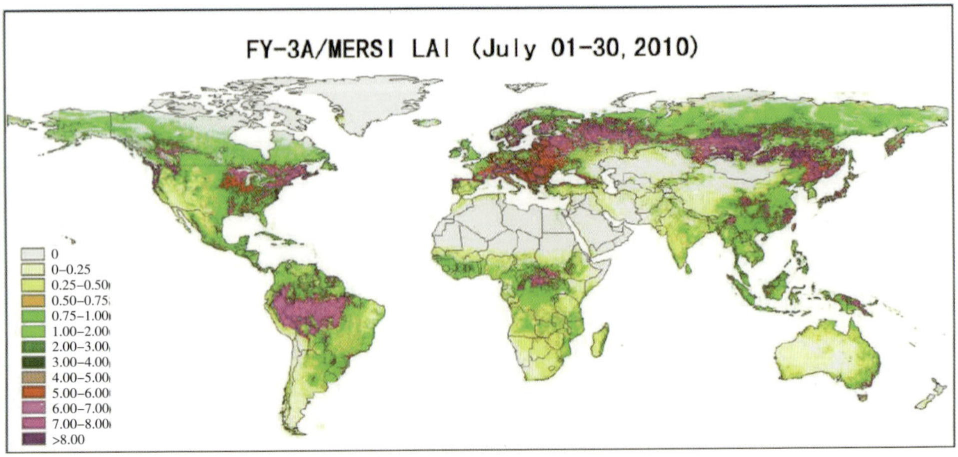

图6-3-1 FY-3分辨率光谱成像仪全球叶面积指数产品图

3.4 植被覆盖程度——植被覆盖度

植被覆盖度指单位面积内植被的垂直投影面积所占百分比，是描述植被群落及生态系统的重要参数。传统的地面样方实测的方法费时、费力且精度不高。因此，探讨利用遥感方法进行大面积的植被覆盖度估算的研究是当前土地覆盖研究中一个比较重要的研究内容和发展方向。

利用遥感数据进行植被覆盖度估算的方法大致可以归纳为下面两种：

一种是经验模型法。主要是通过建立实测植被覆盖度数据与植被指数的经验模型来求取大面积植被覆盖度。Wittich和Hansing（1995）针对不同的土地覆盖类型建立了地表植被覆盖度与NDVI的经验模型，并用NOAA AVHRR资料计算研究区的植被覆盖度。Purevdorj等则应用二次多项式回归了植被覆盖度与植被指数（NDVI、SAVI、MSAVI）的关系，并以蒙古草原为实例，验证了TSAVI和NDVI在对大范围草场的植被覆盖率估算方面有较好的效果。

由于经验模型法依赖于对特定区域的实测数据，虽在小范围区域具有一定的精度，但在推广应用方面却受到诸多限制。因此，近年来发展起来的不依赖于植被覆盖度实测数据，而直接由植被指数向植被覆盖度转换的方法，已成为相关领域研究的一种趋势。

植被指数转换法的主要思想是，通过对各像元中植被类型及分布特征的分析，建立植被指数与植被覆盖度的转换关系来直接估算植被覆盖度。Quarmby利用AVHRR资料，建立了植被指数与植被覆盖度的线性混合转换模式，并认为该法适用估算农业区的植被覆盖率。虽然植被指数转换法不需要进行大面积的地面样方实测，但就小范围区域而言，其精度却可能低于经验模型法。

3.5 森林垂直结构信息提取——森林冠层高度遥感

随着全球碳循环研究的深入，对全球森林高度和生物量数据的需求变得越来越强烈。Lefsky制作了第一张全球森林冠层高度图，如图6-3-2所示。通过利用美国ICESat卫星的地球科学激光测高系统（GLAS）星载大光斑激光雷达数据提取的森林冠层高度和MODIS光谱数据建立回归树模型，Lefsky将点状离散的GLAS森林冠层高度推算至全球。Saatchi等利用Lefsky提供的GLAS森林冠层高度，制作了全球三大洲热带地区的碳储量图。Lefsky的胸径加权森林冠层高度图一经发表，即受到了广泛关注。一年后，全球第二幅森林冠层高度图问世。该图由加州理工大学的Simard等人制作，为1 km分辨率的全球森林冠层最大高度图，通过全球66个通量站的实测森林冠层高度结果进行验证，该图的误差约4.36 m。

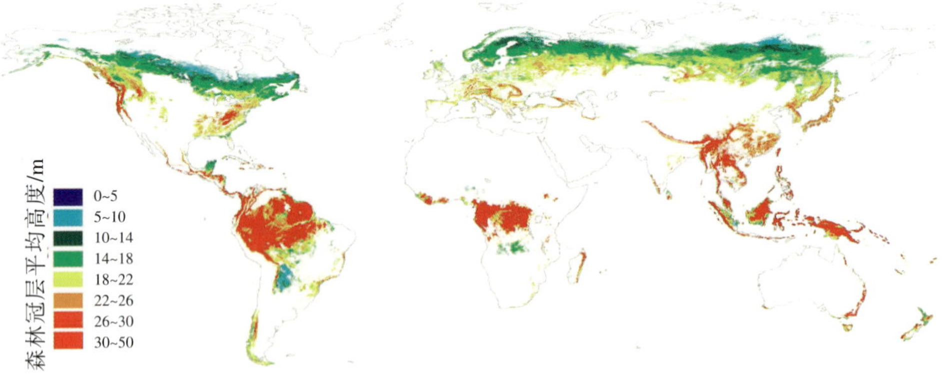

图6-3-2　全球森林冠层高度图

3.6 生物化学成分探测——植被冠层生化组分遥感

在植被遥感领域，植被冠层的生化组分含量是非常重要的参数之一，如叶氮含量影响光合产量和枯落物分解速率。而从植被遥感获得植被生化信息的研究较多，目前研究如何从植被遥感的光谱信息获得植被生化信息的方法基本上分为两大类：经验和半经验统计方法，理论模型反演方法。

近红外光谱学（NIRS，Near-Infrared Spectroscopy）方法是经验方法的一个重要方面，它比较早地被提出来，并广泛地用在确定叶片生化含量上。这些方法通常是利用逐步多元线性回归的方法，选取反射率或其变化形式（通常指导数光谱）与叶片样本生化组分相关最紧密的波长，然后建立回归方程来预测生化组分含量。

植被在可见光区的光谱反射率主要是光合色素决定的，半经验方法的重点是发展与色素含量高度相关的光谱指数。主要的原则是这些光谱指数应该对其他干扰因子不敏感。研究者提出了许多光谱指数用来估计不同尺度的色素含量。目前，发展新的光谱指数仍然是一个积极研究的领域。

到目前为止，不论是NIRS方法和光谱指数方法，都没有一个能够解决这些方法的适用性问题，可能在某些地点和时间，某种方法或指数能够取得很好的效果。因此人们逐渐考虑利用物理模型反演得到组分含量。

叶片光学模型基于生物物理机制，通过描述光子在叶片内的散射和吸收，从而能够模拟叶片的光谱特性。其前向过程通常都包含某些生化组分含量，而这些参数通常无法获得解析表达式，因此，研究者想到利用这些模型通过反向反演得到叶片的组分含量，如将叶片模型耦合到冠层模型中，从而可以利用冠层光谱数据反演得到组分含量。物理模型解释了光与叶物质的作用机制，原理清楚，加之在模型的初始假设范围内，不受限于时间、地点等因素，因此，自20世纪90年代以来，成为研究者研究如何提取植被生化组分参数的又一个方向。

3.7 其他植被与环境参数探测

遥感手段具有直接提取重要生态学特征和生物生长参数的特长。除植被面积、NPP、NEP等宏观参数外，叶面积指数（LAI）、冠层化学组分、冠层温度、气孔导度、光合有效辐射（PAR）、冠层光合有效辐射（APAR）、冠层结构、土壤含水量、地表温度等参数，均可以由卫星遥感或航遥感资料信息中直接或间接提取。在植被光合作用和陆地碳循环过程中，这些参数可以定量描述碳的光合固定、碳通量等生态学过程和生物学机理。

利用多角度遥感，可以提高对植被冠层光合有效辐射、植被净初级生产力、植被蒸散和水分平衡、冠层能量分布等的估算精度；利用雷达遥感，可以全天时、全天候地监测植被冠层物理结构特征、水分含量和地表粗糙度；利用成像光谱遥感，可以较准确地调查地表生物化学组成成分，推演植被冠层C、N含量和土壤有机质含量。上述遥感技术，以及相关的信息提取方法，结构高精度的遥感数据预处理技术，将会大幅度地提高植被光合作用和陆地生态系统碳循环过程研究的定量遥感作用及其精度。

通过遥感还可以反演太阳辐射、比辐射率、土壤湿度、地表粗糙度等，光学遥感对地表反射率、地表温度，以及植被参数等的获取具有巨大的优势，对其他参数，如土壤湿度、地表粗糙度也有一定的有效性。光学遥感在反演土壤湿度方面，微波遥感具有明确的物理基础。

3.8 EOS/MODIS植被与环境参数提取

1999年，NASA发射了地球观测系统（EOS）的第一颗先进的极地轨道遥感卫星Terra（EOS-AM1）。中分辨率成像光谱仪（MODIS）是EOS-AM1系列卫星的主要探测仪器，也是EOS/Terra卫星平台上进行直接广播的对地观测仪器。MODIS是当前世界上新一代“图谱合一”的光学遥感仪器，具有36个光谱通道，分布在0.4 pm~14 pm的电磁波谱范围内。MODIS仪器的地面分辨率分别为250 m、500 m和1000 m，扫描宽度为2330 km。在对地观测过程中，每秒可同时获得6.1 Mb的来自大气、海洋和陆地表面信息，每日或每两日可获取一次全球观测数据。多波段数据可以同时提供反映陆地、云边界、云特性、海洋水色、浮游植物、生物地理、化学、大气水汽、地表温度、云顶温度、大气温度、臭氧和云顶高度等特征的信息，用于对陆表、生物圈、固态地球、大气和海洋进行长期全球观测。每一个MODIS仪器的设计寿命为5年，计划发射四颗卫星。由此估计，利用MODIS仪器至少将获得15年、36个光谱波段的地球综合信息。这些数据对于开展自然灾害与生态环境监测、全球环境和气候变化研究以及进行全球变化的综合性研究等，非常有意义。

MODIS数据由于高时间分辨率及高光谱分辨率而广泛地应用于海洋和陆地等综合研究中，在陆地生态系统碳循环研究中，也受到了生态学界的广泛欢迎。Running等比较完整地提出了一整套处理和生成MODIS陆地产品的算法，其研究主要集中在MODIS土地覆盖（Land-cover）和高级MODIS光谱植被指数（Advanced MODIS Spectral Vegetation Indices）。

Cihlar等人提出了一整套处理遥感原始数据、生成高级产品的“Geo-Comp-n”方法，其中包括探测器校准、大气校正、BRDF校正、问题像元的识别以及地理编码和重采样。用该方法处理生成的高级产品主要包括叶面积指数（LAI）、光合有效辐射吸收比（FPAR）、植被实际吸收的光合辐射（APAR）、地表反照率（Surface Albedo）、火烧迹地（Fire Mask）以及一些预测产品（Future Product）。

提高遥感参数估计精度，在全球尺度监测陆地生态系统变化中非常重要。光谱混合分析中的辐射传输及几何光学模型，是提高参数反演精度的重要途径之一。新型卫星平台和传感器的发展，为生态学研究提供了更为丰富的数据源，如MODIS、高光谱等。利用地物光谱数据，研究叶片化学特性与其光谱特征的关系，进而探讨利用高光谱遥感数据，估算化学组分含量是未来研究的方向之一。

4 粮食来源——农作物的空间观测

遥感技术多年来一直被应用于农业领域。遥感技术具有周期性观测和大面积覆盖获取地面信息的特点，是现代农业技术体系中获得田间数据的重要来源。作为一种极为有效的监测和信息获取手段，它可以提供大量的农田时空变化信息。遥感在小麦及水稻估产、农田病虫害监测、作物种类识别、田间墒情诊断、大面积作物种植结构规划、作物产量预测及国家农业区划等众多领域，都显示出强大的应用潜力。

同时，利用高空间分辨率和高光谱分辨率的遥感信息，也可以获取小区域长势与背景的差异，从而提供实施定位处方农作所需的信息。例如，作物长势及其背景的监测：运用高分辨率（米级分辨率）传感器，在不同的作物生长期，根据光谱信息，进行空间定性、定位分析，为定位处方农作提供依据。作物冠层多光谱监测：运用地物光谱仪和多光谱相机获取的信息，监测叶绿素密度的变化，并分析其变化与养分的关系。有效养分元素：利用光谱测量仪对农作物重要养分元素含量进行测量，分析元素含量与反射光谱的关系。利用多光谱遥感信息（红外波段），还可以实现在有作物条件下监测土壤水分及干旱状况。

4.1 作物类型识别

农作物具有不同的光谱反射特性。而且，这种特性随作物生长发育阶段、时空条件的差异而不同。同种类型的作物具有相似的光谱特征，这是作物可度量性质的度量值。通过卫星或航空遥感影像获取作物的特定的光谱，并对其进行定量分析和变换，得到其特征向量，进而进行定量表达。

利用模式识别和计算机图像分类技术，可以区分出不同的作物类型，实现利用遥感图像进行作物类型识别的目的。多数情况下，分类是基于像元水平的计算来实现的。对作物进行类型识别和分类之后，就可以统计图像上各类型像元的总数，进而求算出不同类型作物的面积分布。为了提高精度，在大面积研究中，常采用气象卫星影像(如NOAA/AVHRR）和陆地资源卫星影像（如TM）相结合的方法。

在植被识别中，高光谱技术体现出其窄波段的优势，能够大大提高对植被的识别与分类精度。人们可以从众多的窄波段中筛选出那些对植被类型光谱差异较明显的波段。利用少数几个窄波段对植被类型进行识别与分类，采用压缩技术重新组合几个综合波段，充分利用植被的光谱信息，改善植被的识别与分类精度，高光谱遥感不仅涉及植被类型的识别与分类，而且已涉及植物化学成分的估测。

（1）作物类型遥感图像识别的原理

计算机遥感图像识别属于模式识别的范畴，指利用地物的空间特征、光谱特征及多时相信息特征对目标进行识别和分类。农作物类型的遥感图像识别和分类，就是模式识别和图像分类技术实现的。

作物遥感监测和估产中，类型识别、分类以及面积的提取是技术的关键和难点。不同的地物类别具有不同波谱特征和结构特征，在遥感图像上呈现出像元亮度值的高低差异及空间变化。但由于地表地物成分、性质、分布情况的复杂性及成像条件等因素，同一类地物的波谱特征并不完全相同，而不同类型地物的波谱特征之间有时差别不大，即出现“同物异谱”和“同谱异物”现象，再加上一个像元或瞬间视场里有两种或多种地物的“混合像元”情况，使得遥感图像分类较为复杂。

分类主要依据像元的灰度及纹理等特征量所定义的特征空间来进行。即按照一定的分类规则对特征空间进行分割，并对其中包含的像元给予归类。图像上的像元点由其在各个通道的亮度值$x_1, x_2, \cdots, x_n$构成，地物在不同波段的亮度值构成了原始的光谱空间，各种地物由于其组成、结构不同，有其固有的光谱特性，位于光谱空间中的特定位置，如图6-4-1（a）。

在相同的条件下，图像上同类地物应具有相同或相似的光谱特征和空间特征，所以，同类地物像元的特征向量聚集在特征空间的同一区域内，而不同地物聚集在特征空间的不同区域。但绝对相同的条件在自然界中是不存在的，由于成像条件的变化，地物的成分、性质、分布情况的复杂多样性，混合像元的存在等各种因素，使得同类地物的光谱特征不尽相同，它们在特征空间中不是完全集中于一个点上，但也不是杂乱无章地无序分布，而是相对集中，围绕某一点呈概率分布，如图6-4-1（b）所示，遥感图像像元的亮度值一般呈多维正态分布。

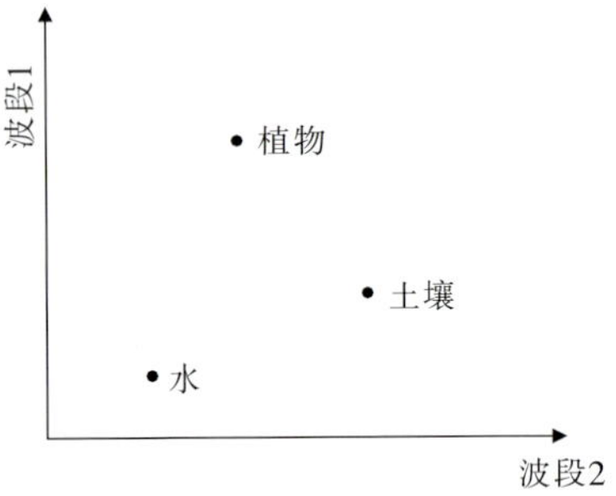

(a)二维空间中的遥感数据

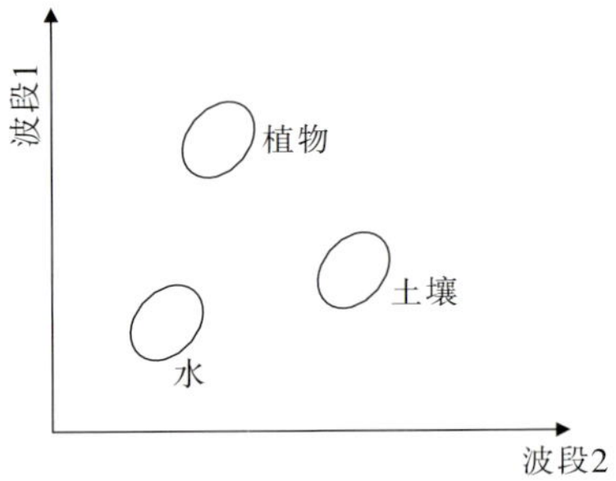

(b)地物在光谱空间的分布

图6-4-1　不同地物在光谱空间的分布图

（2）遥感图像分类方法

遥感图像识别和分类通过计算机模式识别方法来实现，包括统计模式识别、人工神经元网络、模糊算法及语言结构等。遥感图像计算机自动分类的关键，就是选择合适的分类规则（分类器），将复杂的特征空间划分为互不重叠的子空间，然后将图像的各个像元划归到各个子空间去，以实现对不同地物类型的区分，获取作物面积。

遥感图像分类，首先必须对图像中各类地物的各种信息进行综合分析，根据各类地物的光谱特征进行特征参数的分析与选择，寻找出能反映地物本质特征，更有利于分类的特征参数，构成特征空间，然后根据一定的判别函数，将特征空间划分为互不重叠的子空间，进而把影像上所有的像元都一一划分到各子空间中去，实现分类。可见，图像分类的关键是特征选择和建立判别函数。

统计模式识别方法综合应用了地物类别在各波段中的均值、方差以及各波段之间的协方差，有较好的统计特征，因此被广泛采用。近年来，神经网络法发展迅速，并得到了广泛的研究和应用。分类方法的选取将直接影响面积提取及估产精度。

4.2 高光谱作物识别

20世纪80年代以来，高光谱分辨率遥感或成像光谱遥感技术的发展，是人类在对地观测方面取得的重大技术突破之一，也是遥感前沿技术。

光谱分辨率的提高是自遥感发展以来的一个重要趋势。经国际遥感界的共识，光谱分辨率在$10^{-1}\lambda$数量级范围内的称为多光谱（Multispectral），这样的遥感器在可见光和近红外光谱区只有几个波段，如美陆地卫星TM和法国SPOT卫星等。光谱分辨率在$10^{-2}\lambda$的遥感信息称之为高光谱（Hyper-spectral）遥感，由于其光谱分辨率高达纳米（nm）数量级，往往具有波段多的特点，即在可见到近红外光谱区，其光谱通道多达数十，甚至100以上。通过高光谱成像，或成像光谱技术所获取的地球表面的图像，包含了丰富的空间、辐射和光谱三重信息。它表现了地物空间展布的影像特征，同时也可能以其中某一像元或像元组为目标获得它们的辐射强度以及光谱信息。影像、辐射与光谱这三个遥感中最重要的特征的合一，就成了高光谱成像。

植被的反射光谱特征主要是由叶片中的叶肉细胞、叶绿素、水分含量和其他生物化学成分对光线的吸收和反射形成的。植被叶片中的叶绿素a、叶绿素b和类胡萝卜素，对可见光—近红外的吸收，对植被光谱在可见光—近红外光谱波段的特征有较大影响。叶肉细胞的反射和多次散射对植被光谱在近红外波段的较高反射坪的形成起着主要作用。水分、木质素、淀粉、蛋白质等的吸收在植被光谱中，也有较好的体现。

导数光谱分析能去除背景噪音或不理想的信息影响。使用森林光谱的一阶、二阶导数，对树冠化学成分进行研究，可以确定树冠化学成分与生物量以及导数光谱数据相关最密切的波段组合。在植被群体光谱中起主要作用的是植被叶片的光谱特性，而且植被的识别、分类、植被长势监测和农作物估产等，也主要依据植被叶片光谱特征。研究人员对水稻和玉米的群体光谱特征和叶片光谱特征进行了多时相光谱测量，同时，还进行了相应的叶片生物化学测量和大田农学参数测量，并通过导数光谱分析和“红边”位置分析，来寻找这两种主要农作物的光谱特征与化学成分间的关系。

4.3 作物长势监测与估产

植物在生长发育的不同阶段，其内部成分、结构和外部形态特征等，都会存在一系列周期性的变化。这种植物的周期性变化，使得从植物细胞的微观到植物群体的宏观结构上均有表现，这种变化必然导致单个植物或植物群体物理光学特性的周期性变化，也就是植物对于各电磁波谱的辐射和反射特性。由于遥感具有周期性获取目标电磁波谱信息的特点，可以用它来监测农作物长势的动态变化。如利用多时相卫星遥感数据，来了解作物的长势状况。

遥感估产则是建立作物光谱与产量之间联系的一种技术，它是通过光谱来获取作物的生长信息。在实际工作中，常常用绿度或植被指数作为评价作物生长状况的标准。植被指数中包括了作物长势和面积两方面的信息。光谱产量模式的基本思想是将各种形式的植被指数，与作物单产建立回归方程，筛选出方程拟合率高、相对剩余标准差小的估产模式。各种估产模式，尤其是光谱模式中，植被指数是一个极为重要的参数。

4.4 土壤和作物水分的遥感监测

利用遥感技术监测和预测作物水分亏缺，一直是农学、水文学、生态学等学科研究的重要内容，对于作物估产、灌溉管理、水平衡方程的计算，均有重要意义。热红外遥感由于它所具有的特性，在植被条件和非植被条件下，都对水分反应敏感，一直是遥感监测土壤和作物水分的主要方法。目前，应用比较广泛的是土壤热惯量法、植被供水指数法等。

因植被覆盖率不同，又可将土壤水分和作物水分监测方法分为两种：

（1）低植被覆盖的裸土。对这种条件下土壤水分监测方法比较成熟，一般采用热惯量模型。土壤热惯量法主要是利用土壤的热特性进行土壤水分监测。它适用于裸地或低植被干旱的监测。其原理是当土壤干燥时，昼夜温差大；而土壤含水量高时，昼夜温差小。只要用遥感方法获得一天内的土壤最高、最低温度，通过计算模型就可以计算出土壤的含水量。通常，把这种方法称为热惯量法。

（2）高植被覆盖条件下，一般是作物生长后期。可根据以能量平衡为基础的植被供水指数来监测。植被供水指数较适用于地面作物覆盖情况下的干旱状况的遥感监测。

根据各地农业生产特点及土壤和生态气候类型，当地面植被覆盖度较大，可以利用植被供水指数法遥感监测干旱状况；而地面植被覆盖度较小的深秋和冬季，可以采用土壤热惯量法进行干旱的分析。

4.5 作物养分的遥感监测

植物重要养分元素含量代表了植被光合作用和营养状况。叶片作为植被冠层基本的组成单元，其光谱特征与养分元素含量的关系，是首先需要了解的。传统的实验室方法通过化学分析来完成，费时费力，且时效性差，因此，迫切需要一种替代方法来方便快捷地完成这一任务。

长期以来，探测植物生物化学参量是遥感的焦点和难点之一。由于受技术手段限制，常规遥感难以在这方面有所突破。成像光谱技术的兴起，为解决这一难题开辟了新的道路，展现了很大的潜力。利用成像光谱遥感数据监测植被化学特性，是挖掘成像光谱数据潜力的重要方面，具有重要的理论意义和实际应用价值。

研究发现，某些光谱波段的反射率或不同波段的组合，与植物叶片中的氮、磷、钾等元素含量存在某种相关关系。人们可以利用这种关系通过遥感技术来监测植物的养分状况。

4.6 农作物病虫害遥感监测

应用遥感技术监测植物病虫害，主要通过以下三条途径：（1）应用遥感手段探测病虫害对植物生长造成的影响，跟踪其发生演变状况，分析估算灾情损失；（2）应用遥感手段监测病虫害发生地，即虫源或寄主基地的分布及环境要素变化，以此推断病虫害爆发的可能性；（3）应用遥感技术直接研究害虫及寄主的活动行为。

遥感技术是近代新兴的高技术之一。由于它可以获取地表植被、土壤、水体等地物的光谱及图像信息，用于分析它们的物理化学特性，因此，在农业应用方面有着巨大的应用潜力。中国是农业大国，也是少数掌握遥感技术，尤其是成像光谱技术的国家之一。如何利用遥感技术处理及提取有用的农业信息，并推广应用，是当前国家亟待解决的关键技术问题，也将对提高我国农业的现代化水平起到重要作用。

我国学者已在遥感技术的农业应用方面做了大量的实践研究。在长势监测、干旱及水分监测、病虫害监测、作物估产等方面，总结了很多行之有效的方法和经验。

5 地球之肺——植被固碳的空间观测

5.1 碳循环的科学意义

自工业革命以来，由于人类活动和燃烧化石燃料，使大气CO_2浓度急剧上升，大气中CO_2、CH_4和其他温室气体浓度在逐年增加。在夏威夷Mau-naLoa 的观测结果表明，在过去的四十年间，大气CO_2浓度已从315 ppmv增加到约370 ppmv。IPCC第三次评估报告指出：全球CO_2的浓度比间冰期最大值高了近100 ppmv，这种近期的增幅相当于间冰期最大值与冰期最小值之间的差距。目前，全球大气CO_2浓度以每年1.2 ppmv~1.8 ppmv的速度增长，比过去四十二万年的任何时候至少快10倍（也许是100倍）。按照目前的速度到21世纪中期，大气CO_2浓度将达到500 ppmv，21世纪末将达到650 ppmv~700 ppmv。而大气中CO_2的浓度在过去三百年间大致以指数形式增加，近年来，每年大约以0.5%的速率递增。据预测，如果温室气体以目前的排放速率持续下去，地球表面的气温则有可能每10年上升0.2 ℃，100年后的全球平均温度将大约增加2 ℃（变异范围为1.3 ℃~5.5 ℃）。这种大气CO_2和CH_4浓度的升高和全球变暖，无疑是人类活动影响的结果，并进而引发了一系列严重的全球环境变化问题的产生，这种变化又将从不同的侧面影响陆地生态系统的组成、功能和结构，对人类自身的生存和可持续发展带来巨大的挑战。

陆地生态系统碳循环的研究是预测未来大气CO_2和其他温室气体的含量，认识大气圈与生物圈的相互作用的关键科学问题，也是认识地球生态系统的其他自然过程（水循环、养分循环、生物多样性等）变化的基础。国际地圈生物圈计划（IGBP）、世界气候研究计划（WCRP）和全球环境变化国际人文因素计划（IHDP），都在积极地推动这方面的工作，企图通过这些大型科学计划的研究成果来回答：地球生态系统的碳汇源时空格局变化与陆地碳吸收汇的潜力，地球生态系统的碳循环控制机制与过程特征，地球生态系统碳循环的未来情境等科学问题。

5.2 碳循环研究进展

陆地生态系统碳循环过程及其驱动机制、碳库储量、碳汇源的时空格局与温室气体排放、气候变化、自然灾害和人类活动等因素之间的关系，一直是学术界激烈争论和尚未解决的重大问题，为当今全球变化研究和环境外交谈判的焦点。建立长期定位观测网络、研究中国陆地生态系统碳循环过程及其驱动机制、气候变化和人类活动的影响、增汇对策等，是揭示生物地球化学元素自然过程、提高全球变化科学理论和数据积累的重要途径。

从20世纪70年代开始观测大气中的CO_2变化以来，为了确认和预测各种陆地生态系统的碳汇源关系及其对气候变化的响应和反馈作用，IGBP、WCRP、IHDP、GCTE和LUCC等国际组织，以及科学计划纷纷开展陆地生态系统碳循环的研究，并制订了一系列的科学计划和观测行动。世界上已经建立了国际CO_2和水热通量观测网络（FLUXNET），欧洲（EUROFLUX）有41个观测点，美国（AMERIFLUX）有69个观测点，亚洲网络（ASI-AFLUX）有26个观测点（其中，日本国内15个观测点）。目前，我国在世界的CO_2和水热通量的长期观测网络中占有重要地位。2000年以来，中国建立了陆地生态系统碳通量观测网络（CHINAFLUX）。

发达国家作为全球变化研究的领先者，不断增强对碳循环研究的力度，逐年增加碳循环研究项目经费。美国于2000年启动了一个大型的“碳循环科学计划”，投资约15亿美元作为11个陆地和海洋碳循环研究项目的经费。日本2002年开始启动了陆地生态系统碳收支国家战略性研究计划，分别以亚洲的亚寒带、温带和热带陆地生态系统为对象进行碳收支的综合研究。欧洲也早已开始了土地利用变化与陆地碳循环的研究。例如，德国的马普协会于1997年成立了生物地球化学研究所，专门就C、N等元素循环进行重点研究。同时，为了实现京都议定书制订的到2010年在1990年基础上削减8%的CO_2排放量的目标，欧共体（European Community）发起了一个CARBOEUROPE欧洲碳循环联合项目，其目的是提供一个一致性的时空尺度方法论，监测样地水平的碳蓄积量和碳通量，并应用于国家清查任务中，实现国家碳收支中森林清查尺度转换的方法论，为京都议定书的执行做准备，并提供理论及决策支持。

迄今为止，对全球陆地生态系统碳库储量和碳通量已有很多的估计值，但估计值之间存在较大的差异。这主要是由陆地生态系统复杂的碳循环过程中大量的不确定性造成的。陆地生态系统碳循环研究的新进展是利用遥感和地理信息系统技术，描述陆地碳库不同层次的属性及其空间分布。国际上非常重视陆地生态系统碳源和碳汇的研究，尤其是对热带雨林地区。大量的研究表明，亚马孙流域由于森林砍伐，已经成为一个碳源，东南亚地区热带雨林地区也已受到国际社会的关注。目前，陆地碳汇研究的重点地区是北半球陆地生态系统对全球碳循环的影响，原因是北半球中、高纬度温带和寒带森林分布面积广，植被和土壤碳储量高，气候变化对碳循环过程的影响较大。由于土地利用变化，从1850年到1990年140年间，全球陆地总共净释放了1240亿吨碳素到大气中，中国陆地净释放94亿吨碳，约占全球释放总量的7.58%。一方面，说明中国土地利用变化所产生的碳释放量并不小，另一方面，说明中国目前在这方面的研究有待加强。

目前，令科学家困惑的问题是已知的碳汇与已知的碳源不能达到平衡，存在一个很大的未探明的汇（missing sink）。以20世纪80年代平均计算，这个未探明的汇为1.3±1.1PgC（$1Pg=10^9t$）。虽然有些研究结果表明，陆地生态系统可能是大气CO_2的一个汇，但仍然缺乏大量直接观测数据的支持。研究表明，热带地区可能是一个重要的汇，来自亚马孙热带雨林的观测结果支持了这一观点。然而，由意大利Tuscia大学Valentini领导的一个国际研究组，1996—1998年间对欧洲15处森林进行研究的结果指出，一些北方森林并没有显示出碳汇作用；与南方的一些森林相比，它们释放的碳更多。农田和草原生态系统则是人类活动最活跃的生态系统类型，农业管理方式的变化、草地开垦和过度放牧等，都使得研究该系统内的碳循环具有极大的挑战性。湿地在碳储存中起着重要作用，初步研究显示，储藏在不同类型湿地中的碳约占地球陆地碳总量的15%，但对其源汇关系缺乏系统的研究。内陆湖泊多属浅水富营养性湖泊，浮游植物生产力高，水生高等植物丰富，有可能是未被发现的重要碳汇。因此，陆地生态系统是否是碳汇正引起科学家们的极大兴趣。

尽管人们在微观层次上对陆地生态系统的碳循环有了比较深入的了解，但是将微观研究成果外推到不同类型的生态系统时，便会产生极大的不确定性，这是研究陆地生态系统碳循环及其对全球变化影响的科学家们所共同面临的难题和挑战。由IGBP、IHDP和WCRP提出的国际合作研究计划——全球碳项目，其总目标是为社会提供有关碳循环的新的科学认识，为社会政策讨论和行动计划提供理论基础。其重点是要回答："目前全球碳源/碳汇的时空格局如何？未来碳过程的控制因素（人类的和非人类的）与相互作用机理是什么？未来全球碳循环的动力学过程及趋势如何？"等科学问题。

我国的典型陆地生态系统包括森林生态系统、农田生态系统、草原生态系统、湿地生态系统、内陆水体生态系统等。我国地域辽阔，陆地生态系统富有多样性，拥有自寒温带至热带的气候地带变异性和特殊的地理区，是开展生态系统碳收支、碳循环和全球变化研究的天然实验室和重要区域。同时，我国的社会经济正处在高速发展的初级阶段，为研究世界经济发展对碳收支的影响提供了难得的社会经济背景。

5.3 碳循环监测的新技术——遥感

遥感的优势在于频繁和持久地提供地表特征的面状信息，这对于传统的以稀疏离散点为基础的对地观测手段，是一场革命性的变化。国内外的相关研究表明，在以陆地生态系统碳储量和碳循环观测及过程研究为核心的全球变化研究中，遥感正在日益成为不可或缺的核心技术手段之一。

在全球碳储量和碳循环观测及过程研究中，对以森林、草原、作物、土壤等单一对象为主构成的地表生态系统开展的工作较为丰富，而且多集中于地面点上观测和建模，但对大范围、由多种对象构成的复杂的地表生态系统相关研究的开展却远远不够。这正是需要在相关研究中引入遥感技术的至为关键的依据和极为迫切的原因。采取遥感手段，快速及时地获取国家级或洲际水平乃至全球范围的地表碳储量和碳循环信息，以地面多个点上观测数据作为遥感监测模型的因子补充和结果验证，实现碳储量和碳循环研究成果由点向面的推延和扩展，形成以面状信息为基础的完整的成果表达，准确、及时地得到监测范围内连续空间区域、连续时间跨度的碳储量和碳循环的时空分布特征。这是利用常规的、地面单独点或点集上观测结果和模型表述所难以得到的。

随着遥感逐步从定性化迈向定量化，尤其是随着新一代遥感技术的诞生和不断成熟，越来越多的地球表面时空多变要素可以被有效探测并提取出来，其反演精度也得以日益提高，从而为运用遥感实时有效地监测全球碳储量和碳循环过程奠定牢固的技术基础。例如，利用多角度遥感，可以提高对植被冠层光合有效辐射、植被净初级生产力、植被蒸散和水分平衡、冠层能量分布等的估算精度；利用雷达遥感，可以全天时、全天候地监测植被冠层物理结构特征、水分含量和地表粗糙度；利用成像光谱遥感，可以较准确地调查地表生物化学组成成分，推演植被冠层碳、氮含量和土壤有机质含量。上述遥感技术，以及相关的信息提取方法，结合高精度的遥感数据预处理技术，将会大幅度地提高地表生态系统碳储量和碳循环观测及过程研究的定量遥感作用及其精度。

目前，全球碳循环观测及过程研究中的定量遥感监测和信息提取方法已经开始引起各国科学家和科技政策制定者的高度重视，在相关的国际大型全球变化计划和空间对地观测计划中，均投入大量的人力、物力和财力对其中的关键技术进行深入研究。在美国全球变化研究计划（USGCRP）中，将碳循环单独列出作为重要的计划内容，碳循环正受到极高的重视：对碳在地球系统中如何循环的理解有助于预计未来气候的变化。研究计划将在以下方面提供准确的科学解释：CO_2在环境中的变化、在洲际和地区尺度上CO_2的源和汇、碳汇如何随时间变化以及农业和林业活动如何影响碳汇。美国的碳循环计划的实施与其他国际科学计划密切联系，如IGBP计划和世界气候研究计划等。在经费投入方面，对碳循环研究的投入给予了高度的重视。如：2001年美国在全球碳循环研究计划的预算为2.29亿美元(其中，空间观测经费预算为1.49亿美元)，是全球变化研究计划总预算的1/7。美国全球变化研究计划（USGCRP）通过NASA，国家海洋大气管理局（NOAA），美国地质调查局（USGS），国防部（DOD）以及环境保护局（EPA）提出的以遥感为主的地球系统科学综合计划（ESE）得到了布什及克林顿两届政府和国会的财政支持。

我国在碳储量和碳循环的遥感监测方面正处于起步阶段，在实时获取大面积的植被光合有效辐射、植被净初级生产力、植被能量和水分平衡以及冠层生物、物理、化学特征等方面已经开展了初步工作，取得了一定的、有意义的学术成果。与国外的有关研究基本处于同一水平，为后续将要开展的相关研究工作奠定了坚实的基础。目前，国际上碳储量和碳循环的遥感监测研究计划层出不穷，相关学术领域成果不断涌现，在推动全球变化研究，制定环境保护标准，提高人类生存质量，研究相关政策、对策等方面发挥着日益重要的作用，并正在成为国际相关科研领域的热点研究方向之一。

5.4 植被碳储量——森林生物量遥感

有85%~90%的陆地生物量集中在森林植被，森林生物量在全球碳循环过程中发挥着重要作用。因此，估算区域森林生物量成为碳循环、全球气候变化研究中的重要环节。

自20世纪70年代以来，遥感技术的发展极大地促进了区域和全球尺度陆地生态系统生产力和生物量的评估。基于遥感数据的方法与实地调查方法相比，能够获得大范围的、连续的观测数据以及实地难以到达区域的观测数据，节省大量调查成本。但是，遥感估算生物量的方法也存在一定的局限性。例如，遥感数据与样地实测数据的空间对应性不明确。通常样地的面积小于遥感影像中一个像元所代表的面积，所代表的空间信息不一致，在建立对应关系时，会产生一定的误差。此外，不同遥感数据得到的结果可能相差很大，所以，选取哪种遥感数据类型，对于生物量估算结果有很大影响。AVHRR（Advanced Very High Resolution Radiometer）、SPOT（Systeme Probatoired Observation dela Tarre）、MRIS（Moderate Resolution Imaging Spectroradiometer）等通过卫星获得的植被指数NDVI（Normalized Difference Vegetation Index）和增强植被指数EVI（Enhanced Vegetation Index）等遥感参数，已经被广泛用来估算植被生产力和生物量及其变化情况。此外，微波遥感和激光雷达遥感也被广泛用于估算森林生物量。微波辐射能穿透云层和树冠并记录地面反射信息，但微波遥感在一定生物量水平上会出现信号饱和现象，具有一定的局限性。激光雷达遥感能够更加准确地测量树高，提供植被垂直层面的信息，从而能更准确地估算森林地上生物量，成为近年研究的热点。

以美国森林清查样方的生物量数据和样方所对应的GLAS脚点的波形参数为基础，建立样方—脚点尺度的生物量模型。将该模型应用到GLAS数据，可以获得GLAS脚点尺度的生物量。由于GLAS在全球范围采样，覆盖范围广，因此，再由GLAS脚点数据结合其他光学遥感数据实现生物量外推，从而获得森林生物量的空间分布。图6-5-1、图6-5-2分别为美国和全球森林地上生物量分布图。

图6-5-1　美国森林地上生物量分布情况

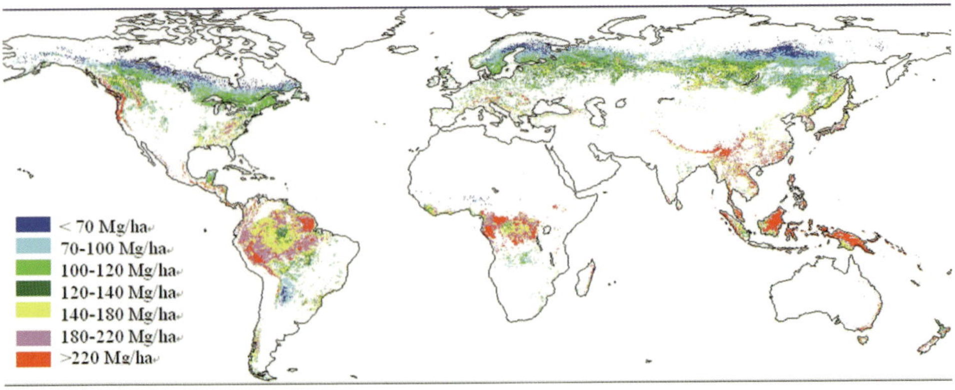

图6-5-2　全球森林地上生物量分布情况

5.5 植被固碳量——净初级生产力遥感

植被净初级生产力（NPP）是陆地植被通过光合作用固定太阳能，在单位面积、单位时间内所获得生物量的净增加量，通常以干重表示。因此，NPP是陆地植被碳固定能力的重要表征，也是全球碳循环中的重要环节。全球及区域NPP的大规模研究始于20世纪60~70年代的国际IGP项目。二十多年间，NPP研究经历了站点实测、回归模型及计算机模拟模型等阶段。而在计算机模拟模型研究中，遥感数据扮演着日益重要的角色。

在NPP研究中，对以森林、草原、作物、土壤内根系等单一对象为主构成的地表生态系统开展的工作较为丰富，而且多集中于地面点上观测和建模。但对大范围、由多种地物目标构成的复杂生态系统的相关研究的开展却远远不够。

与常规观测方法相比，遥感的优点在于：（1）迅速的多时相数据更新能力；（2）多尺度的空间概括能力；（3）像元尺度上，个体生物之上的、非均一地物信息的提取能力。这些优点为阐明区域及全球尺度的NPP研究开辟了新的科学视野，也是在相关研究中引入遥感技术的迫切原因。采取遥感手段，可以快速及时地获取国家一级和全球水平的生态系统碳储量和碳循环过程信息，结合站点观测数据作为遥感估测模型的补充和结果验证，以实现碳储量和碳循环研究由点向面的推延和扩展。

遥感在NPP研究中的应用，可主要归纳为三个方面——植被分类、地表参数提取及反演、模型模拟。

多年来，基于点观测的传统研究方法为研究者提供了宝贵的数据。但对于大区域的NPP研究，前者的空间概括能力存在一定的局限性。由于遥感在获取大尺度数据方面的优势，很多模型已经引入了遥感数据。这些模型利用遥感数据进行土地覆盖和植被分类，提取植被指数、LAI等地表参数和生物物理参数，或采用基于利用光能利用效率等原理的模拟模型来估算NPP。参见图6-5-3、图6-5-4。

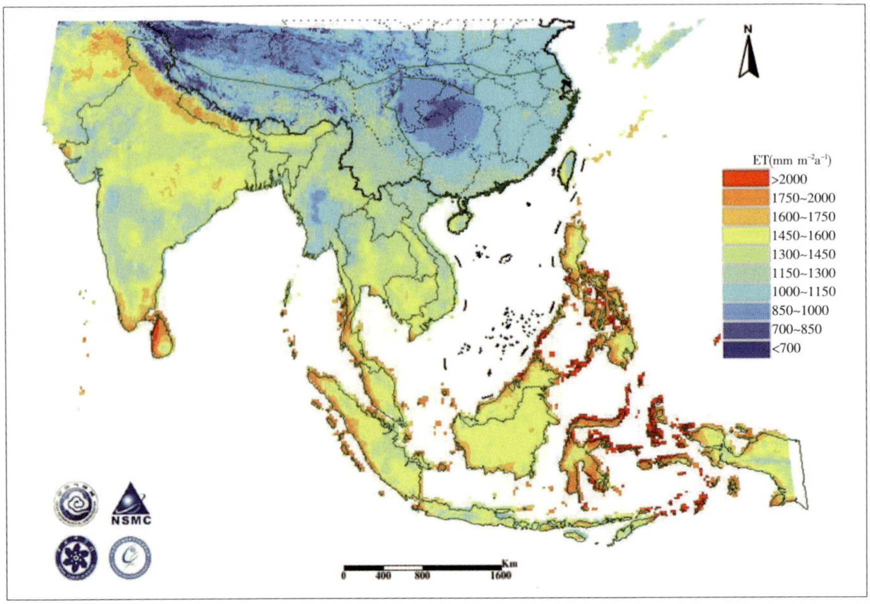

图6-5-3　2007年中国南部及东南亚陆地生态系统蒸散空间分布图

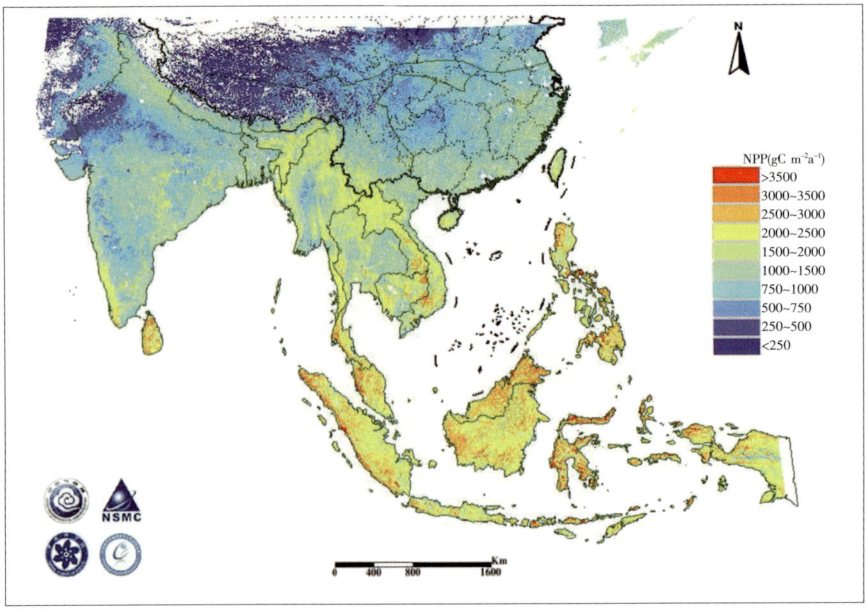

图6-5-4　2007年中国南部及东南亚净初级生产力空间分布图

6 变化的地球——土地覆盖与土地利用的空间观测

土地覆盖（Land Cover）是指地球表面自然形成的和人为影响所形成的覆盖物，包括植被、土壤、冰川、湖泊、房屋、道路等。

全球土地覆盖类型的分布，对于地球生态系统过程的物质和能量交换起着非常重要的作用，是全球变化和碳循环模拟、气候模拟等研究的重要内容。全球及区域尺度土地覆盖/植被分类制图，是主要以反映植物群落为主要内容的植被图，根据其表示内容的详细程度，来采用不同的植被分类体系，并使用不同的比例尺。传统的土地覆盖/土地利用制图主要采用地面调查和测量的手段，具有涉及的工作量大、更新周期长等缺点。遥感技术的发展，特别是全球1000 m甚至30 m数据集产品的提供，为大范围的森林监测和制图提供了一条可能途径。

研究表明，NDVI与植被的一些重要生物物理参量，如CO_2交换率、生物量、叶面积指数（LAI）、净初级生产力有着密切的联系并且与光合有效辐射吸收呈近线性关系。因此，作为植被的一个重要遥感参数，归一化植被指数NDVI实际反映了植被生物量、覆盖度和叶绿素含量三方面的生物物理化学性质。大尺度遥感图像的分类，由于其空间分辨率往往比较低，而时间分辨率比较高。NDVI等一系列植被指数则反映了地表植被的分布状况，连续时序系列的NDVI图像反映了地表植被的物候学特征。因此，利用不同时相条件下的NDVI序列，可以比较准确地反映植被的生长季相变化的规律，有助于识别地表植被覆盖类型与生长状况。将时间序列与空间光谱信息结合起来，有可能提高对土地覆盖进行大尺度制图的精度。

6.1 土地覆盖分类系统

6.1.1 土地覆盖分类系统建立的基本原则

土地覆盖分类系统是土地覆盖/土地利用变化研究的核心，也是研究成果的表达方式。对地表的描述最早采用的是土地利用分类系统和植被分类系统，土地利用分类系统主要基于人类对土地利用方式的认识，植被分类系统是植物学上依据植物特征定义的植被分类体系。土地覆盖问题的提出，是由于遥感对地观测技术的发展而提出的，发现土地利用分类系统和植被分类系统不能很好地用于遥感土地分类研究，如不同的土地利用类型或植被类型在遥感影像上难于区分。

20世纪80年代，土地覆盖遥感研究主要基于传统的土地覆盖制图理论方法，对土地类型进行分析解译，并建立了相应的光谱数据库，但由于在不同应用中使用的土地覆盖的分类系统不同，研究结果很难进行相互比较和转换。

20世纪90年代对土地覆盖的概念和问题进行了有益的讨论，对土地覆盖的概念和内容进行了合理的拓展：土地覆盖是以土地类型及其所具有的一系列自然属性和特征的综合体，包括土地类型和植被类型，地表覆盖的生物物理特征参数，如反射率、粗糙度、植被叶面积指数、净初级生产力NPP和生物量等。同时，该综合体还包括与土地覆盖类型密切相关的生态环境要素，如地形、气候、生态位、土壤理化性质以及土地利用状况等。这种具有多维空间信息的表征土地覆盖类型的综合体概念，从理论上更加准确、完整地刻画地表覆盖和利用的特征，而且在实际应用方面也有重要的意义。

土地覆盖具有特定的时间和空间属性，其形态和状态可以在多种时空尺度上变化，而且产生土地覆盖变化的原因也是复杂的。土地覆盖具有显著的空间特征和尺度特征。

FAO提出，建立一个土地覆盖分类系统应遵循以下准则：

(1) 具有综合性。

(2) 是一个先验的分类系统。

(3) 对所有可能的类别来说，都是一个普遍的参考系统。

（4）满足不同使用者的需要，使用者可以根据特殊需要，只采用系统的一部分，或可以继续发展该系统。

（5）应是一个分层的结构，以用于不同尺度和不同水平。

（6）能够描述所有土地覆盖类型的特征。

（7）使用于土地覆盖类型的多样性，所有可能的分类器的综合都应考虑到。

（8）根据精确定义的诊断标准的综合来确定每一个类型。

（9）每一种类型必须是相互独立的和没有歧义的。

（10）所有的分类器类型之间必须有明显的差异。

（11）在分类中的分类标准（依据）应是容易测量的并具有持久性的，不依赖于季节。

（12）适合于土地覆盖制图和监测。

（13）具有极强的灵活性和实践性。

6.1.2 国内外主要的土地覆盖分类系统

（1）《中国植被》采用植物群落学——生态学原则。

（2）中国土地资源分类系统。

（3）1:400万中国植被图的分类系统。

（4）FAO的土地覆盖分类系统是一种两步分类系统：第一步是二分法分类阶段，定义了八个主要土地覆盖类型；第二步是模块化的分层分类阶段，在第一步的基础上，使用预先定义的分类器组合，得到进一步的分类。

（5）美国国家土地覆盖数据NLCD的分类系统。基于20世纪90年代中期的Landsat-TM数据，建立起了美国国家土地覆盖数据NLCD（National Land Cover Data），采用的是由Anderson土地利用/土地覆盖分类系统派生的21类土地覆盖分类方案。

（6）IGBP（International Geosphere Biosphere Programme）的全球土地覆盖分类系统，包含17种类别。

（7）全球生态系统分类系统94类。

（8）USGS的土地利用/土地覆盖分类系统 U.S.Geological Survey的土地利用/土地覆盖分类系统24类。

（9）生物圈与大气圈传输分类系统20类。

（10）植被生命期分类系统8类。

（11）简单生物圈模型分类系统20类。

（12）简单生物圈2模型分类系统 11类。

（13）定量的植被气候分类系统。大尺度的气候要素是决定陆地植被类型分布格局及其功能特性的最主要因素，植被则是地球气候最鲜明的反映和标志。一般经常使用气温、降雨、可能蒸散进行植被气候分类，如Koppen、Troll、Thornthwaite和Holdridge分类系统。

6.2 近二十年来城市扩张遥感监测

利用遥感数据进行土地分类，大多采用自上而下的等级分类系统，即在分类前预先划定若干等级的土地覆盖类型和亚类型，然后将影像像元划入某一类型。这种预先制订的分类系统往往是针对某种应用需要而制订的，因此，很难将其用作转换以适应不同应用目的的要求。针对这一局限性，Loveland提出了“灵活的土地覆盖数据库”的概念。利用卫星在生长季内获得的多时相数据，依据地表覆盖的动态过程，将图像像元划分为不同的土地覆盖单元——季节性土地覆盖单元。每一个单元内部的像元具有相似的物候生长期，类似的地上累积生物量以及相似的植被种类组合和生态环境。季节性土地覆盖单元构成灵活土地覆盖数据库的基本成分，辅之以一系列有关光谱、地形、生态区、气候等属性特征，成为分类系统中最底部的一层。根据土地覆盖单元的类型和一系列属性特征，用户可以根据应用需要将季节性单元调整和归并至所需土地覆盖土地利用系统中。

利用1 km空间分辨率的美国中分辨率成像光谱仪数据，可以进行城市扩张的遥感监测。图6-6-1为20世纪90年代以来，我国部分城市扩张的遥感监测对比图。

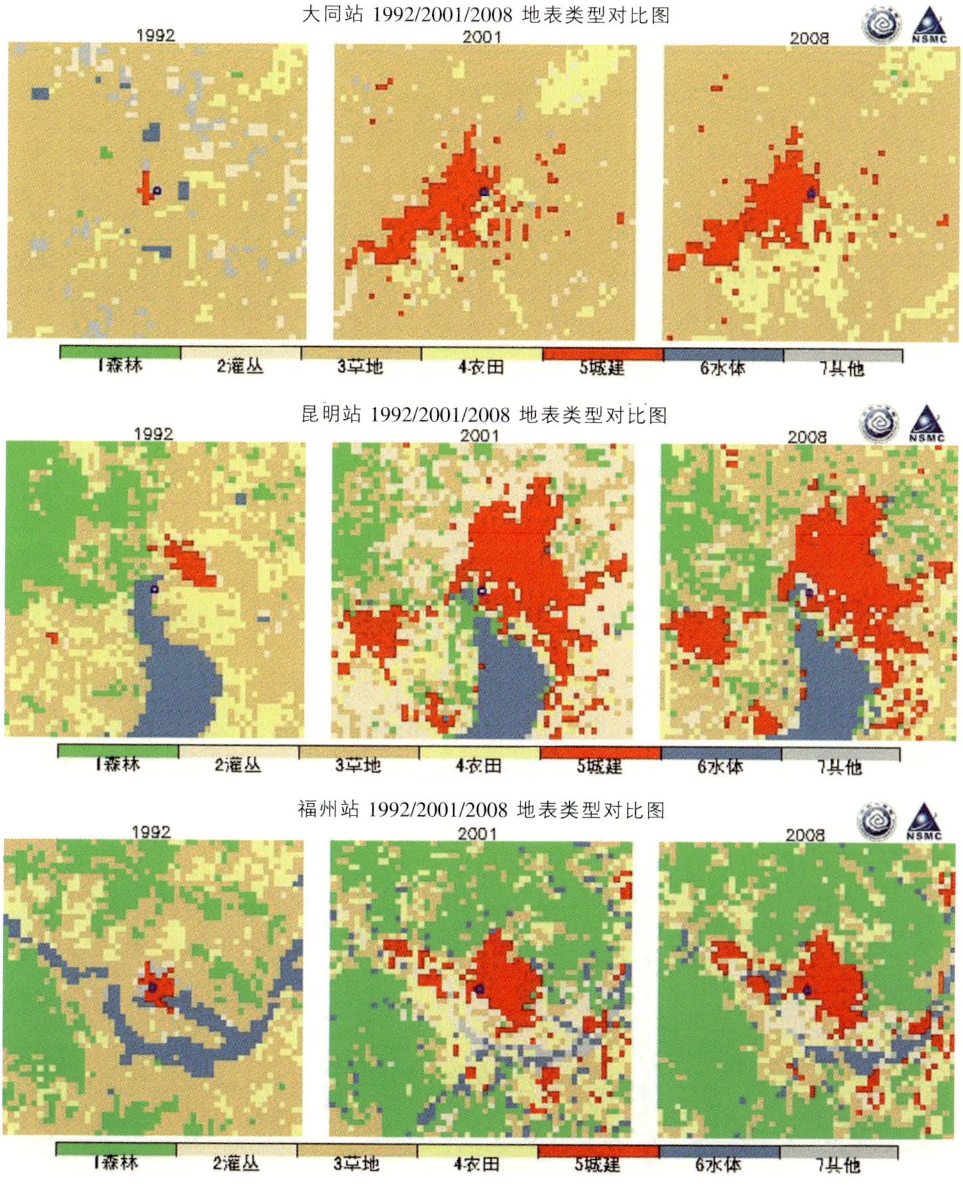

图6-6-1　1992年、2001年与2008年城市扩张对比图

6.3 全球土地覆盖遥感分类进展

20世纪90年代以来，IGBP、美国、欧盟等国家和国际研究机构先后开展了利用时间序列卫星遥感数据进行全球土地覆盖制图的研究，以形成全球1 km分辨率的土地覆盖产品。代表性的有两种全球1 km土地覆盖产品：IGBP DISCOVER和UMD 1 km土地覆盖产品。这些产品一般将地表分为12~17类的土地覆盖类型。

这些数据集对于全球土地覆盖变化、气候变化与模拟、生物量和碳循环研究等，都具有重要价值和意义。然而，目前所能提供的产品在分类精度和分类类别数方面还难以满足研究的需要。部分原因可能是分类数据中训练样本的代表性，以及土地覆盖的区域性和复杂性，使得分类结果在不同土地覆盖类型之间、不同地区之间的分类精度可能存在较大的差异；也可能在处理方法上存在一定的问题。例如，其中的UMD 1 km土地覆盖数据集，使用八个生长月份的数据来产生各类基于NDVI和温度的变量，以减少积雪覆盖对分类的影响。中国绝大部分地区地处中低纬度，除高山常年积雪和部分荒漠地区外，经常性积雪覆盖的情况较为少见。利用最大值合成方法计算逐月NDVI值，可以很好地消除绝大部分地区雪盖的影响。随着EOS计划的实施和全球MODIS数据的提供，全球土地覆盖分类研究在250 m的空间分辨率上展开。

综上所述，全球土地覆盖/植被分类研究已经在一定程度上取得了较大的进展，然而，其中存在许多技术和理论问题仍然没有解决，需要进一步的讨论和研究。在分类数据的选取、分类算法的改进，土地覆盖分类/植被分类的尺度性研究、空间信息的表达和利用，以及分类精度的评价等方面，仍然有大量的工作需要进行。

参考文献

[1] 陈利军,刘高唤,冯险峰. 遥感在植被净第一性生产力研究中的应用[J]. 生态学杂志,2002,21(2):53-57.

[2] 陈利军,刘高唤,冯险峰.中国植被净第一性生产力遥感动态监测[J]. 遥感学报, 2002, 6(2):129-135.

[3] 陈述彭,童庆禧,郭华东. 遥感信息机理研究[M],北京:科学出版社,1998.

[4] 池宏康. 冬小麦单产的光谱数据估测模型研究 [J]. 植物生态学报,1995,19(4):337-344.

[5] 戴昌达. 植物病虫害的遥感探测[J]. 自然灾害学报,1992,1(2):40-46.

[6] 方精云,等. 全球生态学[M].北京:教育出版社,2000.

[7] 侯光良,等. 用筑后模型估算我国植物气候生产力[J]. 自然资源学报,1990,5(1):60-65.

[8] 姜小光,等. 成像光谱数据的光谱信息特点及最佳波段选择[J]. 干旱区地理,2000,23(4):214-220.

[9] 李迪强, 等. 中国潜在植被生产力的分布与模拟 [J]. 植物学报,1998,40(6):560-566.

[10] 李爽, 丁圣彦, 许叔明. 遥感影像分类方法比较研究 [J]. 河南大学学报,2002,32(2):70-73

[11] 李星敏, 郑有飞, 刘安麟. 遥感植被分类方法的概述及发展 [J]. 陕西气象,2002,(3):20-23.

[12] 李银鹏,季劲钧. 全球陆地生态系统与大气之间碳交换的模拟研究[J]. 地理学报,2001,56(4):380-389.

[13] 林培. 农业遥感[M]. 北京:中国农业大学出版社,1990.

[14] 刘世荣. 中国森林生产力对气候变化响应的预测研究[J]. 生态学报,1998,18(5): 478-483.

[15] 刘伟东. 高光谱遥感土壤信息提取与挖掘研究[D]. 中国科学院遥感所博士论文,2002年6月, P:9.

[16] 牛铮，陈永华，隋洪智，张庆员，赵春江. 叶片化学组分成像光谱遥感探测机理分析[J].遥感学报，2000,4: 125–129.

[17] 朴世龙，方精云，郭庆华. 1982—1999年我国植被净第一性生产力及其时空变化[J]. 北京大学学报，2001b. 37(4):563–569.

[18] 朴世龙，方精云，郭庆华. 利用CASA模型估算我国植被净第一性生产力[J]. 植物生态学报，2001a,25(5):603–608.

[19] 朴世龙，方精云. 1982–1999年青藏高原植被净第一性生产力及其时空变化[J]. 自然资源学报，2002,17(3):373–380.

[20] 盛绍学，胡雯等. 安徽省农业干旱遥感监测指标的确定及应用[J]. 中国农业气象，2001,22(4):36–39.

[21] 盛永伟，陈维英，肖乾广，等. 利用气象卫星植被指数进行我国植被的宏观分类[J]. 科学通报，1995,40(1):68–71.

[22] 孙家柄，舒宁，关泽群.遥感原理、方法和应用[M]. 北京：测绘出版社，1997.

[23] 孙睿，朱启疆. 陆地植被净第一性生产力的研究[J]. 应用生态学报，1999,10(6): 757–760.

[24] 孙睿，朱启疆. 气候变化对中国陆地生态系统净第一性生产力影响的初步研究[J]. 遥感学报，2001,5(1):58–61.

[25] 孙睿，朱启疆. 中国陆地植被净第一性生产力及季节变化研究 [J]. 地理学报，2000,55(1): 36–45.

[26] 陶波，李克让，邵雪梅，等.中国陆地净初级生产力时空特征模拟[J]. 地理学报，2003, 58(3):372–380.

[27] 田汉勤. 陆地生物圈动态模式：生态系统模拟的发展趋势 [J]. 地理学报，2002,57(4),379–388.

[28] 田庆久，宫鹏，赵春江，等. 用光谱反射率诊断小麦水分状况的可行性分析[J]. 科学通报，2000,45(24):2645–2649.

[29] 田庆久. 植被指数研究进展[J]. 地球科学进展，1998,13(4):327–333.

[30] 汪懋华. “精细农作”技术发展与农业装备技术创新[M].北京：中国环境科学出版社，1999.

[31] 王长耀,等主编. 对地观测技术与精细农业(空间信息获取与处理系列专著)[M].北京:科学出版社,2001.

[32] 徐天芬. 从生物圈到智慧圈[J]. 生态学杂志,1984,(2):42-44.

[33] 杨鹏,唐华俊,刘佳.作物遥感估产中自动分类方法研究进展与展望[J]. 中国农业资源与区划, 2000,21(3):57-60.

[34] 张宏, 樊自立. 塔里木盆地北部盐花草甸植被净第一性生产力模型研究[J]. 植物生态学报,2000,24(1):13-17.

[35] 郑元润,周广胜.基于NDVI的中国天然森林植被净第一性生产力模型[J]. 植物生态学报,2000,24(1):9-12.

[36] 周广胜, 张新时, 等. 中国陆地生态系统对全球变化响应的实验和模拟研究[J]. 植物学报,1997,39(9):879-888.

[37] Agen, G. I., R. E. McMurtrie, W.J.Partong, et al. State-of-the-art of models of production-decomposition linkages in conifer and grassland ecosystems [J]. Ecological Applications, 1991, 1: 118-137.

[38] Banninger, C., Changes in canopy leaf area index and biochemical constituents of a spruce forest as measured by the. AIS-2 Airborne Imaging SpectrometEr. IGARSS´89. Vancouver, IEEE Geosci. Remote Sens. 1989,4: 2085-2089.

[39] Boegh E., Soegaard H., Broge N., Hasager C.B., Jensen N.O., Schelde K., Thomsen A. Airborne multispectral data for quantifying leaf area index, nitrogen concentration, and photosynthetic efficiency in agriculture. Remote Sensing of Envionment,2002, 81(2/3): 179-193.

[40] Brisco, B. et al., Precision agriculture and the role of remote sensing, a review. Canadian Journal of remote Sensing. 1998,24(3):315-327.

[41] Canadell J G, Mooney H A. Ecosystem metabolism and the global carbon cycle [J].Tree, 1999, 14(16):249.

[42] Cao Mingkui, Tao Bo, Li Ke-rang et al.Interannual variation in terrestrial ecosystem carbon fluxes in China from 1981-1998 [J]. Acta Botanic Sinica, 2003,45(5): 552-560.

[43] Card, D. H., Peterson, D.L., Matson, P.A., Prediction of leaf chemistry by the use of visible and near infrared reflectance spectroscopy. Remote Sensing Environ, 1988, 26: 123–147.

[44] Carlson, T.N. and D. A. Ripley. On the relation between NDVI, fractional vegetation cover, and leaf area index [J]. Remote Sensing of Environment, 1998, 62:241–252.

[45] Chen J M and J Cihlar. Retrieving leaf area index for boral conifer forests using landsat TM images[J].Remote Sensing of Environment. 1996a, 55: 153–162.

[46] Chen J M. Evaluation of vegetation indices and a modified simple ratio for boreal applications[J].Canadian Journal of Remote Sensing, 1996b, 22: 229–242.

[47] Chen J.M. Canopy Architecture and Remote Sensing of the fraction of Photosynthetically Active Radiation Absorbed by Boreal conifer Forests[J]. IEEE Transactions on Geoscience and Remote Sensing, 1996, 34:1353–1368.

[48] Chen J.M., S.G. Leblanc, J.R. Millcr, J. Freemantle, S. E. Loechel, C. L. Walthall, K. A. Innanen, and H. P. White. Compact Airborne Spectrographic imager (CASI) used for mapping biophysical parameters of boreal forests [J]. Journal of Geophysical Research, 1999, 104(D22): 27945–27958.

[49] Chen Lijun, Liu Gaohuan, Feng Xianfeng. Estimation of net primary productivity of terrestrial vegetation in China by remote sensing [J].Acta Botanic Sinica, 2001, 43(11): 1191–1198.

[50] Chen W., J. Chen., J. Liu, et al. Approaches for reducing uncertainties in regional forest carbon balance [J]. Global Biogeochem. Cycles, 2000, 14(3): 827–838.

[51] Cramer W, D W Kicklighter, A Bondeau, et al. Comparing Global Models of Terrestrial Net Primary Productivity (NPP): Overview and Key Results[R]. PIK Report, 1997. 30.

[52] Cramer W. The participants of the Potsdam '95 NPP Model Intercomparison Workshop. 1999. Net primary productivity model intercomparison activity (NPP).

D. Sahagian (Editor) [R].. IGBP/GAIM Report Series, Report #5.

[53] Cramer, W., and C. B. Field. 1999a. Comparing global models of terrestrial net primary productivity (NPP): introduction, Global Change Biology, 5 (Suppl. 1): iii–iv.

[54] Cramer, W., D. W. Kicklighter, A. Bondeau, et al. Comparing global models of terrestrial net primary productivity (NPP): overview and key results [J].Global Change Biology, 1999b. 5 (Suppl. 1): 1–15.

[55] Curran P.J. Remote Sensing of foliar chemistry. Remote Sensing Environment. 1989, 30: 271–289.

[56] Curran, P.J,, Remote sensing of foliar chemistry. Remote Sensing Environ. 30: 271–278, 1989.

[57] Curran, P.J., Dungan, J.L. et al., Reflectance spectroscopy of flesh whole leaves for the estimation of chemical concentration. Remote Sensing Environ. 39: 153–166, 1992.

[58] Czajkowski, K. P., S. N. Goward, J. Cihlar et al. Biospheric environmental monitoring at BOREAS with AVHRR observations [J].Journal of Geophysical Research, 1998, 102 (D24): 29651–29662.

[59] Field, C. B., J. T.Randerson, C. M.Malmstrom. Global net primary production: Combining ecology and remote sensing [J].Remote Sensing. Environ., 1995, 51: 74–88.

[60] Gao Q, X Zhang. A simulation study of responses of the Northeast China Transect to elevated CO_2 and climate change [J]. Ecological Applications, 1997, 7 (2):470–483.

[61] Gong Peng, Xu Ming, Chen Jin et al. A preliminary study on the carbon dynamics of China's terrestrial ecosystems in the past 20 years [J].Earth Science Frontiers, 2002,9(1): 55–61.

[62] Goward, S. N. and D.Dye. Global biospheric monitoring with remote sensing. In: The use of remote sensing in modeling forest productivity (eds H. L. Gholtz, K.

Nakane and H. Shimoda) [C]. Kluwer Academic, New York. 1997.

[63] Goward, S. N. and D. G. Dye. Evaluating North American net primary productivity with satellite observations [J].Advances in Space Research, 1987, 7 (11): 165–174.

[64] Goward, S. N. and K. F. Huemmrich. Vegetation canopy PAR absorbance and the normalized difference vegetation index: an assessment using the SAIL model [J].Remote Sensing of Environment, 1992,39: 119–140.

[65] Goward, S. N. and S. D. Prince. Transient effects of climate on vegetation dynamics: satellite observations[J].Journal of Biogeography, 1995,22: 549–563.

[66] Goward, S. N., R. H. Waring, D. G. Dye et al. Ecological remote sensing at OTTER: Macroscale satellite observations [J].Ecological Applications, 1994, 4 (2): 322–343.

[67] Gower S.T., C.J. Kucharik, and J.M. Norman. Direct and Indirect Estimation of Leaf Area Index, fAPAR, and Net Primary Production of Terrestrial Ecosystems [J]. Remote Sensing of Environment, 1999, 70:29 - 51

[68] Gower, S. T., Vogel J. G., Norman J M. Carbon distribution and aboveground net primary production in aspen, jack pine, and black spruce stands in Saskatchewan and Manitoba [J]. Canada. J Geophys Res., 1997, 102: 29029–29041.

[69] Grossnmn, Y.L., Ustin, S. L., et al., Critique of stepwise multiple linear regression for the extraction of leafbiochemistry information flora leaf reflectance data. Remote Sensing Environ. 56: 182–193, 1988.

http://www.baike.com/wiki/

http://www.digital–agri.org.cn/rs.htm

http://www.digitalearth.net.cn/debooks/de100/2–02.htm

[70] Jacquemoud, S., Verdebout, J., et al., Investigation of leaf biochemistry by statistics, 54: 180–188, 1995.

[71] Jiang H, Apps. M J, Zhang, et al. Modelling the spatial pattern of net primary

productivity in Chinese forest [J].Ecological Modeling, 1999, 122: 275–288.

[72] Law B.E., S. Van Tuyl, A. Cescatti , D.D. Baldocchi. Estimation of leaf area index in open–canopy ponderosa pine forests at different successional stages and management regimes in Oregon [J]. Agricultural and Forest Meteorology, 2001, 108: 1–14.

[73] Law. B. E., R. H.Waring. Combining remote sensing and climatic data to estimate net primary production across Oregon [J].Ecological Applications, 1994, 4: 717–728.

[74] Leith H, Whittaker RH. Modeling the primary productivity of the world. In: Primary Productivity of the Biosphere [M]. New York: Springer-Verlag, 1975. 237–263.

[75] Melillo J M, McGuire A D, Kicklighter D W, et al. Global climate change and terrestrial net primary production[J. Nature, 1993, 363 (20): 234–240.

[76] Moulin S., et al. Combining agriculture crop models and satellite observations: from field to regional scale [J].International Journal of Remote Sensing, 1998, 19: 1021–1036.

[77] Neilson, R., G. King, and G. Koerper, Toward a rule-based biome model[J]. Landscape Ecol., 1992, 7: 27–43.

[78] Pacheco A., Bannari A., et al.Application of Hyperspectral Remote Sensing for LAIEstimation in Precision Farming. 23rd Canadian Remote Sensing Symposium, Sainte-Foy, Québec, Canada, August 21–24, 2001.

[79] Pan Y, et al. Medeling structural and functional responsesx of terrestria ecosystems in China to changes in climate and atmospheric CO_2 [J]. Acta Phytoecologica Sinica, 2001, 25(2): 175–189.

[80] Peddle D. R., G. H. Forrest, and E. F. LeDrew. Spectral Mixture Analysis and Geometric–Optical Reflectance Modeling of Boreal Forest Biophysical Structure [J]. Remote Sensing of Environment, 1999, 67:288 - 297

[81] Piao Shilong, Fang Jingyun, Chen Anping. Seasonal dynamics of terrestrial net

primary production in response to climate changes in China [J].Acta Botanic Sinica, 2003. 45(3): 269-275.

[82] Plummer S E. Perspectives on combining ecological process models and remotely sensed data[J].Ecological Modelling, 2000, 29(2000): 169-186.

[83] Potter, C. S., J. T.Randerson, et al. Terrestrial ecosystem production: A process model based on global satellite and surface data [J].Global Biogeochem. Cycles, 1993. 7(4): 811-835.

[84] Prince, S. D. A model of regional primary production for use with coarse-resolution satellite data [J].International Journal of Remote Sensing, 1991a,12(6): 1313-1330.

[85] Prince, S. D. Satellite remote sensing of primary production: comparison of results for Sahelian grasslands 1981-1988 [J].International Journal of Remote Sensing, 1991b, 12(6): 1301-1330.

[86] Prince, S. D., Gietz, S. J., Goward, S. N. Monitoring primary production form earth observing satellites[J].Water, Air and Soil pollution, 1995a, 82: 509-522.

[87] Prince, S. D., Goward, S. N. Global primary production: a remote sensing approach[J]. Journal of biogeography, 1995b, 22: 815-835.

[88] Randall D. A., D. A.Dazlich, C. Zhang, et al.A revised land surface parameterization (SiB2) for atmospheric GCMs. Part III: The greening of the Colorado State University general circulation model [J]. J. Climate, 1996, 9: 738-767.

[89] Ruimy, A., Saugier, B.Methodology for the estimation of terrestrial net primary production from remotely sensed data [J]. J. Geophys. Res., 1994, 99(D3): 5263-5283.

[90] SellersP. J., Los SO., Tucker, C. J., et al. A revised lad surface parameterization (SiB2) for atmospheric GCMs. Part II: The generation of global fields of terrestrial biophysical parameters from satellite data [J]J. Climate, 1996a, 9: 706-737.

[91] Sellers, P. J., Randall, D. A., Collatz, G. J., et al. A revised land surface Parameterization (SiB2) FOR ATMOSPHERIC GCMs. Part I; Model formulation [J].J. Climate, 1996b, 9: 675–705.

[92] VEMAP Members. Vegetation/ ecosystem modeling and analysis project: Comparing biography and biogeochemistry models in a continental scale of terrestrial ecosystem responses to climate change and CO_2 doubling [J]. Global Biogeochemical Cycles, 1995, 9: 407–437.

[93] Wang Wen Yan Jing, Chen Yonghua, Niu Zheng, Wang Changyao, 1999, Monitoring crop biochemical concentrations by high spectral remote sensing, Proceedings of SPIE, 3854: 20–27

[94] Whittaker R H, G E.Likens. The biosphere and man[C]. In: Lieth H, Whittaker R H. eds. Primary Productivity of the Biosphere. New York: Springer Verlag, 1975: 305–328.

[95] Wofsy S. C., Goulden M. L, Munger J W, et al. Net exchange of CO_2 in a mid-latitude forest [J].Science, 1993, 260: 1314–1317.

[96] Xiao X., J. M. Melillo, D. W. Kicklighter, et al. Net primary production of terrestrial ecosystems in China and its equilibrium responses to changes in climate and atmospheric CO_2 concentration [J]. Acta Phytoecologica Sinica, 1998, 22 (2): 97–118.

[97] Zagloski F., Pinel V. Forestry canopy chemistry with high spectral resolution remote sensing. Int. J. Remote Sensing. 1996, 17(6): 1107–1128.

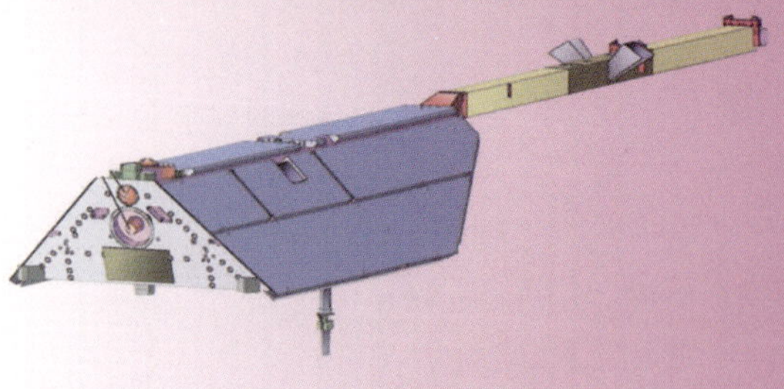

第七章

空间遥感技术对岩石圈的观测

1 固体地球

虽然我们已经清醒地认识到，脚下的这个地球并不是一个完全由岩石构成的实心球体，继续使用固体地球这个称谓也已经不够科学和准确，但很多情况下，语言的使用也同自然科学认识的本身一样，需要一个认知、再认知而逐渐改变的过程，当这个过程还没有完全结束，或是说某个阶段还没有完全结束时，一些旧有的认识还依然存在，一些旧有的称谓也还习惯性延用，或者是至少仍被很多人接受，就比如我们将继续使用的“固体地球”这个称谓一样。

固体地球通常指我们脚下的整个地球球体，包括地壳及地壳以下部分。事实上，固态的地壳平均厚度仅仅30 km，而地球的平均半径为6371 km。地壳之下包含的地幔、地核，很大一部分甚至是全部都以液态的形式存在。但鉴于目前，固体地球这个名称仍然能够描述与我们生活最为密切的部分——岩石圈的主要特征，并且与另外两个非固体的重要圈层——水圈与大气圈相对应，我们也遵从于称谓的习惯，继续延用它所包含的概念范围。

1.1 地球的年龄

地球是一个有生命的行星，处在不断的变化当中。一方面，它受运行轨道的变化、宇宙射线的轰击等各种物理现象的影响；另一方面，生命的出现，特别是人类的出现，很大程度上影响了地球的演变。地球的生命是有限的，如果太阳最终会演化成一颗红巨星，那么，地球也将会同其他周围的行星一样，最终被红巨星所吞噬，我们目前所理解的地球以及文明也将终止。地球的未来会怎样？它是如何从过去一步步走来？这些问题始终是我们最为关心的问题。

固体地球的年龄究竟有多大？古往今来，若干先知都有推断。中国古人曾经推测："自开辟至于获麟（指公元前481年），凡三百二十六万七千年。"公元1546年，英国一位主教宣称："上帝创造地球的时间是公元前4004年12月23日上午9时。"这些说法从现在看来，都是出自某种文化或是信仰的主观臆断，无法让人信服，但在当时却是令许多人深信不疑的。然而科学终归是要讲证据，讲依据的。

起初，英国物理学家哈雷等科学家注意到，海水中的盐是从陆地输送过去的。这样，如果能够得到海中所有盐分的总量，再除以全年全地球河流带进海洋中的盐分数量，不就可以算出地球年龄了吗？按这种方法计算的结果，地球的年龄约为1亿年。后来，科学家又意识到，这个数据不准确。因为：首先，在海洋诞生前，地球早已存在；其次，河流带进海洋中的盐分，每年也都不一定相同。接着，又有些科学家想到了一个办法。他们想到，随着时间的推移，海洋里的一些东西都沉积到海底，经过一定的时间，这些东西会变成岩石——沉积岩，而形成1 m厚的沉积岩大约要3000~10000年。海底共约有100 km的沉积岩。按这样算起来，地球约为3亿~10亿岁。但是，这个数据也不准确，因为在有沉积作用以前，地球也早已存在了。

是否存在一种更准确的推算方法？当科学家们认识到地球上一些放射性元素具有衰变特性，并且能够对它们的半衰期进行准确测定时，一种更为准确可靠的方法，即利用放射性元素衰变程度测定其年龄的方法应运而生。在一定时间内，一定量的放射性元素分裂多少次，生成多少新元素，这个速度很稳定，不受环境条件的影响。铀—铅测年法是其中最为经典的方法之一，铀235会衰变为铅207，半衰期约为7亿年，铀238可以衰变为铅206，半衰期约为45亿年。通过它们可以准确测定岩石样本的年龄，误差小于0.1%。迄今为止，澳大利亚杰克山（Jack Hill）和纳瑞尔山（Mount Narryer）发现了地球上最古老的矿物标本，根据测定，它们的结晶体形成距今约44亿年。然而，最古老的岩石并不是地球出世时留下来的最早证据，不能代表地球的完整年龄。这是因为，婴儿时代的地球是一个炽热的熔融球体，最古老的岩石是地球冷却后，形成坚硬的地壳而保存下来的，还需要加上一段处于熔融状态的时间。基于以上方法，科学家们估算出了地球的年龄：大约46亿年。

人类登月成功之后，科学家对取自月球表面的岩石标本进行测定，发现月球的年龄为44亿~46亿年。于是，根据目前最流行的太阳系起源的星云说，太阳系的天体是在差不多时间内凝结而成的。如果这种假说正确，就可间接地证明地球是在约46亿年前形成的。然而，这仍然是一种通过间接证据与假设的推测，仍然需要更加确凿的“档案”来证明。

因为同位素测定技术的使用，岩石成为了解和认识地球年龄及其变化的重要档案。根据不同岩石样本的测定，逐渐认识地质的演变，建立起一个较为完整的地质年代表（见表7-1-1）。年代表中最大的时间单位是宙（eon），宙下分代（era），代下分纪（period），纪下分世（epoch），世下分期（age），期下分时（chron）。当确定化石是何宙、代、纪、世、期或时的遗物后，则可间接知道它形成的粗略时间，当然，一定程度上是一个估计值。因此，年代表的时间单位也是人为划分的，带有一定的主观性。从目前已发现的化石看，最早的动物距今约5.8亿年，而最早的人类距今约600万~700万年，仅是地球年龄的万分之一。

表 7-1-1　地质年代表

宙	代		纪	距今时间/百万年	生物发展阶段	
显生宙	新生代		第四纪	1.6	人类时代 	被子植物 
			新第三纪	23	哺乳动物 	
			老第三纪	65		
	中生代		白垩纪	135	恐龙时代 爬行动物 	裸子植物 
			侏罗纪	205		
			三叠纪	245		
	古生代	晚古生代	二叠纪	290	两栖动物 	蕨类植物 
			石炭纪	365		
			泥盆纪	410	鱼类时代 	藻类繁盛时期  
		早古生代	志留纪	438		
			奥陶纪	510	无脊椎动物大发展	
			寒武纪	570		
隐生宙	元古代		震旦纪	1800	三叶草时代 生命大爆发 	
			青白口纪			
			蓟县纪			
			长城纪	2500	无脊椎动物开始出现	
	太古代			4600	细菌、蓝藻时代 	
					生命形成时期 	

1.2 地球的结构

如果暂且把地球看作一个较为规则的球体，则地球的内部结构大概可以用几个同心状圈层表示，从地心到地表依次可以分为地核（CORE）、地幔（MANTLE）、地壳（CRUST），如图7-1-1所示。之所以这样认为，并不仅仅是猜想，更多地来自不同方法的观测与验证。钻探是方法之一，但迄今为止，人类所能钻到的最深的油井也只有9.6 km，这个深度仅仅是地球直径的1/670，远不能对我们所关心的问题给出答案。比钻探更为有效的是波动检测的方法，好比我们在医学中时常用到的CT（Computerized Tomography）检测，但波源从哪里来呢？地震，虽然在有人类历史以来总是带给无数人巨大的创伤，但同时也提供给我们一种有效的了解地球内部构造的方法。

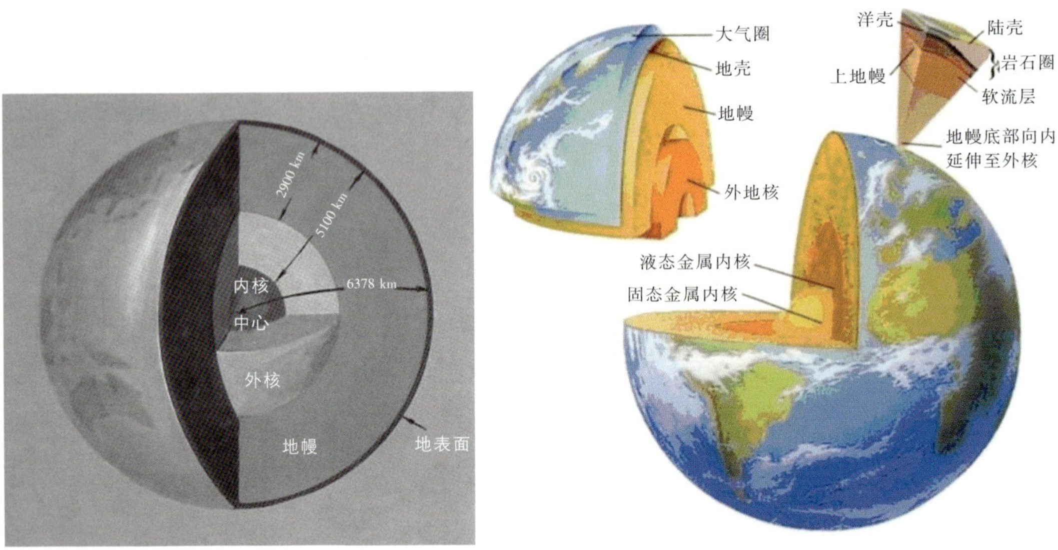

图7-1-1　地球结构示意图

地震发生时，波动从源头产生，经过相当长的传播距离，穿过地球内部并最终作用在地球表面上，使地球表面产生剧烈的晃动。通过地震仪，观测者能知道地震波穿过地球内部结构的路径。如果地球内部各处物质特性相同，则这些波将以固定的速度沿直线传播。然而，由于地球的密度随深度的增加而增加，部分区域由于受挤压而压缩，波的传播路径呈现出曲线。通过这些曲线的特征，研究人员就能够计算出地球内不同深度区域的密度值。如果同一深度的曲线走向发生急剧转向，则说明，由于密度的突然改变导致该地层结构发生了变化。通过对地震波的分析研究，发现地球内部存在基干界面、莫霍面和古登堡面，使地震波速度产生突变，因此，我们将地球内部分为地壳、地幔和地核。最外面的地层叫“地壳”，是由熟悉的岩石所组成的，再往下依次为地幔、地核。在一定程度上来看，“地壳”“地幔”“地核”类似于鸡蛋中的“蛋壳”“蛋清”“蛋黄”，至少为了便于理解，可以这样去想象。

1.2.1 地核

地核是指地球的核心部分，它的深度是从古登堡面一直到地球中心，占整个地球质量的31.5%，体积占整个地球体积的16.2%。根据地震波的变化情况，发现地核内又分为外核和内核。内核、外核的分界面，大约在5155 km处。内核深度约为5150 km~6370 km，外核深度约为2900 km~5150 km。因地震波的横波不能穿过外核，所以，一般推测外核是由铁、镍、硅等物质构成，处于熔融态或液态。对于内核，推测可能是固态的。但无论对于内外核的物质构成、状态，或是分界面，都还存在不少争议。例如，有的学者认为，在内、外核之间，还存在一个不大不小的“过渡层”，深度在地下4980 km~5120 km。对于争议，在没有确认和验证之前，都还有需要不断探索和求证。

为什么推测外核是液态形式存在的？这一方面来自于假设，另一方面，来自实际观测对假设的证明。目前认为，地震波有三种传播类型：纵波、横波和面波。纵波是推进波，与声波性质相似，在地壳中传播速度为5.5 ~7.0 km/s，又称P波，它使地面发生上下振动，破坏性较弱。横波是剪切波，传播方式类似于池塘中涟漪的水纹，在地壳中的传播速度为3.2~4.0 km/s，又称S波。它使地面发生前后、左右抖动，破坏性较强。面波又称L波，是由纵波与横波在地表相遇后激发产生的混合波，其波长大、振幅强，只能沿地表面传播。P波能够通过液体传播，而S波不能通过液体传播。在地震波观测中，科学家发现，P波能通过地核外核，而S波不能，因此推断外核是液态的。

1.2.2 地幔

地幔是介于地表和地核之间的中间层，厚度将近2900 km。它与地核的分界面是古登堡面，与地壳的分界面是莫霍面。它的物质组成具有过渡性。靠近地壳部分，主要是硅酸盐类的物质；靠近地核部分，则同地核的组成物质比较接近，主要是铁、镍金属氧化物。地幔又可分成上地幔和下地幔两层。下地幔顶界面距地表1000 km，密度为4.7 g/cm^3。

同样，探测地幔的最有效的途径仍然是地震波探测。利用P波和S波传播性质的不同，通过对全球地震台站地震探测数据的收集和积累，基本可以较为准确地对地幔结构进行成像重构。通过目前的结果分析，可以推测认为，上地幔顶部存在着一个软流层，是由于放射性元素大量集中，蜕变放热，使得岩石高温软化，并局部熔融造成的。这个软流层很可能是岩浆的发源地。

关于地核和地幔，一个最为有趣、也最为有意义的问题是，地核和地幔间是否存在着运动速度差，以及差的大小是多少。1996年，美国地球物理学家宋晓东和保罗·理查德，通过对穿越地球的地震波的分析，第一次提出了地球内核的旋转速度比其他部分快的观点，引起了大范围的争议，部分科学家质疑数据的准确性，也有科学家提出相反的结论。这场争论持续了近九年，宋晓东经过持续研究再次提出，地球内核的旋转速度每年要比地幔和地壳快0.3°~0.5°。2005年8月，这一成果发表在《科学》杂志上。该问题之所以受到广泛的关注，是因为它关系到地磁场、地震、火山等的发生、发展和演变，而这些现象无不关系着我们的未来。

1.2.3 大陆和板块

地壳通常是指地球表面的固体外壳，它的组成除了沉积岩外，基本上是花岗岩、玄武岩等。花岗岩的密度较小，分布在密度较大的玄武岩之上，而且大都分布在大陆地壳，特别厚的地方则形成山岳。地壳上层为沉积岩和花岗岩层，主要由硅—铝氧化物构成，因此也叫硅铝层。下层为玄武岩或辉长岩类组成，主要由硅—镁氧化物构成，称为硅镁层。海洋地壳几乎或完全没有花岗岩，一般在玄武岩的上面覆盖着一层厚约0.4 km~0.8 km的沉积岩。地壳的温度一般随深度的增加而逐步升高，平均深度每增加1 km，温度就升高30 ℃。地壳的厚度是不均匀的，海拔越高，地壳越厚，海拔越低，地壳越薄。从整个地球固体表面来看，地壳平均厚度大约是17 km。大陆部分地壳厚于海洋部分地壳，大陆部分平均厚度约33 km，高山、高原区域（如青藏高原）地壳厚度可达60 km~70 km。海洋地壳较薄，平均厚度约6 km。

20世纪60年代后，科学家们提出了板块构造学说，认为地球坚硬的壳体并非是整体一块，地壳被海沟、断层、大陆裂谷等分割成大小不同的块体，这些块体就是板块。板块是活动的，研究和观测证据表明，它们的活动以水平运动为主，在水平运动中发生拉张裂开或碰撞压缩等现象。目前认为地壳主要分为六大板块，即太平洋板块、欧亚板块、印度洋板块、非洲板块、美洲板块和南极洲板块。除了这六大主要的板块，又有人进一步在大板块中划分出许多小板块。如美洲板块分为北美和南美板块。板块构造说是在大陆漂移学说、海底扩张学说的基础上发展起来的，它是海底扩张说的发展和延伸，同时，又给予了大陆漂移学说新的理论。因此，人们称大陆漂移、海底扩张和板块构造为不可分割的“三部曲”。图7-1-2为板块漂移示意图。

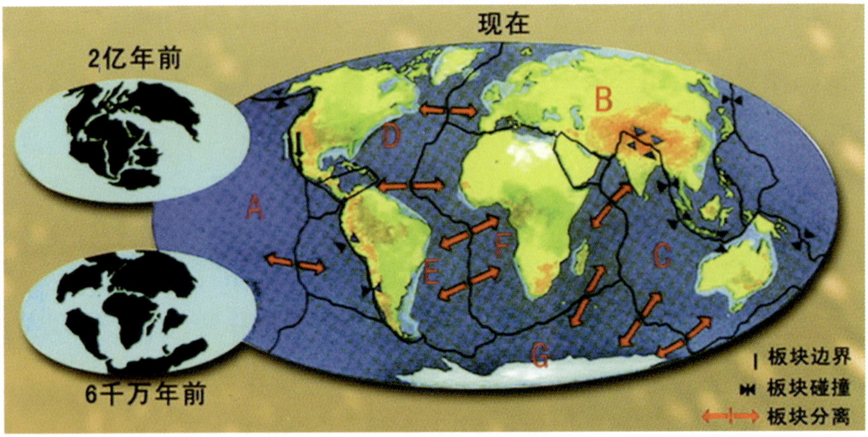

图7-1-2　板块漂移示意图

图7-1-3　雅鲁藏布江大峡谷

图7-1-4　喜马拉雅山脉

从移动的速度来看，移动最快的是印度板块，在过去的3000万年中，它移动了4500 km，平均每年15 cm。印度板块向东北方向移动，在喜马拉雅—雅鲁藏布江一带与欧亚大陆板块碰撞拼接，产生挤压凸起，形成了被称之为“第三极”的青藏高原和喜马拉雅山脉。至今，仍以每年2 cm~4 cm的速度向着欧亚大陆板块靠拢。图7-1-3为雅鲁藏布江大峡谷，图7-1-4为喜马拉雅山脉。

2 运动的大陆板块——导航卫星的应用

2.1 导航卫星的发展与现状

2.1.1 GPS卫星

人类在大自然中活动的时候，往往要面对两个问题：“我现在身处何方？我下一步应该去往何方？”当你在自己所熟悉的环境中活动时，这并不困难，一块巨石、一棵大树都可以成为醒目的标识。蒙古族民歌《敖包相会》脍炙人口，为何两个人要在敖包相会呢？约在别处不可以吗？这是因为在茫茫大草原上，地形、地貌和地表植被都过于单一，敖包这样人为堆砌的石堆则显得尤为醒目，敖包在此时实际上发挥了定位和导航的参照物的作用。

如何定位和如何导航，是人类生产、生活中的重要问题，日月星辰是最早的定位导航的参照物，之后陆续发明了指南针、六分仪等仪器、仪表。但是，长期以来，还没有一种能够在任何时间、任何地点下都能进行精确的定位和导航的手段。这一局面一直持续到GPS卫星的出现。

1973年12月，美国五角大楼决定由陆海空三军联合开发一种全新的、具有真正应用前景的卫星导航定位系统，这就是GPS（Global Position System）系统。GPS是美国国防部的第二代导航卫星计划，它是一个从总体方案到几乎所有细节都经过精心设计的项目，它围绕着一个核心，那就是如何将定位工作做得更好。

首先，卫星轨道经过精心设计。GPS星座包含24颗卫星，部署在六个轨道面上，每个轨道面都有4颗卫星，轨道高度为20200 km。这样的轨道设计，一方面可以保证地球表面任何一个地点、任何一个时刻都能接收到4颗以上卫星的信号，这一点对于定位是必要的。高轨道的另一个优点是受到大气的阻力小，地球重力分布不均匀对轨道的影响也小。虽然高轨道会造成卫星发射的成本增加，但是，对于卫星本身的精密定轨和卫星长期稳定运行是非常有利的。图7-2-1为GPS卫星星座和轨道分布示意图。

图7-2-1　GPS卫星星座和轨道分布图

其次，卫星信号也经过精心的设计。GPS信号通过两个频率对外广播，分别是L1（1575.42 MHz）和L2（1227.60 MHz），这两个频率都属于L波段，其优点是受到云雨等天气状况的影响小，这对于GPS能够全天候工作是必需的。在L1上，包含了粗码C/A码、精码P码和导航电文，L2上则没有C/A码。P码和C/A码的最大区别在于精度，P码的定位精度比C/A码高得多，但是，P码只提供给特定用户使用，C/A码则是全敞开的。GPS信号采用码分多址CDMA的方式，手机通信也经常采用这种方式。这个方法的好处是便于弱信号检测，同时，也使得GPS各个卫星可以共用一个工作频率，这一点使得接收机的设计得到了简化，民用的GPS接收机只需要考虑L1一个工作频率就可以了。

GPS同所有测量系统一样，也是存在误差的。影响GPS定位精度的因素很多，卫星自身的定轨精度、时钟误差、大气对流层的影响、电离层的影响以及地表建筑物和山体反射造成的多径效应都会造成GPS定位精度降低。此外，GPS毕竟是美国国防部的项目，五角大楼为了避免GPS信号为敌方所用，一度采取了旨在降低C/A码定位精度的SA（Selective Availability）技术，但是2000年后，SA被叫停。为了提高定位精度，差分技术被引入并得到了应用。除了GPS星座之外，各种基于广域差分原理的增强系统得到了应用，其中主要的有美国的WAAS（Wide Area Augmentation System）、日本的MSAS（Multi-Functional Satellite Augmentation System）和欧洲的EGNOS（European Geostationary Navigation Overlay Service）。

GPS卫星都在天上运行，从空中为用户提供定位和导航服务。但是，GPS离不开地面的支持。目前，GPS的地面控制系统包括16个地面测控站、2个主控站、12个地面天线构成。地面部分负责精密测定GPS每一颗卫星的轨道参数、修订GPS卫星的时钟等基础性工作，这些地面系统的强有力的支撑，是GPS卫星出色工作的基础。

2.1.2 GPS之外的导航卫星

GPS是应用最广泛的导航卫星系统，已经从原来的纯粹军事应用发展到深入人们的日常生活。毫不夸张地说，GPS已经成为导航卫星GNSS（Global Navigation Satellite System）的代名词。事实上，GPS并非唯一的GNSS，除它之外，还有俄罗斯的GLONASS、欧洲的GALILEO、中国的BEIDOU、日本的准天顶QZSS，以及印度的区域导航卫星系统IRNSS。

北斗卫星是我国自主研发的导航卫星系统，提出该计划的出发点是，拥有自主的卫星定位导航系统，避免受制于人，满足我国长远的战略利益。国内对北斗导航卫星简称为BEIDOU，取自汉语拼音，但是，国际上认可的英文名称是指南针“COMPASS”，这也隐含了中国古代四大发明之一指南针的意义。

北斗和GPS、GLONASS、GALILEO不同，前者在设计之初就确定为全球导航卫星系统，北斗则是根据我国的实际情况（包括技术能力和经济能力），分为北斗一代和二代。二者最大的区别在于，北斗一代是主动定位方式，北斗二代是被动定位方式。也就是说，北斗一代需要用户将自身的信息发送给地面控制中心，解算后将定位信息发送给用户端。很显然，北斗一代的用户量是有限的，取决于卫星通信能力和地面的处理能力，并且用户端主动发射电波信号就意味着暴露自身，这在军事活动中是相当忌讳的。北斗二代则类似GPS，通过用户端对多颗北斗导航卫星的信号进行解算，来达到定位和授时的功能，用户端只需要被动接收卫星信号即可，本身的隐蔽性得到了保障，而且用户端的数量理论上可以无限大。

北斗导航卫星系统由5颗地球静止轨道卫星和30颗非静止轨道卫星组成，5颗地球静止轨道卫星分别位于赤道上空的东经58.75°、80°、110.5°、140°和160°，30颗非静止轨道卫星中，3颗是倾斜地球同步轨道卫星，三者之间的夹角为120°，另外27颗卫星则分布在轨道高度为21 500 km的3个轨道面上。北斗导航卫星能提供定位、授时、短报文等服务。

区别于其他导航卫星系统，北斗导航卫星的短报文服务是其特色之一，它能允许用户端通过北斗卫星发送数据，这使得北斗导航卫星具备了一定的通信能力。传统的无线数据通信要么依托已有的移动通信系统，如2G/3G/4G网络，要么依托铱星和海事卫星，前者覆盖面有限，尤其是偏僻地区没有信号支持，后者则费用过高。北斗卫星则提供了一个廉价的卫星数据通信能力。不过，需要指出的是，北斗的短报文通信量和通信速率都是相当有限的。

2.2 导航卫星遥感原理

2.2.1 定位是GNSS卫星的根本

顾名思义，导航卫星的核心任务是定位和导航，那么，导航卫星是怎么完成这个核心任务的呢？导航卫星在定位时，首先要确定自身的准确位置，再通过测定卫星到需定位点之间的距离，来确定该点的坐标。以下我们就这两点分别进行叙述。

GNSS的第一步是如何精确地测定每一颗卫星自身的位置，很显然，只有GNSS卫星自身的位置测量得足够精准，它才能更好地为持有接收机的使用者进行定位。一方面，GNSS卫星的轨道高度通常在2万千米上下。在这个高度上，大气阻力极小，卫星受到地球自身重力场的变化而引起的轨道摄动也很小，这是一个比较稳定的、适合导航卫星运行的轨道。另一方面，导航卫星仍然离不开地面运行控制系统的支持，卫星长期运行，轨道再稳定也仍然会有偏离，这就需要地面运行控制系统来修正。此外，GNSS定位的一个重要依据是时间，精准的时间对于定位的精度影响很大，地面运行控制系统也要负责对每一颗GNSS卫星上的时钟进行校时，尽管GNSS卫星上使用的时钟精度已经非常之高了。以GPS为例，就建有科罗拉多、夏威夷、夸贾林环礁、迪戈加西亚岛、阿森松岛等多个地面监控站，美国还计划增加数个地面监控站，可以更好地支撑GPS系统的运行。图7-2-2为GPS地面运控站分布图。

当我们确定了GNSS卫星的位置后，就相当于在立体空间已知了几十个点的准确坐标。根据GNSS星座的轨道设计，当用户持有GNSS接收机时，可以接收到上方多颗GNSS卫星的信号，受到地球自身的遮挡，接收机显然是无法收到地球另外一侧的GNSS卫星的信号的。以GPS为例，接收机无论处于何时何地，都能接收到4颗以上的卫星信号。图7-2-3为GNSS定位原理图。

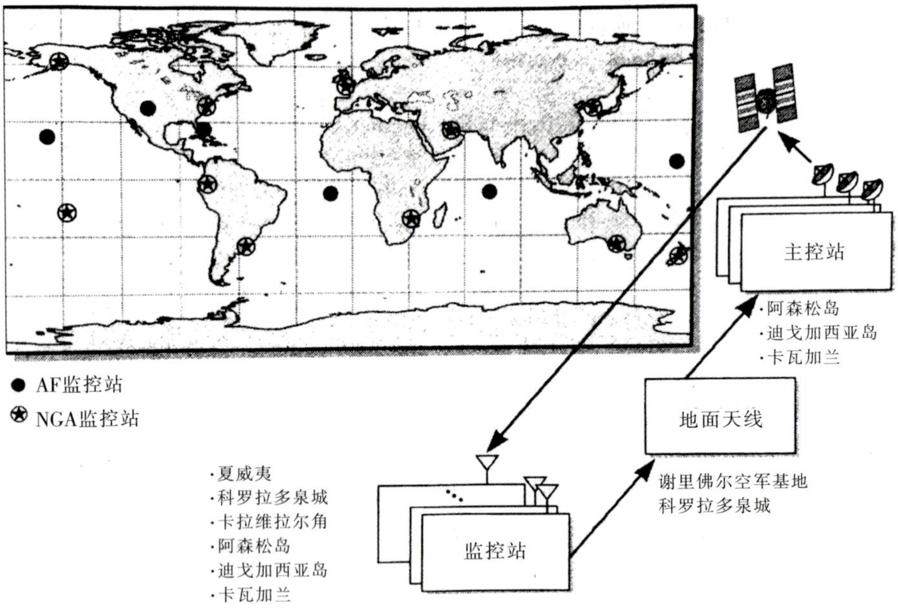

图7-2-2　GPS地面运控站分布图

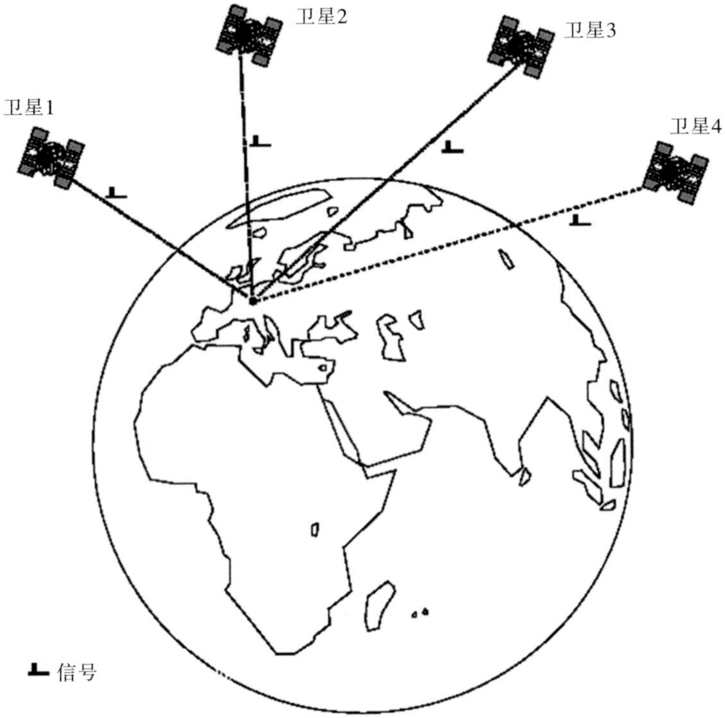

图7-2-3　GNSS定位原理图

接收机可以根据GNSS信号的特点，从接收到的电磁波中分解出每一颗卫星的信息，并根据电波发射到接收的时间差以及电波传播的速度，来确定接收机到每一颗卫星之间的距离。从原理上说，是非常清晰明了的，但是，具体技术的实现并不简单。

首先，GNSS卫星的发射信号很弱，接收机收到的信号中，有效信息往往比环境噪声还要低得多，这就要求必须把弱的信号从强的噪声中有效地提取出来。我们不能寄希望于增加GNSS卫星的信号，使之明显地强过噪声，因为这样需要极大的功率，卫星上有限的太阳能板无法做到这一点，而增加太阳能板又会极大地增加卫星的质量，这对于卫星的发射又是重大的挑战。此外，接收机可以同时收到多颗GNSS卫星的信号，因此，也需要从电波信号中将每一颗卫星的信号逐一分解出来。以GPS为例，GPS信号采用伪随机码和码分多址的方式，使得每一颗卫星的信号具有一定的规律，这些规律是已知的，并且和卫星是一一对应的。这不仅使得从强噪声中提取弱信号成为可能，也能够从有效信号中具体区分是哪几颗卫星。

其次，电波的传播速度并不是简单的3×10^8 m/s那么简单，电磁波在真空中传播时，速度是稳定的，但是，电磁波在大气中传播时，其速度受到多种大气成分的影响，是低于真空中的传播速度的。尽管GNSS卫星所在位置可以视为真空，但是，接收机往往在地球表面或者不太高的某处，GNSS卫星发射的电磁波要透过大气层才能被接收机接收到。大气对GNSS卫星发射的电磁波信号的影响，主要有对流层的水汽时间延迟、电离层干扰以及电波在大气中的折射等。

最后，电波的传播速度很快，用此方法测距需要极其精准的时钟，通常在地面运控站的维护下，GNSS卫星自身的时钟精度足够，但是，接收机端是无法保证的，GNSS定位中，将时间视为同坐标位置一样需要确定的未知数，定位的同时也可以对接收机进行校时。这就相当于在定位时，不仅要求解坐标x、y、z三个未知数，还要加上时间T，一共是四个未知数。数学上求解四个未知数，需要至少四个彼此独立的方程组成的方程组，每一颗GNSS卫星可以提供方程组中的一个方程，这就是为什么需要同时接收至少四颗以上的GNSS卫星信号的道理所在。

以下我们将介绍在已知GNSS卫星坐标和GNSS卫星到接收机的距离的前提下，如何确定接收机坐标的方法。

$$\begin{cases}\sqrt{(x_1-x)^2+(y_1-y)^2+(z_1-z)^2}+c(v_{t1}-v_{t0})=d_1\\\sqrt{(x_2-x)^2+(y_2-y)^2+(z_2-z)^2}+c(v_{t2}-v_{t0})=d_2\\\sqrt{(x_3-x)^2+(y_3-y)^2+(z_3-z)^2}+c(v_{t3}-v_{t0})=d_3\\\sqrt{(x_4-x)^2+(y_4-y)^2+(z_4-z)^2}+c(v_{t4}-v_{t0})=d_4\end{cases}$$

其中，（$x_{1\text{-}4}$，$y_{1\text{-}4}$，$z_{1\text{-}4}$）代表四颗GNSS卫星的空间坐标，（x，y，z）是接收机的空间坐标，c是电波传播速度，$v_{t1\sim t4}$是四颗GNSS卫星的时钟，v_{t0}接收机的时钟，$d_{1\sim 4}$是四颗GNSS卫星到接收机的距离。

这是一个非线性方程组，原理列式并不困难，但是，求解仍然相当复杂。此外，方程组中仅列出了四个方程，如果接收机能接收到更多的卫星信号，那么方程数量也必然随之增加。四个方程只是求解的最低要求。

以上所述的是GNSS定位的基本原理，通常情况下，通过上述方法，GNSS定位的精度在10 m量级，垂直方向的定位精度还要逊色于水平方向的精度，这主要是因为水平方向上，往往有多个不同方位角的卫星信号可用，而垂直方向上，只有上半球的卫星信号可用（由于地球的遮挡，下半球的卫星信号是接收不到的）。

当GNSS实现定位后，很自然会引出一个新问题，那就是有没有可能提高定位精度。这有赖于众多的因素，例如，更精准的时钟、更精准的卫星轨道等。提高码片的分辨率，也是有效的方法。以GPS为例，GPS提供的民用码的码片长度为300 m，而军用码的码片长度为30 m，使用军用码的定位精度显著优于仅使用民用码的精度。

差分GNSS则是一种常用的有效地提高定位精度的方法。所谓差分，其核心是消除公共误差，既可以是一个测站对两个不同目标的测量，也可以是两个测站对一个共同目标的测量，或者是一个测站对一个目标的先后两次测量。差分GNSS要求首先精准地确定一个点的坐标，利用该点的信息来校准与它距离不远的另外一个点。由于两个点距离不远，因此，有很多误差是共同的。例如，卫星轨道的误差、大气的影响等，通过差分的方法，可以将这些公共误差部分消除，从而提高定位精度。差分GNSS主要有位置差分法、伪距差分法和载波相位差分法三种，目前都已经得到了广泛的应用。前两种方法可以将定位精度提高到亚米级；载波相位差分法，也就是RTK法，甚至能将定位精度提高到厘米级别。

2.2.2 GNSS掩星

什么是掩星？掩星是什么“星”？我们在第一次看到这个词时，大脑里通常会立刻反映出这样的问题。其实，掩星并不是“星”，既不是卫星，也不是恒星。掩星是一种天文现象，是指两个原本相互可见的星体间，由于其他星体或物质的出现变得相互不可见，这种遮蔽现象称为掩星。对应的英文单词为Occultaion，释义为One celestial body obscures another，现在通常提到掩星，是对“掩星探测技术”的简称，即通过掩星原理对空间天体或地球本身进行遥感探测的技术。那么，利用掩星技术究竟能够开展哪些工作呢？最初，科学家们想到利用这项技术，对水星、火星等行星大气进行探测。20世纪80年代，美国的全球无线电导航系统GPS投入使用后，有人提出利用GPS信号对地球大气进行掩星探测，获取中性大气和电离层中温度、压力、湿度及电子密度等重要参数的垂直分布，GNSS掩星探测技术由此诞生，并成为近些年来广为关注和快速发展的新兴遥感领域。

图7-2-4　雨后的彩虹

那么，利用GNSS掩星技术是如何对地球大气进行垂直探测的？它的原理是电波折射原理。我们知道，可见光在大气中传播时会发生折射现象，最常见的折射现象是雨后的彩虹(图7-2-4)。太阳光照射到空气中的水滴时，光线产生折射。因为波长不同折射率不同，原本传播路径相同的光线发生了色散，产生出红、橙、黄、绿、蓝、靛、紫的七色光。彩虹是美好而神奇的自然现象，在我国古老的神话故事中，女娲炼五色石补天，彩虹是五色石发出的彩光。在希腊神话中，彩虹是沟通天上与人间的使者。神话故事寄托了人们对于未知世界、未知现象的浪漫遐想。唐代时，精通天文历学的孙思恭认为："虹乃雨中日影也，日照雨则有之。"这已反映出对于彩虹形成原理与过程的思考与认知。1637年，法国哲学家、物理学家勒内·笛卡尔利用玻璃球注入水进行实验，得出了水对光的折射指数，准确地计算出了彩虹的角度，但未能解释彩虹的七彩颜色。后来，牛顿用玻璃棱镜展示了把太阳光散射成彩色光的实验，关于彩虹形成的光学原理得到了较为完善的解释。图7-2-5显示了光的色散。

图7-2-5　光的色散

与可见光一样，作为一种无线电波，GNSS信号在大气中传播时，同样会产生折射。以GPS为例，GPS发出的电波信号穿过中性大气和电离层，被LEO（Low Earth Orbit）卫星接收，电波不再沿直线传播而是发生了弯曲，产生了“遮蔽”即掩星事件。电波弯曲角与大气折射一一对应可相互换算。在中性大气中，大气折射率是温度、压力和湿度的函数；在电离层中，折射率是电子密度的函数。反之，如果得到了大气折射率，则有可能反演得到温度、压力、湿度与电子密度。同时，由于GPS卫星轨道高度在20000 km，LEO卫星则多数低于1000 km，LEO卫星的轨道周期远小于GPS卫星轨道周期。因此，在一次掩星探测中，LEO卫星能够在不同高度接收到穿过地球大气的掩星信号，如同GPS与LEO卫星的电波连线在短时间内从上到下，或是从下到上的快速切过整层大气，为获取大气垂直结构提供了可能。

那么，接下来的问题是如何得到电波弯曲角。在掩星平面几何关系中，GPS和LEO卫星的速度、位置能够精确得到。目前，GPS和LEO卫星精密定轨的精度可达5 cm以内。GPS掩星的基本探测量是时间延迟，即电波信号从GPS卫星发出，到被LEO卫星接收所经历的时间，扣除直线传播的时间，则可得到因大气折射导致的时间延迟，常称为大气延迟。在掩星平面几何关系中，利用大气球面分层假设和snell折射定律，可由大气延迟、卫星精密轨道等反演得到不同高度处的电波弯曲角α。参见图7-2-6、图7-2-7。这其中的关键是精准的时间基准。要知道GPS到LEO的直线距离大于20000km，而大气引起的路径弯曲通常仅有几百米，要求GPS卫星与LEO卫星的时钟严格同步，并且极其精准。我们常形容时间之短时，用“一眨眼的工夫”来形容，但就是这一眨眼的0.2~0.4 s，对掩星探测来说，已是无法容忍的巨大误差，可将有效信号深深地淹没在噪声中了。目前，掩星探测使用的高精度时钟主要有铷钟、铯钟、氢钟等，精度约在10^{-12}/s以上。

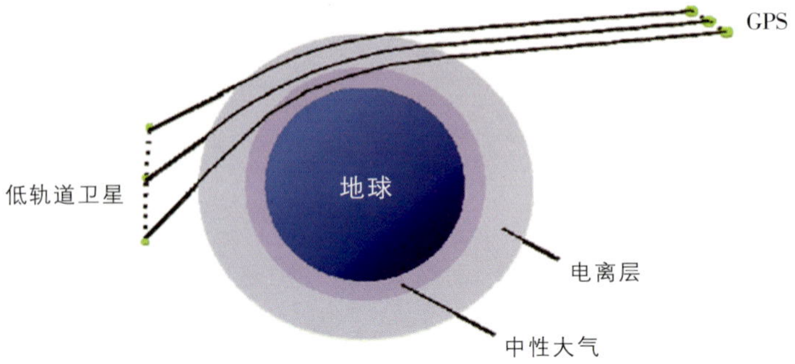

图7-2-6 掩星原理图

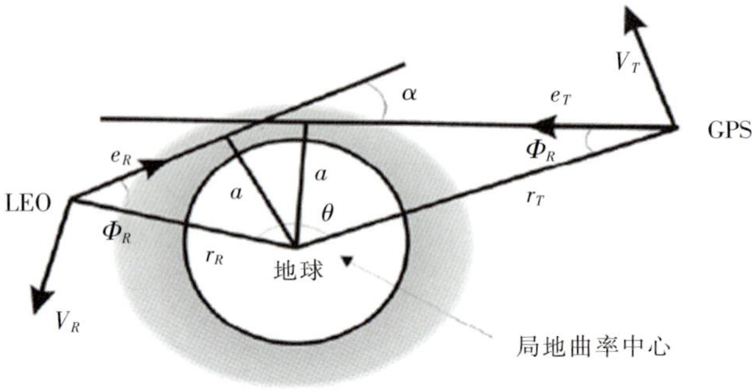

图7-2-7 掩星平面几何图

获得电波弯曲角后，可通过Abel变换计算得到大气折射率，并利用大气折射率与温压湿及电子密度等的经验关系，与理想气体方程、静力学平衡方程联立求解，反演得到大气参数垂直廓线。

2.2.3 GNSS-R

导航卫星的电波信号抵达地球表面时，一部分能量将被反射。在定位时，这一部分电波信号通常被视为干扰信号，称之为多径干扰，要提高定位精度，势必要尽可能干净地消除这一干扰项。事实上，导航卫星的电波信号在设计之初，就已经意识到了这一问题，并且采取了相应的消除措施。但是，如果反向进行思维，那么我们不难发现，这一部分在地球表面(或陆地，或海洋，或建筑）上的反射信号，就有可能携带反射面的某些信息。如果我们对反射信号进行分析，就有可能反推出反射面的部分信息。与微波辐射计不同，它并不是被动地接受目标自身发射出的电磁波，它是主动遥感技术；与常规的雷达不同，常规雷达发射机和接收机在同一地点，而GNSS-R的发射机在GNSS卫星上，接收机则在其他位置，故此我们称GNSS-R是一种双站雷达技术，常规雷达接收的是后向散射信号，而GNSS-R接收的是前向散射信号。以下我们介绍一下GNSS-R的基本原理。

以GPS为例，GPS的电波信号是右旋圆极化方式的，该信号进行一次反射后，极化方式将改变为左旋圆极化，当接收机的天线为右旋圆极化时，该天线能很好地接收右旋信号，而几乎不会接收左旋信号。此外，电波反射时，其能量大大衰减，反射信号的强度同直达信号相比是非常弱的。为了接收反射信号，势必要采用左旋圆极化方式的天线，这在技术上并不困难，通常只需要在原有右旋天线的基础上，改变其馈电点就可以实现。我们将导航卫星反射信号称为GNSS-R（GNSS-Reflection），图7-2-8为GNSS-R原理图。简化的GNSS-R系统可由天线、接收机和处理机三部分组成。

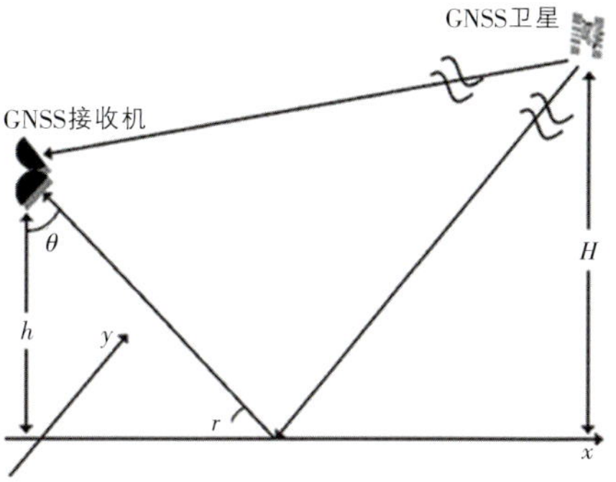

图7-2-8　GNSS-R原理图

GNSS-R使用两副天线：一副是向上的传统的右旋圆极化天线，负责接收来自导航卫星的直达信号；一副是向下的左旋圆极化天线，负责接收来自地球表面的反射信号。常规的导航卫星接收机只适合处理直达信号，并不适合作为GNSS-R的接收机。GNSS-R通常使用软件接收机，一方面，可以将直达信号和反射信号严格同步；另一方面，可以获得信号的更多信息，这成为反演地球表面信息的前提条件。

GNSS-R能做的事情很多，它可以根据直达信号和反射信号之间的时间差（反射信号经过的路线长度要长于直达信号，因此达到天线的时间上反射信号晚于直达信号）来计算接收天线到反射面之间的高度。如果反射面是海面，天线自身的位置是固定的，那么就可以用来探测海面的潮汐变化。

海洋表面并非平板一块，而是起伏变化的，受到海面粗糙度的影响，来自海面的GNSS-R反射信号的回波波形有显著的变化，而海面的粗糙度变化是受到海面风的驱动的。GNSS-R信号的频率是L波段，波长约19 cm，海面上厘米级到分米级的粗糙度对反射信号的影响最显著，而此尺寸的海面粗糙度与海面风有密切联系。因此，通过厘米—分米海面粗糙度这个桥梁，可以沟通GNSS-R与海面风之间的关系。这一点决定了GNSS-R具有探测海面风的能力。需要着重指出的是，风可以改变海面的粗糙度，但绝大多数情况下，不能改变陆地表面的粗糙度，因此，通过散射信号探测风，只能局限在海洋表面，不能拓展到陆地。

同来自海面的反射信号不同，从陆地表面反射而来的信号要低得多，而且变化也大得多，这一方面同陆地的粗糙度有关，另一方面，与陆地的介电常数有关。陆地表面同海洋不同，其表面粗糙度相对固定，而GNSS电波的L波段，陆地介电常数变化很大程度上和地表的含水量有关。因此，有可能通过陆地表面的GNSS-R信号来推算地表的含水量。由于GNSS的L波段信号波长较长，地表植被的影响较小，具有一定的穿透能力，是一种比较理想的地表含水量探测手段。

如果反射信号从海冰表面上返回，它也同海面上反射回的信号有显著的不同。海面风可以驱动液态海面的粗糙度变化，却无力改变海冰表面的粗糙度。此外，海冰的介电常数对反射信号的影响也很大，海冰表面的介电常数与海冰的结构、冰龄、厚度、冻融情况都有着密切的联系。上述表明，GNSS-R具有探测海冰参数的能力。

GNSS-R是一名当之无愧的全能选手，从原理上推断以及从实践中证实，GNSS-R可以用来探测多种地球表面的信息。GNSS-R之所以具有如此广泛的探测能力，其本质是充分利用了电磁波的各种信息。这些信息有频率、振幅、相位、极化、时间等。同时，我们也要清醒地意识到，全能选手在具体每一个单项上并不一定是最强的。GNSS-R能完成的这些任务，并不是填补某某领域的空白，事实上，每一项功能都已有遥感手段可以实现。测高方面，有微波高度计和激光高度计；测浪方面，有微波高度计和合成孔径雷达；测风方面，有微波辐射计和微波散射计；测土壤湿度方面，有微波辐射计；测冰方面，有光学遥感器、合成孔径雷达和微波辐射计等。因此，我们应该正确地看待GNSS-R，一方面，它是功能多样、前途光明的新兴技术；另一方面，它尚未成熟，仍然有很多问题需要解决。此外，由于GNSS信号自身的特点，GNSS-R一定具有某些优势，也必然伴随着另外一些劣势，在研究和应用中，都应该清醒地认识到这一点。

2.3 导航卫星遥感应用

GNSS，尤其是GPS的应用早已经渗透到人们日常生活的各个领域。

如前所述，GNSS在定位的同时，还可以为接收机用户提供准确的时间，这是一项非常有吸引力的服务。当我们使用传统的手表时，无论是机械表、石英表还是电子表，都不得不每隔一段时间调整一次，否则，随着日积月累，手表的走时误差将越来越大。而GNSS使得我们可以省去调表的烦琐，并且保证时钟的走时始终保持精准，事实上，这是地面运控站代替我们完成的工作。不仅如此，GNSS提供的时钟精度很高，对于一些对计时精度要求高的应用，也具有很大的应用价值。图7-2-9为北斗授时手表。

图7-2-9　北斗授时手表

定位始终是GNSS的最根本的功能。常规的定位自不必说，GNSS提供的精密定位能力使得测绘学和地球物理学都受益匪浅。RTK技术已经广泛应用在监测地球板块运动、地壳的形变、地震、火山运动、冰层的运动以及随气候变化的变化、地球自转的变化等众多领域。精密定位在建筑学上也得到了应用，随着工业技术的发展，建筑物的尺寸越来越大，除了传统的重力影响之外，还需要考虑到风的影响、地震的影响、热胀冷缩的影响、压力差的影响等。例如，大桥在重力和风的作用下的形变、水库大坝在极大的内外压力差作用下的形变等，这些变化缓慢的厘米级的形变，都可以通过RTK来测定，为建筑物的安全提供了科学依据。参见图7–2–10、图7–2–11。

图7–2–10 提供高精度定位的RTK接收机

图7–2–11 利用RTK技术测量形变的湖北清江隔河岩大坝

GNSS提供的导航服务是我们当前所能接触到的最多的服务了。随着城市的扩张以及道路的新建，我们已经很难做到像过去那样靠大脑就能记住城市的每一条道路，特别是在北京和上海这样的巨型城市，即便是出租车司机也很难做到无一遗漏；随着人们活动范围的扩展，我们越来越多地到自己陌生的城市和地区去旅行，此时，认对路、走对路是非常重要的。现在常用的车载导航，实际上是GNSS定位和地图相结合的产物，GNSS负责确定你当前所在的位置、行驶的速度和方向，将这些信息匹配到地图上，可以告诉你，当前正行驶在哪一条公路上，距离你的目的地还有多远，需要在何处拐弯，在何处进入另外一条道路，前方道路是否出现拥堵而需要绕路等非常有用的信息，正是车载导航的推广使得自驾行更加便捷，越来越多的驾驶员已经离不开这个“保姆”了。在此基础上，无人驾驶成为可能，GNSS导航解决了无人驾驶中的行驶路线问题。同时，车载导航也对GNSS提出了更多的要求。比如，当你行驶进入隧道时，隧道内是没有GNSS信号的，这时候通常需要惯性导航来辅助，但是，我们也很容易提出新的要求，将来能不能做到隧道内也有GNSS信号？更强的GNSS信号？更强的弱信号检测能力的接收机？或者是具有中继能力的辅助设备？这些都还有待解决。此外，随着道路的日益复杂，对定位精度的要求也越来越高，当我们行驶在一条公路上时，目前的GNSS还很难区分，你究竟是在主路上还是辅路上，还需要人工操作进行确定。之所以出现这样的问题，归根到底，还是定位精度不够，定位精度高了，这自然就不会再成为问题。图7-2-12所示为车载导航仪。定位导航服务不仅限于汽车，骑行者、飞机、轮船，甚至是卫星，都可以享受GNSS的服务。

图7-2-12　车载导航仪

部分GNSS卫星还可以提供通信能力。一般无线通信离不开移动基站，这在人口密集的城镇、在经济发达的地区没有问题，但是，它难以覆盖大洋深处和沙漠腹地这些人迹罕至的地区。经济较为落后的国家和地区，无线通信网络的覆盖也不完整。海事卫星和铱星以卫星为中转平台实现了全球范围的通信，但是，费用极其昂贵，不具备大规模推广应用的可能。中国的北斗卫星在众多导航卫星计划中独树一帜，提供了短报文服务，使得少量的数据通信更加便捷，而且费用远远低于前面所述的两种卫星手段。图7-2-13为北斗通信机。

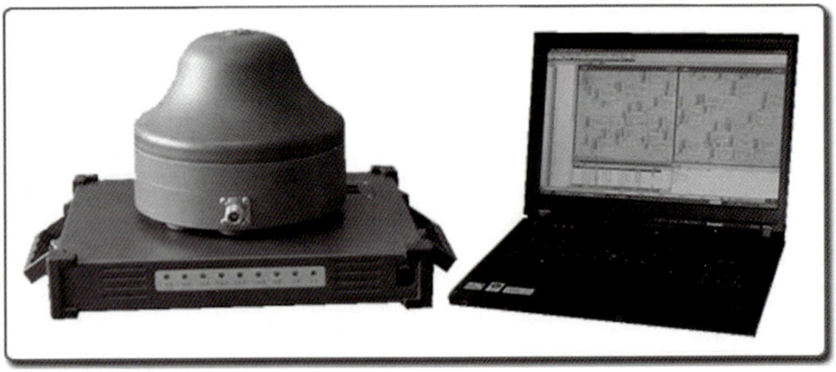

图7-2-13　北斗通信机

GNSS的设计之初是为军事服务的，它在军事领域的用途极其广泛，堪称无处不在。虽然不能使得山摇地动、天崩地裂，但是，GPS的威力丝毫不逊色于尼米兹级航空母舰、俄亥俄级战略核潜艇、F22战斗机以及B2隐形轰炸机这些武器明星。它和它们一样，都是威力巨大的王牌武器。GPS提供两种信号，一种是我们常用的精度较差的民用码，另一种则是精度高得多的军用码，目前，尚未对民用开放。从1991年海湾战争起，GPS就崭露头角，到了2003年的伊拉克战争，留给人们最深刻的印象就是导弹能破窗而入，对目标进行精确打击，图7-2-14所示为美国的战斧式巡航导弹。古代飞将军李广、神箭手养由基可以在几十米的距离上射中目标，他们是战争之神，而现在的导弹则能在几千千米外精确命中目标，是包括GPS在内的各种定位导航技术赋予了它们神一般的能力。我国推进的北斗卫星计划，正是为了自主掌握GNSS这个威力无穷的武器，避免受制于人，它是国防领域的重大举措。

图7-2-14　美国的战斧式巡航导弹(使用GPS、惯性导航和地形匹配等多种制导方式)

GPS除了定位导航之外，掩星和反射也是重要的应用领域，掩星的应用主要在大气圈，而反射的应用多集中在水圈。

2.4 导航卫星监测的板块运动与形变

在地球科学的认识与研究中，重大理论的建立往往与观测手段的发展息息相关。由于采用了地球物理勘测方法和岩石物性方法，20世纪中叶，板块构造理论得以建立，可以说，在地质学认识和研究尺度方面跨出了革命性的一大步。20世纪后期，空间测地技术的快速发展，在某种意义上说，又是一次观测手段的革命。特别是GPS观测可提供高精度、大范围和准实时的地壳运动定量数据，使得在短时间内获取大范围地壳运动速度场成为可能，也使我们能够在短时间内获取有关全球地壳运动的图像，第一次真正看到全球板块的准实时动态。图7-2-15为全球各主要板块速度矢量场图示。

目前，IGS（International GNSS Service）是国际范围内有较大影响力的服务性组织，它由超过100个国家的200多个观测站联合组成，提供公开的GPS数据服务，包括GPS卫星星历、地球旋转参数、大气与电离层修正数

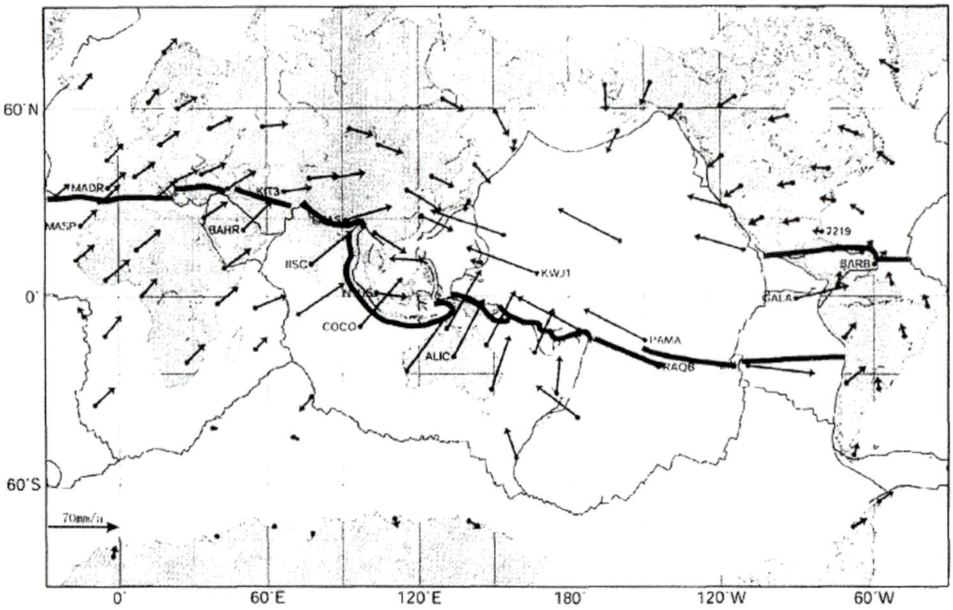

图7-2-15　全球各主要板块速度矢量场

据等，用于科学、教育、商业等众多领域。除此之外，世界各国也都根据不同的需要，建立了规模数量不等的监测网。图7-2-16所示为IGS站全球分布情况。GPS定位可达到很高的精度，常规条件下，利用码定位，民用码精度3m，军用码精度0.3m。利用载波相位定位，由于载波波长大大缩短，定位精度可大大提高，GPS基准站和基本站的点位坐标精度水平分量平均为2 mm左右，高程分量平均为3 mm左右，位移精度水平分量平均为3 mm左右，高程分量平均为5 mm左右。如对大陆板块这样的长周期缓慢移动的固体，在连续观测时间足够长时，通过基准站进行差分修正，可进一步提高定位精度。研究人员利用GPS监测站数据研究了南极板块的运动，图7-2-17给出了南极洲及其周围GPS站水平方向运动情况。从科学数据分析可以看出，南极板块正在慢慢地远离澳洲板块，朝着南美板块运动。相对澳洲板块而言，南极板块上的GPS站的速度大多在7~8 mm/a。

图7-2-16　IGS站全球分布图

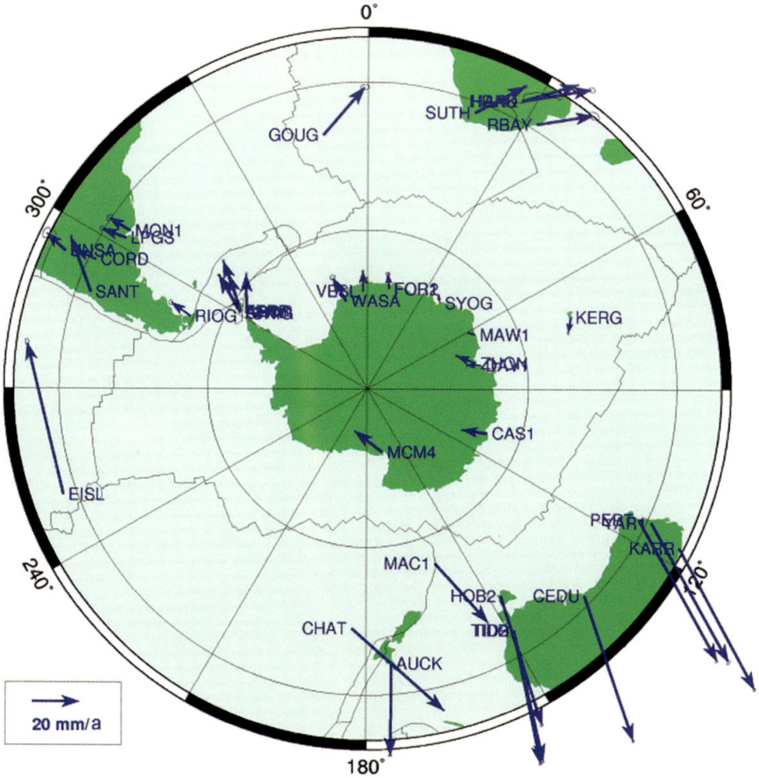

图7-2-17　南极洲及周围GPS站水平方向运动示意图

很多研究人员利用GPS监测数据对中国大陆地壳运动进行了分析研究，总的来看，中国大陆地壳运动主要是受印度板块、太平洋板块与欧亚板块相互碰撞俯冲作用的影响。其中，素有“世界屋脊”和“第三极”之称的青藏高原，是全球海拔最高的一个巨形构造地貌单元，也是当今世界上最年轻、最活跃的高原。它的水平和垂直运动非常突出，隆起了喜马拉雅，形成了青藏高原，创造了好几条大尺度的走滑断裂构造，也形成了西北高山、盆地。图7-2-18所示为中国大陆构造略图。GPS监测结果显示青藏高原现在地壳运动仍以南北向挤压、东西向拉张、垂直方向隆升为主。喜马拉雅块体的相对汇聚速率大约为19.5±1.7 mm/a，拉张速率大约为5.5±6.0 mm/a，隆升速率大约为7.6±5.2 mm/a。

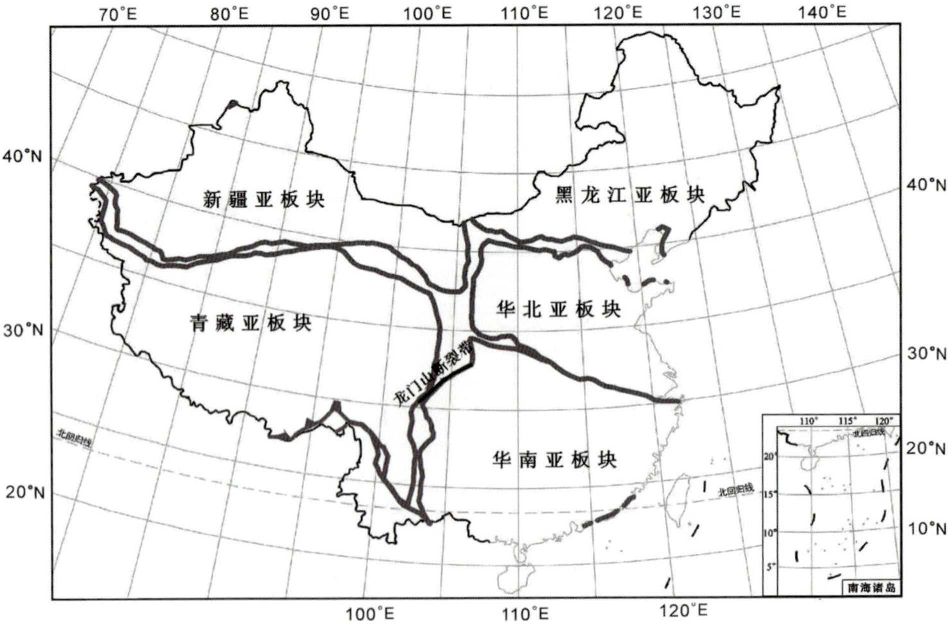

图7-2-18　中国大陆构造略图

图7–2–19给出了1999—2007年中国大陆运动场，表7–2–1中则给出了各个亚板块上的GPS站点位移速率均值与速度差异幅度，可以看出，青藏亚板块的运动速度和速度差异幅度最大，其次是新疆亚板块，说明青藏亚板块的活动性最强，其次是新疆亚板块。图7–2–20给出的是中国大陆垂直运动速率等值线图。

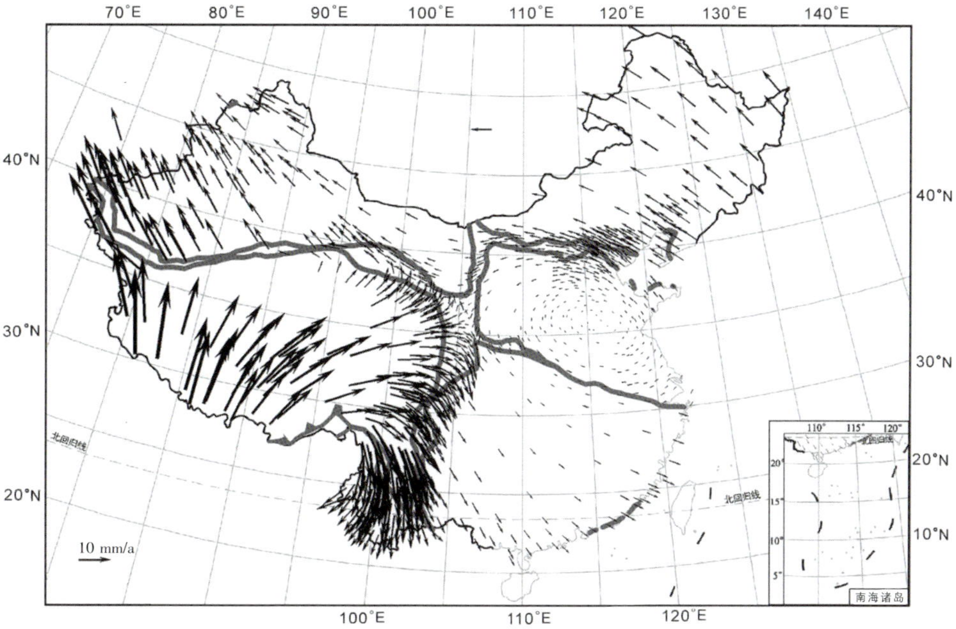

图7–2–19　1999—2007年中国大陆运动场示意图

表7–2–1　亚板块的运动速率与差异

亚板块	运动速率/(mm/a)		运动方向/°
	速率均值	差异幅度	差异幅度
青藏亚板块	9.38	10.11	77.94
新疆亚板块	6.93	7.12	45.29
华南亚板块	3.78	2.87	35.93
华北亚板块	1.92	1.64	103.6
黑龙江亚板块	5.26	2.61	21.07

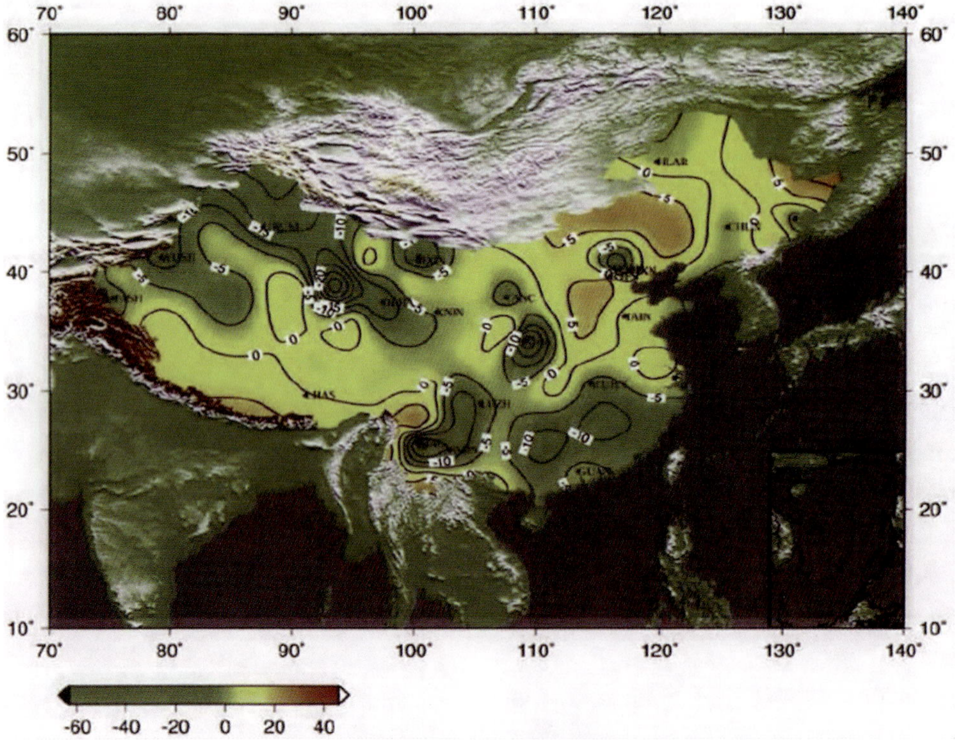

图7-2-20　中国大陆垂直速率等值线图

地球表层运动和变形主要集中在一些主要板块的交接带及其两侧。板块交接带上表现出来的相邻板块间的相对运动，决定了相邻板块间的作用方式，这种作用方式与地壳中地震活动带的分布有着密切的关系。2011年3月11日14时46分（UTC时5:46:23，GPS时5:46:38），日本宫城县以东太平洋海域发生了Mw9.0的大地震并引发海啸，约30分钟后，在主震区西南约250 km处发生了Mw7.9余震，日本内阁会议将此次地震命名为东日本大地震。此次大地震对日本本州沿海地区造成了大尺度的地壳形变和严重的生命财产损失。震后，研究人员利用周边IGS站的GPS数据，计算了Mw9.0主震和Mw7.9余震造成的影响，以及大地震当天的累计形变。图7-2-21所示为震中相近IGS站点分布情况。

错地发现了美洲新大陆。1519—1522年，麦哲伦带领的船队一路向西，历经险阻，他付出了生命的代价，终于实现了人类历史上首次环球航行，以铁一般的事实证实了地球是球形的。

早年欧洲殖民者在欧洲和非洲之间贩运货物时发现，同样的货物，在非洲重量较轻，在欧洲则重量较重，科学家后来发现，地球并非正球体，而是两极稍扁、赤道略鼓的椭球体。非洲的低纬度表面距离地心较远，所受到的地心引力自然较小。不过，地球的偏心率是很小的，赤道半径为6377.830 km，两极半径为6356.909 km，平均半径是6371.393 km，差距很小，因此说明，地球是一个很接近正球体的椭球体。此外，这个椭球体表面有着陆地和海洋、山峦和沟壑，是起伏不平的。

理论物理的经典教材中，涉及计算天体之间的作用力，例如，计算地球和太阳之间的引力时，通常把地球假设成一个质点，认为地球的质量全部集中在地心这一点上。这样做极大地方便了计算，但是，必须满足一个前提条件，那就是引力双方之间的距离是足够大的，大到可以忽略各自的半径。这样的条件并非在任何情况下都是符合的。人造地球卫星的轨道高度一般是几百到几万千米之间，与地球的6000多千米的半径相比，显然不能满足足够大的条件。这种情况下，是不能简单地将地球视为一个质点的，而是需要对地球自身的重力场结构进行数学表达，可是，这并不是一件容易的事情。如果地球的形状规则，且内部的质量分布也符合一定的规律，那么是可以做到用一个函数表达式就能精确地描述地球的重力场的。事实上，地球的形状并不规则，其内部的质量分布也不均匀，这就引导出一个问题：如何精密且精确地表述地球的重力场。

描述全球重力场必须立足于对重力的观测，传统的方法是通过在地球表面上设立多个重力测量站点，再通过对这些站点长时间的测量数据进行分析，来推算地球的重力场。这一做法的缺陷是显而易见的。一方面，大量设站的费用是天文数字；另一方面，沙漠、雪山、两极这些人烟罕至的地区设站的难度远远高于人口稠密的地区。此外，地球表面70%以上被海洋所覆盖，而海面处于时时刻刻起伏运动之中，在一艘颠簸的船舶上进行观测，其难度也非陆地上开展观测一般。正是地面测量的这些困难，催生了通过人造地球卫星来探测地球重力场的理论和方法。

以卫星为探测手段（或者结合地球表面的观测）来获取全球的重力场的方法称之为卫星重力学。卫星重力学经过了三个发展阶段。第一个阶段使用的是普通的卫星，通过研究卫星在轨道上的摄动来反推全球重力场。第二个阶段则以地形测量卫星为主，这些卫星通过微波或者激光测距的方式获得卫星到地球表面的距离，在确定了卫星轨道之后，就能够推算地球表面的高低起伏了。第三个阶段称之为重力卫星，这些卫星以测量地球重力分布为核心目标，由于是专门设计的，重力卫星在卫星重力学上的作用远远超过此前两个阶段的卫星。

以下，我们将简略介绍前两个阶段，对第三个阶段则做重点阐述。

在第一个阶段，实际上需要解决的是人造卫星的根本问题之一，即卫星的轨道问题。能否将卫星发射到预定的轨道，卫星能否在该轨道上很好地运行，这是人造地球卫星发展的初级阶段的关键问题之一。通常情况下，卫星轨道是一个椭圆，由于地球重力场的变化以及其他因素的影响，卫星的真实运动轨迹是在这个椭圆附近呈现一种抖动的状态。这种抖动称之为摄动。在20世纪50~60年代，通过天文光学经纬仪摄影交会的方法，来跟踪卫星在轨道上的摄动，70年代后改用更精密的激光测距法来跟踪卫星。由于卫星轨道的摄动主要是由于地球重力场的扰动所形成的，因此，可以根据轨道的摄动量去反推地球重力场的扰动量，依据这一方法建立了24阶以下的全球重力场模型，这是一个大尺度、粗线条的模型，但是，已经满足了那个年代的基本需求，为人造卫星事业做出了贡献。

第二个阶段则是以测高卫星为代表。所谓测高卫星，是指在卫星上测量卫星到地球表面的距离，通常使用微波测距或者激光测距法，我们将这一类卫星称之为高度计卫星，并细分成微波高度计和激光高度计两类。测高卫星所探测的实际上是地球的外观形状，仅仅依靠这一类卫星来推算全球重力场是不够的。在这一阶段，联合了第一阶段的激光跟踪技术、高度计卫星、地面重力测量等诸多类型的数据，得到了180阶和360阶的全球重力场模型，EGM96是这一阶段全球重力场模型的杰出代表。与第一阶段相比，第二阶段的进步是全方位的，阶数的大幅度提高，意味着空间分辨率的大幅度提高，不仅如此，模型精度的提高更为显著。

以上两个阶段中，所使用的卫星均不是为了观测重力而专门设计的，我们只是利用它们的观测数据以及对卫星本身的观测来推算重力场。只有到了第三个阶段，才出现了专门设计的重力卫星，专业运动员的表现总归比业余运动员要出色得多。重力卫星一般用卫星跟踪和重力梯度测量两大类手段来实现对重力的观测，它们全面突破了前两代卫星重力测量技术的缺陷难题。一方面，电磁波信号不再需要进入衰减、延时和弯曲严重的对流层；另一方面，卫星本身的轨道高度也低得多，能更好地感受地球的重力变化；此外，卫星的重复周期短得多，能测量出时变的重力场。归根到底，专业的重力卫星能更准确、更快速、更细致地测量全球的重力场。

目前，国际上已有的重力卫星有三颗，分别是CHAMP、GRACE和GOCE。尽管数量并不多，但是，它们恰好分别代表了三种不同的重力观测方法，反映了重力卫星发展的一个循序渐进的过程。

德国空间局DLR和德国地球科学研究中心GFZ共同实施的挑战小卫星平台CHAMP（CHAllenging Mini satellite Payload）是重力卫星的开山之作，于2000年7月15日，在俄罗斯的普列谢茨克航天发射场发射升空。之所以将CHAMP称为专业的重力卫星，主要取决于两个方面，一是CHAMP的轨道，二是CHAMP所携带的科学设备。这两个方面都是紧密围绕着测量地球重力场这个核心任务设计的。

CHAMP的轨道高度为418 km~470 km，属于低轨道卫星，不仅比地球同步卫星的36000 km低得多，也明显低于太阳同步轨道卫星的800 km~900 km的高度。牛顿力学告诉我们，引力大小同距离的二次方成反比，也就是说，距离越近，感受到的引力越大，因此，卫星轨道较低，可以更灵敏地感测地球的重力变化。更低的轨道同时也意味着更好的“视力”，它使得全球重力场的水平分辨率得到了提升。不过，低轨道在带来好处的同时，也相应地需要付出相当大的代价。低轨道处，大气的密度相对较高，卫星飞行过程中受到大气摩擦而损失速度，这将导致卫星轨道逐步降低，卫星的寿命势必减短。此外，除了重力之外的其他作用力，对于CHAMP的测量都是一种干扰，这在一定程度上会影响CHAMP的测量精度。

CHAMP在设计之初，确定了三项主要任务，分别是：测量全球的重力场、测量全球的电场和磁场、测量大气层和电离层。重力测量是其首要任务。为了实现设计任务，CHAMP携带了多台专业的科学仪器。其中，与重力场探测相关的主要仪器设备有：

（1）高精度GPS接收机　CHAMP卫星所使用的TRSR-2型GPS接收机，由美国航天航空局（NASA）下属的喷气推进实验室JPL提供。它可以用于对CHAMP卫星进行精密定位，精度可以达到约5 cm，这远不是手机中所使用的GPS定位接收机所能够达到的精度。同时，还具有掩星模式，用于对大气层进行探测。

（2）三轴六自由度的静电悬浮式加速度计　在卫星进行重力观测时，非保守力是重要的干扰源，这些非保守力主要有大气阻力、太阳辐射的压力等，此外，如果卫星平台进行姿态调整，也会产生非保守力。如何精确地去除这些非保守力是卫星重力测量是否精准的重要前提。承担这一项任务的就是加速度计。加速度计需要测量卫星在x、y、z三个轴以及三个方向的平移和三个轴的转动共六个自由度的变化。加速度计实际上已经在民用领域得到了广泛的推广，几乎每一台智能手机中都有加速度计，很多手机应用软件和电子游戏也离不开加速度计。这些加速度计的原理都是类似的，不过，CHAMP所使用的加速度计，在性能指标上，是远超我们日常所能接触到的加速度计的。

(3) 恒星敏感器　在卫星进行重力测量时，卫星平台的姿态是必须得到精确测量的，这一点通过恒星敏感器来实现。恒星敏感器可以被视为是一台星光罗盘，它使用合适的恒星星座来确定卫星自身的状态。加速度计虽然也有此类功能，但是，随着运行时间的加长，加速度计的测量误差会随时间而累计，长时间后，误差将超过允许的范围，恒星敏感器则用于消除这些累计的误差，使得CHAMP卫星平台始终处于良好的工作状态。

2010年9月19日，CHAMP停止工作，完成了其历史使命，CHAMP运行超过10年，获得了大量宝贵的数据，对于推进卫星重力学、GPS掩星探测等诸多学科发挥了重要的作用。

CHAMP卫星是重力卫星的探路者，和所有领域的先驱一样，它也存在着一些这样那样的问题，在做出重大贡献的同时，也暴露出其各种缺陷。如何解决这些缺陷，往往是推动这一领域向前发展的动力。CHAMP卫星的轨道高度为400多千米，这意味着卫星距离地心的距离达到6800 km，而地球表面距离地心不到6400 km，引力的大小和距离的平方成反比，因此，卫星轨道高度处的地球重力场比地面测量时已经大大地衰减了。这固然可以通过降低卫星轨道高度来实现，不过，这么做的潜力是有限的，轨道高度越低，意味着卫星的寿命越短，也意味着干扰测量的误差源越多。图7-3-1所示为CHAMP卫星的高—低跟踪技术。在物理上，通过对小尺度范围内的微分，可以实现更好的观测。依据这一思路，导出了卫星低—低跟踪技术和重力梯度测量技术两种解决方案，它们分别对应了GRACE卫星和GOCE卫星。

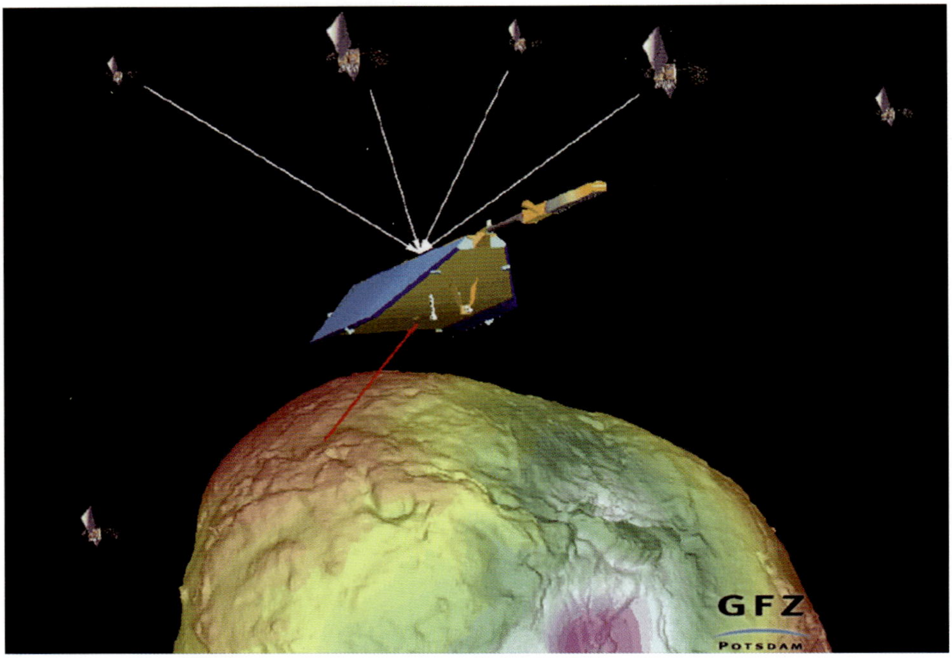

图7-3-1　CHAMP卫星的高—低卫星跟踪图

GRACE（Gravity Recovery And Climate Experiment）卫星是第二颗重力卫星，它由两颗完全相同的卫星组成，分别是GRACE-A和GRACE-B。图7-3-2所示为GRACE双星编队飞行情况。只看其中的单颗卫星，与CHAMP并无本质区别，因此GRACE能继续使用CHAMP的高—低卫星跟踪技术。除此之外，GRACE还可以实现两颗卫星之间的跟踪，由于两颗卫星都是低轨道卫星，因此也成为低—低卫星跟踪技术，以此和GPS定位的高—低卫星跟踪技术相区别。两颗卫星在同一个轨道上进行编队飞行，如果重力场不变，两颗卫星之间的距离保持不变；如果重力场发生变化，那么，飞行在前的卫星将首先感应到这一变化。此时，两颗卫星之间的距离或拉远或靠近，这就是低—低卫星跟踪技术的基本思路。

图7-3-2　GRACE双星编队飞行图(GFZ提供)

GRACE卫星是多方协作的典范，卫星本身由美国航天航空局NASA和德国空间局DLR联合开发，工程管理则由喷气推进实验室JPL负责，数据处理、分发等工作则由JPL、德国地球科学研究中心GFZ和美国德克萨斯州立大学奥斯汀分校的空间研究中心CSR共同承担。2002年3月17日，也是在俄罗斯的普列谢茨克航天发射场，GRACE卫星被发射升空，开始了它超过14年的职业生涯。

GRACE卫星的轨道高度大约470 km，这和CHAMP卫星基本相当，两颗卫星之间的距离在220 km左右。GRACE同样携带了众多的科学仪器。其中，主要解决重力测量的有四台，分别是GPS接收机、恒星敏感器、加速度计和K波段微波测距仪。前三台仪器是CHAMP上也有的，工作原理和所承担的任务也是相似的，当然，在GRACE卫星上使用的是性能更出色的新一代设备，测量精度得到了升级。K波段微波测距仪则是GRACE卫星特有的传感器，它用来精确地测定两颗卫星之间的距离，正是通过它，GRACE才能实现卫星低—低跟踪。由于引入了卫星低—低跟踪技术，GRACE与CHAMP相比，能提供的重力场空间分辨率更高，精度也提升了一个数量级，它提供的全球重力场性能之优异，是前所未有的。不仅如此，GRACE还能给出时变的全球重力场，其中最突出的应用是在水文上面的。时变重力场最主要的要素是水，由于气候变化、季节变化造成水的质量分布的变化，是影响重力场变化的主要因素。GRACE可以提供月平均的陆地水储量的变化，也可以提供月平均的海洋水质量的变化。这给研究气候变化、水文、海洋环流等领域的学者提供了新颖的途径。

GOCE（Gravity field and steady-state Ocean Circulation Explorer）是最新的重力卫星，图7-3-3是它的工作原理示意图，它是由欧洲航天局ESA（European Space Agency）主导的对地观测卫星，GOCE的核心任务是获取

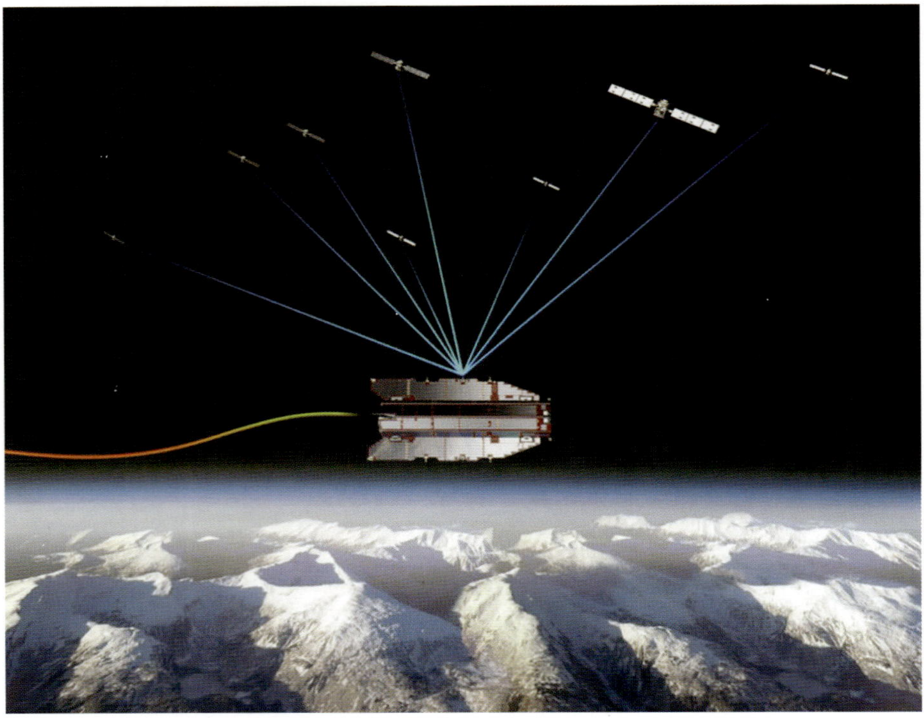

图7-3-3　GOCE卫星工作原理示意图(ESA提供)

高精度的全球重力场和稳定态的海洋环流。为了实现更高的空间分辨率和更高的测量精度，GOCE卫星在轨道和探测设备两个方面做出了重大改进。首先是轨道的变化，GOCE卫星的轨道为250 km左右，比CHAMP和GRACE明显低得多。这是一柄双刃剑，一方面，由于轨道高度低，大气密度较高，大气对卫星的阻力更大，GOCE的寿命也是大大低于CHAMP和GRACE的；另一方面，更低的轨道使得GOCE具有更精细的空间分辨率和更高的测量精度，而这恰是GOCE卫星的根本使命。GOCE搭载了全新的重力梯度测量仪，它不仅能像常规的加速度计那样测量三个轴向的加速度，而且还可以在50 cm的基线上测量三个轴向的重力梯度，它利用了数学上的微分原理，从物理上说，本质上是一面重力测量的放大镜。重力梯度仪使得重力场的测量达到了前所未有的高精度。

2009年3月17日，和它的两位前辈CHAMP和GRACE一样，GOCE卫星也是在俄罗斯的普列谢茨克航天发射场发射升空，并开始了它精彩却并不漫长的生涯。

从GOCE的英文名称中可以看出，该卫星设计的基本任务是获取全球重力场，以及稳定状态下的海洋环流，GOCE的这两个任务都完成得非常出色，将这两个方面的工作都推到了一个新的高度。

GOCE卫星飞行历时四年多，受到大气阻力的影响，飞行高度逐步降低。2013年11月11日，GOCE卫星重入大气层，星体因快速运动和空气摩擦起火，GOCE卫星的残骸划过天空，以一颗流星的方式结束了自己的生命。与前两颗重力卫星相比，GOCE的寿命是短暂的，但是，GOCE获得的成就是辉煌的。表7-3-1为三颗重力卫星的主要技术性能对比。

目前，CHAMP和GOCE已经退役，GRACE也已经运行超过14年，轨道高度已经从470 km降低到300 km，也快要退役了，后续卫星计划已提到议事日程。其中，值得重点关注的主要有美国的GRACE的后续星GRACE

表7-3-1　三颗重力卫星的主要技术性能对比

参数	CHAMP	GRACE	GOCE
寿命期	2000.7—2010.9	2002.3至今	2009.3—2013.11
轨道高度/km	454~300	500~300	250
轨道倾角/度	87	89	96.5
轨道偏心率	<0.004	<0.004	0.001
星间距/km	—	220±50	—
测量方式	高—低跟踪	高—低跟踪 低—低跟踪	高—低跟踪 重力梯度
空间分辨率/km	285	166	80

FOLLOW ON、欧洲的E.MOTION（Earth System Mass Transport Mission）卫星。此外，我国也启动了代号为CSGM（China's Satellite Gravity Mission）的重力卫星研制计划，这也将是在GRACE基础之上优化后的卫星。

GRACE卫星在中长波的静态重力场以及长波的时变重力场方面取得了巨大的成就，NASA提出了GRACE的改进星，命名为GRACE FOLLOW ON（简称GFO），它将着力于中短波静态场和中长波的时变场的探测。作为GRACE的后续星，GRACE FOLLOW ON继承了GRACE的高—低结合低—低卫星跟踪的技术方案，但是，为了实现这一目标，GRACE FOLLOW ON进行了多项改进。首先，降低了卫星轨道的高度，这是提高空间分辨率最有效的方法。其次，两颗卫星之间的距离从220 km降低到50 km，这等于缩短了基线长度，也有效地提高了空间分辨率。再次，用测距精度高得多的激光干涉测距仪取代GRACE的微波干涉测距仪，激光干涉测距仪的误差只有微波干涉测距仪的大约千分之一。最后，GRACE FOLLOW ON采用非保守力补偿系统，用以精确地剔除非保守力的作用，由于GRACE FOLLOW ON的轨道高度低，非保守力远远大于GRACE，没有这样的补偿系统，不可能在有效地降低卫星高度的同时还能获取高精度的数据。由于采用的激光波束极其狭窄，因此，要在GRACE FOLLOW ON两颗卫星之间对准激光波束，对卫星平台姿态的控制要求是非常之高的，而微波干涉测距由于微波波束宽度大，这一点要求并不高。因此，卫星平台的姿态控制也是GRACE FOLLOW ON的难点之一（参见表7-3-2）。

表7-3-2　GRACE FOLLOW ON 和GRACE的差别

参　数	GRACE FOLLOW ON	GRACE
发射时间	2015—2020	2002.3
预期寿命/年	>2	10~15
轨道高度/km	250	500
轨道倾角/度	89	89
轨道偏心率	<0.004	<0.004
星间距/km	50	220
测量方式	高—低+低—低 激光测距	高—低+低—低 微波测距
空间分辨率/km	55	166

E.MOTION和GRACE FOLLOW ON类似，也采用高—低结合低—低卫星跟踪技术，用激光干涉测距仪精密测定两颗卫星之间的距离，用非保守力补偿系统有效地补偿非保守力对测量的影响，用GPS接收机对卫星进行精密定位，并用精密的卫星姿态和轨道控制器，对卫星姿态和轨道进行精密的控制（参见表7-3-3）。

表7-3-3　E.MOTION的主要参数

参　数	指　标
发射时间	2018
轨道高度/km	373
星间距/km	200
轨道倾角/度	75~90
测量原理	高—低+低—低卫星跟踪 激光干涉测距
寿命/年	>7
空间分辨率/km	静态场：100 时变场：200

我国的CSGM计划同样与GRACE FOLLOW ON类似，除了可以完成GRACE FOLLOW ON的任务之外，还旨在解决GRACE全球重力场在我国误差偏大的问题，将对我国的测绘事业起到关键性的推动作用。CSGM的核心设备是卫星定位设备、非保守力补偿设备、加速度计以及激光干涉测距设备。CSGM的设计指标见表7-3-4。

表7-3-4　CSGM的设计指标

参　数	指　标
发射时间	2020~2030
轨道高度/km	300~400
星间距/km	50~100
轨道倾角/度	87~90
测量原理	高—低+低—低卫星跟踪 激光干涉测距
寿命/年	5~10
空间分辨率/km	静态场:100 时变场:300

我们必须注意到，对于地球重力场的测量，是不可能指望毕其功于一役的，地球看似稳固，却时刻处于变化之中。例如，由于地质运动，珠穆朗玛峰仍在隆起中，皮纳图博火山喷发导致山头降低了300 m；由于气候变化，南极和格陵兰岛冰盖的融化导致冰面高度降低和全球海面升高；由于人类活动，铁矿石被从矿山搬运到钢厂。这些现象的存在，一方面，要求对全球重力场进行长期的观测，另一方面，从全球重力场的变化也可以反映出其背后蕴含的地质问题、水文问题、气候问题等。正因为如此，重力卫星除了测量之外，还有极其广泛的应用能力。

3.2 重力卫星遥感原理

重力卫星常用的探测方法，可以分为卫星跟踪和重力梯度测量两大类。卫星跟踪技术的物理基础是电磁场，而重力梯度测量的物理基础是引力场。

卫星跟踪可以进一步细分为高—低卫星跟踪和低—低卫星跟踪两种。

高—低卫星跟踪指的是两颗卫星，一高一低，通常情况下，高卫星专指轨道高度为22000 km的GPS卫星，低卫星指的是重力卫星。在CHAMP、GRACE和GOCE三颗重力卫星中，均采用了高—低卫星跟踪技术。高—低卫星跟踪技术，事实上就是我们所熟悉的导航卫星定位技术，原理上并无不同。不过，卫星上使用的定位和我们日常接触的地面上使用的GPS定位，还是存在许多不同之处的。

（1）卫星上使用的GPS接收机精度之高，远非日常使用的百元级别的GPS接收机所能企及的。不仅能使用GPS卫星的粗码C/A码，还能够接收GPS的精码P码。

（2）卫星在几百千米的高处，与地面相比，有明显的优势。在不考虑掩星的情况下，GPS卫星发射的电磁波无须经过对流层，就能被卫星上的GPS接收机所接收，而地面的接收机是不可能避免的。电磁波在对流层传播时，由于水汽、大气折射率等现象存在，因此，电波存在延时、衰减和弯曲等现象，这些对定位精度是有影响的。此外，也没有来自地表建筑物、山体等物体的多径效应。因此，卫星上的GPS定位与地面相比，具有天然的优势。

卫星上的GPS定位也有难点所在。地面目标一般运动速度较慢，由于运动造成的多普勒频移较小，而卫星平台运动速度快得多，产生的多普勒频移也大得多，这要求GPS接收机有更大的跟踪信号的带宽，否则，将无法定位。

图7-3-4展示的是CHAMP卫星的测量原理，它由卫星高—低跟踪技术提供自身的定位，并由三维加速度计消除非保守力。

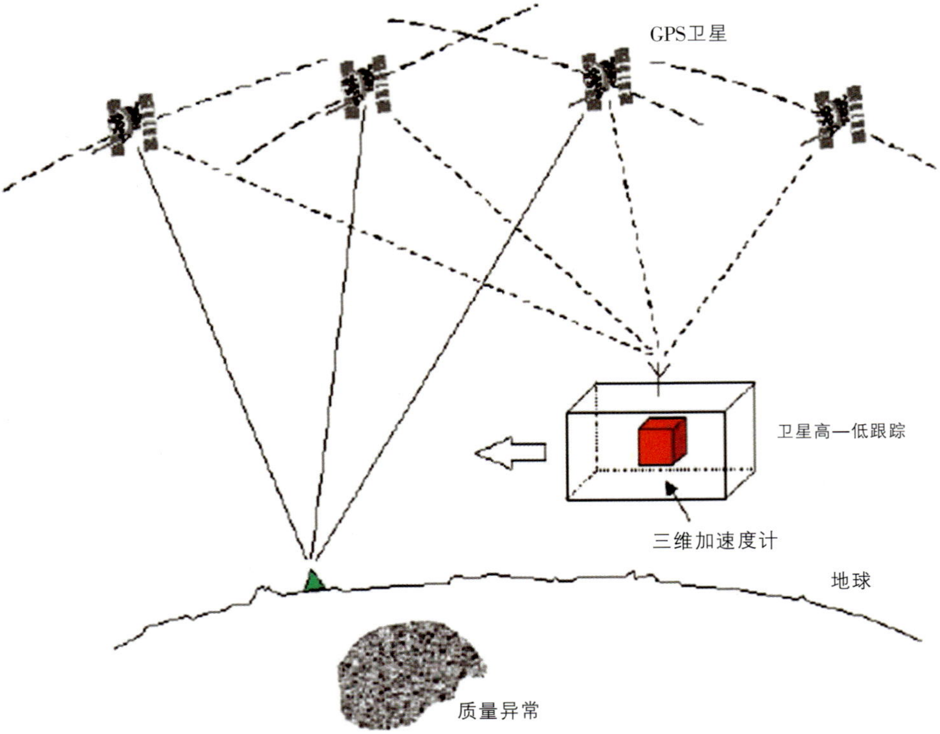

图7-3-4　CHAMP重力测量原理示意图(卫星高—低跟踪)(ESA提供)

GRACE卫星使用的是高—低和低—低卫星跟踪相结合的方式。高—低卫星跟踪与CHAMP是相同的，这也是所有重力卫星通用的测量原理之一。GRACE卫星中的加速度计和CHAMP中的加速度计也是相同的，它可以用于消除包括大气阻力、太阳辐射压力等在内的非保守力对重力测量的干扰。GRACE卫星由两颗完全相同的卫星组成，这两颗卫星之间的相互跟踪称之为低—低卫星跟踪。两颗卫星之间的跟踪通过测量二者之间的距离来实现，测距的方法可以是微波测距，也可以是激光测距。激光测距法精度较高，但是，要求两颗卫星之间能对准激光光束，这对平台姿态控制的要求非常高，微波测距虽然误差较大，但是技术实现上更简单。GRACE卫星使用的是K波段的微波测距方法，通过干涉测量的方法实现了200多千米量程上的精密测量。GRACE的测量原理参见图7-3-5。

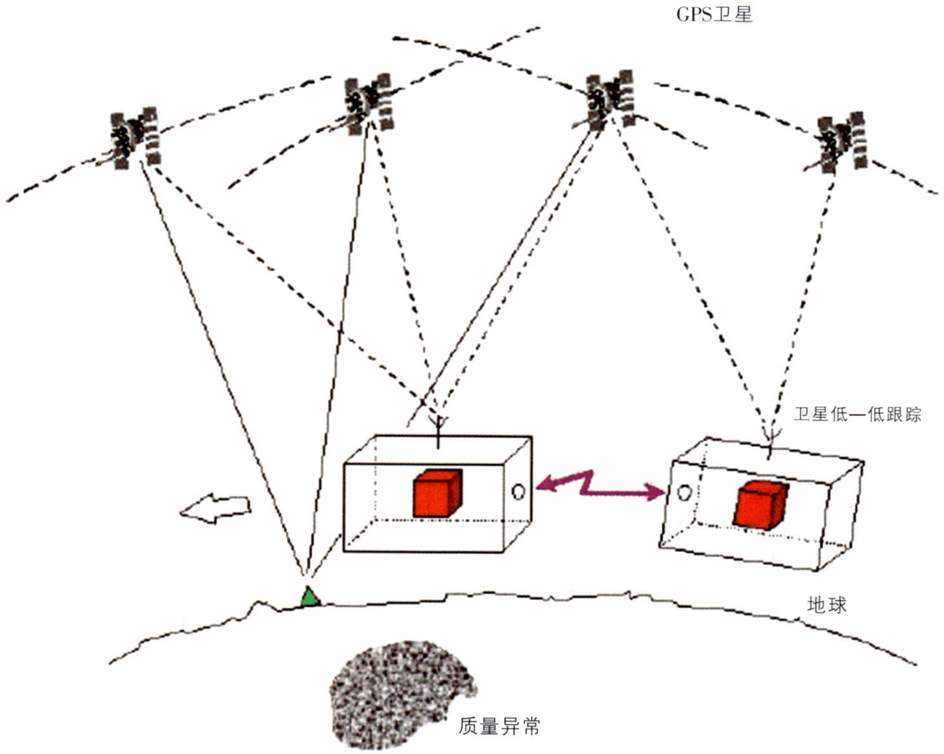

图7-3-5 GRACE测量原理示意图(卫星高—低+低—低跟踪)(ESA提供)

GRACE的两颗卫星编队飞行，运行在同一个轨道上，一前一后，间距约为220 km。当地球重力场没有变化时，两颗卫星之间的距离也保持恒定。当运行前方重力变化时，飞行在前的卫星率先感受到重力的变化，而后一颗卫星尚未反应，此时，两颗卫星之间的距离将产生变化。举一个例子，如果轨道前下方有一座山峰，那么，局地的重力将增大，此时，飞行在前的卫星将被该山峰吸引，这将造成两颗卫星之间的距离拉大；当卫星继续向前飞行，山峰处于两颗卫星中间时，两颗卫星受到山峰的吸引，二者之间的距离将缩短；卫星继续飞行，前一颗卫星不再感应到山峰的吸引，而后一颗卫星仍然被山峰吸引，这将再次导致二者之间的距离拉大。最后，两颗卫星都飞出被山峰吸引的敏感区，两颗卫星之间的距离将回归原始状态。在这个过程中，低—低卫星跟踪反映出两颗卫星之间距离的时刻变化，可以据此来反推山峰的引力场。当然，在两颗卫星之间距离变化的同时，它们上面的加速度计也将给出不同的测量值，这也可以用于计算引力场。

GRACE的后续卫星GRACE FOLLOW ON将用激光测距方法取代微波测距方法，这对卫星平台控制技术提出了更高的要求，同时，这也将大大提高低—低卫星跟踪的精度，GRACE FOLLOW ON将拥有比GRACE更出色的表现。

GOCE卫星则采用卫星高—低跟踪和重力梯度测量相结合的测量原理。前者在CHAMP部分已经有所介绍，下面，我们将重点讨论一下重力梯度测量的原理。

重力梯度仪工作情况参见图7–3–6、图7–3–7，它由三组加速度传感器组成，每一组沿一个轴向，三组就有三个轴向，这三个轴向是彼此垂直的。一般情况下，沿飞行方向的称为x轴，垂直于地心的称为z轴，另一个轴向则称为y轴。每一组的两个传感器之间有严格精准的距离，GOCE的这个距离为50 cm，我们称之为基线长度。正是由于这个距离的存在，使得本组的两个加速度计的测量值有微小的区别。相对卫星轨道的几何尺寸而言，50 cm可以视为是一个微小的变化，两个加速度计测量的差值也是一个微小的变化，这在数学上等效于微分的效果，它可以被用作重力测量的放大镜。另外，对仪器的要求也是极其严苛的。首先，基线长度必须是极其准确的，基线长度的误差会导致最终结果的误差被放大许多。其次，一条基线上的两个加速度计必须能测量细微的变化量，而且二者的性能要尽可能一致，唯有如此，二者的测量值的差才能被视为重力在该轴向上的变化，也就是重力梯度。这对于材料、加工工艺、机械水平和电子水平的要求都是极高的，可以说，重力梯度仪代表了机电一体化的最高水平。目前，具

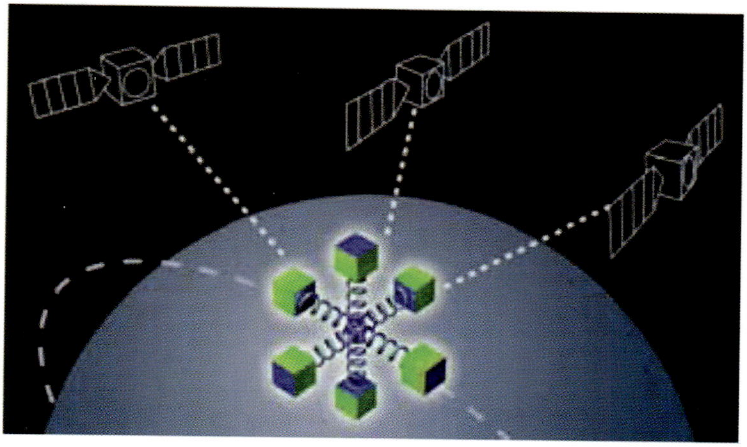

图7-3-6　重力梯度测量法示意图

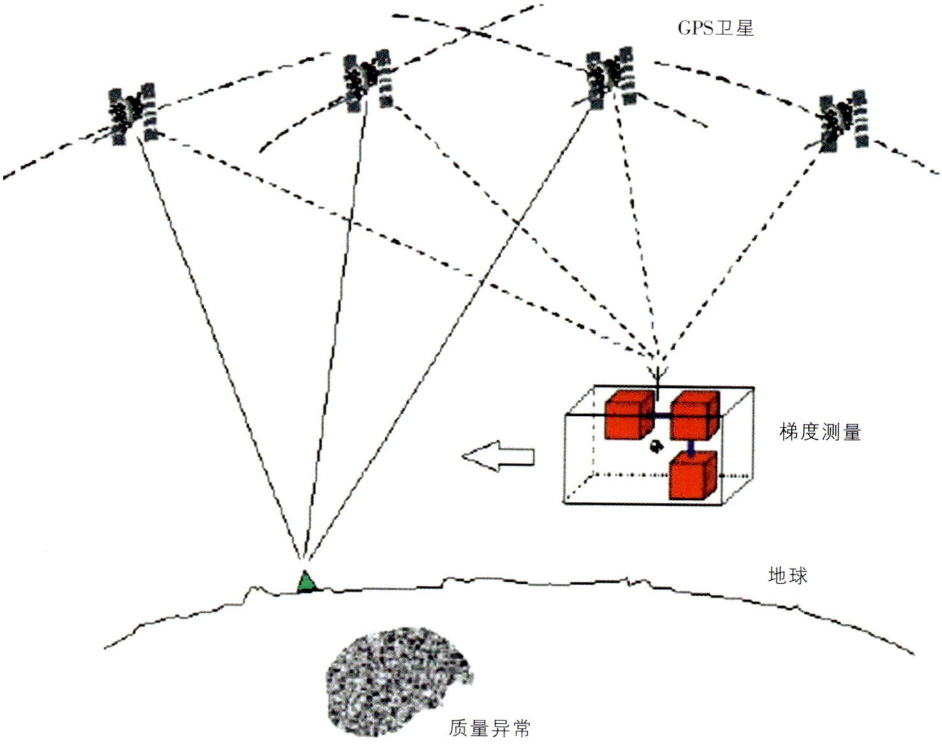

图7-3-7　GOCE重力测量原理示意图(重力梯度测量+卫星高—低跟踪)(ESA提供)

备制造重力梯度仪能力的国家寥寥无几。

最后，我们回顾一下高—低卫星跟踪、低—低卫星跟踪和重力梯度测量这三种方法，并究其物理根源。高—低卫星跟踪实际上是重力场的一阶导数（由重力场引起的卫星的摄动）、低—低卫星跟踪是在220 km的长基线上一阶导数的差分（即两颗卫星之间的差异）、重力梯度测量则是对重力场一阶导数再微分（重力梯度仪50 cm的基线上的测量差异），也就是二阶导数，它们各自工作在不同的频率谱段，不仅不存在哪个更优，哪个应该被取代的问题，恰恰相反，三者具备了互补的条件，它们之间数据的有效融合是最佳的选择。

3.3 重力卫星监测的地球质量与形状

重力卫星，顾名思义，它最根本的任务是测量重力，获得全球的重力场。这一点，对于地球物理学、大地测量学、测绘学等诸多领域有重要的意义。不仅如此，重力卫星的应用绝对不只是局限在这些领域，它的贡献是多方位的，海洋学、水文学、气候等多个学科也可以从中受益。除了与重力有关的领域之外，重力卫星上通常还携带了一些其他设备，可以开展其他的观测工作。例如，CHAMP的GRACE的GPS接收机，不仅能进行定位，还可以对大气层和电离层进行掩星观测，也可以对来自地球表面的散射信号进行观测，这一部分不在重力测量的范畴之内，因此不进行叙述。

3.3.1 全球重力场和大地测量学

获取全球重力场是一项意义深远的基础性工作。它涉及大地测量学、地球物理学、测绘学等诸多学科的基础问题。随着技术的进步，一方面，人类对全球重力场提出了更高的要求，另一方面，新兴的技术使得获取更好的全球重力场成为可能。

人类对地球及其重力场的认识，恰如图7-3-8中所展示的那样，是逐步深入的，重力卫星在这个认识过程中居功至伟，它使得对于地球重力场

图7-3-8　重力卫星对人类逐步深入认识地球重力场的贡献(ESA提供)

的描述更精细，也更精确。利用重力卫星，可以填补海洋、荒漠等无人区的数据空白，将重力卫星和高度计卫星相结合，可以将海洋的大地水准面精度提高到厘米级。更精细、更精确的地球重力场也意味着更广泛的应用前景。

高精度的全球重力场可以为卫星发射和入轨提供可靠的数据，提高卫星发射的水平。同样的，高精度重力场对导弹的制导有重要的意义，它能有效地提高导弹命中的精度。高精度的全球重力场也有助于构建全球统一的高程基准，使得陆地、海洋和岛屿礁石的高程得以高精度地拼接。

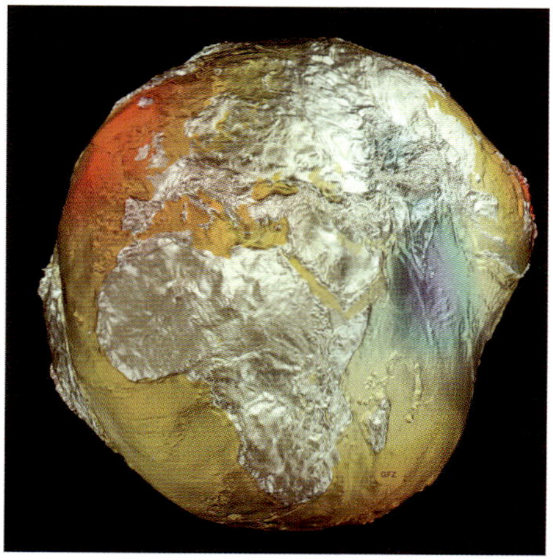

图7-3-9　“波茨坦土豆”

如图7-3-9所示，这是真实情况的地球，由位于波茨坦的德国地球科学研究中心提供，它与毕达哥拉斯所预想的那种完美的球形相差甚大，它更像一颗土豆，因此，也被形象地戏称为波茨坦土豆。

3.3.2 地震

地震是一种严重的自然灾害，自有人类历史以来，地震就不断地给人类造成重大的生命和财产损失。1976年的唐山大地震、2008年的汶川大地震都是大自然带给中国人的痛苦记忆。2004年，印度尼西亚大地震并在此后形成了威力无穷的海啸，横扫南亚和东南亚多个沿海地区，死伤无数。2011年，日本东北部的大地震造成了强烈的海啸，并引发福岛核电站的核泄漏事故。如何预报地震，成了具有重大意义的研究领域。

目前，已经有研究证明，在强地震发生前的几年，该地的重力场往往会发生一定程度的变化。因此，在重力测量中获得高精度的重力场的中波和长波部分的分量以及它们随时间的变化情况，有可能成为地震的先兆。此外，地震过后，局地的地形和重力场也可能发生一定的变化。正是因为重力和地震之间存在的这些关系，使得重力卫星在地震监测和预报方面有广阔的应用前景。

在图7–3–10中，左图是GOCE卫星测量到的重力梯度的变化，右图是模型的预测结果，GOCE对于改进模型有所帮助。图7–3–11所示为GOCE探测到的东日本大地震后的重力场变化情况。

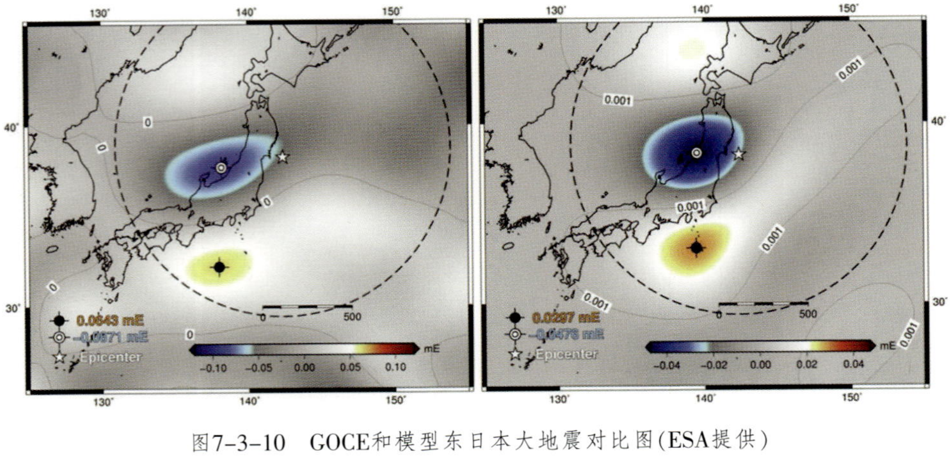

图7–3–10　GOCE和模型东日本大地震对比图(ESA提供)

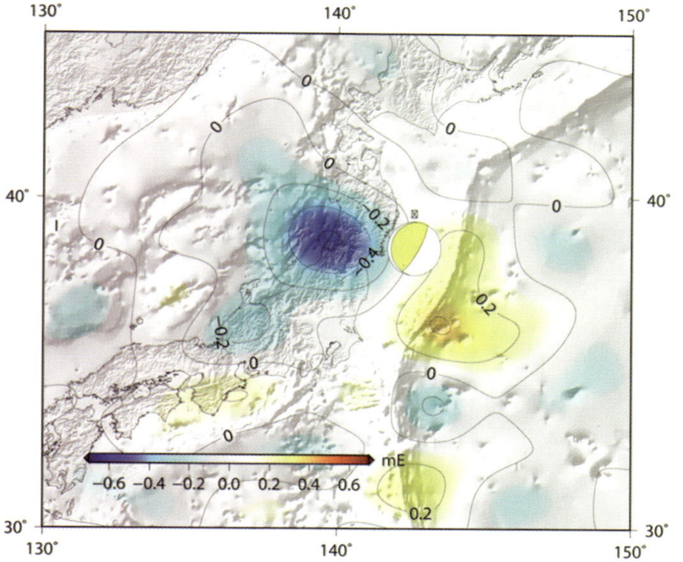

图7-3-11 GOCE探测到的东日本大地震后的重力场变化情况(ESA提供)

3.3.3 海洋学

海洋占据了地球表面70%以上面积，是地球系统的重要成员。近年来，全球变化引起的海平面上升成为学者、政府官员和普通民众的关注重点。在研究海平面上升的工作中，有一项需要解决的工作是，如何将由于全球变暖导致海水膨胀进而形成的海面上升与冰川融化造成海水质量的增加区分开来。重力卫星恰好可以从质量分布这个角度，具体测定海水质量的变化情况。将重力卫星与海洋地形卫星即高度计卫星相结合，是探索这个问题的有效手段。

海洋环流，尤其是稳定状态下的海洋环流，在很大程度上决定着海洋内部的质量和能量的输送过程，对于海洋学和气候学是重要的研究对象。但是，大洋中的环流往往尺度大但是强度较弱，这需要测量手段有足够高的精度和足够大的覆盖面。目前，重力卫星给出的海洋环流在百千米尺度上已经达到2 cm/s这样的精度水平，成为一种非常有效的海洋环流探测手段。

从图7-3-12中可以看到那些著名的洋流，例如，从菲律宾往日本东部的黑潮，从墨西哥湾开始一路北上北大西洋的墨西哥湾暖流和北大西洋暖流，赤道两侧的南赤道暖流和赤道逆流等。这也展示了重力卫星在测量海洋环流方面的能力。

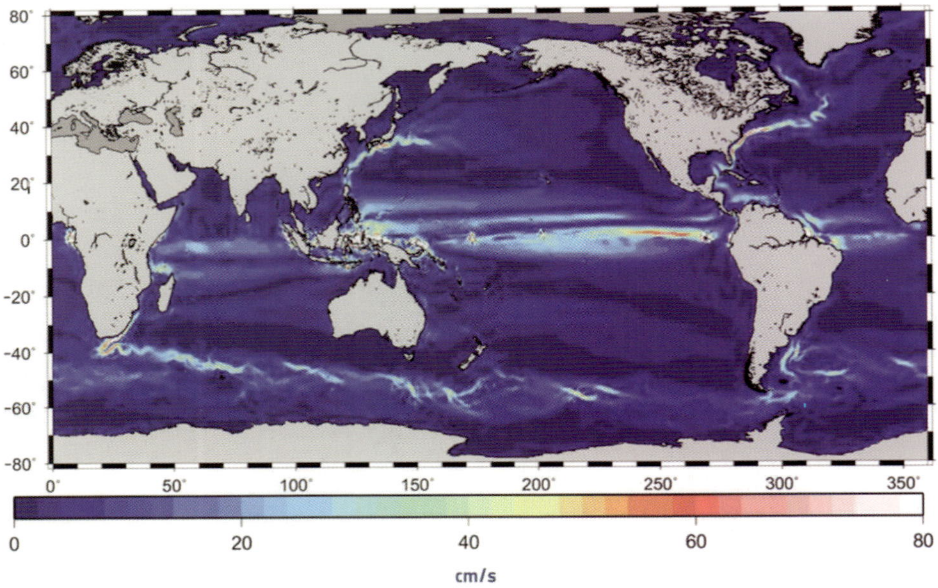

图7-3-12　GOCE所探测到的全球稳定态的海洋环流图(ESA提供)

3.3.4 水循环和气候变化

重力卫星，尤其是具有时变观测能力的GRACE，还可以探测地球重力场的变化情况，并据此推算其背后的成因。

地球质量分布变化的一个很重要的原因是气候问题。水和空气在地球系统中的流动性最强，由于水和空气的流动造成的地球质量分布的变化，也是十分显著的。由于全球气候变化，格陵兰岛和南极的冰盖逐渐融化，青藏高原以及安第斯山的冰川萎缩，北极海冰的面积大幅度减少，以及气候变化造成的干旱化趋势等，都造成了地球质量的重新分布。重力卫星通过探测这些质量分布的变化，可以反过来推算包括冰盖消融在内的陆地水储量的变化情况。这是重力卫星在气候学领域的一个重要的应用前景。

不仅如此，冰盖消融后，其下所覆盖的岩石圈所承受的压力减小，岩石圈将在一定程度上膨胀，这就好像弹簧受到的压力减小后会伸长一样。测定岩石圈的这些变化，也是重力卫星在地球物理学方面的应用之一。

格陵兰岛的东部，尤其是东南部地区，冰盖消融速度极快，十分严重。虽然岛屿的中心区域冰盖有所增加，但是数量上仍然不及消融部分。这是全球变化导致冰盖融化的一个重要指标，如图7-3-13所示。

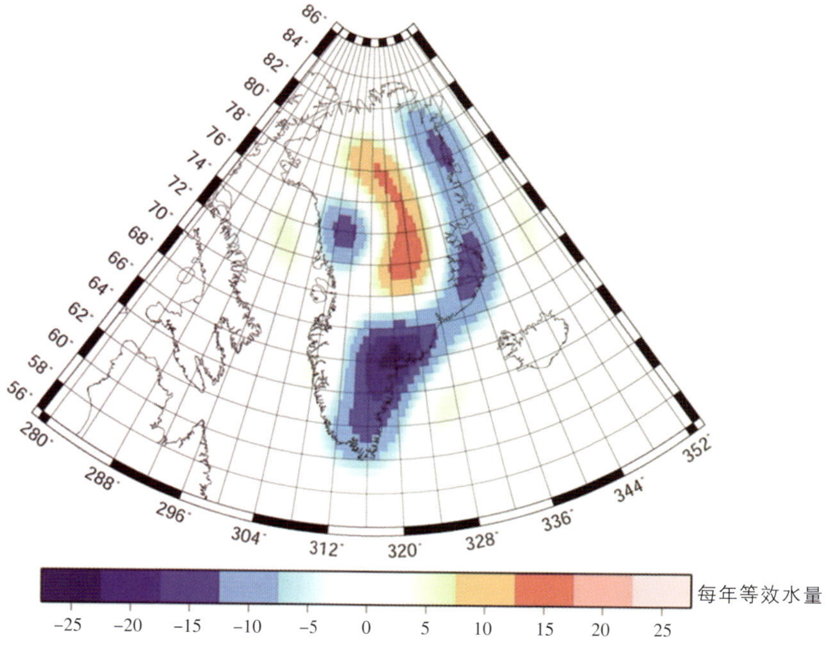

图7-3-13　GRACE卫星探测到的格陵兰岛冰盖消融情况(NASA提供)

GRACE卫星对陆地水储量的探测能力，是其他卫星无法企及的。通常，卫星遥感只能探测到地球表面（或者仅能深入地表之下几厘米），这对于测量地下水的变化是无能为力的，而GRACE卫星以一种更简单也更直接的方式实现了这个功能，如图7-3-14所示。GRACE在此领域的应用能力是无与伦比的。

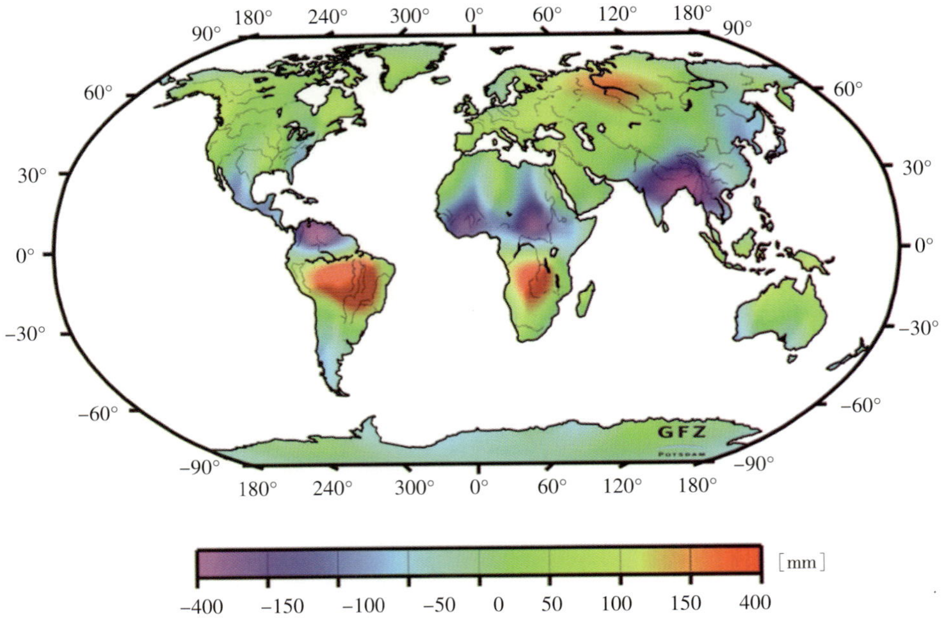

图7-3-14　GRACE探测的全球陆地水储量示意图

4 减少的地质资源——资源卫星的应用

当人类的祖先开始制造工具，将木棍削尖用来对付野兽时，人类得以和其他动物区别开来。人类需要采集树枝作为加工的原料，这是人类对资源的依赖。此后，人类经历了百万年的发展，制造的工具从简陋到精密、从笨拙到灵巧、从低效到高效，发生了翻天覆地的变化。人类非但没有摆脱对自然的需求，反而更加依赖各种自然资源，种类越来越多，需求量越来越大，依赖程度也越来越高。事实上，不仅仅是人类，任何生命在地球上的生存、繁衍和发展，都离不开各种各样的自然资源。我们需要水资源，没有水，生命将无法存在，没有水，我们也无法清洗衣物、餐具和居所；我们需要土地资源，开垦农田需要土地，建设城市离不开土地，即便魂归天国，仍然要入土为安；我们需要铁矿，否则，我们无法冶炼各种钢材，不能制造汽车、轮船和火车，不能建造高楼大厦和桥梁；我们需要石油，否则，我们无法提炼汽油和柴油，绝大多数交通工具将瘫痪，我们甚至将没有塑料袋可用。可以这么说，几乎没有哪一个领域，人类可以完全摆脱自然，仅仅依靠自己的头脑和双手就可以实现。

在众多的自然资源中，矿产资源扮演着极其重要的角色，人类历史上多次生产力水平的飞跃，都同矿产资源密不可分。以青铜器时代为例，那是人类第一次大规模地使用金属工具，金属与传统木材和石材工具相比所具有的巨大优势，使得生产力水平和军事能力都得到了极大的提升。

对矿产资源的利用，第一步是寻找到这些资源，确定是何种矿、分布于何地、储量多少等基本信息，这也就是所谓的探矿。长期以来，探矿是一项艰辛而且伴随着风险的工作，矿产资源多分布于人迹罕至的荒郊野外、崇山峻岭、沙漠戈壁甚至大洋深处，而且矿产资源大多深埋于地下，往往需要通过地表外观来推断地下的矿产如何。此时，我们很自然地提出一个想法，能不能有一种快速、大范围的探矿手段，即使这种方法的准确度并不是很高，哪怕仅仅有指导性和参考价值，也可以大幅度提高效率，还能大量节省人力并避免风险。

很显然，遥感是一种比较理想的手段，可以通过将遥感器搭载于飞机或者卫星上，实现快速、大范围的扫描，探测效率与传统的人工探矿相比，提高极大。我们将这种手段称为资源遥感，如果使用的是卫星平台，那么，该卫星也可以称为资源卫星。

资源卫星探矿与人工探矿在一定程度上有类似之处。人工探矿时，肉眼观察并结合经验判断是重要的手段。此外，还经常使用磁场、重力等探测手段。以光学遥感为例，资源卫星的光学遥感器等效于人的肉眼，而后端对图像的处理方法则等效于人的经验，遥感器+处理方法就可以成为一种有效的探矿手段。

光学手段对地表的探测，依靠的是不同探测对象在光学性质上的差异。从色彩学角度来说，彩色是由红、绿、蓝三元色按照不同比例搭配而形成的，这也是数码相机成像的基本原理。此时，我们可以将数码相机视为一台三个通道的成像光谱仪，它的探测能力还是相当不足的。事实上，物体的光学性质绝非三个通道那么简单，它随着频率的不同而呈现不同的表现，我们可以称之为地物光谱。通常情况下，地物光谱从近紫外到近红外，其间覆盖了可见光部分。在这个范围内，物体的光谱表现主要是对太阳光的反射。尽管物体本身能辐射电磁波，但是，根据维恩位移定理，地物温度通常在二百多到三百多开，辐射的电磁波主要集中在热红外部分，在可见光、近红外部分地物自身辐射比例很低，主要是反射太阳的辐射。对地物光谱的测量主要通过地物光谱仪来完成。地物光谱仪一般有多个测量通道，数量远远超过三个，它可以获得的地物光谱信息比数码相机要丰富得多。毫无疑问，其应用潜力也大得多。参见图7–4–1、图7–4–2、图7–4–3。

图7–4–1 利用地物光谱仪对植物光谱进行测量

我们事先通过对多种地物的光谱进行测量，获得基础数据库，将来，对未知目标测量光谱后，可以和已知的光谱曲线进行对比，表现一致的，即可判断为该种物质。不同的岩石意味着富含不同的物质，某一类物质的聚集，则可以视之为矿物资源。不过，实际应用时绝非如此简单，遥感观测的面元内，很可能有多种不同的地物共同组成，因此测量到的光谱信息是混杂的，此时往往要依靠地物具有独特性质的光谱信息（所谓独特，一般指的是仅此类地物有此光谱特性，这可以被视为是一种指标性的信息），

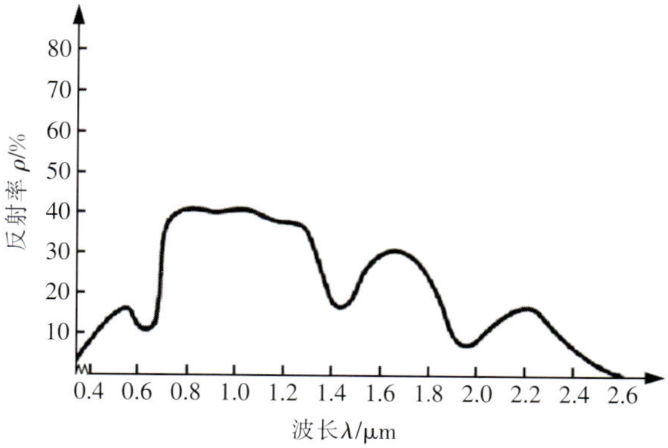

可见光波段0.4~0.76 μm有一个反射峰值，大约在0.55 μm（绿）处，两侧0.45 μm（蓝）和0.67 μm（红）则有两个吸收带；近红外波段0.7~0.8 μm有一反射陡坡，至1.1 μm附近有一峰值，形成植被独有特征；中红外波段1.3~2.5 μm受植物含水量影响，吸收率大增，反射率大大下降。

图7-4-2　绿色植物的地物光谱曲线图

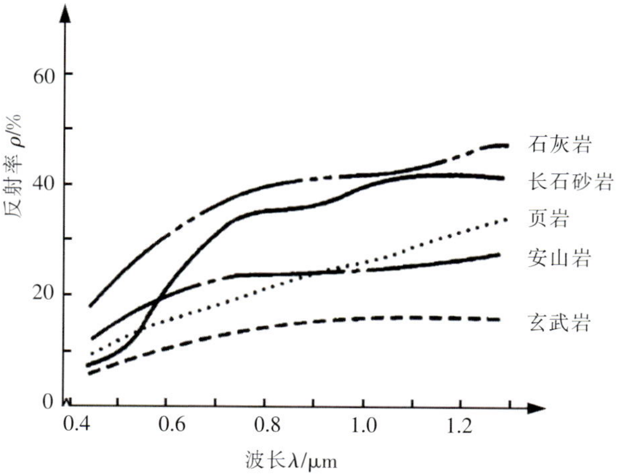

岩石反射曲线无统一特征，矿物成分、矿物含量、风化程度、含水状况、颗粒大小、表面光滑度、色泽都有影响。例如：浅色矿物与暗色矿物对其影响较大，浅色矿物反射率高，暗色矿物反射率低。自然界岩石多被植被、土壤覆盖，所以与其覆盖物也有关。

图7-4-3　几种不同岩石的地物光谱曲线图

正因为如此，资源卫星最好具有较高的地表分辨率和较高的光谱分辨率。

事实上，资源卫星并不像光学卫星遥感器、微波遥感器那样，具有相当明确的硬件基本性质的划分，很多卫星遥感器，甚至包括设计目标是其他用途的遥感器都具有探测资源的能力。例如，主要用于测绘目的的陆地卫星LANDSAT系列、SPOT系列、高分辨率的QUICKBIRD快鸟卫星等。著名的全能运动员MODIS遥感器，也具有资源卫星的功能。

参考文献

[1] 李征航,魏二虎,王正涛,彭碧波编著. 空间大地测量学[M]. 武汉: 武汉大学出版社, 2010.

[2] 许才军,等编著.地球物理大地测量反演理论与应用[M]. 武汉:武汉大学出版社, 2015.

[3] ESA. Gravity Field and Steady-State Ocean Circulation Mission, ESA SP-1233 (1), report for mission selection of the four candidate Earth Explorer missions, 1999.

[4] Tapley B, Ries J, Bettadpur S, Chambers D, Cheng M, Condi F, Gunter B, Kang Z, Nagel P, Pastor R, Pekker T, Poole S, Wang F. GGM02-An improved Earth gravity model from GRACE[J]. J. Geodesy, 2005, 79:467-478.

[5] Tapley B, Bettadpur S, Ries J, Thompson P, Watkins M. GRACE Measurements of Mass Variability in the Earth System[J]. Science, 2004, 305(5683):503-505.

后 记

1. 已有的认识

活在当下和未来的人总比过去的人幸运许多，无论在我们前面的是先贤还是庶民，无论我们脚下的是台阶还是楼阁，我们都可以在一个相对高的基础上去了解和认识我们生活以及生存的环境，去思考小到一草一木变化，大到全球气候变化等大大小小的问题。

从太空看地球，假如以1957年10月4日，苏联将世界上第一颗人造卫星成功送入轨道作为开端，至1970年4月24日，我国成功发射第一颗人造卫星“东方红1号”，再至今日，即将走过60年历程。在这近60年中，卫星遥感手段在地球系统探测中扮演了不可替代的角色，它弥补了传统地基探测手段的不足，解决了全球范围内大片沙漠、湖泊、森林、沼泽等人迹罕至区域内探测资料匮乏的问题，使我们对于整个地球系统及其包含的大气、水、冰雪、岩石及生物圈有了较为全面和深入的认识。凭借大量的卫星遥感观测，我们对全球气候变化，人类活动与碳排放，台风、海啸、地震等重大问题进行了大量深入的定量分析、计算及仿真研究。对于地球科学的众多方面，我们经历了从直观的朴素认知，到定性研究，再到基于大数据的定量计算，这不能不说是人类文明史上的重大一步。

卫星遥感数据的广泛应用，极大地推动了近代数值天气预报技术的发展。从最初的可见光/红外云图成像，到如今对温压湿、风霜、雨雪等众多要素与现象的定量遥感与反演，大量的卫星遥感数据一方面可作为初始场，确定偏微分方程组求解的边界条件，另一方面作为实测数据，对过去预报的结果做出直接有效的判断。时至今日，气象卫星遥感探测已进入到一个新的时期。基于多种轨道和多种探测器的卫星星座或队列，可以获得大气温压湿等多参数的垂直分布，甲烷、臭氧及二氧化碳等多种气体成分的含量，云的宏微观物理特征，地表、海表物理状态参数等数值预报模式所急需的重要参数。也基于数据同化、并行计算等相关科技的快速发展，我们能够获得许多与日常生活息息相关的便利。例如，在周末或假日计划家庭出行时，手机软件上滚动推送的一周内天气预报、要闻及各种指数。

同样，卫星遥感手段的广泛使用，也使我们对全球气候变化、板块构造、碳循环与人类活动影响等重大问题有了较为全面的认识，能够从机理上解释一些重要的全球尺度上的重要物理现象，例如厄尔尼诺现象及其影响，以及它与南方涛动现象之间复杂的相互作用关系。借助全球导航卫星系统，我们能够站在整个地球的尺度上，连续有效地对各板块的相对运动进行高精度监测，从而对以往若干年中提出的重要问题，如板块的漂移、碰撞及青藏高原隆起等开展基于实际探测数据的分析与研究。对于地球的形状、质量这样看似浅显，但却十分基础并且重要的问题，有了更加准确的认识。借助重力卫星数据，我们可以获得月平均的地球重力场模型，地球不再是印象里的椭球，也不是“梨”状物，而成了“波茨坦土豆”。结合海洋高度计对全球海平面高度的精准探测，我们可以对地球的形变及质量的迁移形成一个较为全面和细致的认识，而以上种种这些重大的进展，在具有卫星遥感手段之前，对我们来说都是遥不可及的。

除此之外，卫星平台与载荷已从单一型号发展为巨大的家族谱系。从重量来分，卫星平台小到几千克，大到数吨；从轨道高度来分，近到几百千米，远到数万千米；从类型来分，从气象卫星、海洋卫星，到资源卫星、综合探测卫星等等。载荷也从光学成像设备一枝独秀，发展到微波散射、辐射，高光谱、合成孔径雷达、多体制仪器竞相绽放。

2. 面对的需求

科学与技术的发展相互迭代，螺旋式上升。一方面，科学与应用的需求牵引着相关技术的发展，另一方面，技术的进步也向科学与应用发出强烈的反馈信号，推动更多样、更深入的需求产生。已有的技术只是对过去需求的部分满足，对于同一个问题的深入与扩展，使得需求研究本身变成一个开放性的问题，随着认识的深入而不断延伸。

对于未来，无论从空间看地球，还是站在地球上自我审视，一个概念的建立是至关重要的，即“地球系统科学”，将地球看作一个综合的系统，跨越圈层、跨越学科的界限去开展相关研究。之所以这样说，大概可源于以下方面：首先，是由过去百年中，多学科、多系统自身发展的成熟性所决定的。学科系统发展到较为成熟的阶段，迫使科学家们在研究本学科、本系统的问题时，已不仅仅需要考虑圈层、系统和学科内在的基本联系和相互依赖性，更多地需要穿透细胞壁，从其他细胞汲取相关的营养。其次，凭借卫星遥感技术的发展，我们可以从空间对地球进行前所未有的观察，这种观察是全球尺度的、时空连续的。再次，是诸如全球气候变化这样复杂的系统问题，已迫使我们必须站在地球系统的观点去审视各圈层中的有关变化，因为毫无疑问，地球的各个组成部分一定以某种已知或未知的方式共同起着各自的作用，无论我们主观接受与否。

想要站在地球系统的角度，则需要利用全球观测技术、概念和数值模式来研究有关的演变和变化。这里的全球观测技术应当是更广义的，不仅包括卫星，更应当包括雷达、探空、浮标等基本观测。卫星有效载荷的定标与标定，离不开准确同步的地面观测。天地一体化验证是卫星数据处理中最为重要的工作。以我国为例，过去的数十年中，卫星和地面观测技术同步发展，许多方面都是从无到有，但卫星与地面观测间、卫星与卫星间相互融合、相互验证集成的工作还远远不够。未来将要面对的诸多问题在空间上是从几十千米到全球尺度，在时间上则是从几十年到几百年甚至上千年，没有任何一种手段能够单一地面对这样的复杂问题，建立卫星与卫星间、卫星与不同地面探测间的相互集成与验证系统，利用快速发展的网络与平台技术，进行基于大数据的系统集合研究将成为重要的发展方向。

3. 开放的问题

随着研究能力的增强，我们的认识越来越深入，答案越来越多。同时，问题也会越来越多。我们对于研究和开发的领域，一方面在总结，另一方面也在开拓。更多的问题将得到研究人员的关注，有更多精彩的课题将呈现在我们面前，给我们更多的空间去讨论和研究。例如，全球气候变化问题，通过数据的准确记录与分析，我们知道自18世纪工业革命以来，人类大量燃烧化石燃料，向空气中排放了大量二氧化碳等温室气体，使温室效应加剧，全球气候似乎呈现出变暖的趋势。在20世纪，全球平均近地面气温上升了约0.60℃。1951—2001年，我国平均地面气温变暖，幅度约为1.10℃，高于同期全球或半球平均增温速率。这样的变化是否会导致台风、暴雨、干旱等极端灾害事件发生的概率变化？如果是，我们该怎样做，怎样去承担应有的义务与责任?同时，作为科学问题，已知的碳汇与碳源不能达到平衡仍然让研究人员感到困惑，陆地生态系统是否是这个约为1.3±1.1PgC（$1Pg = 10^9t$）的碳汇？至少到目前为止，我们还没有更好的解答。

全球尺度上，准确的地质结构模型应该是怎样的？地核与地幔是否完全如现在的假设？它们的运动机理是怎样的？由此众多问题关系着我们的生活，如地震能否得到数值模拟，能否得到准确预报？

有太多的问题，我们还不能了解，也限于我们的认识和知识水平，在本书中也只是蜻蜓点水或是浅尝辄止，但我们希望通过研究或是讨论能够为大家展现有关科学问题生动趣味的一面，从而希望更多的人关注、热爱甚至投身到科学技术的研究中来。

吕达仁

2016年3月8日